Gregorii Valerianovich
Melgunof

DAS SÜDLICHE UFER
DES
KASPISCHEN MEERES
ODER
DIE NORDPROVINZEN PERSIENS

Elibron Classics
www.elibron.com

Elibron Classics series.

ISBN 0-543-96745-X (paperback)
ISBN 0-543-96744-1 (hardcover)

This Elibron Classics Replica Edition is an unabridged facsimile
of the edition published in 1868 by Leopold Voss, Leipzig.

DAS SÜDLICHE UFER DES KASPISCHEN MEERES

ترکمان و استراباد و شاهرود و مازندران و گیلان و طالش

SEINER

KAISERLICHEN MAJESTÄT

ALEXANDER II.

IST DAS ORIGINALWERK

„О ЮЖНОМЪ БЕРЕГѢ КАСПІЙСКАГО МОРЯ“

ALLERUNTERTHÄNIGST GEWIDMET

VOM

VERFASSER.

INHALT.

VORWORT.

Die Aufzeichnungen über das südliche Ufer des kaspischen Meeres „замѣчанія о южномъ берегѣ каспійскаго моря“, welche im Jahr 1863 von der kaiserl. Akademie der Wissenschaften in St. Petersburg der Herausgabe gewürdigt wurden, schrieb ich während meiner Reise im nördlichen Persien, im Jahr 1860, als ich das Vergnügen hatte, meinen verehrten früheren Lehrer des Afghanischen an der Universität zu St. Petersburg, den wirklichen Staatsrath Herrn v. Dorn, zu begleiten. Ich füge hier verschiedene Zusätze bei, die ich theils auf derselben Reise sammelte, theils nach Erzählungen mir bekannter Reisender niederschrieb, und welche im Jahre 1864 in dem XXXIII. Berichte über die Vertheilung des Demidofschen Preises gedruckt werden sollten. Damals jedoch konnte ich mich noch nicht entschliessen, dieselben zu veröffentlichen, weil ich noch immer hoffte, die Mängel und Irrthümer, von denen, wie ich vermuthe, auch meine Bemerkungen nicht frei sind, nach anderen Werken berichtigen zu können; zu meinem grossen Bedauern aber ist mir seit deren Erscheinen kein anderes Werk zu Augen gekommen, nach welchem ich meine Arbeit hätte verbessern können. Auch Personen welche dieselben Gegenden besucht hatten, und an die ich mich persönlich wendete, haben mir nur unbedeutende Versehen nachgewiesen, so dass mein Werk in dieser neuen Bearbeitung der Hauptsache nach unverändert bleibt. Ausser den Zusätzen gebe ich die Karte des Khazarischen Meeres, mit erklärendem Texte, aus dem persischen Werke des Nasir-ed-din Tusi, nach einer Handschrift der Wiener Hofbibliothek, mit deutscher Uebersetzung. Die Karte des südlichen Ufers, die ich hier an einigen Stellen vervollständigt habe, zeichnete ich zuerst im Jahr 1858, als ich das ganze Ufer von Ost bis West bereiste. Da mir die Zeichnung der Ufer auf den veröffentlichten Karten nicht ganz richtig schien, so habe ich die Arbeiten der russischen Marine-Messungs-Expedition des kaspischen Meeres benutzt; indem ich aber, auf Grund dieser, andere Umrisse der Ufer annahm, musste ich auch die Lage der Städte etwas anders angeben als andere Karten. Der Maassstab nach persischen Farsäkh und russischen Werst wird die Entfernung der Ortschaften von einander wenigstens annähernd bestimmen lassen. Durchgängig genaue Angaben wären nur durch neue Vermessungen zu erzielen, zu denen aber die persische Regierung gewiss nicht die Hand bieten würde. Eine Beschreibung des Weges, welchen ich im Jahre 1858 wählte, beabsichtigte ich an einem anderen Orte besonders zu geben. Die Volkslieder und turkmanischen Briefe, die sich im russischen Original finden, werden, nebst einigen anderen Proben der Dialekte der Uferländer, im XXII. Bande der Zeitschrift der Deutschen Morgenländischen Gesellschaft mit französischer Uebersetzung erscheinen.

In der vorliegenden Ausgabe sind fast alle solche Bemerkungen weggeblieben, die aus fremden, bekannten Werken in das russische Original aufgenommen waren, und ich habe nur einige solchen, insbesondere russischen Werken entlehnte gelassen, die ausserhalb Russland wenig bekannt sind.

Noch muss ich bemerken, dass ich meine Arbeit nur als eine Zusammenstellung verschiedener geographischer und statistischer, wie ich glaube, grösstentheils unbekannter Bemerkungen gebe und ich hoffe, dass sie denen, welche sich eingehender mit diesem Gegenstande beschäftigen wollen, nicht ohne einigen Nutzen sein wird.

Seine Kaiserliche Hoheit, der Grossfürst Michael, Vicekönig des Kaukasus, hat die russische Ausgabe dieses Werkes **Seiner** huldreichen Aufmerksamkeit gewürdigt und allergnädigst vermittelt, dass dieselbe **Seiner Kaiserlichen Majestät, dem Kaiser**, vorgelegt wurde. Mir war dies der schönste Lohn meiner aufgewandten Mühen.

Eine angenehme Pflicht ist es mir, Seiner Excellenz, dem Staatssecretär Herrn Baron Nicolaï, Chef der Centralverwaltung des Kaukasus, und Seiner Excellenz, dem russischen Gesandten in Teheran, Herrn v. Ghiers, durch dessen gütige Vermittelung mein russisches Werk **Seiner Hoheit dem Schah** vorgelegt wurde, **der** es in das Persische zu übersetzen befahl, hier meinen verbindlichsten Dank auszudrücken.

Leipzig, im November 1867.

G. Melgunof.

VORWORT DES ÜBERSETZERS.

Die Reichhaltigkeit und das grosse Interesse des Werkes Herrn Melgunofs, welches im Jahr 1864 der k. Akademie in St. Petersburg als des Demidofschen Preises würdig vorgelegt wurde, namentlich in Beziehung auf Topographie und Statistik der nördlichen Provinzen des persischen Reichs, bewogen mich dasselbe schon im Jahre 1863 zu übersetzen, doch blieb meine Uebersetzung unveröffentlicht, weil ich hörte, dass Herr v. Dorn eine deutsche Bearbeitung desselben Werkes vorbereite und ich überzeugt war, dass eine solche Arbeit seinen Händen ungleich besser gelingen werde als den meinigen. Als aber im October des vergangenen Jahres der Herr Verfasser selbst nach Leipzig kam und mir mittheilte, dass er sein Werk in einer neuen Bearbeitung herauszugeben wünsche, auch bereits eine französische Bearbeitung vorbereitet habe, Herr v. Dorn aber mittlerweile sein Vorhaben aufgegeben hatte, so nahm ich bei dieser Gelegenheit meine frühere Arbeit wieder vor. Dieselbe erscheint jetzt, jedoch nicht als blosse Uebersetzung der russischen Ausgabe, sondern durch die Mitwirkung des Herrn Verfassers als eine völlige Umarbeitung derselben, mit zahlreichen Zusätzen und Verbesserungen. Manches in dem Werke hat eine andere Stelle erhalten, so

z. B. die Kapitel über Aschurade und die Turkmanische Küste sind, in Eins verschmolzen, vom Ende an den Anfang gerückt; Ueberflüssiges ist ausgeschieden, wie der ganze Abschnitt in der Einleitung, welcher die Literatur über die in dem Werke behandelten Gegenden enthält, da sich voraussetzen lässt, dass diese den gelehrten Lesern bekannt ist und es unnöthig schien, das lange Verzeichniss von Titeln gedruckter und handschriftlicher Werke nochmals abzudrucken, obwohl sich nicht läugnen lässt, dass es wegen seiner Vollständigkeit für diejenigen Gelehrten, welche sich speciell mit diesem Gegenstande beschäftigen, von grossem Interesse sein würde; doch können sie es in dem russischen Werke leicht selbst nachlesen.

Die Zusätze, welche der Herr Verfasser dieser neuen Bearbeitung beigefügt hat, sind sehr verschiedener Art; die bedeutenderen beziehen sich hauptsächlich auf die Wege zwischen den wichtigsten Ortschaften und sind im ganzen Werke zerstreut; kleinere, in nicht geringer Anzahl, wurden mir erst während des Druckes mitgetheilt und konnten nicht ohne einige Schwierigkeit an geeigneten Stellen eingeschoben werden.

Auf ausdrückliches Verlangen des Herrn Verfassers habe ich bei Umschreibung der Namen und persischen Wörter mich nicht an die persische Orthographie und Abstammung gehalten, sondern folge der in dem russischen Originale wiedergegebenen Aussprache der Bewohner des Landes. Ob mir gelungen ist, diese überall mit deutschen Buchstaben richtig auszudrücken, wage ich nicht zu entscheiden. Das russische Alphabet besitzt für manche persischen Laute keine entsprechenden Buchstaben, vielleicht auch fasst das russische Ohr manche Laute, welche der eigenen Sprache fehlen, unrichtig auf. So z. B. die Gaumen- und Kehllaute, welche in russischer Schrift durch х und г ausgedrückt werden. Der Herr Verfasser giebt die Buchstaben غ und ه, das persische گ, oft auch ق und ح, durch das russische г wieder, durch welches aber die Russen auch das deutsche *h* ausdrücken, weil das russische Ohr den Unterschied der deutschen Laute *g* und *h* nicht erkennt und die Aussprache des deutschen *h* dem russischen Organe nicht möglich scheint. So konnte ich z. B. bei Aussprache des Namens گوهره, der im russischen Original **Гугера** *(Gugera)* geschrieben ist, durchaus keinen Unterschied zwischen گ und ه bemerken, dennoch aber glaubte ich *Guhera* schreiben zu müssen. Das Wort شهر klingt, so viel ich hören konnte, ganz wie *Schagr*, dennoch aber habe ich *Schahr* geschrieben; dagegen habe ich غ und ق öfters durch *h* und *gh* wiedergegeben, wo mir diese Buchstaben der russischen Aussprache entsprechender schienen. Die Buchstaben ح und خ sind im russischen Original ohne Unterscheidung durch х ausgedrückt, nur in seltenen Fällen ح durch г, und wie es nach der Umschreibung im russischen Original scheint, ist in der Aussprache der Eingebornen eine Unterscheidung dieser Laute meist gar nicht hörbar; doch entschloss ich mich, allerdings erst, als schon einige Bogen gedruckt waren, das خ durch *kh* wiederzugeben und für bekannte historische Namen, wie Hasan, Hussein, Mohammed u. dgl. die allgemein übliche Schreibweise beizubehalten, anstatt der dem russischen Original genauer entsprechenden „Chasan, Chussein, Muchammed". Die Buchstaben ظ ض ذ ز giebt das russische Original durch **з** wieder; ich gebrauche dafür, wie jetzt üblich, durchgängig das deutsche, oder richtiger französische *z*. Viele Consonanten des geschriebenen Worts sind in der Aussprache der Eingebornen gar nicht hörbar, z. B. *d* nach *n* am Ende der Wörter; die Verdoppelung wird oft nicht beachtet, oder falsch angewendet. Auch die Vocale erleiden im Munde des Volkes die mannichfachsten Veränderungen, so dass die grammatische Vocalisation oft nicht wieder zu erkennen ist. Bemerken will ich hier, dass ich die russichen Vocale **ю**, **я** und **ы** durch *ü*, *ä* und *y* wiedergebe, die, wie ich glaube, den persischen Lauten wenigstens annähernd entsprechen. Uebrigens ist die Aussprache oft einander naher Oertlichkeiten, die von verschiedenen Stämmen bewohnt sind, sehr verschieden. Man hört z. B. auf einer Strecke von wenigen Meilen „Charab, kharab“ oder „kharob“ u. dgl. Wenn daher bei Umschreibung der Namen und persischen Wörter manche Ungleichmässigkeiten und Abnormitäten vorkommen, so bitte ich, dieselben nicht für Schreibfehler oder Druckfehler zu halten, da ich mich nach der im russischen Original befolgten Schreibweise richte, und dort der Herr Verfasser versichert, dass er genau der Aussprache gefolgt sei, die er den Eingebornen abgelauscht. Dasselbe gilt von der Aussprache der turkmanischen Namen, die oft den von den Grammatikern aufgestellten Regeln über die Vocalharmonie des Türkischen durchaus zuwiderläuft.

Was meine Uebersetzung betrifft, so hoffe ich, dass ich wenigstens im Ganzen und Allgemeinen den Sinn des Herrn Verfassers getroffen habe; für Missverständnisse einzelner Stellen, und Versehen, die bei den Einschaltungen mancher Zusätze und Abänderungen noch während der letzten Revision der Druckbogen nicht leicht zu vermeiden waren *), muss ich die Leser um Nachsicht bitten.

---

*) Auf diese Weise ist z. B. an einigen Stellen östlich für westlich gesetzt worden, und umgekehrt, was nach der Karte leicht zu berichtigen ist. S. 63 am Ende der ersten Anmerkung sind die Worte „in der Schlacht gegen die Sasaniden,“ welche nicht dorthin gehören, zu tilgen vergessen worden. S. 288 am Ende der Anmerkung ist unrichtig „Hakim-Reschti“ anstatt „Hakim Saab-Reschti,“ ferner „Bevollmächtiger“ anstatt „Bevollmächtigter stehen geblieben, und ähnliches. Andere Versehen sind im Index und am Ende des Buchs berichtigt.

Dr. J. Th. Zenker.

EINLEITUNG.

Im September 1860 erhielt ich von der kaukasischen Regierung den Befehl zu einer Reise in die nördlichen Provinzen Persiens, wo ich schon früher einige Jahre in Geschäften der transkaspischen Handelsgesellschaft zugebracht hatte. Um dieselbe Zeit war der Akademiker v. Dorn in Tiflis eingetroffen, der in Folge einer Aufforderung von Seiten der kaukasischen Section der geographischen Gesellschaft nach denselben Provinzen eine Reise in wissenschaftlichen Zwecken zu unternehmen beabsichtigte. Wir kamen überein, unsre Reise gemeinschaftlich zu machen und uns zunächst nach dem Golf von Astrabad einzuschiffen, um von da die persischen Provinzen von Osten nach Westen zu durchschneiden. Am 20. Septr. reisten wir von Tiflis ab, um zu rechter Zeit in Baku einzutreffen und das Dampfschiff nicht zu versäumen, welches gegen Ende Septr. die letzte Fahrt an diesen Küsten macht. Das Wetter war schön; um ungehindert von dem Gedränge aus der Stadt zu kommen, mussten wir in früher Morgenstunde aufbrechen, aber obwohl wir schon um 5 Uhr unterwegs waren, wurden wir doch noch aufgehalten.

Um auf die Strasse nach Baku zu gelangen, muss man durch den armenischen Bazar, eine lange, schmale und vielfach gekrümmte Strasse, auf der den ganzen Tag, von früh bis abends, eine fast undurchdringliche Menge Käufer und Verkäufer, Maulthiere, Kamele, Büffel, Lastträger und Müssiggänger unter einander wogt und drängt, so dass die Passage für Reisewagen sehr schwierig ist. Schon wurden die Läden geöffnet, und lange Züge mit Büffeln bespannter Arba, die mit Holz, Federvieh und verschiedenen Produkten beladen waren, füllten die Strasse. Zwischen diesen drängten sich Maulthiere, von deren Rücken zu beiden Seiten Sobetki (Körbe) mit Eiern, Früchten, Grünwaaren u. s. w. herabhingen. Die Wagen der Georgier, Armenier und Frauen aus allen Ständen eilten den Bädern zu, die sie so zeitig als möglich aufsuchen, um dem Gedränge zu entgehen. Je weiter wir kamen, desto dichter wurde die Menge, und unser Jamstschik war mehr als einmal genöthigt, auf das Trottoir zu fahren. Endlich, nach beinahe einer Stunde, langten wir bei dem am Eingange der Stadt gelegenen Zollhause an. Hier wurde der Weg freier und bald hatten wir die Vorstadt Naftluk hinter uns und fuhren durch die sogenannten Arschagal, Gärten an dem gegenüberliegenden linken Ufer des Kur, die sich über eine halbe Meile weit hinziehen und durch Wasserleitungen aus dem Flusse bewässert werden. Nach zwei und einer halben Stunde waren wir an der ersten Halbstation Muchranteletz, ein Haus mit einem Dukhan (Weinbude) zur Seite, die etwas über eine Meile von Tiflis entfernt ist und dicht am Ufer des Flusses liegt. Der Weg bis hierher ist sehr gebirgig und steinig. Hier führt die Strasse vom Kur ab, den man erst bei Salahli wieder sieht. Ungefähr in der Mitte des Weges bis zur nächsten Station Koda — von Muchranteletz bis Koda sind 18 Werst — sieht man rechts am Wege einen Berg, dessen Gipfel die Ruinen einer alten Festung krönen. Zwölf Werst von Muchranteletz kommt man über einen ziemlich bedeutenden Hügel, Kalahpur genannt, und von diesem in die Ebene Kumis, links von welcher ein Salzsee liegt. Auf dem ganzen Wege sieht man zu beiden Seiten Gärten, welche Armeniern, Georgiern und Tataren gehören, und rechts in der Ferne, eine Reihe niedriger Berge, die sich bis nach Elisawetopol hinziehen.

Die Station Koda ist ein von Armeniern und Georgiern bewohnter Aul. Von hier bis zur nächsten, fast nur von Tataren bewohnten Station Sarwan rechnet man $13^1/_2$ Werst. An der achten oder neunten Werst kommt man über den Fl. Chram, der in den Kur fällt und über den eine schmale steinerne Brücke führt, Krasnüi (die rothe) genannt, in deren Mitte ein kleiner Thurm steht, in welchem eine Treppe auf eine kleine Plattform von Stein hinabführt, die sich mitten im Flusse über das Wasser erhebt. Hier hielten wir uns einige Minuten auf, um den Thurm genauer zu betrachten, von dem man erzählt, dass Aga Muhammed Khan, als er über diese Brücke kam, mit seinem Säbel die Kuppel mit einem

Hiebe abgehauen habe, um ein Andenken zu hinterlassen. Die Erbauung der Brücke wird, wie die jedes anderen alten Bauwerkes im Kaukasus, der Königin Tamara (Tomyris) zugeschrieben. Ehe man an den Chram kommt, und zwischen den folgenden zwei oder drei Stationen, Muhanli (16 Werst), Salahli oder Suanluk ($22^1/_2$ Werst), sieht man zu beiden Seiten des Weges mehrere Begräbnissplätze. Da man uns gesagt hatte, dass sich hier alte Inschriften fänden, liess Herr v. Dorn an einigen Stellen halten. Vier Werst vor Salahli kommt man wieder an den Kur und der Weg läuft etwa eine Werst dicht am Ufer hin. Bei Dscheham sieht man in geringer Entfernung den Kroll, und auf dessen Gipfel die Ruinen eines Thurmes und anderer Gebäude, unter denen sich unterirdische Gänge befinden sollen. Ganz nahe bei der Station Schemkhor oder Schemkhir sieht man noch die Spuren von einem alten Thurme, die Steine aber, aus denen er erbaut war, sind bis auf die letzten fortgeführt. Das Bett des Flusses Schemkhor, welches man hier durchschreitet, ist sehr breit und auf dem Grunde desselben fliessen einige kleine seichte Bäche, die im Frühjahr zu einem gewaltigen reissenden Strome anschwellen. Von dem Flussbette aus sieht man in der Ferne die Stadt Elisawetopol oder Gendscha, bis wohin von Dscheham 50 Werst gerechnet werden; sie liegt zwischen Gärten versteckt und ist mit Mauern von persischer Bauart umgeben. Von Gendscha führt der Weg wieder an den Kur.

Die gefährlichste Stelle auf dem ganzen Wege bis Aksu ist zwischen den Stationen Kurgulutschai oder Kurgai, die mit einer Mauer befestigt ist, und Mingetschaur. Der gerade Weg zwischen diesen beiden Stationen beträgt 21 Werst und führt nahe dem Gebirge hin, gewöhnlich aber zieht man einen längeren Weg von 33 Werst vor, um den räuberischen Anfällen der Tataren aus den Auls Gudanboz, Amamli u. a. zu entgehen, die namentlich auf der Hälfte des Weges in dem tiefen, im Sommer gewöhnlich ganz trockenen Flussbette des Kurgai vorkommen, insbesondere wenn die Fuhrwerke von Armeniern oder Georgiern geführt werden. Wir hatten einen Tataren als Jamstschik, der uns unangefochten auf dem geraden Wege nach Mingetschaur brachte. Anderthalb Werst von der Station Mingetschaur setzt man auf einer Fähre über den Kur, der nachher rechts im Thale weiter fliesst und welchen man hier zum letzten Male sieht. Der Weg führt dann über die Stationen

Turjentschai, Goktschai, Karamarjan, Kululi und Aksu, welche alle nicht weit vom Gebirge liegen. Zwischen den beiden letzten Stationen kommt man über den Gerdenman, der von mehreren kleinen Bächen gebildet wird. Hier fängt die Chaussee an, die über das Dorf und die Station Aksu und das Gebirge bis beinahe nach Baku führt.

Das Dorf Aksu, am Flusse des gleichen Namens, liegt höchst malerisch nahe bei einem Berge, von Gärten umgeben, in denen Maulbeer-, Feigen-, Granatenbäume u. s. w. wachsen, und ist von Tataren bewohnt. Vier Werst führt der Weg zwischen Gärten hin, bis an den Fuss der Gebirge und dann in Schlangenwindungen fünfzehn Werst lang aufwärts, scheinbar einen einzigen Berg hinan, bis zur Station Schiradil; in gerader Linie würde die Entfernung etwa sechs Werst betragen. Von der Höhe des Berges hat man eine höchst malerische Aussicht über die muhanische Steppe, die sich in weite Ferne links bis Lenkoran hinzieht und bei hellem Wetter sieht man selbst die Umrisse von Gebirgen, die, wie es scheint, zu dem westlichen Kaukasus gehören. Die muhanische Steppe ist beinahe ganz unbewohnt, nur hie und da liegen kleine, meist von Tataren bewohnte Auls. Im Winter kommen alljährlich Schahsewen von der persischen Grenze, die namentlich die Umgegend von Astara und den Distrikt von Lenkoran unsicher machen. Die Bemühungen beider Regierungen, diesen Räubereien ein Ende zu machen, sind bis jetzt erfolglos geblieben. Im Sommer ziehen sich die Schahsewen wieder in ihre Gebirge zurück. Man hat versucht, in der Steppe Baumwolle und Zuckerrohr anzupflanzen, es fehlt aber an Wasser und Arbeitskräften.

Von Schiradil bis beinahe nach Baku fährt man fast immer in gleicher Höhe, zum grössten Theile durch Wälder auf dem Gebirge hin, über Schemacha. Erst kurz vor Baku, wo das Gebirge kahl ist, führt der Weg steil abwärts in die Stadt hinein.

So schwierig und ermüdend durch Staub und Hitze die ersten zwei Drittheile des Weges von Tiflis bis Aksu sind, eben so angenehm ist das letzte Drittheil auf der Chaussee bis Baku. Der ganze fünfhundert Werst lange Weg ist im Allgemeinen sehr langweilig. Selten sieht man ein Dorf, die fast alle seitwärts vom Wege abliegen, selbst einige Stationen liegen ganz einsam; selten begegnet man Reisenden; nur hie und da fahren ein oder zwei Arba, offen oder bedeckt, gewöhnlich von Tataren geführt, vorbei, und dann wird die Stille durch die Melodie eines tatarischen Gesanges unterbrochen, wie der im ganzen Kaukasus bekannte:

Kál'adan Kál'aa nár jamäk ólmaz,
Bú gälän sónja sőz demäk ólmaz;
Ei dadasch atma dasch, dasch mäna dagdi,
Dasch mäna dagända belimi sindi *).

قلعه دن قلعیه نار یمک اولماز
بوکلن سونیه سوز دیمک اولماز
ای دادش اتمه داش داش مڭا دکدی
داش مڭا دکنده بیلمی سندی

Am vierten Tage waren wir in Baku, und da das Dampfschiff aus Astrachan noch nicht eingetroffen, blieb uns noch Zeit, einige Vorbereitungen zu unserer weiteren Reise zu treffen. Der Direktor der transkaspischen Handelsgesellschaft, Baron N. Tornauw, machte uns den Vorschlag, während unserer Reise in Persien in den von ihm gegründeten Faktoreien zu wohnen.

Am 5. Octr. gingen wir an Bord des Dampfschiffes Lenkoran und befanden uns Abends um 11 Uhr schon auf offener See.

Am nächsten Morgen erblickten wir auf dem Verdeck eine vollkommen orientalische Gesellschaft; es waren persische Kaufleute, die aus Astrachan und von der Messe zu Nischni Nowgorod in ihre Heimath zurückkehrten, unter ihnen auch einige Repräsentanten orientalischer Gelehrsamkeit, die sich sogleich herbeidrängten, um unsere Bekanntschaft zu machen. Einer von ihnen stellte sich uns als Dichter von Profession vor und erklärte uns seinen ziemlich langen Namen Khalîl-ullâh-âbu-l-meâlî-adschîb auf folgende Weise: Khalîl-ullah d. i. Freund Gottes, werde er genannt wegen seines frommen Lebens, das dem des Patriarchen Abraham vollkommen entspreche, den Beinamen Adschîb, wundervoll, habe er schon in seiner Kindheit von dem verstorbenen Mohammed Schah erhal-

*) Wie man von einem Thurm zum andern keine Granate essen kann,
So kann man zu diesem wandelnden Veilchen kein Wort sagen.
O Vater, wirf nicht den Stein! der Stein hat mich getroffen;
Der Stein, der mich getroffen, hat meine Hüfte verwundet.

ten, anstatt seines früheren Namens Adîb, der Gelehrte, wegen seiner ausserordentlichen Begabung. Mohammed Schah selbst, setzte er hinzu, habe ihn nie anders genannt als Bulbul, d. i. Nachtigal, und habe ihn sogar des Schmuckes einer Kul, d. i. Krone, würdig erachtet. Zugleich mit dem Dichter stellte sich uns auch ein Derwisch vor, Namens Hadschi Zemzem, der uns sagte, er führe den Titel Hadschi, weil er die Wallfahrt nach Mekka vollzogen, und den Namen Zemzem, weil er sich dort mit Wasser aus dem heiligen Brunnen gewaschen. Er hatte, um sein Glück zu suchen, eine Reise nach Astrachan unternommen und kehrte jetzt nach seiner Heimath zurück, um von dort aus noch einmal nach den heiligen Städten zu pilgern.

Von den Persern getrennt lagerten auf dem Verdeck auch einige Turkmenen, die ebenfalls aus Astrachan zurückkehrten, um den Winter in ihren wärmeren Steppen zuzubringen. Diese nahmen von den Persern gar keine Notiz und würdigten sie keines Wortes; im Umgange mit den Russen hingegen waren sie frei und unbefangen. Die Turkmenen reisen alljährlich in Handelsgeschäften nach Astrachan und haben auf den Dampfschiffen freie Ueberfahrt; diese Vergünstigung kann jedoch nur wenige bewegen, ihre Steppen zu verlassen, und auch nur solche, welche schon an den Verkehr mit den Russen gewöhnt sind, die jedoch auf ihre Landsleute keinen besonderen Einfluss ausüben. Unter diesen orientalischen Passagieren waren auch einige Afganen, die von Baku nach ihrem Dorfe Karatape, am Ufer des kaspischen Meeres, zurückkehrten.

Abends um 5 Uhr legte das Dampfschiff auf der Rhede von Lenkoran vor Anker. Das Wetter war schön, der Wind ruhig, und da sich einige Passagiere hier an das Land setzen liessen, so benutzten auch wir die Gelegenheit mit hinüberzufahren. Die Landung war jedoch nicht so leicht; denn bei dem seichten Wasser konnte das Boot nicht ganz an das Ufer gelangen und wir mussten uns von den Matrosen vollends auf den Schultern hinübertragen lassen.

Um 10 Uhr Abends waren wir wieder auf dem Meere und steuerten der Rhede von Enzeli zu. Das Zollamt in Astara, an der persischen Grenze, konnten wir nicht sehen, weil wir in der Nacht vorbei kamen. Am nächsten Morgen, halb zwölf Uhr, langten wir an der Rhede vor Enzeli an, wo sich vor uns, am persischen Ufer, der bekannte Thurm oder die Festung von Enzeli erhob. Ein widriger Wind liess das Dampfschiff nicht an das Ufer kommen, wir mussten daher in einer Entfernung von 3 Werst liegen bleiben und wagten nicht nach Enzeli überzusetzen, weil wir befürchteten, die heftige Brandung könnte unsere Rückkehr verhindern.

Das Dampfschiff hatte kaum Anker geworfen, als es auch schon von Barken (Kirdschim) umringt wurde, die auf Waaren oder Passagiere warteten und von allen Seiten an das Schiff drängten, so dass ein gewaltiges Getümmel entstand, und noch ehe die Schiffstreppe herabgelassen wurde, hatten einige der beherztesten Gileken schon das Verdeck erstiegen. Da jedoch nur wenige Passagiere und gar keine Waaren für Enzeli an Bord waren, mussten die meisten Boote wieder leer zurück fahren. Zu gleicher Zeit erschienen auch Kaufleute mit gestickten Decken, Tüchern, Schuhen und anderen Erzeugnissen der hiesigen Industrie.

Am Abend desselben Tages lichtete das Dampfschiff wieder Anker, um die Fahrt nach der Bucht von Astrabad fortzusetzen. Der Wind war zwar nicht stark, aber dem Laufe des Schiffes entgegen, und dieses fing an zu schwanken, was beinahe den ganzen folgenden Tag fortdauerte, so dass fast sämmtliche Passagiere seekrank auf dem Verdeck lagen und erst bei der nächsten Station wieder aufstanden. Adschîb und Zemzen waren verschwunden; sie lagen entweder mitten unter ihren Landsleuten, oder hatten das Schiff bei Enzeli verlassen.

Am Morgen des 9. Octr. waren wir in Sicht der Bucht von Astrabad und konnten die Schiffe und Gebäude unserer Marinestation auf der Insel Aschurade deutlich erkennen. Gegen Süden erhoben sich die dunklen Bergmassen des Alburz und ein schmaler Streifen am östlichen Horizont zeigte uns den Küstenrand der turkmenischen Steppen. Bald segelten wir an der Insel vorbei, gerade dem östlichen Ufer zu, dann lenkte das Dampfschiff nach Süden und steuerte parallel der turkmenischen Küste, bis es bei Klein-Aschurade, welches uns für einige Zeit die Marinestation verdeckte, in das Fahrwasser kam, und sobald wir die Insel umschifft hatten, befanden wir uns in der Bucht von Astrabad. Gross-Aschurade*), wel-

*) Die Insel wird Gross-Aschurade genannt, weil sie bewohnt ist und sich hier die Marinestation befindet, sie ist jedoch kleiner als die andre nicht bewohnte Insel.

ches wir erst zur Rechten hatten, lag jetzt gerade vor uns. Die Bucht von Astrabad war so ruhig, dass wir die Bewegung des Schiffes gar nicht mehr bemerkten.

Um 11 Uhr desselben Morgens legten wir 1 Werst von der persischen Küste, Gäz جز gegenüber, vor Anker und Passagiere und Waaren wurden ausgeschifft, worauf das Dampfschiff auf die Rhede unserer Marinestation zurückkehrte. Wir fuhren sogleich nach dem Landungsplatze, der unter dem Namen Perewal bekannt ist, jedoch konnte uns das Boot nicht bis dahin bringen und wir mussten auf halbem Wege einen Kulas (Kanot) besteigen, doch auch dieser brachte uns auf dem seichten Grunde nur wenige Schritt vorwärts, so dass uns die Matrosen wieder auf ihre Schultern nehmen mussten, die uns glücklich am Ufer absetzten.

Die Küste bei Gäz gewährt einen ziemlich kläglichen Anblick; einige ärmliche Schilfhütten, jetzt aber leer, dienen den russischen Kaufleuten, die während des Winters in Handelsgeschäften hieher kommen, als Herberge. Das ansehnlichste Gebäude war ein zweistöckiges Talar تالار*) wo die Commis der transkaspischen Handelsgesellschaft wohnten. Diesen Bau hatte ich im vorhergehenden Jahre selbst unternommen, weil eine Feuersbrunst sämmtliche Gebäude an der Küste zerstört hatte, so dass nirgends mehr ein Unterkommen zu finden war. Die persische Regierung, oder vielmehr die örtlichen Behörden, wollten ein derartiges Gebäude für eine die Sicherheit Persiens bedrohende Befestigung halten, und es fand deshalb zwischen Teheran und Astrabad ein Notenwechsel statt, der zehnmal mehr kostete als der ganze Bau. Wir bestiegen den Talar, um einen Blick auf das Ufer zu werfen, kehrten dann, eben so wie wir gekommen, wieder nach dem Dampfschiffe zurück und waren Abends 7 Uhr auf der Insel Aschurade. Von Enzeli bis Aschurade waren wir im Ganzen einundvierzig Stunden unterwegs gewesen; die kürzeste Zeit einer Ueberfahrt von der westlichen bis zur östlichen Küste des kaspischen Meeres ist etwa fünfunddreissig Stunden. —

Auf Aschurade liessen wir unsere erste Sorge sein, eine Marschroute festzusetzen, der wir bei unseren weiteren Ausflügen in die Küstenländer des persischen Reichs folgen könnten. Wir gedachten unsere Reise von Aschref aus zu beginnen, um von da nach Sari

*) Ein auf vier Pfeilern ruhendes hölzernes Gebäude.

und Barferusch zu gehen. Am 15. oder 16. Novr. sollte uns das Dampfschiff wieder in Meschhediser abholen und nach Enzeli, und einen Monat später von dort wieder nach Baku zurückbringen. So hatten wir für unsere Reise in Mazanderan und Gilan zwei ganze Monate Zeit, und wir schickten sogleich nach den Dorfe Karatape, um dort Pferde zur Reise nach Aschref zu miethen. Bevor jedoch diese ankommen konnten, musste noch einige Zeit vergehen, und Herr v. Dorn äusserte den Wunsch, einstweilen einen Ausflug nach Radkan zu unternehmen, um dort ein Facsimile der Inschrift zu machen, welche sich an dem bekannten Thurme findet. Von Aschurade bis Radkan ist nur eine Tagereise und wir hatten nur eine einzige hohe Bergkette zu übersteigen; das Wetter war günstig und eine Reise über das Gebirge hätte wahrscheinlich mit weniger Schwierigkeiten ausgeführt werden können als zu anderer Zeit, wenn die Bergpfade in Folge des Regens schlüpfrig sind; auch die Turkmenen verhielten sich damals ruhig und man hörte nichts von Räubereien, weder auf dem Meere noch an der persischen Küste; dennoch aber konnten wir unsern Vorsatz nicht zur Ausführung bringen, weil uns die zur Abnahme der Inschrift nothwendigen materiellen Mittel fehlten.

An dem Thurme zu Radkan finden sich zwei Inschriften, die eine mit kufischen Charakteren über der Thür an der Südseite, die andere oben an der konischen Spitze. Erstere konnte man von unten aus copiren, die obere aber ist mit unbewaffnetem Auge kaum zu erkennen, und um sie zu copieren müsste man eine Leiter haben. Ohne Genehmigung der Behörde in Astrabad aber würden die Einwohner der Stadt nicht gewagt haben uns hülfreiche Hand zu leisten, denn nach Ansicht der Perser muss allen derartigen Unternehmungen, wenn sie auch rein wissenschaftliche Zwecke verfolgen, nothwendig irgend eine feindliche Absicht zum Grunde liegen, die das gute Einvernehmen zwischen den beiden gleich grossen und mächtigen Reichen, Persien und Russland, stören könnte!

Auf Mitwirkung der örtlichen Behörden war also nicht zu rechnen. Wir gedachten nun durch eigene, oder vielmehr durch die Mittel der Marinestation, uns eine Leiter zu schaffen um zu der Inschrift gelangen zu können, indem wir Mastbäume mitnehmen wollten; allein auch dies war nicht leicht auszuführen, und überdiess konnten wir nicht dafür stehen, dass die Mastbäume auf dem Wege durch enge Schluchten und über steile Bergpfade nicht beschädigt würden. Ausserdem mussten wir bedenken, dass der Weg über das Gebirge nur langsam zurückzulegen war und wir nicht mehr bei Tageslicht in Radkan eintreffen konnten, unterwegs aber im Walde kein Obdach für die Nacht zu finden war. So war das Gelingen unsres Ausflugs sehr zweifelhaft und wir beschlossen daher, diesen für eine günstigere Zeit aufzuschieben. Ueberdies kam von Karatape die Meldung, dass unsere Pferde gemiethet seien und am Ufer des Atrek auf uns warten sollen.

In Aschurade blieben wir im Ganzen zwei Tage und lichteten um 12 Uhr Mittags die Anker. Der Wind war uns anfangs günstig und wir fuhren mit vollen Segeln zwischen der Halbinsel Potemkin und dem persischen Ufer hin. Vor uns fuhr ein Schraubendampfer, der zur Vermessungsexpedition gehörte. Bald jedoch legte sich der Wind und wir kamen nur langsam vorwärts; die Tiefe des Wassers wurde allmählig immer geringer und zuletzt konnte unser Räderschiff gar nicht mehr fahren, so dass wir genöthigt waren um 4 Uhr Nachmittags in ziemlicher Entfernung vom Ufer Anker zu werfen. Es war zu spät um auf einem Boote nach Karatape überzusetzen, wir blieben daher bis zum nächsten Morgen an Bord; nur der Ketchuda (Dorfälteste) von Karatape, Mir Baba, der uns von Aschurade bis hieher begleitet hatte und unsere Pferde an den Atrek schicken sollte, ging an das Ufer.

Am Morgen des nächsten Tages gaben wir dem Kulas, welcher uns an das Ufer bringen sollte, das verabredete Zeichen, einen Schuss aus einem Falkonet. Er kam schnell herbei und brachte uns leicht, auf dem seichten Wasser mit langen Stangen vorwärts gestossen, bis an das Flüsschen Atrek, an dessen rechtem Ufer wir ans Land stiegen, wo die Pferde mit ihren Führern bereits unserer warteten.

Das Wetter war schon am frühen Morgen trübe, und kaum hatten wir das Land betreten, als es anfing zu regnen. So schnell wie möglich beluden wir unsere Pferde und eilten, ohne das nur 1 Werst rechts vom Flusse entfernt liegende Dorf Karatape zu berühren, nach Aschref, wo wir nach einem Ritte von zwei Stunden um 4 Uhr Nachmittags anlangten und im B a g - i S c h a h (Königsgarten), in dem berühmten Palaste T s c h i h i l - s u t u n (Vierzig Säulen) abstiegen. Wir wählten ein möglichst hoch gelegenes Zimmer des Gebäudes zu unserer Wohnung, und machten uns dann sogleich auf den Weg, um die Ruinen der Paläste des Schah Abbas in Augenschein zu nehmen, die an sehr verschiedenen Stellen des Gartens umher gestreut liegen. Als Führer dienten uns Perser aus Aschref, die sich uns gleich bei unserer Ankunft in Bag-i Schah vorstellten.

Der Garten war wüste und leer, wie gewöhnlich, und im Schatten der Orangen und Cypressen wandelten nur Rinder und Pferde. Nachdem wir alle Ruinen der Paläste in Augenschein genommen, kehrten wir spät am Abend nach Tschihil sutun zurück. Hier hatten unsere Tscharwadaren während unserer Abwesenheit einen Pilow mit Hühnerfleisch zum Abendbrod bereitet, und um unser Zimmer zu heizen in der Mitte desselben ein Mangal mit glühenden Kohlen aufgestellt. Als Tafelmusik hatten wir das Geheul von Schakalen, welches fast dicht unter unsern Fenstern in allen Tonarten ertönte. Die Perser von Aschref und unsere Tscharwadaren wetteiferten unter einander, uns über die ihnen bekannten Dörfer Auskunft zu geben, wobei es natürlich nicht ohne Streit abging, namentlich über die Einwohnerzahl und die Entfernung der Dörfer von einander. Bei solchen Fällen blieb das Richtige gewöhnlich unentschieden und dem Willen Gottes überlassen. — Dies war der Anfang meiner geographischen Untersuchungen.

Nach dem Abendessen schlugen wir unsere eisernen Bettstellen auf, verstopften so gut wie möglich, die zerbrochenen Fensterscheiben, damit der dieselben peitschende Regen nicht eindringen konnte, und lagen bald, ohne uns von dem Geheule hungriger Schakale stören zu lassen, in den Armen des Schlafs.

Am Morgen des 15ten October brachen wir nach Sari auf. Es regnete in einem fort, was uns bewog schneller zu reiten, um noch bei Tage die Stadt zu erreichen. Die Waldwege waren noch nicht ganz vom Regen durchweicht, und so konnten wir gegen Abend noch zu guter Zeit in Sari eintreffen, wo wir in einem am Eingange der Stadt gelegenen Karawanserai abstiegen, der einem Kaufmann, Hadschi Ahmed, gehörte.

Der Wirth des Karawanserai wies uns ein Gemach links am Eingange an, und wir hatten uns schon beinahe darin eingerichtet, als wir bemerkten, dass die Fenster keine Schieberahmen (a r û s i) hatten und wir den Blicken der neugierigen Volksmenge, die wie gewöhnlich zusammengelaufen war, um die neu angekommenen Farengi zu begaffen, wie auf einer Schaubühne ausgesetzt waren;

dazu kam noch, dass wir uns hier nicht gegen den eindringenden Regen schützen konnten. Wir liessen uns daher ein anderes Zimmer anweisen, geriethen aber von einem Extrem in das andere; denn die sonst gewöhnlich aus Glasstücken zusammengesetzten Schiebefenster waren hier von Bretern, so dass wir Licht anzünden mussten, um nicht in Finstern zu bleiben. Kaum hatten wir Platz genommen, als die eine Seite des Arûsî von Aussen aufgeschoben wurde, und ein Derwisch hineinsah, der sich uns unter dem Namen Schah-Derwisch vorstellte; er beeilte sich uns seine Aufwartung zu machen, sich nach unserem Befinden zu erkundigen und seine Dienste anzubieten; zugleich ermangelte er nicht, uns wissen zu lassen, dass er ausserordentliche historische und geographische Kenntnisse besitze, auch in der Architektur wohl bewandert sei. Um eine Probe seiner Gelehrsamkeit zu geben, erzählte er uns auf der Stelle die Geschichte Iskenders (Alexander des Grossen), von welchen er zu den Thaten Rustems und anderer persischen Helden überging. Seine Erzählungen dauerten ohne Unterbrechung bis spät in die Nacht. Am Morgen kam er wieder mit einigen Zeichnungen von Plänen der Paläste des Schah-Abbas, von denen sich im Bag-i Schah bei Sari noch Ruinen finden, und welche er auf Verlangen für Herrn v. Dorn gefertigt hatte. Zugleich bot er uns einen „Tumar" (aufgerollte Handschrift) zum Kauf an*); nach seiner Aussage die einzige Handschrift eines höchst merkwürdigen Werkes in ganz Persien; sie enthielt die Erzählung der Thaten Iskenders, welche er uns am Abend vorgetragen hatte. Nachdem wir den Derwisch zur Genüge angehört, gingen wir in die Stadt, um die merkwürdigsten Gebäude derselben in Augenschein zu nehmen. Als die Einwohner sich zum Mittagsgebet in der Moschee versammelten, gingen wir auch hinein und besahen, so weit dies möglich war, den innern Hof des Gebäudes. In Sari verweilten wir zwei Tage; während dieser ganzen Zeit aber hörte es nicht auf zu regnen, was uns jedoch nicht abhalten konnte, die Stadt und deren Umgebungen zu besichtigen. Wenn wir von unseren Ausflügen in unser Kämmerchen zurückkehrten, zündeten wir Licht an und der Tag verwandelte sich für uns in Nacht. Derwisch-Schah

*) Ich habe diese Handschrift gekauft und der Akademie der Wissenschaften übergeben.

ging im Auftrage des Herrn v. Dorn nach Seid-Maalä, um ein Stück der gusseisernen Platte von dem Grab-Monumente des in Sari bekannten Derwisch Keif-Ali-Schah, auf dem der Stadt nahe gelegenen Begräbnissplatze Mullah Medschded-din aufzufinden.

Wir verliessen Sari am 17ten October am Morgen und trafen am Abend desselben Tages in Barferusch ein, wo wir in dem Karawanserai der transkaspischen Handelsgesellschaft abstiegen. Endlich heiterte sich das Wetter wieder auf und wir konnten Spaziergänge in der Stadt und Ausflüge in die Umgegend machen. Am 25ten October waren wir wieder auf dem Wege nach Amul, der alten Hauptstadt Tabaristans, wo wir noch vor Abend anlangten. Wir blieben hier in einem Karawanserai am Ufer des Flusses Heraz. Das Zimmer, welches uns angewiesen wurde, befand sich über dem Pferdestall und die Diele bestand nur aus einigen Bretern, die wir erst nebeneinander legen mussten, ehe wir eintreten konnten. Das einzige Fenster bot die Aussicht nach dem steilen Ufer des Heraz. Der Daruga (Aelteste) von Amul, Asad-Ullah, und dessen Gehülfe Meschhed-i Hasan, boten uns ihre Dienste an und führten uns am nächsten Tage zu den alten Denkmälern ausserhalb der Stadt. Ueberhaupt zeigten sich die Einwohner über alle Erwartung dienstfertig gegen uns und gaben auf unsere Fragen über die alte Residenz gern und willig Bescheid. Selbst die uns begegnenden Frauen verschleierten ihr Gesicht nicht. Nach zwei Tagen Aufenthalt in Amul kehrten wir wieder nach Barferusch zurück.

Am 15ten November kamen wir nach Meschhediser, wo wir in einem Schuppen des Zollhauses Wohnung nahmen. Das Dampfschiff war noch nicht auf der Rhede und so benutzten wir die Zeit um von der Inschrift an dem hier bekannten Imamzade Ibrahim Abu-Dschewab und einer andern Inschrift an dem 3 Werst östlich vom Dorfe gelegenen Asitane Bibi Sukeine ein Facsimile zunehmen und kehrten am Abend in unsren Schuppen zurück.

Am nächsten Morgen kam das Dampfschiff an; das Wetter war ruhig und wir gelangten ohne Schwierigkeit an Bord. Gegen Mittag lichteten wir Anker und fuhren dann längs der Südküste dem Golf von Enzeli zu, wo wir am 17ten November der Festung gegenüber Anker warfen und uns alsbald in einem Boote des Dampfschiffes an des Ufer setzen liessen. Die Kirdschimführer in Enzeli hatten im Winter keinen Besuch mehr auf ihrer Rhede erwartet, und waren daher nicht auf dem Meere, doch begegneten uns einige auf halbem Wege, die einander zuvorzukommen suchten, um wo möglich noch einen Passagier zu erhalten; leider aber waren ausser uns keine vorhanden und so traten sie ihren Rückzug wieder an, bei dem sie allerdings weniger Eile an den Tag legten. Wir übernachteten in einem der schönsten Häuser der Stadt, welches dem Mirza Salech gehört, der auch Mirza des russischen Consulats ist. Am nächsten Morgen brachte uns ein Kirdschim über den See Murdâb nach dem Dorfe Pirebazar. Der Wind war günstig, und obgleich die Segel unseres Fahrzeugs zerrissen waren, ging es doch ziemlich schnell vorwärts. Gegen Mittag langten wir in Pirebazar an und mussten hier die Tscharwadaren erwarten, welche den Waarentransport, hauptsächlich Seide, aus Rescht hierher vermitteln; andere Pferde waren nicht zu haben. Nach zwei Stunden kamen die Tscharwadaren an und gegen Abend, den 18ten Novr. trafen wir schon in Rescht ein, wo wir in der Factorei der transkaspischen Handelsgesellschaft vor der Stadt abstiegen.

Die Pferde waren kaum abgeladen, als es anfing zu regnen. Der Regen hielt die ganze Nacht und die folgenden Tage an und es wurde bald so kühl, dass wir zu dem Kamin flüchten mussten. Solches anhaltendes Regenwetter ist in Gilan im Winter gewöhnlich, wenn der Nordwind die Regenwolken dem südlichen Ufer des kaspischen Meeres zutreibt, wo sie durch das hohe Alburzgebirge aufgehalten werden. Diese Regengüsse verwandeln die Marschen Gilans in kürzester Zeit in einen wirklichen Morast, so dass aller Verkehr zwischen den Ortschaften aufhört. Der feuchte Nordwind schlägt gewöhnlich in einen warmen Südwind um, Badigärm باد كرم oder gewöhnlich Gärmidsch كرمج genannt, der vom Gebirge herkommt und die Wege sogleich wieder trocknet. Der Regen hörte etwa am 1ten December auf, und am 3ten December, um Mitternacht erhob sich ein Gärmidsch, der sich uns durch lautes Pfeifen ankündigte, ähnlich dem Schalle der Burg *), durch welche die Frauen in die Badehäuser gerufen werden. Dieser Wind hielt

*) Burg oder Bug ist eine Art Trompete oder Horn, von Muscheln oder Glasstücken.

den ganzen Tag an; hierauf änderte sich das Wetter, es wurde warm und die Strassen der Stadt waren sogleich trocken*). Wir benutzten das gute Wetter zu einem Ausfluge nach Fumen, der alten Hauptstadt von Biepas, von wo wir nach zwei Tagen wieder nach Rescht zurückkehrten. Hier besuchten wir noch das Imamzade Suleimandere in der Nähe der Stadt. Bald aber fing es wieder an zu regnen und hörte auch nicht wieder auf, bis zu unserer Abreise.

In Rescht machten wir dem Schahzade Ardeschir Mirza, Statthalter von Gilän, unsere Aufwartung, der uns sehr höflich aufnahm und sich bei unserem Eintritt nicht allein von seinem Sitze erhob, sondern uns sogar einige Schritte entgegen kam.**) Am

---

*) In der persischen Zeitung Ruznameï-newîs روزنامهٔ نویس (Tageblatt) vom 28. Rabi ul-awwal (1864) liest man folgende Beschreibung, die ich hier wörtlich mittheilen will. „Aus Gilän wird berichtet, dass die Verwaltung nicht ganz aller Ordnung entbehrt, dass der Statthalter Mohammed Kasim Khan im Eifer des Dienstes und Anordnung von Maassregeln, welche der Noth und den Beschwerden des Volks abhelfen sollen, nicht ganz sorglos ist. Vor Kurzem hat sich eine merkwürdige Naturerscheinung in diesen Gegenden ereignet. Am 6. des Monats Dschemadi-ul-awwal erhob sich um 2 Uhr in der Nacht ein starker Wind mit heftigen Stössen, der die Temperatur der Atmosphäre augenblicklich veränderte, sich bald zu einem vollkommenen Orkan steigerte und mit Donner und Blitz fünf volle Stunden anhielt. Die ganze Bevölkerung war von Furcht durchdrungen und viele, die für ihr Leben fürchteten, stürzten eiligst aus ihren Wohnungen, denn es schien als ob die aufgeregte Natur weder ein Haus noch einen Baum an seiner Stelle lassen wolle. Einige alte Gebäude zerfielen wirklich in Stücke und viele hundertjährige Bäume wurden mit den Wurzeln aus der Erde gerissen. Bei dem Hafenstädtchen Enzeli war dieser Orkan von starkem Regen und einem ungewöhnlichen Toben des Meeres begleitet, wodurch viele Unglücksfälle herbeigeführt wurden. So gingen sechs Kirdschim, die mit verschiedenen Waaren aus Mazanderan kamen, zu Grunde; drei andere Böte, die mit Naphtha und gesalzenen Fischen nach Lengerud segelten, kamen an der Mündung des Flusses Sefidrud zum Sinken und konnten nur noch dadurch mit Mühe gerettet werden, dass die Matrosen einen Theil der Ladung zur rechten Zeit über Bord warfen. Zwei Kauffahrer von Baku wurden stark beschädigt bei Enzeli ans Ufer geworfen, jedoch ohne Verlust an Mannschaft. Ein anderer grosser Zweimaster, der mit Naphtha, Salz und Reisenden nach Mazanderan ging, scheiterte vor Lengerud, und weder Ladung noch Mannschaft und Passagiere konnten gerettet werden; die Ueberreste des verunglückten Schiffes liegen noch jetzt nicht weit von Lengerud am Ufer."

**) Der frühere Statthalter Amr Aslan Khan Umid-ul-Mulk (Hoffnung des Reichs), auch Schahzade, pflegte, auch bei officiellen Besuchen von Consuln oder anderen Fremden, sich nur ein wenig von seinem Sitze zu erheben, ohne einen Schritt vorwärts zu thun.

15. December trafen wir wieder in Enzeli ein, wo uns vor Ankunft des Dampfschiffes noch Zeit blieb, die Ufer des Murdab und die Befestigungen von Enzeli in Augenschein zu nehmen. Den Abend brachten wir bei dem indischen Prinzen Rab-Radscha-Duläzing-Bahadur zu, der nach misslungenen Versuchen in Indien, sich nach Teheran um Hülfe gewendet hatte und von dort nach Rescht gekommen war, um von da aus, wie man sagte, die russische Regierung um Schutz zu bitten, und jetzt in Enzeli die Entscheidung seiner Angelegenheit erwartete.

Am Morgen des 17. (29.) December verkündigte uns ein Signalschuss die Ankunft des Dampfschiffes auf der Rhede vor Enzeli; wir begaben uns sogleich an Bord und trafen am 19. December in Baku ein.

Unsere Reise im nördlichen Persien war im Ganzen glücklich von statten gegangen; nicht allein wurden uns auf unseren Ausflügen bei dem Besuch der verschiedenen Imamzade, Bug'a und anderer sehenswerther Orte keine Schwierigkeiten in den Weg gelegt, sondern die Einwohner nahmen uns fast überall gastlich auf und waren uns auch namentlich bei Copierung von Inschriften vielfach behülflich. Zu bedauern war nur, dass in Gilän das unfreundliche Wetter unseren Ausflügen in dieser Provinz hinderlich entgegenstand.

Die Sammlung meines geographischen Materials begann ich in Aschref und setzte sie während der ganzen Reise fort; aber bei dem Misstrauen, welches die Perser im Allgemeinen gegen Europäer hegen, war es nicht immer leicht, genügende Auskunft von ihnen zu erhalten, und bei meinen Fragen musste ich, allen Klassen des Volkes gegenüber, mit denen ich in Berührung kam, vom Tscharwadaren bis zum Khan, beständig auf der Hut sein, um keinen Argwohn zu erregen. Oft war ein langes Gespräch über höchst gleichgültige Gegenstände nöthig, ehe ich wagen konnte etwas niederzuschreiben, und nicht selten verging den Persern alle Lust zum Sprechen, sobald sie bemerkten, dass ich etwas aufschreiben wollte, in welchem Falle ich dann weiter keine Antwort erhalten konnte, als „Khûb mischewad ager bigûsch bemonim"*) خوب میشود اکر بیکوش بمانیم. Nicht selten auch waren die Leute beim

*) Es wäre wohl nicht gut, wenn wir ohne Ohren blieben (d. h. wenn uns die Ohren abgeschnitten würden).

besten Willen nicht im Stande meine Fragen zu beantworten, weil ihnen jegliche geographische Kenntniss ihres Landes abgeht. Die Erörterung der Eintheilung der Provinzen in Bezirke oder Bulüks kostete mir oft mehrere Tage, und das Resultat war zuletzt noch immer nicht vollkommen sicher, wie man unten an manchen Stellen sehen wird. Den Perser kümmert es sehr wenig, zu welchem Bulük sein Dorf gehört, was auch oft schwer zu wissen ist, da die Grenzen der Bulüks, je nach den Umständen und dem Willen der Gewalthaber, sehr oft verändert werden. Ein Bulük soll nach Aussage der Bewohner 33 Dörfer enthalten, und sie waren oft nicht wenig verwundert, wenn sie deren mehr als 100 aufzählten.

Die Namen der Ortschaften habe ich so gut wie möglich nach der Aussprache wiedergegeben, welche ich an Ort und Stelle hörte, wobei mir die persische Etymologie erst in zweiter Linie stand; übrigens lässt sich die Aussprache mancher Namen selbst mit den persischen Buchstaben nicht ausdrücken.

Die Eintheilung in Bulüks gebe ich ebenfalls nach den Angaben, welche ich an Ort und Stelle erhielt, und die mir im Allgemeinen richtig zu sein scheinen, obwohl sie bei der geringen Kenntniss der Einwohner von ihrem Lande zuweilen nicht ganz übereinstimmen. So wurde mir z. B. in Mazanderan gesagt, der Bulük Bandepej sei acht Farsakh lang, von Barferusch ab gerechnet, dabei aber wurden mir Dörfer gezeigt und genannt, als zu diesem Bulük gehörig, die augenscheinlich in ungleich grösserer Entfernung lagen. Als ein Dorf des Bulüks Nur wurde mir Kudschür genannt; dieses ist aber der Name eines an den Bulük Nur grenzenden Bulüks. Ferner konnte ich nicht erfahren, ob der Bulük Sachtessar (in Tenakobun) zu Mazanderan oder zu Gilân gehöre *); den Bulük Lischtenischa, der in der Geschichte Gilans oft erwähnt wird, wollte niemand als zu Gilan gehörig anerkennen, und über Amarlü, den oberen Theil Gilans, konnte ich gar nichts genaueres erfahren; es wurde mir sogar als ein von Gilan unabhängiges Gebiet genannt, u. dergl. m. — Genauere Auskunft über die Bulüks und die dazu gehörigen Dörfer könnte man nur aus offi-

*) Tenakobun gehörte früher zu Gilan und Deilem, wurde aber später, nach Schah Nadir, zu Mazanderan geschlagen und Kerim Khan schenkte es dem Khan von Amberli.

ziellen Registern der örtlichen Behörden schöpfen; diese sind aber entweder gar nicht vorhanden, oder wenigstens nicht zugänglich.

Die Etymologie der Namen glaubte ich, als meinem Gegenstande ferner liegend, nicht besonders berücksichtigen zu müssen, zumal dieselbe den Persern selbst nicht immer bekannt ist. So z. B. wird die Stadt Rescht auch Dâr ul-marz genannt, mit welchem Namen man früher nicht allein das ganze Gilân, sondern auch Mazanderan, oder das alte Tabaristan, nach einigen auch einen Theil von Dschordschan mit inbegriffen, benannte. Man erklärt den Namen Dâr ul-marz دار المرز gewöhnlich durch „Grenzland", wie die Küstenländer, welche von den übrigen Provinzen des persischen Reichs durch das Alburzgebirge getrennt sind, sehr wohl genannt werden können. Gegen diese Erklärung lässt sich kaum etwas einwenden, da auch z. B. in dem Worte Marzubân مرزبان, welches dem deutschen „Markgraf" entspricht, das Wort Marz dieselbe Bedeutung, Mark oder Grenze hat. Allein die Landes-Einwohner sagen, das Wort Marz bezeichne einen Damm, der durch einen Fluss oder Sumpf geführt sei, auch einen Damm im Felde, um dieses vor den Ueberschwemmungen der Flüsse zu schützen. Von solchen Feldern und Sümpfen, die sich an dem ganzen niedrigen Ufer des kaspischen Meeres finden, ist die Stadt Rescht von allen Seiten umgeben. Sonach würde Dâr ul-marz, als Name der Stadt Rescht, nicht Grenzland, sondern Haus der Dammfelder oder Sümpfe bedeuten. Nach dieser Erklärung wäre Marzubân der Beherrscher einer Niederung oder sumpfigen Gegend, die allerdings auch ein Grenzland sein kann, und das Wort Marz würde dann dem deutschen Worte Marsche entsprechen, nicht dem Worte Mark.

Die Geschichte Irans, welche bekanntlich noch so manche Schwierigkeiten bietet, habe ich nicht in den Bereich meiner Untersuchungen gezogen; meine Reisenotizen erstrecken sich vielmehr nur auf die beiden Provinzen Gilan und Mazänderan, denen ich noch einige Bemerkungen beifüge, die ich im Jahre 1858 über Astrabad und Schahrud niederschrieb. Herr v. Dorn, auf dessen Anrathen ich von Anfang an meine Bemerkungen zu Papier brachte, und der lebhaften Antheil an meiner Arbeit nahm, stellte mir zur Vervollständigung derselben nicht allein eine auf den Gegenstand meiner Untersuchungen bezügliche persische Handschrift*), sondern auch seine eigenen, während mehrerer Jahre gesammelten Materialien zur Verfügung. Die Werke europäischer Reisender und Gelehrter habe ich zu Rathe gezogen, jedoch weniger bei ihnen gefunden als ich erwartet hatte. Die meisten Reisenden welche die Küstenländer des kaspischen Meeres besuchten, sind fast ohne Ausnahme einer und derselben Marschroute gefolgt und geben mehr ihre persönlichen Eindrücke, als geographische Untersuchungen, wenn sie auch zuweilen auf historische Einzelheiten eingehen, die zu der Zeit als sie geschrieben wurden interessant sein mochten, jetzt aber nicht mehr genügend erscheinen. Für die Geschichte der nördlichen Provinzen Persiens haben wir in neuerer Zeit durch Herrn v. Dorn höchst schätzbares Material erhalten, welches zu verarbeiten mehr als Jahresfrist erforderlich ist. Der kurze Abriss der alten Geschichte Tabaristans, bis zur Dynastie der Sefewiden, welchen ich hier mittheile, mag einen Begriff davon geben, wie mannichfache Studien zu einer ausführlichen Behandlung dieser Geschichte nöthig sind. Die Zusammenstellung meiner chronologischen Tafel wäre mir nicht möglich gewesen, wenn nicht Herr v. Dorn mir seine bis jetzt noch nicht veröffentlichten Sammlungen gütigst zur Benutzung überlassen hätte.

Bei Zusammenstellung meiner Notizen hatte ich nicht die Absicht, eine genaue Beschreibung aller in alter Zeit berühmten Oertlichkeiten zu geben, die zum Theil nicht mehr existiren, wie z. B. das alte Rujan; dies würde meiner Arbeit eine unbestimmte Ausdehnung gegeben haben, und ich beschränke mich daher darauf, die Küstenländer in ihrer jetzigen Ausdehnung und gegenwärtigen Gestalt darzustellen.

Für die Statistik Persiens besitzen wir die ausführlichen Werke v. Blarenbergs**); ich glaubte daher die Statistik dieser Länder übergehen zu dürfen, zumal es bei der allgemeinen Gleichgültigkeit der Perser für die Interessen ihres Landes sehr schwer hält statistische Angaben zu erhalten, da sie in der Regel nicht einmal die Einwohnerzahl ihres eigenen Dorfes kennen und oft nicht mehr zu sagen wissen, als: unser Dorf hat 20, 30, 50 oder 100 oder viele

*) Die Handschrift ist betitelt „Astrabad, Mazanderan, Giläu, Semnan, Damgan.“ S. Dorn, Bericht seiner Reise in den Kaukasus, (russ.) 1861. S. 72.

**) in „Beiträge der Russ. geogr. Gesellschaft in St. Petersburg 1850 und 1853.“

„khaili“ خيلى Häuser. Im Einzelnen habe ich übrigens die Einwohnerzahl der Städte und Quartiere angegeben. Ueber den Seidenbau in Gilan glaubte ich mich kurz fassen zu dürfen, weil fast alle Reisende darüber sprechen. Die Bemerkungen über das östliche turkmanische Uferland sind zum Theil ein Auszug aus meinen Notizen in der Zeitschrift „Kaukasus“ 1862 (No. 19 — 22). Hier hatte ich hauptsächlich eine genaue Aufzählung der turkmanischen Stämme im Auge, die am östlichen Ufer des kaspischen Meeres nomadisieren und welche ich in meinen früheren Notizen nicht berücksichtigt hatte; dasselbe gilt von der Insel Aschurade.

Das südliche Küstenland des kaspischen Meeres umfasst die drei aneinander grenzenden nördlichen Provinzen des persischen Reichs: 1) Astrabad mit der Hauptstadt Astrabad استراباد südöstlich, 2) Mazanderân, mit der Hauptstadt Barferusch بارفروش, südlich, und die eigentliche Südküste des Meeres bildend, und 3) Giläm, mit der Hauptstadt Rescht رشت, südwestlich am Meere gelegen. Die Entfernung zwischen Astrabad und Rescht wird von den Einwohnern auf 77 — 82 Farsakh angegeben, nach folgender Rechnung:

Von Osten nach Westen:

Von Astrabad bis Dschirekulbad an der Grenze von Mazanderân	10 Farsakh*)
von Dschirekulbad bis Aschref	3 -
von Aschref bis Sârî	8 -
von Sârî bis Barferusch	7 -
von Barferusch bis Rescht	49 -
	77 Farsakh;

oder umgekehrt von Westen nach Osten:

von Rescht bis Laïdschân	7 Farsakh,
von Laïdschân bis Sefid-Temische, an der westlichen Grenze von Mazanderan	9 -
von Sefid-Temische bis Dschirekulbad	51 -
von Dschirekulbad bis Astrabad	10 -
	77 Farsakh.

*) Die Länge der Farsakh ist in den verschiedenen persischen Provinzen nicht immer dieselbe; in Astrabad beträgt sie etwa sieben Werst, in Mazanderan hingegen nur fünf Werst, in Gilän fünf bis sechs Werst.

Von Astrabad über Gäz und an der Küste weiter bis Rescht sind 82 Farsakh; nämlich:

Bei gutem Wetter und wenn sonst die Umstände günstig sind, kann man zu Lande von Astrabad nach Rescht in zwei Wochen reisen, obwohl die Entfernung nicht grösser ist als zwischen Enzeli und dem Meerbusen von Astrabad, 240 Seemeilen, welche das Dampfschiff in 30 — 40 Stunden zurücklegt. An der Küste zieht sich ohne Unterbrechung und beinahe parallel mit dem Ufer des Meeres das Alburzgebirge البرز hin, welches die südliche Grenze der nördlichen Provinzen Persiens bildet. Dieses Gebirge ist ein Zweig der kaukasischen oder Talisch-Gebirge und ist in der Mitte der Provinz Mazanderan, in der Gegend von Barferusch, am weitesten vom Meere entfernt; dort sind von der Rhede bei Meschhediser bis an den Demawend beinahe 50 Werst; an der Grenze zwischen Mazanderan und Gilan und auf der anderen Seite an der Grenze zwischen Mazanderan und der Provinz Astrabad nähert sich das Gebirge dem Meere auf 15 — 10 Werst; in der Gegend von Astrabad und der turkmanischen Steppe tritt es gegen Süden, in der Richtung von Khorasan oder Meschhed, wieder weiter zurück. Ueber die Meeresfläche erhebt es sich 7 — 8000 Fuss.

Unter den höchsten, zum Theil mit Schnee bedeckten Gipfeln sind die bemerkenswerthesten, in der Provinz Astrabad oder Schahrud-Bastam: die Berge Schahkuh-i-Sewer شاهكوه وساور; in Mazanderan: der Demawend دماوند; in Gilan: der Derfek درفك. Diese Gipfel sind vom Meere aus in ziemlicher Entfernung sichtbar, besonders der Demawend, den man bei gutem Wetter und heller

Gäz (von Astrabad) . .	$8^1/_2$ Farsakh,
Karatape (von Gäz) . .	6
Ferâkhabâd	6
Meschhediser	6
Heraz	5
Sarinkela	6
Kerkerusar	6
Nischta	$6^1/_2$
Sakhtesar	6
Tschaabe-dschir . . .	8
Sefidrud	5
Dakke	1
Ledscheriki	9
Rescht	3
	82 Farsakh.

Beleuchtung auf mehr als 150 Meilen (260 Werst) sehen kann. Bei den Eingebornen haben sich über diese Berggipfel viele fabelhafte Erzählungen erhalten, und namentlich steht in dieser Beziehung der Demawend als der höchste, und als reichster Quell der Volksdichtung oben an. Wegen seiner historischen Bedeutung für ganz Persien und weil die Bewohner Mazanderans ihn für ein besonderes Wunder der Schöpfung halten, will ich hier einiges über ihn mittheilen.

Der Demawend liegt ziemlich in der Mitte zwischen Astrabad östlich und Rescht westlich, in einer Entfernung von etwa 40 — 50 Werst vom Meere. In der alten Geschichte Persiens ist er der Mittelpunkt der Heldenthaten der pischdadischen und kijanischen Herrscher. Hier lebten Kejumers كيومرث, Dschemschid جمشيد, Zokhak ضحاك, Feridun فريدون, Selm سلم, Tur تور, Menutschihr منوجهر, Rustem-Zal رستم زال und andere Helden, deren Thaten das Schahname verherrlicht. Die Bewohner Mazanderans zeigen noch heute die verschiedenen Stellen, welche Schauplatz der Thaten jener Helden gewesen sein sollen; das Volk glaubt noch heute, dass der grausame Zokhak auf dem Gipfel des Demawend in der Höhle lebt, in welche Feridun ihn einschloss; noch immer schlagen seine Wächter mit schweren Hämmern auf den Ambos und das Dröhnen ihrer Schläge schallt aus dem Berge. Das Feuer, welches zu Zeiten aus den Spalten des Berges hervorbricht, sprüht aus den Augen des Tyrannen, der Dampf und Rauch sind sein Athem, das dumpfe Getöse im Innern des Berges sein Stöhnen. Nach der Volkssage wohnte Zokhak an einem Hügel in der Nähe der Stadt Demawend*), wo sich noch jetzt Ueberreste seines Palastes finden sollen; auf dem Hügel selbst wohnten seine Trompeter und Trommler in einem Gebäude, welches den Namen Nakar-Khane نقاره خانه führte.

Die Perser halten den Demawend für die Wohnung böser Geister und Dämonen oder Dive, daher sein Name Diw-band ديوبند. Ueber den Namen Demawend giebt es jedoch noch eine andere Tradition. Als Feridun den Tyrannen Zokhak gefangen nahm, wollte er dessen Koch Ermail**) hinrichten, der nach dem Befehle

*) Nach den Beobachtungen der Reisenden kann man von der Stadt aus den Berg nicht sehen, obwohl die Entfernung nur 4 Werst beträgt.

**) Dieser Name findet sich bei Jakut und in der Erzählung, welche B. de Meynard anführt. Dictionnaire, pag. 236.

seines Herrn die unschuldigen Opfer getödtet hatte, um mit ihrem Gehirn die Schlangen zu füttern, welche der Wütherich auf seinen Schultern trug. Um sich zu rechtfertigen, brachte der Koch eine Menge junger Leute, die er gerettet hatte, und Feridun schenkte ihm das Leben mit der Bedingung, dass er ihm ein Gericht ohne Fleisch und Gemüse bereite. Ermail ersann ein Gericht von Hammelschwänzen, und als er es Feridun brachte, sagte dieser „dunbâwendî“*) d. i. du hast Schwänze ersonnen. — Dieser Ausdruck des Herrschers wurde der Name des Berges, welchen Ermail später, mit der ganzen Umgegend, von Feridun als Geschenk erhielt.

Auf dem Gipfel des Demawend sollen sich zwei grosse Brunnen finden. In dem einen, welcher kein Wasser enthält, ist ein Tyrann Namens Jazid-ben Zijad eingesperrt, welchen ein Vogel von ungewöhnlicher Grösse, der ebenfalls darin wohnt, seit vielen Jahrhunderten quält, indem er ein halbes Jahr lang an ihm frisst, bis er ihn ganz aufgezehrt hat, und dann lebendig wieder auswirft, um ihn von Neuem zu verzehren. Der andere Brunnen ist mit dem reinsten Schneewasser angefüllt, aber der Aufenthalt der giftigsten Schlangen, Gewürme und Insekten. Er ist von nicht weniger als 1666 tiefen Gräben und Abgründen umgeben, in denen die wildesten Thiere hausen.

Die mohammedanischen Schriftsteller Ebn Haukal, Hamdullah Kazwini u. a. sagen, die Höhe des Demawend betrage 4 — 5 Farsakh und um ihn zu besteigen, brauche man neun volle Stunden. Den Umfang des Berges geben sie auf 20 Fars. an, d. i. 35 Stunden Weges, und bemerken, dass man von der Höhe des Berges eine Rundschau von 100 Fars in die Ferne habe und die Städte Schiraz, Rej, Ispahan u. a. deutlich sehen könne. Auf dem Demawend soll, nach Ansicht der Perser, die Arche Noahs stehen geblieben sein.

Es ist bekannt, dass der Demawend ein Vulkan ist, aus dem jedoch nur zu Zeiten Rauch aufsteigt; man zählt an 70 Krater. Der Berg hat viele Schwefelquellen und enthält viele Mineralien, vorzugsweise Steinkohle. Die aus den Spalten des Berges aufsteigenden Dünste bilden an der Oberfläche desselben einen Niederschlag

---

*) oder dumbâwendânî دنباوندانی. Jakut giebt den Ausdruck mit den arabischen Worten وجدت الاذناب wieder. — Handschr. der k. Russ. Akademie der Wissenschaften.

von Ammoniak (sal ammoniacum); der Schwefel hat eine schöne goldgelbe Farbe und wird hauptsächlich von den Einwohnern der Stadt Demawend gesammelt, die zu diesem Zwecke den Berg monatlich ein oder zwei Mal ersteigen, und über ganz Persien ausgeführt. Die Schwefelquellen sind so heiss, dass man Eier darin kochen kann*). Einige derselben werden von den Persern auch als Heilquellen besucht. Sie entspringen an dem Abhange des höchsten Gipfels, 1268 Fuss über der Meeresfläche. Herbert stieg im Jahre 1627 bis zu den Quellen hinauf. In der Umgegend des Demawend findet man Eisenminen, سرمه (antimoine), مرتك (litharge) und زاج (sulfat de fer).

Der Schneegipfel des Berges hat das Ansehen eines Kegels oder einer Kuppel. Man bemerkt übrigens, dass er nicht gleichmässig mit Schnee bedeckt ist; eine etwa 300 Ellen lange Fläche ist mit tiefem Sande bedeckt, in dem man buchstäblich versinkt. Der Wind weht hier so stark, dass man sich kaum auf den Beinen erhalten kann; von Vegetation ist keine Spur, alles ist todt, kein Thier lässt sich sehen, selbst die Vögel fliegen nicht zu dem Gipfel hinauf.

Der erste Reisende, welcher nach Herbert wieder den Demawend besuchte, war Olivier, i. J. 1798, der jedoch den Gipfel nicht erreichte. Morier entdeckte sechs Stunden von der Stadt Demawend einen tiefen See, etwa eine halbe Stunde im Umfang, dessen Wasser, nach seiner Beobachtung, kalt und im Winter mit Eis bedeckt war. Die Bewohner versichern, dass viele Quellen auf dem Berge Demawend versiegen, sobald das Wasser des Sees um einige Fuss sinke.

Thomson bestieg den Berg im September 1837 und gelangte bis beinahe auf die Spitze**), sagt aber wenig davon. Er hatte vier Führer aus dem Dorfe Ask اسك***) und erreichte am ersten Tage das Dorf Garmo, wo sich einige warme Quellen befinden, die schon Herbert besucht hatte. Am zweiten Tage stiegen die Reisenden nur um zwei Stunden höher hinauf, und mussten, vom Regen überrascht, unter einem Felsen Schutz suchen. Am dritten Tage er-

*) W. Ouseley, Travels etc. 1823 Pag. 326.

**) Thomson, an account of the ascent of mount Demawend 1837 (Journ. of the R. Geogr. Soc. T. 1. 1838).

***) Dorf Ask, Distrikt Laridschan, wo sich berühmte Mineralquellen finden, 8 Fars. von Teheran entfernt.

reichten sie die Schneelinie. Zwei Führer waren gleich am Anfange der Wanderung wieder umgekehrt, der dritte klagte fortwährend über Kopfschmerzen und Herzklopfen. Am Abend waren sie nahe am Gipfel, und da sie heftig froren, flüchteten sie in eine Höhle an der östlichen Seite des Berges, nur wenige Fuss unter der Spitze. Nach Thomsons Messung befanden sie sich 19,400 Pariser Fuss (6300 Meter) über dem Spiegel des kaspischen Meeres. Der Wind war stark; die Höhle in welche sie flüchteten, hatte zwei Abtheilungen und es war so warm darin, dass sie an einer Spalte in der Wand derselben kaum die Hand halten konnten. Als sie eintraten, schmolz der Schnee sogleich von ihren Kleidern, und ihre Füsse wurden während der ganzen Nacht durch die warme Asche, die den Fussboden bedeckte, warm gehalten. In der Höhle roch es nach Schwefel und Thomson glaubt, dass, wenn man den Eingang verschlösse, man darin leicht ersticken könne. Am Morgen (den 10. Septbr.) wachten die Reisenden mit Kopfschmerz auf, und kaum waren sie ins Freie getreten, als Thomsons Mantel und ganze Kleidung, von warmen Dämpfen und Feuchtigkeit durchdrungen, zu frieren begann. Dieser Umstand bewog ihn wieder den Berg hinabzusteigen, um so mehr, da er nur für vier Tage Proviant mitgenommen hatte. Thomson räth denen, welche den Gipfel ersteigen wollen, dieses bei Nacht und im Mondschein zu thun und sich den Tag über dort aufzuhalten, um den schädlichen Dünsten zu entgehen.

Im August 1852 bestieg Ciarnotto, ein österreichischer Ingenieur in persischen Diensten, den Berg. Er beabsichtigte die Höhe zu messen und geognostische Beobachtungen anzustellen, allein ungünstige Umstände hinderten ihn daran. Ciarnotto bestieg den Gipfel von der südöstlichen Seite und sah hier einen tiefen Krater (Kraterfeld), dem ähnlich, welchen Kazwini beschreibt. Die Kälte auf dem Gipfel war so stark, dass der Reisende kaum seine Glieder bewegen konnte. Seine Begleiter hatten ihn verlassen, anstatt ihrer aber kamen einige Männer zu ihm, die er nicht kannte und die ihn zwangen wieder hinabzusteigen, und ihn beinahe in eine Schlucht geworfen hätten, wenn er ihnen nicht sein Geld und Alles, was er bei sich hatte, überlassen hätte. Ciarnotto pflanzte, wie man sagt, auf dem Gipfel des Demawend die persische Fahne mit der Sonne und dem Löwen auf, die aber bald wieder vom Winde niedergerissen wurde.

Von Reisenden, welche in jüngster Zeit den Demawend bestiegen haben, kennt man noch M. Nicolas, welcher am 23. Juni 1860 von Ask bis Abigarm*) hinaufstieg. Kaum hatte er den Weg angetreten, als er einen starken Donner vernahm, und gleich darauf ein grosser Felsen mit ungeheuerer Schnelligkeit an ihm vorüberrollte. In fünf Stunden erreichte er die Höhe von 5540 Metres über der Meeresfläche. Heftiger Kopfschmerz, Hemmung des Athmens und Mattigkeit bewogen ihn einen Augenblick zu warten um neue Kräfte zu sammeln. An der Stelle wo er sich befand hatte man einen unbegrenzten Horizont; unter seinen Füssen lagen die Wolken die das Thal bedeckten wie ein Meer, aus dessen Mitte die dunkeln Massen der nahen Felsen emporragten. Der Weg zu dem Gipfel führte zwischen mit Eis bedeckten Felsen hinauf, und Nicolas wollte weiter, sein Begleiter aber, ein Perser, weigerte sich mit zu gehen, und versicherte, dass noch Niemand bis zu dieser Höhe gelangt sei; er musste daher nach dem Dorfe Abigarm zurückkehren. Nicolas fand auf seinem Wege Schwefelkrystalle und ölige Körner (graines oleagineuses), die vom Winde auf den Berg geführt worden waren. Die Höhe des Demawend über der Meeresfläche bestimmt Nicolas auf 6,636 Metres.

Im Jahre 1860 wurde der Berg von dem preussischen Gesandten Baron Minutoli in Begleitung seines Gefolges und des Dr. Brugsch bestiegen. Die Reisenden erreichten, wie es scheint, den Gipfel. Dr. Brugsch bemerkt, dass der Demawend sich 19 – 20,000 Fuss über die Fläche des kaspischen Meeres erhebe**).

Im Jahre 1861 unternahmen die Herren Ulsky und Mjakischeff eine geodäsische Messung der Höhe des Demawend***) nach Beobachtungen von zwei astronomischen Punkten, der Insel Aschurade und der Mündung des Fl. Tidschan, nahe bei Ferâhabâd; sie fan-

*) Bulletin de la société de géographie, 1861: Excursion au Demawend par Nicolas. Pag. 105 u. f.

**) Vergl. Mittheilungen aus Justus Perthes geogr. Anstalt von Dr. A. Petermann, 1861: Zwei neue Messungen des Demawend. S. 437. Reise der Preussischen Gesandschaft nach Persien (1860), geschildert von Dr. Brugsch. Leipzig 1852. 8.

***) Morskoi Sbornik. (Sammler: russische Zeitschrift für die Marine) April 1861. – Neueste Bestimmung der Höhe des Demawend von N. Iwaschinzof.

den die mittlere Höhe des Demawend über dem kaspischen Meere 18,549, 2 russ. (oder engl.) Fuss. *)

Der Name Alburz, den man in vielen Gegenden Persiens findet, steht in Zusammenhang mit der vorhistorischen Wanderung der Arier in die Gegenden, wie man glaubt, des heutigen Gilän oder Mazanderan, d. i. Varena, den vierzehnten von Ahura-mazda (Ormuzd) geschaffenen Ort, wohin, nach dem Zend-Avesta, Jima (Dschemschid), der zweite Mensch, auf Befehl Ormuzd's, des obersten Gottes, das Volk aus dem ersten von ihm geschaffenen Lande, Airyana-Vaeja, führte, welches einige Gelehrte im Osten, andere im Westen des kaspischen Meeres suchen. Auf dem Alburz (Arburdsch oder burdj), als dem höchsten Gebirge, welches, nach der persischen Kosmologie, die ganze alte Welt umgiebt, sollen die räthselhaften Ströme Arg-rot, Veh-rot, Phrat und alle anderen entspringen, welche die sieben Kareshwares, d. i. die ganze Welt, durchströmen und sich in den fabelhaften See Vouru-kasha ergiessen, welchen die Gelehrten für das kaspische Meer halten und in welchem ich selbst das „khazarische Meer" بحر الخزر wieder erkennen möchte, wie man دريا in „zaraja" wieder erkennen will, wenn nicht بحر ein arabisches Wort wäre. Dies sind jedoch Fragen für philologische Untersuchungen, und ich ziehe vor, hier zu erzählen, was die Muhammedaner von diesen Ländern wissen, die sie bis heute unter den alten Namen Tabaristan und Mazanderan kennen.

In sehr früher Zeit, so erzählen die Bewohner Mazanderans, befahl ein persischer Herrscher, der das Land von allerlei Gesindel befreien wollte, in seinem Reiche eine unbewohnte Gegend zu suchen, in die er die Missethäter verbannen könne. Nach langem Suchen fand man einen Urwald am Alburzgebirge. Als der Herrscher nach einiger Zeit Nachrichten über die Lage der Verbannten verlangte, fanden die dorthin gesandten Boten dieselben in der grössten Armuth. Auf ihre Frage, was sie am meisten bedürften, antworteten jene, sie brauchten vor allen Dingen „Tabarha" طبرها,

*) Aus verschiedenen Beobachtungen ersieht man, dass der Demawend zu den höchsten Bergen der Erde gehört; er ist 1500 Meter (2800 Fuss) höher als der Ararat; der Elborz im Kaukasus (5640 Meter) ist 1000 Meter niedriger als der Demawend; der Chimborazo in Amerika (6530 Meter) ist um 1000 Meter niedriger. Jetzt ist bekannt, dass die höchsten Bergspitzen sich im Himalaia befinden: Kautschintin 28,156, Darpong, 28,278 und Haurisankar, 29,000 engl. Fuss.

d. i. Aexte, um Bäume zu fällen und sich Wohnungen zu bauen. Diese Bitte wurde erfüllt, und als sie ihre Häuser erbaut hatten, schickte man Frauen, „Zenân“ زنان, die etwas verbrochen hatten, dorthin, und das Land erhielt den Namen „Tabar-Zenan“, d. i. Aexte und Frauen.

Diese Erzählung, welche sich auch bei Jakut findet, hat wahrscheinlich keinen anderen Grund als den, dass die Bewohner Mazanderans schon in früherer Zeit, wie noch heutzutage, beständig eine Axt auf ihren Schultern trugen. Dieser Aexte, „Tabarha,“ bedienen sie sich hauptsächlich, um die Wege von dornigen Gesträuchen zu säubern, welche die ganze Provinz bedecken, und tragen sie auf dieselbe Weise wie die russischen Bauern ihre Sicheln. Bei den Bewohnern der Provinz Gilän, die früher zu Tabaristan gehörte, ist es ebenfalls Sitte, eine Sichel mit langem Griffe auf den Schultern zu tragen. Diese Sitte soll in Gilän erst zur Zeit des Schah Sefi eingeführt worden sein, als nach der Hinrichtung Garib Schah's den Einwohnern dieser Provinz verboten wurde Waffen zu tragen; man erlaubte ihnen damals nicht einmal Ringe zu tragen, deren man sich zum Spannen der Bogensehnen bedient, sondern nur Sicheln mit einem vier Fuss langen Griffe, um sich in den Wäldern durch das Gesträuch Wege bahnen zu können.

Nach der Erzählung der Bewohner waren Tabaristan und Mazanderan im Alterthum eine dichte Waldgegend, die anfänglich nur den Diws zum Aufenthalte diente, die der Schrecken der benachbarten Länder waren; später, als die Dämonen von fabelhaften Helden vertrieben wurden, liessen sich hier Feueranbeter, Gebern, nieder. Dass letztere in den nördlichen Gegenden Persiens wohnten, berichten auch die muhammedanischen Schriftsteller. Auch die Griechen kannten das alte Tabaristan als ein gebirgiges mit Wald bedecktes Land und nannten es *Ταπυρία, Ταπουρία, Ταπηρία.* Man sagt, dass Mazanderan einst von den Stämmen Mardi und Tapuri bewohnt war, von denen Tabaristan seinen Namen erhalten haben könne. Die Armenier sagen, dass das Wort Mazanderan auch in ihrer Sprache einen Landstrich mit grossen Wäldern bedeute; sie erklären Maz gross, und andar Wald; die Partikel an bedeutet Ort oder Land.*)

*) Vgl. Wahl: Altes und Neues Vorder- und Mittelasien etc. Th. I. S. 552. — Stuart: Journ. of a residence in northern Persia. 1854. II. 265. — A. Forbiger: Handbuch der alten Geographie. Leipz. 1842. Th. II. S. 589.

Zahir-eddin*) sagt, das Wort Tabar bedeute im Dialekte von Tabaristan einen Berg, und Menutschihr habe zuerst in der Welt eine Festung erbaut, welche er Tabarek طبرك nannte. Zu Zahireddins Zeit führte ein Berg in der Nähe der Stadt Rej diesen Namen. Die Lage der Festung Tabarek giebt er in geringer Entfernung von Bische-Temische Ahlam بيشه تميشه اهلم**) an, wohin sich Menutschihr zurückzog, als er von Afrasiab verfolgt wurde.

Manche Bewohner des Küstenlandes leiten den Namen Tabaristan von dem Worte Tabar ab, dem Namen einer Pflanze, welche in alter Zeit das ganze Mazanderan bedeckte. Während unseres Aufenthalts in Amul zeigten uns die Perser eine Art wilden Grases, welches sie Tabar nannten; es wächst in der Umgegend der Stadt bei den alten Gumbad (Kapellen) zwischen Disteln und Dornen und die Einwohner sagten uns, dass früher ganz Mazanderan und Tabaristan von diesem Grase überwuchert war.

Mit dem Namen Tabaristan wurde, wie man glauben kann, auch der Kaukasus benannt, oder einzelne Theile desselben, welche von verschiedenen Geographen und Geschichtschreibern mit verschiedenen Namen benannt werden, wie Tabasseran طبسران, Tabarseran طبرسران, Tabaristan طبرستان. Sie sagen, dass die Mauer von Derbend, welche von Alexander dem Grossen oder von Khosru Nuschirwan zum Schutze gegen die Khazaren, Alanen, Serir und andere kaukasische Völkerschaften erbaut wurde, gegen Westen in das Meer auslief, gegen Osten aber sich 42 Meilen von Bab ul abwab (Derbend) bis zu einer Festung Kal'a Tabaristan erstreckte***).

Ueber den Ursprung des Namens Mazanderan wird Folgendes erzählt. Ein persischer Herrscher schickte Boten in das Land, welche erfahren sollten, was für ein Volk dort wohne. Als diese zurückkehrten, berichteten sie, sie hätten in den Gebirgen nur

---

*) Geschichte von Tabaristan, Mazanderan u. Rujan ed. B. v. Dorn. 1850. S. 13, 15 u. 16.

**) Bische-Temische, jetzt Sefid Temisch, und der Fluss Alamrud bilden die Grenze zwischen Masanderan und Gilan. Ein anderes Temische, welches Zahir-eddin oft erwähnt, soll an der Grenze zwischen Mazanderan und Astrabad liegen.

***) Notices et extraits des Mss. Tome. I: — L'histoire universelle de Masoudi, par de Guignes. — Nach Masudi Cp. VI ist ein Farsakh = 8 Meilen, 1 Meile = 400 Ellnbogen.

Männer gesehen, Frauen seien nicht dort, — ma zan derân ما زن دران — von diesem Ausdrucke habe das Land den Namen erhalten.

Man erzählt auch, dass in der Gegend des alten Tabaristan eine Mauer stand, welche Maz ماز genannt wurde. Die Gegend zwischen der Mauer und dem Meere habe man anderun-i mâz اندرون ماز genannt, oder umgekehrt: mâz-anderûn ماز اندرون d. i. das was innerhalb der Mauer ist. Nach Zahir-eddin wurde diese Mauer von dem Feueranbeter Maziar مازیار erbaut und erstreckte sich von der Grenze Gilans bis Dschadscherm جاجرم. Sie hatte mehrere Thore, durch welche Niemand ohne Erlaubniss gehen durfte.

In einer Bergkette südlich von Amul, die man unter dem Namen Khuschewasch kennt, ist ein Berg, welcher den Namen Neschel نشل führt und dessen Fuss die Einwohner jetzt auch Maz nennen. Die Bergbewohner treiben hier viel Bienenzucht und sagen, im mazanderanischen Dialekte bedeute das Wort maz Biene oder Wespe und مازکو mazku oder Moskau, Bienenstock. Die Bewohner der Stadt Barferusch behaupten, der Name Mazanderan sei von Mizân میزان, die Wage, abzuleiten, und Mizan-dar میزاندار bedeute einen der die Wage hält oder einen Wägenden. Als Beweiss führen sie an, dass auch der Name Barferusch بار فروش den Verkauf und das Wägen der Waaren bedeute, die aus verschiedenen Provinzen hieher gebracht werden. Allein diese Ableitung ist durchaus unbegründet, denn das Wort Mizan میزان ist arabisch und entspricht nicht einmal der Orthographie des Namens مازندران. Barferusch ist übrigens in der Geschichte Tabaristans unter dem Namen Mamtir مامطیر bekannt.

Einige europäische Schriftsteller, welche sich auf die Angaben bei Strabo, Ptolemaeus, Q. Curtius u. a. stützen, setzen das alte Hyrkanien an das südliche Ufer des kaspischen Meeres und wollen es in der Provinz Gilan wiederfinden, die ganz der Lage entsprechen soll, welche Q. Curtius angiebt, als ein Land am Ufer des kaspischen Meeres, umringt von bewaldeten Bergen. Der fruchtbare Boden sei hier durch eben solche Bäche bewässert. Für die Hauptstadt des alten Tabaristan hält man die Stadt Astrabad in der Provinz gleichen Namens. Der Pass bei Pilerudbar, südlich von Rescht, soll den Fauces Hyrcaniae entsprechen. Olearius setzt hinzu, dass ihm eine Stunde Weges von den Fauces Hyrcaniae die Ueberreste einer

Brücke gezeigt wurden, die Alexander von Macedonien zerstört haben sollte; er sah auch die Ruinen einer Burg auf einem Felsen mitten in einem Flusse (Sefidrud?). Auch Schirwan soll das alte Hyrkanien oder Media Atropia sein, welches Strabo auch als eine kalte und gebirgige Gegend beschreibt.

Es scheint dass man dem alten Hyrkanien weitere Grenzen zieht, als es selbst unter Alexander dem Grossen hatte. Nach den classichen Schriftstellern war Hyrcania unter den Nachfolgern Alexanders kleiner und umfasste einen grossen Theil von Khorasan, den nördlichen Theil von Komis قومس, Dehistan دهستان und den östlichen Theil Mazanderans.*) Man kann daher unter Hyrkanien auch das östliche Ufer des kaspischen Meeres, d. i. die turkmanischen Steppen mit der jetzigen Provinz Schahrud-Bastam und Astrabad verstehen, angenommen dass das alte Gurgan گرگان oder Dschordschan die Hauptstadt war. Auf Grund der Erzählung Herodots (IV. 71. f.) über die Sitte der alten Skythen, ihre Herrscher in Hügeln zu beerdigen, könnte man annehmen, dass die Hügel am Ufer des kaspischen Meeres auf dem Wege zwischen Karatape und Ferahabad Begräbnissstätten der Hyrkanischen Könige sein. Die Landesbewohner erzählen, dass der Hügel Türeng-tape تورنك تپه, in dem Buluk Astrabad Rustak, auf Befehl des Statthalters von Astrabad, Muhammed Nasir Khan geöffnet wurde und man darin Becher und Schalen von Gold und kupferne Gefässe, Ringe, Messer und menschliche Gerippe von bedeutender Grösse u. s. w. gefunden habe. **)

Einige andere Bemerkungen, welche wir bei verschiedenen Reisenden an den Ufern des kaspischen Meeres finden, beweisen noch nicht, dass man unter Hyrkanien die nördlichen Provinzen Persiens verstehen müsse. Ich für meinen Theil bin der Ansicht, dass die Lage des südlichen kaspischen Ufers, der leichte und lockere Boden, mit Sümpfen, Wald und Sträuchern bedeckt, vielmehr glauben lässt, dass die jetzigen persischen Provinzen im Alterthum noch gar nicht existirten. Es ist bekannt, dass das Niveau des kaspischen Meeres früher 300 Fuss über dem Niveau des asowschen und schwarzen Meeres (folglich auch des Oceans) lag, mit dem es wahrschein-

---

*) Forbiger. a. a. O. II. §. 91. S. 568.

**) Holmes: Sketches of the Shores of the Caspian. 1845. S. 230.

lich in Verbindung stand. Bei solcher Höhe musste das kaspische Meer das ganze südliche Ufer bedecken, weil es jetzt, da es 90 Fuss unter dem Niveau des Oceans steht, bei hohem Wellengange die Ufer überschwemmt. An verschiedenen Stellen der Uferprovinzen findet man zuweilen Schiffsgeräthschaften die dem Alterthum angehören, wie z. B. Anker, welche vermuthen lassen, dass früher hier Meeresgrund war. So fand man in Barferusch beim Graben eines Brunnens einen Anker in ziemlicher Tiefe. Das Meer scheint von dem südlichen und östlichen Ufer zurückzutreten. Die Städte Astrabad und Lengerud (in der Prov. Gilan) sollen früher am Ufer gelegen haben; gegenwärtig ist Astrabad 50 und Lengerud 10 Werst vom Meere entfernt. Die k. russ. Akademie der Wissenschaften besitzt eine interessante Handschrift mit eigenhändigen Bemerkungen des Feldmarschal Suwarof, über einige Oertlichkeiten des kaspischen Meeres. Was Suwarof dort über Gilan sagt, zeigt deutlich, dass z. B. Lengerud noch vor neunzig Jahren am Ufer lag.

Einige Schriftsteller sagen, dass Alexander nach Tabaristan kam und einige Tage in der Nähe von Sari verweilte, wo er sich mit gymnastischen Spielen belustigt habe, während spätere orientalische Schriftsteller die Gründung von Sari erst in das achte Jahrhundert nach Christus setzen. Man darf daher wohl zweifeln, dass die Stadt bereits zu der Zeit existirt habe, welche Firdusi angiebt.

Obgleich die Sagen welche sich über die persischen Helden im Volke erhalten haben, nicht vollen Glauben verdienen, so zeigen sie doch, dass der Schauplatz ihrer Thaten immer in das Gebirge und auf hohe Punkte versetzt wird, wie z. B. den Demawend, nicht aber an das Ufer des Meeres. Uebrigens, wenn man an dem Ufer einige scheinbar sehr alte Namen findet, so lässt sich dies daraus erklären, dass das Volk bei seiner Einwanderung von anderen Orten an die Küste diese Namen mitbrachte.

Auf den Höhen des Alburzgebirges entspringen viele Bäche und Flüsse, die in verschiedenen Richtungen die Küstenprovinzen durchströmen und alle in das kaspische Meer münden. Die Landesbewohner sagen, dass Mazanderan allein eben so viele Flüsse habe wie das Jahr Tage. Am ganzen kaspischen Ufer von den turkmenischen Steppen, oder dem Fl. Gurgan, im Osten, bis zum Zollhause bei Astara, am westlichen Ufer, will man 1362 (?) Flüsse zählen.

Unter diesen Flüssen sind hinsichtlich ihrer Länge und Breite die bemerkenswerthesten, von Osten nach Westen, in der Provinz Masanderan: Nika نیکا, Tidschan تیجن, Talar تلار, Babul بابل, Ferikenar فریکنار, Heraz هراز oder هرهز. In Gilan: Sefidrud سفیدرود; in der Prov. Astrabad giebt es keinen bedeutenden Fluss.

Sämmtliche hier genannte Flüsse sind nicht schiffbar, haben keine gleichmässige Tiefe und sind an der Mündung seicht. Die übrigen Flüsschen und Bäche sind so unbedeutend, dass man sie fast zu jeder Zeit des Jahres, ausser im Frühjahre wenn der Schnee im Gebirge schmilzt, durchwaten kann. Die grösseren treten im Frühjahr aus ihren Ufern, überschwemmen das Land und richten nicht selten in den am Ufer gelegenen Dörfern bedeutenden Schaden an. In dieser Zeit ist das Reisen in diesen Gegenden sehr beschwerlich, da es fast nirgends Brücken giebt und überhaupt der Uebergang nur an bestimmten Stellen zu bewerkstelligen ist, weil die Ufer mit dichtem Gesträuch und Wald bewachsen sind, so dass die Aeste von beiden Ufern oft über dem Flusse in einander greifen. Am besten eignen sich zur Reise die Monate Mai, Juni, September, October und November. In der übrigen Zeit des Jahres machen die Hitze und Regengüsse, die zuweilen wochenlang anhalten, das Reisen unmöglich. In dieser Zeit sind auch die Wege andere und weiter, weil die Tscharwadaren, um die Moräste zu vermeiden, genöthigt sind, Umwege zu machen und Waldwege aufsuchen, so dass man oft um eine Entfernung von 3—4 Kilometer zurückzulegen, 5—6 Stunden braucht.

Man kann daher von den Bewohnern nie eine bestimmte Angabe über die Entfernung der Orte erhalten, weil jeder nach seinem Gutdünken rechnet. Mit topographischen Messungen giebt sich hier niemand ab. Zur Bezeichnung der Entfernung zwischen zwei Orten sind zwei Arten von Farsakh gebräuchlich, sengin سنگین schwere, für die schlechte Jahreszeit, und sübuk سبك leichte, für die trockene Jahreszeit; erstere kommen der deutschen Meile gleich, letztere sind um eine Viertelmeile kürzer, so dass der Farsakh von Witterung, Zeit und Beschaffenheit des Weges abhängt. Uebrigens sind die Farsakh in den verschiedenen Provinzen verschieden; in einer wird der leichte Farsakh $^3/_4$ Meile gerechnet, in einer andern zu einer ganzen Meile und mehr. Kleinere Entfernungen als ein halber Farsakh werden selten berechnet und mehr durch unbestimmte Ausdrücke bezeichnet, wie nezdik est نزدیك است es ist nahe, dur nist دور نیست es ist nicht weit u. s. w.

Von der grösseren oder kleineren Entfernung einer Oertlichkeit hängt auch, wie es scheint, die Benennung derselben im Sinne eines Bezirks, Bulüks بلوك oder Mahall محله ab. So nennen nicht selten die Bewohner ihren eigenen Bezirk einen Bulük, wenn sie sich entfernt davon befinden, und denselben Bezirk zu einer anderen Zeit Mahall, wenn sie sich demselben nahe befinden, und umgekehrt. Ebenso nennen sie einen in der Nähe einer Stadt gelegenen Bulük nicht selten Mahall; Mahall aber ist nach den Begriffen des Landmanns gleichbedeutend mit Mahalla, d. i. ein zu einer Stadt gehöriges Dorf. Man bemerkt dieses am besten, wenn man mit den Tscharwadaren durch verschiedene Bulüks reist; während man durch dieselben kommt, nennen sie dieselben Mahall, und hat man sich von denselben entfernt, so nennen sie dieselben Bulük. Viele kennen diese Ausdrücke gar nicht und unterscheiden nur Schahr شهر, Stadt, nach ihren Begriffen jeder Ort, der einen grossen Bazar hat, und Mahalla محله oder Deh ده, Dorf, das keinen oder nur einen kleinen Bazar hat.

Schah Abbas wollte eine bessere Verbindung zu jeder Zeit des Jahres zwischen den Hafenplätzen herstellen, und erbaute deshalb zwischen den Hauptstädten der Uferprovinzen eine Strasse, die zum Theil noch erhalten ist. Diese Chaussee, gewöhnlich Chiabân genannt, läuft parallel dem Meeresufer von der Provinz Azerbejdschan westlich, durch Gäzker und Enzeli nach Barferusch und Astrabad über den Fl. Gurgan, den Pass nach Bastam und Meschhed. Nach Süden zu verzweigt sich diese Strasse über den Alburz bei Ali-Abad und Churrem-Abad. Die Strasse war aus Feldsteinen gebaut, ziemlich fest zusammen gestampft, in der Mitte etwas erhöht und ziemlich breit. An beiden Seiten waren Gräben für das ablaufende Wasser. Auf der ganzen Länge waren zu je zwei Meilen Gebäude, in denen die Reisenden ruhen konnten. Die Erbauung der Strasse setzt man in das Jahr 1031 (162½). Da seit der Zeit des Schah Abbas keine Restaurationen vorgenommen worden sind, so ist die Strasse in sehr schlechtem Zustande und die Landesbewohner suchen dieselbe möglichst zu vermeiden.*)

---

*) Wenn man dem persischen Tageblatt (4. Moharrem 1864) glauben kann, so soll diese Strasse jetzt wenigstens theilweise restaurirt werden. Man schreibt: „Der nächste Weg von Teheran über das Alburzgebirge nach

In demselben Zustande wie der Chiaban befinden sich alle übrigen Bauwerke des Schah Abbas, Paläste, Karawansereien, Brücken u. s. w., welche bis jetzt die Aufmerksamkeit der Reisenden auf sich ziehen; alle sind verödet und niemals restaurirt worden. Einige derselben dienen den Hirten oder vorbeiziehenden Tscharwadaren als Herberge, die in den ehemaligen Prunkzimmern sammt ihren Pferden lagern und mit den Pfosten der Thüren und Fenster ihr Feuer unterhalten; andere sind ganz verfallen und nur noch als durchwühlte Steinhaufen vorhanden. Ueber die Paläste des Schah Abbas, wie von jedem alten Gebäude, geht bei dem Volke die Sage, dass sie unermessliche Schätze bergen. Ueberall sieht man um die Paläste, Imâmzâde und ähnliche Gebäude, die in den Wäldern und Feldern zerstreut liegen, Furchen und Löcher, die von Schatzgräbern

---

dem khazarischen Ufer soll wieder hergestellt werden; auch beabsichtigt man eine neue und bessere Strasse nach Mazanderan und den Hauptstädten Barferusch und Sari zu bauen. Zu diesem Zwecke hat man einem fremden Ingenieur, der im Dienste Sr. Hoheit des Schah steht, eine genügende Summe zur Verfügung gestellt und die Ortsbehörden angewiesen, ihm bei dem Strassenbaue behülflich zu sein. Zur Zeit ist der Verkehr zwischen Teheran und den Seestädten sehr beschwerlich, wegen der undurchdringlichen Wälder, Sümpfe und gefährlichen Abgründe, die zur Zeit der Regengüsse jede Bewegung unmöglich machen. Wenn man eine neue Strasse baut, auf der sich nicht allein Pferde und Maulthiere, sondern auch Kamele und andere bewegen können, so werden die grössten Unbequemlichkeiten ganz verschwinden. Da die kaspischen Provinzen die Hauptstadt und Irak mit verschiedenen Landesproducten und aus Astrakhan eingeführten Waaren versorgen, so lässt sich mit Bestimmtheit sagen, dass durch die Einrichtung neuer Verkehrswege die Zufuhr sich steigern und die Preise mit den Transportkosten sich ermässigen werden".

In derselben Nummer liest man: „Man hat angefangen von Khankin nach Bender-Buschir Telegraphendrähte zu legen. Diese Linie wird sich später mit der türkischen Linie von Bagdad und der englisch-ostindischen Linie vereinigen, deren Drähte auf dem Grunde des Meeres von Omân bis nach dem Ufer Indiens gelegt werden. Die Arbeiten der Telegraphenlegung von Kirmanschah durch Hamadan nach Teheran, Khankin bis Kirmanschah, von Ispahan nach Kaschan und von Kaschan bis zur Hauptstadt (Teheran) sind in Angriff genommen und man kann eine baldige Vollendung hoffen."

In der Nummer vom 28. Rebi-ul-auwal (1864): „Die Telegraphenlegung wird in Farsistan mit grossem Eifer betrieben. Bis jetzt ist der Draht von Buschehr (Bender-Buschir) nach Schiraz in Angriff genommen. Die Arbeiten werden von Kawam ud- Daule mit grossem Eifer geführt und sind der Vollendung nahe. Bald wird es möglich sein auf dem Wege dieser zeitgemässen Erfindung Depeschen und Nachrichten zu erhalten."

gegraben sind. Ueber die Stellen, an denen Schätze verborgen sind, sollen zwei Bücher Auskunft geben, das Kitab i Schah (Buch des Königs) und das Kitab i Wezir (Buch des Vezir). Die persischen Könige suchten, so erzählt man, ihre Zukunft sicher zu stellen und schickten deshalb ihre Vezire mit grossen Summen in die Küstenländer und andere entlegene Provinzen, um sie dort an bestimmten Stellen zu vergraben; die Vezire aber vergruben das Geld aus dem gleichen Grunde an Stellen, die ihnen gut dünkten und verzeichneten dieselben ebenfalls in einem Buche; letzteres soll daher der richtigere Führer sein. In wessen Händen sich diese Bücher finden ist nicht bekannt, doch wird an ihrer Existenz nicht gezweifelt. Allerdings werden nicht selten grosse Summen aufgefunden, ohne vorhergehende Untersuchungen, auf das blosse Gerücht hin. So erzählte man uns in Barferusch, dass ein Mann aus Teheran, der das Buch der Vezire besitzen sollte, angekommen sei, um in der Nähe der Palast- oder Stadtthore nach Schätzen zu graben. Seine Mühe blieb jedoch unbelohnt. Ausserhalb der Stadt aber, in Bagh-i-Schah, hinter dem Palaste Mulkar, zeigte man eine Grube, auf deren Grunde sich eine Art Gewölbe fand. Hier soll man zu verschiedenen Malen viel Geld gefunden haben.

Mit dem Aufsuchen der Schätze beschäftigen sich hauptsächlich die herumziehenden Derwische, welche zu diesem Zwecke, wie man sagt, besondere kleine Bücher bei sich tragen, welche die geheimnissvollen Anrufungen und Gebete — Dua دعا — enthalten. Diese Bücher legen sie unter den Fuss eines Leuchters, den sie an den Ort stellen, wo der Schatz liegen soll. Wenn der Leuchter richtig gestellt ist, so fängt er an sich von selbst zu drehen und dann graben sie an dieser Stelle; bleibt aber der Leuchter unbeweglich, so bringt man ihn an eine andere Stelle und so fort, bis er sich endlich einmal dreht. So ziehen die Derwische Jahre lang von Ort zu Ort, von einem Imamzade zum andern und bringen auf diese Weise ihr ganzes Leben auf Wanderung zu. Man findet sie zu jeder Zeit an Begräbnissplätzen, Imamzaden, Buga's und an anderen heiligen Orten. Sie haben das Ansehen von Pilgern, die zu den heiligen Städten wandern, von Seïden (Nachkommen des Propheten), Meschhedis (Pilger, die in Meschhed gewesen sind), Hadschis und anderer frommen Leute. Sie besuchen die Gräber ganz ohne Plan und wissen oft nicht, wer an einer Stelle begraben liegt, nennen jeden Imamzade nach ihren bekannten Heiligen, Hasan, Husein, Musa u. a., die von den Händen der Sunniten den Märtyrertod erlitten haben und die nach ihrer Aussage immer gerade an der Stelle liegen, wohin sie wandern.

Europäische Reisende bemerken, dass das südliche Ufer des kaspischen Meeres hinsichtlich des Klima's und der Vegetation grosse Aehnlichkeit mit Indien habe. Beide Länder erzeugen Reis, Zuckerrohr und Baumwolle; in beiden Ländern findet man Tiger, Büffel und Schafe, und nach der Tradition soll es auch früher Elephanten in Mazanderan gegeben haben. Die Bewohner haben zum Theil dieselben Sitten wie in Indien. So tragen sie z. B. auf den Schultern Lasten mit Hülfe eines Stockes, was man weder im übrigen Persien noch in der Türkei findet. Die pers. Geschichtsschreiber nennen Mazanderan Hindu sefid هندِ سفید „weiss-Indien". Bei dem heissen Klima dieser Provinzen können mit geringer Pflege während des ganzen Jahres alle Gewächse gedeihen, die bei uns in Treibhäusern gezogen werden, weil es hier keinen Winter mit Schnee giebt, der sich nur auf den Bergen hält, am Ufer aber sogleich schmilzt. Die Bäume, welche bei Eintritt der kühlen Witterung auf kurze Zeit ihr Laub verlieren, stehen im Januar schon wieder in Blüthe. Citronen, Pomeranzen, Apfelsinen, Epheu, Cypressen blühen das ganze Jahr hindurch. Allein diese reiche Vegetation und die Fruchtgärten, welche die ganzen drei nördlichen Provinzen des persischen Reiches bedecken, werden von den Einwohnern so gut wie gar nicht beachtet. Die Tscharwadaren ziehen mit ihren beladenen Thieren mitten durch die Gärten, um den Weg zu kürzen, und sehen nicht, dass sie ganze Reihen zerbrochener Bäume hinter sich zurücklassen, nach ihrer Meinung etwas sehr Unbedeutendes, und gewöhnlich sagen sie nur „aib nedorad" عیب ندارد „das schadet nichts."

Ungeachtet der reichen Vegetation der Natur ist doch das Klima in diesen Gegenden der Gesundheit sehr nachtheilig und besonders in den Monaten December und Januar fühlbar, wenn der Nord- und Nordostwind Regenwolken bringt, die von dem Alburzgebirge wieder zurückgestossen, Regengüsse und Stürme verursachen, welche den Rheden von Enzeli und Meschhediser sehr nachtheilig sind. Im Februar beginnt der Schnee im Gebirge zu schmelzen und die Ufer bedecken sich mit Nebel. Aus den unreinlichen und schmutzigen Dörfern und den Gruben die diese umgeben, in die man allerlei Unrath und Aas wirft, steigen erstickende und schädliche Dünste auf, die bösartige Fieber erzeugen.

Obgleich die persischen Dichter sich Mühe geben Mazanderan als das Land der Rosen und der Liebe zu schildern, wo Nachtigallen das Ohr ergötzen, wo das Klima weder zu kalt noch zu warm ist und ein ewiger Frühling herrscht, so ist doch in der That das Frühjahr hier keineswegs angenehm und nicht allein Fremde, sondern auch die an das Klima gewöhnten Einwohner entgehen selten den in dieser Jahreszeit herrschenden Fiebern*).

Die zahlreichen Dörfer der Uferprovinzen liegen zwischen Gebüschen, Wäldern und Feldern in solcher Unordnung zerstreut und oft so nahe bei einander, dass es schwer hält das Ende des einen und den Anfang des anderen zu bestimmen. Die Bewohner leben im Allgemeinen in grosser Armuth und die Grundherren sind fast alle verschuldet. Der Reichthum der Natur und Vegetation können dem Lande keinen Segen bringen, denn die Habsucht der Statthalter und die übermässigen Abgaben erdrücken das Volk; selbst die Freizügigkeit bringt den armen Leuten keinen Nutzen, denn wohin sie in ihrem Lande kommen, finden sie dieselben Verhältnisse.

Wie im Alterthum an diesen Ufern die verschiedensten Stämme wohnten, Caducii, Hyrcanii, Tapurii u. a. m., in deren örtlichen Dialekten man die Ueberreste der alten parsischen Sprache zu finden glaubte, so gehört auch noch jetzt die Bevölkerung verschiedenen Stämmen an, die untereinander verschiedene Dialekte sprechen, welche den Sprachforschern ein weites Feld zu Untersuchungen bieten. Dem persischen am nächsten steht der Dialekt von Astrabad, doch sprechen die vielen hier eingewanderten Kurden, Beludschen, Afghanen u. a. ihre eigenthümlichen Sprachen und verstehen fast gar kein Persisch. Die Bewohner Mazanderans haben ihren besondern Dialekt und verstehen nur mit Mühe ihre nächsten Nachbaren in Astrabad. In Gilan wird im Allgemeinen Gileki gesprochen, welches eben so wie das Mazanderanische persischen Ursprungs ist, doch von den Bewohnern Mazanderans und Astrabads wenig ver-

*) Olearius war, wie es scheint, nicht in Mazanderan, wenn er sagt, Th. II. S. 13: „Wir wissen aus der Erfahrung, dass es in ganz Persien keine Provinz giebt, wo die Luft besser und milder wäre als in Mazanderan. — Ich bemerke hier noch, dass die mazanderanischen Nachtigallen nicht besonders schön singen.

standen wird. Die Stämme des obern Gilan sprechen Tat und kennen die übrigen Dialekte nur wenig; dasselbe gilt von den Bewohnern der Khanate von Talisch. Ausser diesen Stämmen findet man in den Uferprovinzen noch eine Menge Einwanderer aus anderen Gegenden, wie Abdulmeliki, Hadschewend, Scherefwend, Gireli, Afghanen, Gudaren, verschiedene Ilat u. s. w., die alle ihre besonderen, den andern nur wenig verständliche Dialekte sprechen. Diese eingewanderten Stämme haben sich zum grössten Theil in den Gebirgsgegenden niedergelassen und leben von Viehzucht und Raub.

Eine Eigenthümlichkeit der Bewohner dieser Uferprovinzen ist ihre Religiosität und Eifer in Erfüllung der vorgeschriebenen Gebräuche; man behauptet sogar, dass das Volk hier mehr als in dem ganzen übrigen Persien unter dem Einflusse der Geistlichkeit stehe, der hier selbst den der Regierung überwiege. Ueberall sieht man zahlreiche Takie (heilige Gebäude), in den Städten fast auf jeder Strasse, in denen sich das Volk versammelt, um die Erzählungen von den traurigen Schicksalen der Söhne Ali's anzuhören.

Die hervorragendsten Persönlichkeiten unter der Geistlichkeit waren in der jüngsten Zeit der Muschtehid Achmed Mulla Muhammed Riza in Astrabad, der in solchem Ansehen bei dem Volke stand, dass selbst die Statthalter seine Gunst zu gewinnen suchten. Der Muschtehid Hadschi Mulla Rafia in Gilan war, obwohl schon bejahrt, noch sehr thätig und rüstig und ohne seine Zustimmung wurde in Gilan keine Verordnung der Regierung durchgeführt. Ein ebenfalls berühmter Muschtehid in Rescht, Hadschi Mulla Sadich, starb Ende des Jahres 1860. In Barferusch waren die Muschtehiden Aga Seïd Rabia und Sadich; Letzterer, vor Alter beinahe kindisch, lebte in grösster Zurückgezogenheit und hatte wenig Einfluss auf das Volk; sein einziger Gedanke war, dass alle Menschen zuletzt Muhammedaner werden müssten.

Für Russland ist das südliche Ufer des kaspischen Meeres in merkantilischer Beziehung von grosser Bedeutung, als der kürzeste Weg nach Centralasien, Khiwa, die Bucharei, Indien u. s. w. Wenn man Strabo glauben darf, so bestanden schon im Alterthum Handelsverbindungen zwischen den südlichen und nördlichen Uferländern des kaspischen Meeres; er spricht von einem sarmatischen Volke A o r s i, welches durch Vermittelung der Armenier und Meder Waaren aus Indien und der Gegend von Babylon erhielt, die auf

Kameelen gebracht wurden. Die Russen haben, wie es scheint, die nördlichen Provinzen des persischen Reichs in der Mitte des 16. Jahrhunderts kennen gelernt, als auf dem kaspischen Meere die ersten Segelschiffe erschienen; der Handel aber konnte damals hier noch keinen Fuss fassen, denn zu jener Zeit gehörte Gilan und Mazanderan den Türken, die den Europäern keinen Eingang gestatteten. Der Handel concentrirte sich daher auf den Kaukasus und das frühere Schirwan (Schemacha), und wurde hauptsächlich von Engländern betrieben. Seit Peter dem Grossen gehörten zwar die Ufer des kaspischen Meeres eine Zeitlang zu Russland, wurden aber unter der Kaiserin Anna an Persien zurückgegeben. Die inneren Unruhen des persischen Reichs, welche sich auch auf die südlichen Ufer des kaspischen Meeres erstreckten, und die Gleichgültigkeit der Einwohner für die Interessen ihres Landes waren Ursache, dass der Handel selbst bis jetzt noch nicht die Vortheile bringen konnte, welche man nach dem Reichthume dieser Provinzen erwarten könnte.

Dem Handel mit Persien hat die transkaspische Gesellschaft in den letzten Jahren eine besondere Aufmerksamkeit gewidmet und die Gründer derselben, Baron v. Tornauw und der reiche Handelsherr Kokoref wollten in der Provinz Astrabad, auf der Insel Aschurade, in Schahrud-Bastam, Mazanderan, Gilan u. a. verschiedene Faktoreien errichten. Leider war es der transkaspischen Handelsgesellschaft nicht möglich mit den Persern nach solchen Principien Handel zu treiben, wie sie es wünschte. Das Erste, was sie bedurfte, waren bequeme Faktoreien. Dazu aber leisteten ihr die Perser nicht allein keinen Beistand, sondern wirkten ihr vielmehr von Anfang an entgegen. Dies führte zu unangenehmen Verhandlungen. Ich will hier kurz erwähnen, wie sich die Sache mit der Faktorei verhielt, welche die Gesellschaft an der Grenze der turkmanischen Steppe erbauen wollte.

Die frühere Faktorei, welche einem moskauischen Handelshause gehörte, stand an der Küste bei Gäz in geringer Entfernung vom Ufer und bestand aus einem einstöckigen Gebäude mit einem Zimmer oben, in welchem der russische Commis wohnte. Im Erdgeschoss befand sich ein Verkaufsladen und neben dem Gebäude ein Lagerhaus für ankommende Waare. Der Hof der Faktorei war mit einer Planke umgeben, welche keinen andern Zweck hatte, als die Faktorei vor den an der Küste bei Gäz ziemlich häufigen Schakalen zu schützen. Der Eingang befand sich an der dem Walde zu gerichteten Seite, wo auch ein Badehaus stand. Von dem Strande des Meeres lag die Faktorei etwa 150 Schritte entfernt, und war so vor Ueberschwemmung ziemlich sicher. Der Fussweg nach dem Badehause führte über das Flüsschen Dascht-i Kelä, welches hinter der Faktorei vorbeifloss. Das Badehaus wurde nur geheizt, wenn die Küste sehr besucht war und man besuchte es nur mit grösster Vorsicht, aus Furcht vor Ueberfällen der Turkmanen, und jedesmal wurden, so lange man badete, ringsherum Schildwachen aufgestellt. Im Fall der Noth wurde auf dem Belvedere der Faktorei die russische Flagge aufgezogen, als Signal für das Wachtschiff, welches von der Marinestation auf Aschurade hieher beordert wird und das, wegen Seichtigkeit des Wassers an der Küste von Astrabad etwa 200 Klafter vom Ufer entfernt vor Anker liegt. Sobald auf der Faktorei die Flagge aufgezogen wurde, zum Zeichen, dass man der Hülfe bedürfe, antwortete das Wachtschiff, zum Zeichen, dass das Signal bemerkt war, durch Niederlassen der Flagge. Dieses Signal missfiel besonders den Turkmanen, welche darin einen beständigen Schutz der Küstenbewohner von Seiten der Marinestation sahen und deshalb bei Tage nur selten in die Nähe des Perewal kamen. Als im Jahre 1857 die kaspische Handelsgesellschaft begründet wurde, machte Baron v. Tornauw, nach seiner Reise in die nördlichen Provinzen Persiens, um eine geregeltere Handelsverbindung mit den am östlichen Ufer des kaspischen Meeres und an den Grenzen der Provinz Astrabad nomadisirenden Turkmanen herzustellen, der persischen Regierung den Vorschlag, die Faktorei von Gäz näher nach der turkmanischen Küste zu verlegen. Das Gebäude sollte am Ufer des Flusses Sijahdschu oder Bagu auf einem Hügel, zwei Werst vom Meerbusen von Astrabad, im Angesicht der turkmanischen Steppen errichtet werden. Die Tscharwadaren konnten dann von Schahrud bei schlechter Jahreszeit, anstatt über Gäz, vom Gebirge aus den Weg über das Watana und das Imamzade Charab-i schahr einschlagen, bei guter Jahreszeit über Astrabad, zwischen den beiden Imamzade, nach den Dörfern Bagu und Kerekende, die Karawanen konnten dann an der Faktorei zusammenkommen und die Waaren von hier auf dem Flusse Sijahdschu nach dem Meerbusen von Astrabad gebracht werden.

Herr von Tornauw setzte der persischen Regierung, im Namen der Handelsgesellschaft, auseinander, die Gesellschaft bedürfe für die Factorei zwei Lagerhäuser für persische und russische Waaren, mit Wohnungen für die Commis; zwei Häuser mit Seitengebäuden für Küche, Badehaus, Remisen für hieher kommende persische Kaufleute, eine besondere Wohnung für deren Tscharwadaren und Stallungen; ein Haus für die Faktorei, mit Küche, Badestube und Apotheke, und eine Karawanserei mit Garten, für persische Reisende. Die neue Faktorei sollte auf Kosten der Compagnie gebaut werden.

Die ganze Faktorei mit allen Nebengebäuden sollte einen Flächenraum von 300 Quadratklaftern einnehmen und für bequeme Ein- und Ausschiffung der Waaren sollte ein bequemer und fester Landungsplatz eingerichtet werden. Sämmtliche Kosten wollte die Gesellschaft übernehmen, welche sich verpflichtete, die Gebäude der persischen Regierung als Eigenthum zu übergeben und derselben einen Pacht zu zahlen, nach gegenseitigem Uebereinkommen, so dass die für den Bau nöthige Summe als baar vorausbezahlter Pacht gerechnet würde.

Auf diese, wie man glauben möchte, vortheilhaften Bedingungen antwortete die Regierung zu Teheran in dem Sinne:

1. Da die Waarenlager für ein früheres Moskauisches Handelshaus erbaut wurden und jetzt der Regierung keinen Vortheil bringen, so solle sich die transkaspische Handelsgesellschaft verpflichten, die Summe dafür zu zahlen, welche die Erbauung derselben gekostet hatte.

2. Waarenlager und Faktorei werden auf Kosten der persischen Regierung erbaut und die Gesellschaft zahlt den Pacht für fünf Jahre voraus, d. i. das ganze für den Bau erforderliche Kapital, nach dem in Astrabad üblichen Zinsfusse von 20 % gerechnet.

3. Der Contrakt wird von Anfang an auf fünf Jahre geschlossen und nach den ersten drei Jahren auf fünf Jahre verlängert. Die Zahlung für den zweiten Contrakt erfolgt praenumerando zu Anfang jedes Jahres und nach acht Jahren wird der Contrakt wieder auf fünf Jahre verlängert.

4. Wenn die Gesellschaft die Waarenlager im Laufe eines dieser Jahre abgiebt, muss sie die volle Pachtsumme bis Ablauf des Contrakts bezahlen.

5. Bei den Waarenlagern soll sich stets ein Saraidar (Aufseher) der Regierung befinden, der von der Gesellschaft einen Jahresgehalt von 100 Tuman erhält.
6. Sollten die Waarenlager einmal in Brand gerathen, so begnügt sich die Regierung mit dem vollen Pachte bis Ablauf des Contrakts.
7. Der Transport der Waaren geschieht durch persische Tscharwadaren; die Gesellschaft selbst darf keine Maulthiere halten, um die Tscharwadaren nicht zu beeinträchtigen.

Diese Bedingungen beweisen hinlänglich, dass man nichts anderes beabsichtigte, als der transkaspischen Handelsgesellschaft eine eigene Faktorei am Ufer des kaspischen Meeres unmöglich zu machen, obgleich Artik. 5 des Tractates von Türkmentschai den Russen das Recht einräumt Lagerhäuser für ihre Waaren zu pachten. Da die Gesellschaft auf diese Bedingungen nicht einging, so verordnete die Regierung in Astrabad unter Anderm den am Ufer wohnenden Kaufleuten keine Nahrungsmittel mehr zu verkaufen, um diese so zu zwingen die alte halb verfallene Faktorei zu pachten.

Während der Verhandlungen über diesen Gegenstand gingen bei Gäz manche Veränderungen vor. Das Zollamt wurde von einem neuen Pächter übernommen, Abbas-Kuli, Arbab ارباب, d. i. Dorfherr oder Dorfpachter, in Barferusch, bis dahin Zollpächter in Meschhediser, der das Doppelte der bisherigen Pachtsumme zu zahlen versprach — 3000 Tuman jährlich statt der bisherigen 1500 — und deshalb selbst an die Küste kam. Da die Uebernahme des Zolles vor Ablauf des früheren Pachttermins vor sich ging*), so entspann sich zwischen den beiden Pächtern ein Streit darüber, wem der Zoll für die zur Zeit noch unverzollten Waaren gehöre, die sich an der Küste fanden, wobei der neue Pächter sich auf seinen Firman stützte. Der Streit entschied sich von selbst, als an der Küste eine Feuersbrunst entstand, welche alle Gebäude nebst den fraglichen Waaren verzehrte. Das Feuer soll von den Feldern, welche damals abgesengt wurden, an die Küste getrieben worden sein. An Waaren verbrannten etwa 5000 Pud Wolle und ein gleiches Quantum an verschiedenen Früchten; der gesammte Verlust der Kaufleute betrug an

*) Mulla Abdurrasul, Kaufmann in Astrabad, trat den Pacht an zu Neujahr (نوروز) d. 8. März; die Uebergabe geschah Ende December 1858.

10,000 Tuman; gerettet wurden nur die in Kisten verpackten Waaren der überkaspischen Handelsgesellschaft und ein Staatswagen, der gerade in der Faktorei stand und nach Teheran abgefertigt werden sollte. Dieser Wagen war nach Aussage der Perser ein Geschenk des Kaisers von Frankreich für den Schah von Persien.

Am Tage der Feuersbrunst wehte von Mittag an ein warmer Wind, Bad-i garm بادگرم, vom Gebirge her und die Luft war schwül. Am folgenden Tage, d. 4. Januar 1859, erhob sich ein starker Sturm, der die Wellen aus dem Meerbusen so hoch trieb, dass sie die Insel Aschurade bis beinahe zur Hälfte überschwemmten. Das Dampfschiff „Wolga", welches auf der Rhede lag, wurde von zwei Ankern gerissen und auf die Insel geschleudert, ein Kauffahrer wurde von der Rhede auf das Meer getrieben und strandete an der turkmanischen Küste. Mehrere Gebäude stürzten zusammen, von vielen wurden die Dächer fortgeführt, Umzäunungen wurden niedergerissen und der Sand wirbelte von allen Seiten auf der Insel. Der Sturm war so heftig, dass sich Niemand auf den Füssen halten konnte. Das Nephtagil, welches damals am Ufer der Insel lag, wurde vom Wasser in die Höhe gehoben und wieder an die turkmanische Küste getrieben. Der Sturm fing Nachmittags gegen 3 Uhr an und legte sich erst gegen Mitternacht.

Nach der Feuersbrunst um Ufer bauten sich die Kaufleute auf eigene Kosten einige Hütten von Schilf als einstweiliges Obdach, bis die Behörden in Astrabad den Bau neuer Gebäude verfügen würden; dort aber hielt man für besser, einstweilen für die Erlaubniss in einer dieser Hütten zu wohnen, eine monatliche Steuer von 3 Rbl. Silber für den Kopf zu erheben. Die überkaspische Handelsgesellschaft war genöthigt ihre Faktorei auf die Insel Aschurade zu verlegen, wo sie mit Unterstützung des Chefs der Station, Herrn Licharef, ein Lagerhaus erbaute. An der Küste bei Gäz bauten nach Verlauf eines halben Jahres die Perser einen hölzernen Schuppen, dessen Bau nur wenige Tage erforderte, welchen sie die Faktorei nannten und für welchen sie einen jährlichen Pacht von 250 Ducaten verlangten, eine Summe, die Niemand bezahlen wollte; die Kaufleute blieben so nach wie vor in ihren Hütten.

Einen Landungsplatz giebt es an dem Ufer bei Gäz nicht, denn die Schiffer ziehen es vor, aus Furcht vor den Ueberfällen der Turkmanen, in der Nähe des Wachtschiffes Anker zu werfen, und man bringt, um sie zu befrachten, die Waaren auf Kulaz und Böten, an seichten Stellen auch auf den Schultern, hinüber. Zuweilen wird auch eine Landungsbrücke aufgeschlagen, von dünnen Brettern, die auf schwachen Pfählen ruhen, über die man nur mit grosser Vorsicht und einzeln hintereinander gehen kann und die oft bei dem geringsten Wellenschlage zusammenbricht. Da zum Bau derselben jedesmal eine besondere Bewilligung der Behörden erforderlich ist, so beginnt alljährlich im Anfange des Frühjahrs zwischen Astrabad und Teheran eine langwierige Correspondenz, die gewöhnlich erst ihr Ende erreicht, wenn die Waaren bereits verladen sind und man der Brücke kaum mehr bedarf, welche dann höchstens noch für zwei Monate dient und dann mit fast unglaublicher Schnelligkeit abgebrochen wird, weil die Perser beständig fürchten, dass die Russen sich mittels dieser Brücke der Küste bei Gäz bemächtigen könnten.

GESCHICHTE VON TABARISTAN.

Die geschichtlichen Ereignisse in den nördlichen Provinzen Persiens scheinen auf das übrige Reich nur geringen Einfluss geübt zu haben; ich meine nämlich die wirklich beglaubigte Geschichte, die wir aus muhammedanischen Schriftstellern kennen. Wollten wir hingegen bis auf die Zeit der arischen Einwanderung zurückgehen, oder auf das heilige Buch Zoroasters, so würde das Alburzgebirge zu weiterern Erörterungen Anlass geben, als das ganze übrige Persien, weil hier vielleicht die Anfänge der Gründung des persischen Reichs zu suchen sind. Die Alburzgebirge sind zu wenig bekannt und noch kein Reisender hat sie durchforscht, was bei den Hindernissen, welche die Natur gesetzt hat, auch wirklich fast unmöglich ist; aber es gehen Gerüchte, obgleich dunkele, dass sich in diesem Gebirge alte Denkmäler mit unbekannten Inschriften finden. Wenn diese wirklich vorhanden sind und gefunden werden, so können sie vielleicht zu noch wichtigeren Resultaten führen als die Keilschriften von Persepolis, Babylon, Ninive u. a.

Die muhammedanischen Schriftsteller geben uns eine Reihe von Dynastien, die in verschiedenen Theilen Tabaristans regiert haben, erzählen aber die Perioden ihrer Herrschaft in so verworrener Weise, dass es sehr schwer hält von der Geschichte dieses Landes eine nur einigermassen richtige Anschauung zu gewinnen. Die grösste Schwierigkeit bei Analyse der muhammedanischen Geschichtsschreiber macht die Bestimmung der Jahreszahl, welche zuweilen gar nicht oder bei den verschiedenen Schriftstellern so verschieden angegeben ist, dass sich oft nicht bestimmen lässt, in welche Zeit die erzählten Begebenheiten fallen. Es scheint daher, dass bei aller Mühe, welche man auf Erforschung der Geschichte des alten Tabaristan verwenden wollte, die Resultate immer unbefriedigend bleiben und kaum den Verlust an Zeit decken würden. Da wir jedoch bis jetzt noch kein Werk besitzen, welches die Geschichte der südlichen Uferländer des kaspischen Meeres behandelt, und da ich hoffe, dass meine Bemerkungen über diesen Gegenstand vielleicht für spätere Forscher nicht ganz ohne Nutzen sein dürften, so gebe ich hier einen kurzen Abriss der Geschichte des alten Tabaristan, bis zur Dynastie der Sefewiden.

Das alte Tabaristan umfasst fünf Provinzen*): 1) Bastam بسطام, 2) Damgan دامغان, 3) Samnan سمنان, 4) Firûzkuh فیروزکوه, 5) Kharkan خرقان.

Mazandaern ist in sieben Bulüks getheilt: 1) Dschordschan جرجان, 2) Murdestan موردستان, 3) Astrabad استراباد, 4) Amul آمل, 5) Rustemdar und Dehistan رستمدار دهستان, 6) Ra'd رعد, 7) Siaristan سیارستان.

Hieraus ist deutlich, dass Tabaristan oder Mazanderan das südliche Ufer und einen Theil des östlichen Ufers des kaspischen Meeres umfasste und sich südlich bis an die Grenze der Provinz Khorasan erstreckte.

In den angeführten Bulüks lagen folgende Städte oder Bezirke:

Die Stadt Gurgan گرگان oder Dschordschan am südlichen Ufer des Meeres, Astrabad, Sârî ساری oder ساریه, Mamtir مامطیر, in der Folge Barfuruschdeh بارفروش ده genannt, Pazewar پازوار (jetzt ein Dorf nahe am Fl. Babul), Kûsan کوسان (das Dorf Tusan), Dabu دابو (jetzt Bulük desselben Namens), Schirgo شیرگا (Bulük), Läfur لفور oder Läpur لپور (Bulük), Rustemdar رستمدار, Hauptstadt von Tabaristan (jetzt Dorf desselben Namens), Firûzkuh (jetzt Dorf), Stadt Amul (Hauptstadt von Tabaristan), Rujan رویان, Kelarusi کلاروسی oder Kelarustak کلارستاق, Nur نور, Kädschur کجور (Bulüks), Temis oder Temische تمیشه (Sefid Temisch, jetzt Grenze zwischen Mazanderan und Gilan), Tenokobun تنکابون (Bulük), Schalus شالوس oder Tchalus چالوس (jetzt Flüsschen desselben Namens); ausser diesen Dschilän oder Gilän جیلان o. گیلان, mit den Städten Lischtenischa لشتنشا, Laïdschan لاهجان, Lengerud لنگرود, Rudsar رودسر, Rudbar رودبار u. a.

Fast alle Städte in Tabaristan oder Mazanderan haben ihre früheren Namen unverändert erhalten.

---

*) Dorn: Auszüge aus den mohamm. Schriftstellern. 6. 456.

Die muhammedanischen Schriftsteller sagen, dass Alexander bei der Theilung Persiens unter seine Feldherren, die Muluk-et-tewaïf ملوك الطوايف, die Provinz Tabaristan einem Nachkommen der alten Dynastie Kijani bestimmte. Die Sassaniden schickten Statthalter hieher, welche den Titel Ispehbed اصفهبد führten. Diese waren beinahe unabhängig und zahlten nur eine geringe Abgabe. Unter ihnen nennen die orientalischen Schriftsteller den Dschenef Schah جنف شاه, einen Zeitgenossen des Artaxerxes Babekan (226 n. Chr.), und Kejus, der im Jahr 92 d. H. regierte. Kejus mordete alle Nachkommen Dschenef Schahs, fiel aber im siebenten Jahre seiner Regierung (um d. J. 537 n. Chr.) im Kriege gegen seinen Bruder Anuschirwan (532—579). Dieser setzte Karen, den Sohn Suhra's قارن بن سوخرا in Tabaristan ein*). In den nächsten 110 Jahren folgten fünf Fürsten, von denen wahrscheinlich die verschiedenen Dynastien abstammen, welche später über Tabaristan herrschten. In diese Zeit fallen die ersten Angriffe der Araber auf Tabaristan, welche unter Omar die Städte Rej, Damgan, Bastam und das ganze Land nördlich des Alburzgebirgs eroberten und bis Gurgan vordrangen**). Von hier wandten sie sich am Ufer des Meeres hin nach Amul und lagerten nahe der Stadt an einer Stelle, welche Melekedascht مالكدشت genannt wird. Da wählten die Bewohner Tabaristans einen gewissen Bauja zu ihrem Führer (i. J. 45 d. H. 665 n. Chr.), der sich bis dahin in einem Tempel der Feueranbeter verborgen hatte, und vertrieben die Araber. Dieser Bauja wird auch von den persischen Geschichtsschreibern als Stammvater der Dynastie anerkannt, welche über Tabaristan herrschte, und die sich in folgende vier Zweige theilte***):

A. Bawend آل باوند, die von Kejus, dem Sohne Schahpurs شاپور abstammen, von 45—397 d. H. = 665—1006 n. Chr. (oder von 419—1028)

B. Dabui آل دابویه بن کاوباره . . von 40—140 = 660—757.

C. Baduseban آل بادوسبان بن کاوباره von 45—881 = 665—1476.

D. Karen آل قارن بن سوخرا . . von 50—224 = 670—838.

---

*) Zehir-eddin. S. 154.

**) Weil. Geschichte der Khalifen. I. S. 98.

***) Dorn, Geschichte Tabaristans und der Serdedare. — Aly ben Schems-eddin's Chanisches Geschichtswerk oder Geschichte von Gilan. — Abdul-Fattah Fumeny's Geschichte von Gilan. Petersb. 1858. u. a. m.

A. I. Die Dynastie Bawend theilte sich in drei Linien, von denen die erste von 45—397 = 665—1006 regierte. Die berühmtesten Herrscher dieser Linie sind:

1. Bau, Sohn Schapurs des Sohnes Kejus باو بن شاپور بن کیوس gestorben 60 = 679 . . . . . . reg. 15 Jahre.
2. Welasch ولاش . . . . - 20 -
3. Surkhab سرخاب oder Suhrab سهراب S. d. Bau - 30 -
4. Mihr Merdan مهر مردان, Sohn Surkhabs . - 40 -
5. Surkhab II., Sohn Mihr Merdans . . . - 20 -
6. Scherwin شروین, Sohn Surkhabs . . . . - 25 -
7. Schahriar-ben-Karen, Sohn Scherwins . . شهریار بن قارن بن شروین . . . . . . - 28 -
8. Kabus, Sohn Schahriars . . . . - 30 -
9. Rustem, Sohn Surkhabs † 282 = 895 . - 29 -
10. Scherwin, Sohn Rustems . . . . - 35 -
11. Schahriar II., Sohn Scherwins . . . . - 37 -
12. Dara دارا, Sohn Rustems . . . . - 8 -
13. Schahriar III., Sohn Daras, † 397 = 1006 - 35 -

Diese führten alle den Titel Ispehbed.

II. Die Ispehbeden von der Dynastie Bawend, welche ihre Besitzungen in dem Gebirge von Tabaristan hatten, in Rej und Gilan, nannten sich Mulûk-i dschebâl ملوك جبال, Könige der Berge, und regierten 140 Jahre, von 466—606 (1073—1209). Unter diesen sind bekannt:

1. Chusam ed-din Schahriar, Sohn Daras . . reg. 7 Jahre.
2. Nedschm-ed-daula, Sohn des Karen Schahriar - 8 -
3. Schems-ul-Mulûk Rustem . . . . . . - 4 -
4. Ala-d-daula علا الدوله . . . . - ?
5. Schah Gazi Rustem, Sohn Schahriars († 560) - 20 -
6. Ala-d-daula Hasan, Sohn Rustems . . . - 9 -
7. Chusam ed-daula Schah Ardeschir, Sohn Ala-d-daulas . . . . - 34 -
8. Schems-ul-Mulûk Rustem . . . . . . شمس الملوك رستم بن شاه اردشیر . . . . - 7 -

III. Die Ispehbeden von der Dynastie Bawend in Tabaristan und Mazanderan, vorzugsweise in Amul, regierten 115 Jahre, von 635 oder 645 — 750 (1237 — 1349). Sie nannten sich Kend-Khalja oder Kend-Kharia کند خواریه.

1. Abu-l-mulûk Chusam-ed-din Ardeschir, Sohn des Kend Kharia	reg.	12	Jahre.
2. Schems-ul-mulûk Muhammed, S. Ardeschirs	-	15	-
3. Ala-d-daula علا الدوله, Sohn Ardeschirs .	-	10	-
4. Tadsch-ed-daula Jezdedschird, S. des Sukhrab S. Chusam-ed-daulas تاج الدوله يزدجرد († 698)		23	-
5. Nasir ed-daula Schahriar, Sohn Jezdedschirds	-	10	-
6. Scheref-ul-mulûk, Sohn Schah Kejkhosrus	-	6	-
7. Fakhr-ed-daula Hasan († 750)	-	7	-

Alle drei Linien der Dynastie Bawend regierten zusammen 705 Jahre.

B. Dynastie Dabui, in Gurgan, Rujan, Rustemdar, Fumen oder Gilan, von 40—144 (660—761). Unter diesen sind bekannt:

1. Dabuja Gaubare دابويه كاوباره	reg.	11	Jahre,	von 40—55.
2. Ferkhan, Sohn Dabujas . .	-	17	-	- 56—72. oder 73 (73 nach muhamm. Zeitrechnung, 106 = 724*).
3. Dazemihr, Sohn Ferkhans .	-	8	-	- 73—83.
4. Saruja, Sohn Ferkhans . .	-	8	-	- 83—90.
5. Khurschid, Sohn Dazemihrs**)	-	51	-	- 91—144.

C. Dynastie Badusepan***) in Rujan, Rustemdar, Nur, Kudschir, von 40—857 (660—1453).

1. Badusepan, Sohn des Dschila Gaubare . .	reg.	30	Jahre.
2. Khurzâd خورزاد, Sohn des Badusepan . .	-	30	-
3. Badusepan II., Sohn Khurzads	-	40	-
4. Schahriar, Sohn Badusepans	-	30	-
5. Wendamid ونداميد, Sohn Schahriars . . .	-	32	-
6. Abdulla, Sohn Wendamids	-	34	-

*) Die tabaristanische Zeitrechnung unterscheidet sich von der muhammedanischen etwa um dreissig Jahr; s. Mordtmann, in Zeitschr. der D. M. G. Bd. 8. Erkl. der Münzen mit Pehlewi-Legenden. S. 180 u. Saweljef, muhammedanische Numismatik (russisch). S. 138.

**) Von Ferkhan, Dazemihr und Khurschid sind noch Münzen vorhanden. Dazemihr wird mit dem Namen داد بورج متون bezeichnet. S. Dorn, Bulletin de la classe phil. hist. Tome XV. p. 220. — Mordtmann, Zeitschr. d. D. M. G. a. a. O.

***) oder Badusian پادوسيان — vielleicht die alten Cadusii قادوسيان die nach Einigen am südlichen Ufer des kaspischen Meeres wohnten. Dorn, Geschichte Tabaristans nach Chondemir. S. 71.

7.	Afridûn, Sohn Badusepans II.	reg.	22	Jahre.
8.	Badusepân III., Sohn Afriduns	-	15	-
9.	Schahriar II., Sohn Badusepans	-	15	-
10.	Herusendan, Sohn Tidas هروسندان بن تیدا .	-	12	-
11.	Schahriar III.	-	12	-
12.	Schems-ul-mulûk Muhammed, S. Schahriars	-	12	-
13.	Abu-l-Fazl, Sohn d. Schems-ul-mulûk . .	-	14	-
14.	Chusam-ed-daula, Sohn Schahriars III. .	-	35	-
15.	Sejf-ud-daula Bagaschb, Sohn Chusâms .	-	27	-
16.	Chusâm-ed-daula Ardeschihr II., S. Sejfuddaulas		25	-
17.	Fakhr-ud-daula	-	32	-
18.	Hezarasf هزارسف, Sohn Fahr-ed-daulas . .	-	40	-
19.	Schahrenusch شهرنوش, Sohn d. Hezarasf .	-	13	-
20.	Kejkaûs کیکاوس, Sohn d. Hezarasf . . .	-	37	-
21.	Hezarasf II., Sohn d. Schahrenusch . .	-	26	-
22.	Zerrin Kemar زرین کمر, Sohn des Kejkaûs	-	24	-
23.	Bistûn بیستون, Sohn Zerrins	-	10	-
24.	Nemâwar نماور, Sohn Bistûns	-	20	-
25.	Schahrakim شهراکیم, Sohn Nemâwars . .	-	31	-
26.	Fakhr-ed-daula Nemâwar, bekannt unter dem Namen Schah Gazi	-	30	-
27.	Schah Kejkhosru کیخسرو, Sohn Schahrakims	-	11	-
28.	Schems-ul-mulûk Muhammed II., S. d. Kejkhosru		8	-
29.	Nasir-ed-daula, Sohn d. Kejkhosru . . .	-	5	-
30.	Tadsch-ed-daula Zijar, Sohn d. Kejkhosru	-	3	-
31.	Dschelal-ed-daula Iskender, S. Tadsch-ed-daulas		27	-
32.	Fahr-ed-daula Schah Gazi, S. Tadscheddaulas	-	25	-
33.	Asad-ed-daula Kubâd قباد, Sohn Schah Gazis	-	21	-
34.	Dschelal-ed-daula Kejumers, Sohn Bistûns	-	50	-
35.	Iskender II., Sohn d. Kejumers, † 857 = 1453	-	50	-

Von der Dynastie Badusepan stammen zwei Linien, die eine von Kaûs, die andere von Iskender.

I. Beni Kaûs بنو کاوس, regierten vorzugsweise in Nûr, von 857—975 (1453—1567), bis sie von Tahmasp Sefewi vertrieben wurden. Es sind folgende acht: 1. Kaûs, Sohn des Kejumers (34 Jahr); 2. Dschehangir; 3. Kejumers; 4. Behmen, S. Dschehangirs; 5. Bistûn; 6. Behmen, S. Behmens; 7. Kejumers, S. Behmens; 8. Owejs اویس, Enkel Behmens.

II. Beni Iskender بنو اسكندر, regierten in Kudschur von 857—984 (1453—1576), 127 Jahre lang. Es sind folgende: 1. Iskender, S. Kejumers; 2. Tadsch-ed-daula; 3. Melik-ul-aschref; 4. Kaûs; 5. Kejumers; 6. Dschehangir.

Ausser diesen beiden Linien stammt von derselben Dynastie noch die Dynastie Kejumers in Rustemdar, Kudschur, Nûr, Taläkan, von 957 = 1550 an; sie hat folgende Regenten: 1. Kejumers كيومرز, S. des Schah Kejkaûs in Rustemdar; 2. Schah Muhammed, S. d. Kejkaûs; 3. Emir Chamza حمزه, S. Schah Muhammeds, in Tuli تولى (Tulem تولم — in Gilan); 4. Kamran كامران Schah, in Kudem كوهدم (in Gilan); 5. Scheikh Fazl-ullah شيخ فضل الله in Lisare ليثاره (in Talisch); 6. Melik Bojandur Khan بايندر خان in Istare استاره (Astara); 7. Siahasan, S. Saman des Grossen سياه حسن بن امير سامان بزرك in Häsker (in Gilan).

D. Die Dynastie Karen ben Sukhra آل قارن بن سوخرا im Gebirge von Tabaristan, von 50 = 670 bis 244 = 858 oder bis 274 = 887. Es sind folgende:

1.	Karen, Sohn Sukhras	reg. 37 Jahre.
2.	Alendaj الندای, Sohn Karens	- 52 -
3.	Sukhra, Sohn Alendajs	- 65 -
4.	Wendad Hormuzd وندداد هرمزد, Sohn Sukhras	- 50 -
5.	Karen II., Sohn Wendads	- 40 -
6.	Mazijâr, Sohn Karens	- 30 -

Neben diesen Dynastien regierte in Tabaristan noch die Dynastie der Tschelawiden چلاویان in der Umgegend des Demawend, in Firuzkuh und Semnan, 160 Jahre, von 750—909 (1349—1504). Als ihren Stammvater nennt man Kija Hasan Tschelawi كيا حسن چلاوى.

Von dieser Dynastie kennt man folgende fünf: 1. Afrasiab Tschelawi افراسياب; 2. Kija Fakhreddin; 3. Geschtasf كشتاسف; 4. Iskender Scheikhi; 5. Emir Kija Hussejn اميركيا † 909 = 1504.

Während diese Dynastien in den verschiedenen Theilen Tabaristans herrschten, schickten die Khalifen von Zeit zu Zeit ihre Heere und Statthalter dorthin. Letztere residirten meist in Sari oder Amul; unter diesen sind bekannt, von 144 = 761: 1. Abul-Chasib, 2. Chusejm, 3. Abul-Abbas-Tusi, 4. Rauh-ben-Hatem, 5. Khaled-ben-Bermak, 6. Omar-ben-el-Ala, 7. Said-ben-Daledsch, 8. Dscherir, 9. Sulejman, 10. Hani, 11. Mukatil, 12. Abdullah und einige andere.*) Die arabischen Statthalter regierten jedoch nur zeitweise und wurden oft durch Volksaufstände gezwungen sich zu entfernen. Innere Unruhen, welche Tabaristan unter den verschiedenen einheimischen Dynastien, wie unter den arabischen Feldherren erschütterten, riefen eine neue Dynastie ins Leben, die der Aliden. Die Nachkommen Ali's, von den Omajjaden und Abbasiden verfolgt, fanden in den Gebirgen Tabaristans eine sichere Zuflucht, wo sie ein Gott wohlgefälliges Leben führten. Das Volk, um sich vor den beständigen Bedrückungen zu schützen, wählte einen von ihnen, Hasan ben Zejd, unter dem Beinamen Dâi-ul-Kebir داعی الكبير, der grosse Missionar, bekannt, als Oberhaupt (vor 250—270). Er vertrieb die Statthalter der Samaniden und die Araber, und die Dynastie der Aliden verbreitete sich über Tabaristan. Eine Linie derselben, als deren Stammvater Hasan gilt, führte den Namen Hasaniden; die andere, welche von Hussein abstammt, kennt man unter dem Namen Husseiniden. Die Hasaniden residirten vorzugsweise in Amul und herrschten von 250—300 oder 316 (864—912). Die berühmtesten unter ihnen sind: 1. Hasan ben Zejd, Dâi-ul-Kebir; 2. Dâi Muhammed, dessen Bruder unter dem Namen Nasir ul-Hakk bekannt ist; 3. Nasir ul-Kebir ناصر الكبير (reg. 17 Jahr); 4. Dâi Hasan ben Kasim el-Mehdi. Diese alle wurden Dâi oder Missionäre genannt.

Die Husseiniden regierten in Sari und zum Theil in Amul, von 301—318 (913—930), d. i. 17 Jahre. Es sind folgende: 1. Hasan el-Utrusch اطروش; 2. Abul-Hussein Ahmed; 3. Dscha'far, dessen Bruder; 4. Abu Ali Muhammed; 5. Abu Dscha'far, dessen Bruder.

In Dejlem herrschte die Dynastie Zijad زیاد oder Zijar زیار, die, wie man sagt, Götzendiener waren. Die Zijaden regierten 150 Jahre, von 319—470 (913—1077). Von ihnen kennt man: 1. Merdawidsch, S. Zijads (زیار) مرداویج بن زیاد; 2. Waschmegir وشمكير, S. Zijads; 3. Bistun بیستون, S. Waschmegirs; 4. Kabûs Schems-ul-meali قابوس شمس المعالی **); 5. Menutschihr Felek-ul-meali فلك المعالی,

*) Von vielen Statthaltern finden sich noch in Tabaristan geprägte Münzen mit Pehlwi-Legenden. Vergl. Mordtmann: Zeitschrift der D. M. G. Bd. 8. S. 174—177. — Olshausen: Die Pehlwi-Legenden etc. S. 12. ff. Saweljeff, a. a. O.

**) Von den Aliden giebt es Münzen mit den Namen: Dâi-Hasan-ben-Zejd und Sâir-billä ثاير بالله, mit dem Beinamen Sejd-abjaz

6. Anuschirwan, S. Menutschihrs (Bakaländschar) باكالنجار, 7. Kej-kaûs, S. Anuschirwans; 8. Gilän Schah S. des Kaûs.

Zur Zeit der Dynastie der Aliden sollen die Russen in Tabaristan erschienen sein.

Ausser den oben aufgezählten Dynastien regierten in Tabaristan noch die Seïden, als deren Stammvater Mir Buzurg Kewam-ed-din میر بزرك قوام الدين angegeben wird, nach dessen Namen die Dynastie Kewam genannt wurde. Die Seïden regierten in Amul, Sari und einigen anderen Städten Tabaristans von 760=1358 an, und hatten im Volke grosses Ansehen und grossen Einfluss.

Als Timur i. J. 794 = 1392 in Mazanderan eindrang, versetzte er die Seïden nach Mawaraïnahr (Buchara), von wo sie jedoch schon 807=1404 wieder zurückkehrten und in vielen Städten herrschten, bis zum Anfang der Dynastie der Sefewiden, als Schah Ismael und Tahmasp die südlichen Küstenländer des kaspischen Meeres mit dem persischen Reiche vereinigten.

Seid Mir Buzurg Kewam-ed-din hatte vierzehn Söhne, von denen fünf mehr bekannt sind: Seïd Kemal-ed-din in Sari, Razi-ed-din in Amul, Fakhr-ed-din in Rustemdar, Nasir-ed-din und Zahir-ed-din in Mijanrud.

Während in Tabaristan diese einheimischen Dynastien, die Aliden und Seïden, regierten, schickten auch auswärtige Herrscher, ebenso wie die Khalifen, von Zeit zu Zeit ihre Statthalter in das Land, die ihre Gewalt an verschiedenen Punkten zu behaupten suchten. Solche Statthalter waren zur Zeit der Soffariden, Taheriden und Gaznewiden und später, unter dem König Kurt (oder Kart), der Buiden, Samaniden, Seldschukiden, Aibegiden, Khawarezmiden, Serbedare, Tschingiskiden, Timuriden, Tohatimuriden, Karakujunli u. a.

سيد ابيض, der weisse Sejd. Von den Zijariden hat man Münzen von Waschmegir, Bistun und Kabus. S. Frähn, Recensio monet. S. 149. Kleine Abhandlungen etc. S. 122. Nov. Suppl. ed. Dorn, S. 257. Tornberg, Revue archaeol. Paris 1855. S. 423.

Bemerkenswerth ist, dass sich auf Pehlwimünzen das Wort Tapuristan findet, welches ganz der griechischen Schreibweise des Namens Tapuria entspricht. Wenn dieser Name in der That Axt oder Axt-Gegend bedeutet, so fällt unwillkührlich die Aehnlichkeit zwischen dem Worte Tapur und dem russischen topor (Axt) auf.

Der Name Tabaristan findet sich auch auf Münzen, die bis jetzt in Mazanderan (in Barferusch) geprägt werden.

Um die wichtigsten Ereignisse in Tabaristan unter den verschiedenen Dynastien anzugeben, beschränke ich mich hier auf eine chronologische Uebersicht, die nach den Angaben orientalischer Schriftsteller zusammengestellt ist*).

Jahre der Hedschra.	Jahre der christl. Zeitr.	
22	622	Zur Zeit des Khalifen Omar kommen die arabischen Heerführer Suweid سويد und Chuzeif حزيف nach Mazanderan und Tabaristan. In Gurgan und Mazanderan herrschen in den einzelnen Städten Machthaber, welche den Titel Sipehbeden führen. Der mächtigste unter ihnen, Ferrukh Khan (Ferkhan?) erkennt freiwillig die Oberherrschaft der Araber an.
30	650	Zur Zeit des Khalifen Osman wird Saïd ben el Ass nach Tabaristan geschickt, in dessen Heere sich Hasan und Husein befinden. Saïd besetzt Temische (Sefid Temisch), schliesst Frieden mit dem Beherrscher von Dschordschan, dem er eine Abgabe von 200,000 Dirhem Silber auflegt, und zieht dann weiter nach Rüjan und Dumbawend (Demawend). Nach ihm kommt, zur Zeit des Khalifen Ali, Moskalla ben Kobeir nach Tabaristan (35—40 = 656—661), der das Land verwüstet, aber in den Bergschluchten durch (von Ferkhan) herabgestürzte Felsen umkommt.
40	660	Gaubare †.
45	664	In Tabaristan regiert Bau.
98	716	Jazid ben Mohalleb erobert Gurgan und Tabaristan.
117	735	Tabaristan verpflichtet sich dem Khalifen einen Tribut zu zahlen.
125	742	Umr ben el-Ala (oder Jahja ben Jahja) erbaut in Sari eine Moschee.

*) تاريخ طبرستان von Muhammed ben ul-Isfendiar; زبدة التواريخ von Hafiz Abru; عقد الجمان von 'Aini; مجمل فصيحى von Fasih; حبيب السير von Khondemir, u. a. Vergl. Dorn: Sehireddin, Vorwort.

Jahre der Hedschra.	Jahre der christl. Zeitr.	
140	757	Mehdi erobert (auf Befehl Mansurs) ganz Tabaristan.
141	758	Karen ben Schahriar, von der Dynastie Bawend, nimmt den Islam an.
143	760	Die arabischen Feldherren Kasim ben Husein, Rokh ben Hatem und Abul Kasib dringen in Tabaristan ein.
144	761	Der Ispehbed Khurschid, Sohn Ferkhans, vergiftet sich.
155	771	Hasan ben Husein ist Statthalter von Tabaristan.
162	778	Der Khalif Mehdi schickt Seïd ben Dilitsch nach Tabaristan. Wendad Hormuzd erregt einen Aufstand in den Gebirgen von Ferim und Hezardscherib und verbindet sich mit dem Ispehbed Scherwin ben Schahriar Bawend.
180	796	Fasl ben Jahja wird von dem Khalifen zurückberufen und an seine Stelle Abdullah ben Kasim als Statthalter von Tabaristan eingesetzt.
186	802	Der arabische Feldherr Abul Kasib wird ermordet.
189	805	Abdullah ben Melik wird als Statthalter von Tabaristan und Rujan u. a. ernannt.
209	825	Die Taheriden erscheinen in Tabaristan.
224	831	Mazijar ben Karen empört sich in Tabaristan. Um den Aufstand zu dämpfen, wird Husein ben Hasan geschickt. Mazijar wird gefangen und erhenkt. Der Khalif (Mo'tassem) ernennt seinen Feldherrn Abdullah ben Tahir zum Statthalter von Tabaristan.
250	864	Das Volk von Tabaristan erwählt Hasan ben Zejd Dâi ul-Kebir zu seinem Führer.
251	865	Hasan ben Zejd bleibt mit seinem Heere in Seïd Abad, nahe bei Rujan stehen. Die Distrikte Kelär, Kelärestak, Tschalüs, Kudschur vereinigen sich mit ihm. Der Ispehbed Badusepan, Herr

Jahre der Hedschra.	Jahre der christl. Zeitr.	
		von Larfur, tritt auf seine Seite. Dâi Hasan stellt sich in der Nähe von Amul bei Paidescht auf. Nach Einnahme Amuls geht Hasan nach Sari, wo Sulejman ben Abdallah regiert. Die feindlichen Heere treffen sich bei Tschemenu. Dâi zieht sich nach Amul und Tschalüs zurück.
253	867	Dâï ul-Kebir erobert Amul und bringt die Kareniden zur Ruhe, gegen welche Badusepan geschickt war. Sulejman zwingt Hasan, sich nach Tschalüs zurückzuziehen, erleidet aber selbst eine Niederlage, muss Sari aufgeben und zieht sich nach Astrabad zurück. In Tabaristan finden die Dogmen der Schiiten Eingang.
260	873	Der Saferide Jakub ben Leis tritt in Tabaristan auf; Hasan geht von Amul nach Rustemdar; Jakub erobert Kudschur.
261	874	Hasan ben Zejd kehrt nach Tabaristan zurück und verwüstet Tschalüs. Jakub zieht sich zurück.
270	883	Hasan ben Zejd Dâï ul-Kebir †.
271	884	In Tabaristan regiert ein Nachkomme Huseins, Seïd Abul Husein, der eine Niederlage von Muhammed ben Zejd erleidet, welcher bis dahin in Astrabad herrschte; er muss nach Tschalüs fliehen. Muhammed erobert Amul, bringt die Kareniden zur Ruhe und erhält den Titel Dâï us-Sagir.
272	885	Der arabische Feldherr Rafi (unter Mo'tamid) erobert Dschordschan und Tabaristan.
282	895	Ispehbed Rustem †.
287	900	Abu Muhammed el-Hasan, ein Nachkomme Ali's, bekannt unter dem Namen Nasir ul-Hakk, verbindet sich mit dem arabischen Feldherrn Mohammed Harun und schlägt die Samaniden bei Tamango تمنكا (vierzigtägige Schlacht). Nasir bleibt Sieger. Die Samaniden ziehen sich nach Mamtir (Barferusch) zurück. Nasir el Kebir geht nach Gilan. Der Samanide Ismael

Jahre der Hedschra.	Jahre der christl. Zeitr.	
		schickt Mohammed ben Sulük als Statthalter nach Tabaristan.
297	909	Muhammed ben Zejd †.
301	913	Dâï Nasir ul-Kebir Abu Muhammed Hasan ben Ali Nasir ul-Hakk regiert in Tabaristan.
302	914	Eroberung Tabaristans durch Hasan ben Ali.
304	916	Hasan ben Ali †.
316	928	Hasan ben Kasim Dâï us-Sagir wird ermordet.
323	934	Merdawisch wird ermordet.
329	940	Waschmegir erleidet eine Niederlage.
350	961	Seïd es-Saïr Billa tritt auf.
356	966	Waschmegir stirbt in Tabaristan.
360	970	Kabus besteigt den Thron als Nachfolger Waschmegirs, dessen anderer Sohn, Bistun, sich dem Buweïden Rukn-ed-daula unterwirft.
367	977	Bistun †. Kabus herrscht über Tabaristan und Dschordschan.
371	981	Kabus wird geschlagen und zieht sich nach Nischapur zurück. Der Buweïde Assad-ed-daula schickt ein Heer nach Tabaristan.
396	1005	Kabus erobert Dschorschan und Tabaristan.
403	1012	Kabus wird in Dschordschan erschlagen.
411	1020	Masud, Sohn des Sultans Mahmud des Gaznewiden, rückt mit einem Heere in Tabaristan ein.
421	1030	Sultan Mahmud der Gaznewide †.
426	1041	Masud besetzt Tabaristan und Gurgan.
433	1047	Der Seldschukide Togrulbeg erobert Dschordschan und Tabaristan.
470	1077	Gilan Schah wird ermordet.
500	1106	Der Sultan Mahmud von Khowarezm schickt den Emir Sonkor von Buchara nach Mazanderan gegen den Ispehbed Chusam-ed-daula Schahriar.
558	1162	Ispehbed Schah Gazi Rustem †; ihm folgt Ala ed-daula Hasan.
568	1172	Zerstörung von Rujan.

Jahre der Hedschra.	Jahre der christl. Zeitr.	
578	1182	Die Heere des Khawarezm Schah verwüsten Sari.
604	1207	Muhammed ben Takisch ernennt seinen Bruder Ali Schah zum Beherrscher von Tabaristan.
607	1210	Sultan Muhammed Kharezm Schah erobert Firim und Laridschan.
651	1253	Die Mongolen verwüsten Tabaristan.
663	1264	Rujan zum zweiten Male zerstört, zur Zeit der mongolischen Eroberung.
690	1291	Zug des Sultans Gazan nach Bastam, Damgan und Astrabad.
706	1306	Der mongolische Sultan Oldschajtu dringt in Gilän ein, durch Tarum und Sefirud, erobert Rescht, Tulem, Fumen u. a.
743	1342	Der Emir Masud Serbedar besetzt die Stadt Amul.
746	1345	Dschelal-ed-din Iskender von Rujan ordnet die Angelegenheiten von Kudschur.
750	1349	Kija Afrasiab Tscheläwi besteigt den Thron.
760	1358	Seïd Kewam-ed-din tritt auf. Aufstand des Kija Afrasiab gegen diesen.
763	1361	Kewam-ed-din besetzt Mazanderan.
781	1379	Seïd Kewam-ed-din †.
784	1382	Timur erscheint zum ersten Male in Mazanderan.
795	1393	Niederlage der Seïden in Tabaristan durch Emir Timur; er verbannt sie nach Mawaraïnahr und schickt Dschemschid Karen nach Sari, Iskender Scheikhi nach Amul.
807	1404	Timur †.
809	1406	Omar Behadur wird nach Mazanderan bestimmt.
814	1411	Der Statthalter von Sari, Seïd Ali, führt Krieg gegen Seïd Ali von Amul.
817	1414	Seïd Ali Kija kehrt nach Sari zurück.
820	1418	Seïd Ali von Sari †.

Jahre der Hedschra.	Jahre der christl. Zeitr.	
825	1422	Seïd Ali von Amul †.
828	1424	Kargia Riza Kija von Gilän †; ihm folgt Kargia Mir Seïd.
829	1425	Seïd Hussein Kija besteigt den Thron zu Laïdschan.
837	1433	Seïd Murteza † in Sari.
840	1436	Seïd Zahir-ed-din (Verf. der Geschichte von Tabaristan) wird von Gilän nach Mazanderan geschickt, um dieses zu erobern.
849	1445	Seïd Kemaleddin †.
850	1446	Schah Rokh zwingt Mazanderan und Rustemdar einen Tribut zu zahlen.
854	1450	Mirza Baber rückt gegen Astrabad.
856	1452	Seïd Muhammed von Sari †.
857	1453	Melik Kejumers †; ihm folgt Melik Iskender. Mirza-Abul-Kasim-Baber überwintert in Astrabad.
858	1454	Seïd Nizam-ed-din, Beherrscher von Amul und Sari, huldigt Mirza Baber.
862	1457	Mirza Sultan Ibrahim rückt in Mazanderan ein und wird von den Turkmanen geschlagen.
865	1460	Seïd Abul-Kerim †.
881	1476	Seïd Abul-Kerim II. erobert die Stadt Sari.
883	1478	Sultan Muhammed von Gilän †; ihm folgt Mirza Ali.
895	1489	Eroberung der Festung Tarem (in Gilän) durch Mirza Ali.
899	1493	Mirza Ali schickt ein Heer nach Mazanderan.
900	1494	Schah Ismaïl geht nach Laïdschan und bleibt dort bis 905 = 1499.
909	1503	Kargia Sultan Hussein, Beherrscher von Gilän, huldigt Schah Ismaïl.
910	1504	Mirza Ali des Thrones entsetzt; an seine Stelle wird Sultan Hasan ernannt.
911	1505	Sultan Hasan und Mirza Ali werden ermordet; ihnen folgt Ahmed Khan. Schah Ismaïl Sefewi rückt in Biepas (dem westlichen Gilän) ein,

Jahre der Hedschra.	Jahre der christl. Zeitr.	
		überwintert in Tarum und sendet sein Heer gegen den Emir Chusam-ed-din, Beherrscher von Rescht.
914	1508	Schaibek Khan besetzt Astrabad.
916	1510	Aga Rustem Rusefsun erobert Mazanderan und stirbt bald darauf.
923	1517	Schah Ismaïl schickt Darmisch Khan gegen Aga Muhammed Rusefsun, Beherrscher von Mazanderan; Emir Dibatsch, Beherrscher von Rescht, und Emir Kargia Sultan Ahmed von Laïdschan huldigen dem Schah.
939	1532	Elkas Mirza von Schah Tahmasp als Statthalter von Astrabad eingesetzt.
975	1567	Endliche Eroberung Gilans, dessen letzter selbstständiger Regent Khan Ahmed war. Die Dynastie, welcher er angehörte, behauptete den Thron 205 Jahre und zählte 11 Herrscher. 1. Seïd Ali Kija. 2. Kargia Riza Kija. 3. Mirza Sejd Muhammed. 4. Nasir Kija. 5. Sultan Muhammed. 6. Mirza Ali. 7. Sultan Hasan. 8. Sultan Ahmed. 9. Seïd Ali. 10. Sultan Hasan II. 11. Khan Ahmed*).
1004	1595	Empörung in Laïdschan; ein gewisser Hamza wirft sich zum Herrscher auf.
1005	1596	Endliche Eroberung Mazanderans; Ferhad Khan wird als Statthalter dorthin geschickt.
1006	1597	Eroberung von Rustemdar und Kudschur.
1007	1598	Schah Abbas I. rückt in Astrabad ein; erbaut die Festung Mubarek Abad. Mazanderan wird von den Persern besetzt.
1020	1612	Gründung der Stadt Ferahabad.
1021	1613	Gründung der Stadt Aschref.
1031	1621	Bau des Chiaban in Mazanderan.

Von dieser Zeit an blieb Tabaristan vollständig mit Persien vereinigt.

Der erste Zusammenstoss der Russen mit der südlichen Küste fand im Anfang des 10. Jahrhunderts statt. Die persischen Ge-

*) Alle führen den Titel Kargia.

schichtsschreiber*) erzählen, dass die Russen zur Zeit des Hasan ben Zejd (Dâï el-Kebir)**) 250 — 270 (864 — 883) nach Abeskun ابسكون kamen und nachher (297 = 909) noch einmal, mit 16 Schiffen, und in der Umgegend von Abeskun plünderten. Der Statthalter von Sari, Abu Zirgam الضرغام Ahmed ben el-Kasim schlug sie mit Hülfe des Abul-Abbas bei Abchile ابخيله, auch Kale كاله oder Makale ماكاله genannt, und machte viele Gefangene, die er nach Tabaristan schickte. Im folgenden Jahre verwüsteten die Russen Sari und die Umgegend von Pendscha Hezar پنجاه هزار, führten viele Gefangene fort und fuhren mit ihren Schiffen schnell nach dem Fl. Schimerud شيمرود in Dejleman. Dort ging ein Theil derselben ans Ufer. Als der Statthalter von Gilan (كيلان شاه) diese Nachricht erhielt, befahl er, in der Nacht die russischen Schiffe zu verbrennen. Die Russen, welche an das Ufer gegangen waren, kamen so um, die auf den Schiffen geblieben waren, fuhren auf die hohe See, trafen aber dort mit Schirwan Schah***) zusammen, und nicht ein Schiff konnte sich retten.

Diese Erzählung ist deshalb bemerkenswerth, weil sie uns Namen von Oertlichkeiten giebt, die noch heute existiren. So finden wir in dem Bulük Meschhediser, nicht weit vom Fl. Babul, ein Dorf, welches noch heute den Namen Kale كاله führt; Pendscha Hezâr ist ohne Zweifel Hezar dscherib هزار جريب in der Gegend von Sari, der Fluss Schimerud ist derselbe, welcher jetzt Schirud شيرود genannt wird, an dessen Ufer das kleine Dorf Schirerud liegt, im Bulük Tenakobun am Ufer des Meeres. Abeskun muss eine Stadt sein, von welcher auch Masudi spricht, im 15. Cap. der Murudsch ez-Zahab. Er giebt die Lage derselben drei Tagereisen seitwärts von Dschord-

---

*) Muhammed ibn Hasan ibn Isfendiar: Geschichte von Tabaristan. (Handschriften der kais. Akademie und der Universität zu St. Petersburg. Fol. 113). Zahir-ed-din, Pag. 302 u. a.

**) Nach Zahir-ed-din waren die Russen um die Zeit der Schlacht bei Tamango تمنكا in Tabaristan und die Schlacht dauerte 40 Tage, die Samaniden unterlagen dem Dâi Muhammed Nasir ul-Hakk, 297 = 909 (?) und flohen nach Mamtir, d. i. Barferusch.

***) Die persischen Geschichtsschreiber sagen, dass Nuschirwan Statthalter nach Bab-ul-abwab oder Derbend schickte, welche den Titel Schirwan Schah, d. i. König von Schirwan, führten. Nach Masudi war im Jahr 332 = 943 Mohammed ibn Jezd (يزد) Schirwan Schah, der von dem alten persischen Könige Bahramtschubim abstammte.

schan an. Nimmt man an, dass das alte Dschordschan am Gurgan lag, am südwestlichen Ufer des Meeres, so muss Abeskun drei Tagereisen von Dschordschan, an der Stelle des heutigen Imamzade Kharôbi-schahr zu suchen sein, von welchem unten die Rede sein wird. Den Namen Abeskun führte wahrscheinlich auch der Golf von Astrabad.*)

Europäische Gelehrte**) vermuthen auf Grund der Angaben verschiedener orientalischer Schriftsteller***), dass der Zug der Russen nach dem kaspischen Meere in die Zeit Igors falle (301 = 913). †)

---

*) Man findet bei d'Herbelot, der Ebn Cassem anführt, dass Abeskun, Abkûn oder Abgûn eine Insel des kaspischen Meeres sei, 3 Farsakh von Astrabad, mit einer Stadt und Fluss, welche denselben Namen führten. Man vermuthet, dass diese Insel an der Mündung des Flusses Abes zu suchen sei. Auf dieser Insel starb der Sultan Muhammed Khowarezmi nach seiner Niederlage in der Schlacht gegen die Sasaniden.

**) s. Frähn, Ibn Fozlan u. and. Araber Berichte über die Russen alter Zeit. St. Petersb. 1823. — Essai servant à déterminer d'une manière plus précise l'époque d'une expédition entreprise au X. siècle par les Russes sur les côtes de la mer Caspienne, im Nouv. journal asiat. T. II. 1828. — Charmoy, Sur l'utilité des langues orientales pour l'étude de l'histoire de Russie. St. Petersb. 1834. — Relation de Masoudi et d'autres auteurs musulmans sur les anciens Slaves. — Expédition d'Alexandre le Grand contre les Russes. Kunik: Notes sur l'expédition des Russes, etc. (Bulletin de l'Academie 1847. Tome IV). — d'Ohsson: Des peuples du Caucase etc., ou voyage d'Abul Kasim. Paris 1828. — Dorn im Bulletin de l'Acad. 1847. Tom. IV. Pag. 495 etc.

***) Ibn Isfendiar, Zahir ed-din, Jakut, Masudi, Ibn Khaukal, Ibn el Athir, Abulfeda, 'Aini u. a.

†) Einige persische Dichter sprechen von einem Zusammenstosse der Russen mit dem persischen Reiche, den sie in eine sehr frühe Zeit versetzen. Nizami giebt im Iskendername eine Erzählung, nach welcher man glauben möchte, Alexander von Makedonien selbst habe gegen die Russen gekämpft, wenn wir nicht wüssten, dass die Ereignisse, welche er im dritten Cap. der Iskendarie erzählt, erst zwei Jahrhunderte vor seiner Zeit stattgefunden (332 = 943), d. i. zu derselben Zeit, als die Russen Berdaa nahmen, wo auch ein Merzuban (Mohammed Mozaffir, Statthalter von Azerbejdschan) befehligte. Nizami sagt an der angeführten Stelle:

كزارندهٔ شرح این داستان كزارش چنین كرد بر مرزبان

„Derjenige, welcher uns die Beschreibung jener Geschichte gegeben hat, macht uns solche Angaben über den Merzuban (Alexander?),“ und in dem Cap. مصاف هفتم (siebente Schlachtordnung V. 97:)

بفرمودكان بندئ بی زبان بیاید برامش كه مرزبان

Einen ähnlichen Zug unternahm in der ersten Hälfte des sechzehnten Jahrhunderts der russische Abenteurer Stenka Räzin nach Gilan, Mazanderan und an die turkmanische Küste.

Die Einwohner Mazanderans erzählen, dass Stenka Räzin mit sechs Schiffen mit Manufakturwaaren an die Küste gekommen sei, die er, um das Volk anzuziehen, zu ungemein wohlfeilen Preisen verkauft habe, z. B. das Tuch zu 10 Schaï (15 Kop. Silber) die khanische Elle (7 Ellen = 10 russ. Ellen). Als sich aus den benachbarten Dörfern eine grosse Menge Volks versammelt hatte, setzte Stenka in einer Nacht vierhundert Bewaffnete, die er bis dahin in den Schiffen versteckt gehalten, ans Ufer und überfiel Ferahabad. Der grösste Theil der Einwohner wurde erschlagen

---

„er (Alexander) befahl, dass man diesen stummen Gefangenen in das Gästezimmer des Merzuban bringe."

Auch bei Firdusi finden sich die Namen Rus, Khazar, Burtas u. a. in Erzählungen, welche sich auf die frühesten Zeiten beziehen. Dies beweist natürlich nur, dass diese Namen zur Zeit des Dichters bekannt waren, nicht aber, dass diese Völker schon in jenen ältesten Zeiten mit den Persern in Berührung gekommen seien. Jedoch sprechen fast alle muhammedanischen Schriftsteller, namentlich Masudi und Mirkhond, von den Khazaren als den ältesten Bewohnern der nördlich des Kaukasus und des kaspischen Meeres gelegenen Gegenden; Mirkhond sagt sogar, der erste Khazar sei ein Sohn Japhets und Bruder des Rus gewesen und nennt ihn Kiemaraz (?); Kiem — edelmüthig, schweigsam. Dieser Khazar wohnte am Ufer des Itil (Wolga) und baute dort eine Stadt, die er nach seinem Namen benannte; von ihm hat auch das Meer den Namen, Bachr-ul-Khazar بحر الخزر, das khazarische mit welchem die Perser noch heute immer das kaspische Meer benennen.

Mit den Khazaren waren die muhammedanischen Völker immer im Krieg oder in Handelsverbindungen. Die Schrifsteller sagen, dass Honig, Wachs, Pelzwerk, welches die Khazaren aus Russland, Bulgarien u. s. w. bezogen, von ihnen nicht allein nach Europa, sondern auch nach Asien, wie nach Persien, Khorasan, Arabien u. s. w. gebracht wurden. Von allen diesen Waaren rühmen sie besonders die Marderpelze الفروة, die einen sehr hohen Preis hatten und nur von den Reichsten und Vornehmsten und Königen zu Kaftans, Mützen u. s. w. gekauft werden konnten, weil ein Stück 100 Dinar und noch mehr kostete. Masudi كتاب التنبيه (Sacy Chrestom. Tome II.) sagt, der Khalif Mehdi habe zu Rej versuchen wollen, welches Pelzwerk das wärmste sei. Er liess daher Flaschen mit Wasser füllen und den Hals derselben mit verschiedenen Sorten Pelzwerk umhüllen; es war kalt und schneite. Am nächsten Morgen fand sich, dass alle Flaschen gefroren waren, ausser der, welche mit Marder umwickelt war, und daraus entnahm er, dass dieser Pelz der wärmste und trockenste sei.

und die Paläste zerstört; die Gefangenen führte er mit sich nach Mijankale.

Die russische Geschichte erzählt nur sehr unbestimmt, Stenka Razin habe sich aus Ferahabad nach einer Insel begeben, wo ein Palast des Schah stand. Hier habe er überwintert und ein hölzernes Städtchen erbaut, welches er mit einem Erdwalle umgab; von hier aus habe er die Gefangenen ausgewechselt, indem er für drei oder vier Christen jedesmal einen Perser gab, und Ueberfälle auf eine benachbarte Insel gemacht.

Man könnte vermuthen, dass die Insel mit einem Palaste des Schah, wo Stenka Razin eine Festung erbaute, die heutige Marinestation Aschurade sei; diese war jedoch, so viel bekannt, vor der Errichtung der Station ganz unbewohnt und es finden sich keine Spuren von einem Walde oder irgend welchen Gebäuden, obwohl manche sagen, auf Aschurade sei früher eine Zollstätte gewesen, wo die Perser ein Zehntheil von dem Werthe der Waaren erhoben, daher der Name Aschurade *). Diese Erzählung ist jedoch nichts als eine Erfindung des persischen Ministers Hadschi Mirza Agasi, der, um die Insel persisch zu machen, dem Namen eine arabische Bedeutung gab, weil er keine persische finden konnte und einen turkmanischen Namen nicht wollte. Der Name Aschurade ist turkmanisch und aus A s c h u r اشور, jenseits, und A d a آدا, Insel, zusammengesetzt. Einen Erdwall konnte Stenka Razin auf dieser Insel nicht aufwerfen, weil es auf Aschurade keine Erde giebt, das nur aus angeschwemmtem Meeressand besteht und gar keine Vegetation hat, eben so auch die andere Insel Aschurade, welche der turkmanischen Steppe näher liegt. Es dürfte daher wahrscheinlicher sein, das Stenka Razin sich auf der Halbinsel Mijankale aufhielt, welche wir jetzt unter dem Namen Potemkin kennen, eine lange Landzunge, die sich von der persischen Küste aus nach der russischen Marinestation zu erstreckt und deren östlicher Theil Urus-kale genannt wird. Woher sie die Namen Potemkin und Urus-kale erhalten hat, ist unbekannt. Sie trägt allerdings ebenfalls keine Spuren von früheren Gebäuden oder Befestigungen und ist ebenso wie Aschurade unbewohnt; von hier aus aber konnte Stenka Razin leicht Ueberfälle auf Aschref machen (welches nie eine Insel gewesen ist), wo er auch wirklich die Paläste

---

*) Von dem arabischen Worte عشرة zehn.

des Schah Abbas zerstört haben soll, so wenigstens erzählen die Bewohner.

Der russische Geschichtschreiber Soimonof*) sagt, dass Stenka die Stadt Rescht im Jahre 1636 eroberte und grosse Reichthümer von dort wegführte. Da das Werk Soimonofs selbst in Russland sehr selten ist, und er Augenzeuge der Ereignisse war, welche sich z. Z. Peters des Grossen in Persien zutrugen, von denen er eine genaue Schilderung giebt, so will ich hier seine Erzählung der Eroberung Gilans mittheilen:

„Die Armee, welche im Jahre 1722 nach Gilan gehen sollte, bestand aus zwei Bataillonen Infanterie, unter Anführung des Obersten Schipof, der von Peter dem Grossen Befehl erhielt, nach der von dem Capitän-Lieutenant Soimonof aufgenommenen Karte, auf dem Wege (von Rescht) nach Kaswin eine für den Bau einer Festung günstige Stelle zu suchen. Die Ueberfahrt auf dem Meere begann am 14. November, von den vier Bergen aus; das Heer wurde auf vierzehn Schiffen eingeschifft. Vor Enzeli schickte Schipof den Cpt. Jasükof nach Rescht, um den Vezir und den russischen Consul Awramof von seiner Ankunft zu benachrichtigen und Pferde zu verlangen, für den Transport der Lasten von Peribazar nach Rescht. Zu gleicher Zeit langte aus Kesker (westlich von Peribazar) der Dolmetscher des ausländischen Collegiums, Herr Petritschi, bei dem Obersten an und meldete ihm, dass der Gesandte Ismail Bek, den er zu Lande nach Derbend begleitete, als er die russischen Schiffe auf dem Meere erblickt, von Talisch nach Rescht zurückgekehrt sei, um die günstige Gelegenheit zu benutzen, zu Schiffe nach Astrakhan zu reisen. Ismael Bek war von dem Schah Ismael und dessen Sohne Tahmasp bevollmächtigt, mit dem Kaiser ein Bündniss abzuschliessen, gegen den Empörer Mir Mahmud, der damals den persischen Thron eingenommen hatte (Schah Hussein war gefangen); für diese Hülfe sollten einige Provinzen am kaspischen Meere an Russland abgetreten werden.

Nach zwei Tagen kehrte Jasükof mit einem Darga**) aus Rescht, als Abgeordneter der Stadt, zurück, der den Auftrag hatte, Schipof

*) Soimonof: Opisanie kaspiiskaho morä etc. (Beschreibung des kaspischen Meeres mit geographischen Zusätzen von Müller.) St. Petersburg 1763. S. 188.

**) Darga (Daruga) ist der Aufseher eines Stadttheiles.

zu eröffnen, dass die russischen Truppen ohne Befehl des Schah in Rescht nicht angenommen werden dürften. Der Oberst antwortete, die Bewohner von Rescht hätten selbst die Hülfe des Kaisers gegen die Empörer erbeten und er dürfe ohne ausdrücklichen Befehl des Kaisers nicht nach Russland zurückkehren. Schipof eilte nun, in das Flüsschen Peribazar einzufahren, wo er einige Werst vor der Mündung, nahe bei dem Orte gleichen Namens, stehen blieb. An jedem anderen Orte war die Landung unmöglich, weil die Ufer des Sees Enzeli (Murdab) von allen Seiten sehr seicht, sumpfig und mit dichtem Schilf bewachsen sind. Zwei Compagnien wurden auf Böten und Schaluppen nach Peribazar übergesetzt, desgleichen Proviant, Waffen, Munition und schweres Geschütz. Die Ueberfahrt war sehr beschwerlich, denn die Böte mussten wegen des hohen Schilfs gegen den Strom gezogen werden. Einige Kanonen wurden an das Ufer gesetzt, wo man einen Graben machte. Bald darauf erschien der Vezir mit einem Gefolge von zweihundert Mann zu Fuss. Ihm zu Ehren und zu seinem Empfange liess der Oberst zweihundert Mann mit geladenen Gewehren Front machen. Alles ging jedoch in Freundschaft vorüber. Schipof zeigte den Befehl des Kaisers, welchen der Vezir mit grosser Ehrerbietung küsste und über seinen Kopf emporhob. Hierauf marschirte der Oberst mit acht Compagnien nach Rescht und liess den Oberst-Lieutenant Koljubakin mit zwei Compagnien in Peribazar. Die Russen zogen in die Stadt mit Musik ein und machten an einem Karawanseraï Halt, in welchem gewöhnlich die Russen wohnten, welche in Handelsangelegenheiten nach Rescht kamen. In den Karawanseraï führten zwei Thore und in der Mitte des Hofes war ein Brunnen. Er lag am Ende der Stadt; an der einen Seite desselben war ein freier Platz, an der anderen eine grosse Wiese. Der Karawanseraï hatte das Ansehen eines Schlosses und konnte leicht befestigt werden. Ein grosses Schiffsboot wurde abgesendet, um die Nachricht der Einnahme von Rescht nach Tarki zu bringen, die von hier aus durch den Commandanten nach Astrakhan befördert wurde. Peter der Grosse hatte jedoch Astrakhan schon verlassen und die Nachricht wurde nach der Residenz geschickt.

Indessen gelang es Awramof, in einem Dorfe bei der Durchreise eines persischen Couriers die Ordre zu lesen, dass man den persischen Gesandten von seiner Reise nach Russland zurückhalten solle, er gab daher dem Obersten Schipof den Rath, Ismael Bek so schnell als möglich, ehe der Befehl in Rescht einträfe, nach Petersburg abzufertigen. Der Gesandte wurde sogleich auf ein Schiff gebracht, und Soimonof, um die Abfahrt zu beschleunigen, sagte, nach der günstigen Stellung der Gestirne müssten durchaus um Mitternacht die Anker gelichtet werden. So brachten Anfang Januar 1723 zwei Schiffe den Gesandten nach Russland.

In Rescht hatte sich indessen ein persisches Heer von 15,000 Mann gesammelt; dazu langten noch zwei Vezire an, von Kesker und Astara. Das persische Heer bestand zum grössten Theil aus Landvolk, mit Säbeln bewaffnet; nur wenige hatten Flinten und zwei oder drei in Schilf verpackte Patronen. Schipof liess nun an den Ecken des Karawanseraï zwei Bollwerke errichten. Auf die Frage des Vezirs, weshalb er dieses thue, antwortete er, es sei eine Regel der europäischen Taktik. Munition und Proviant wurde auf Miethpferden, oder von den Soldaten selbst, von Peribazar nach Rescht gebracht.

Gegen Ende des Februar forderten die drei Vezire wieder die Russen auf, Rescht zu räumen, Schipof aber erklärte, dass er dieses ohne ausdrücklichen Befehl des Kaisers nicht dürfe, um so weniger, da zwei Schiffe mit Ismael Bek nach Russland gegangen seien und er so nicht im Stande sei, alle Mannschaft und Artillerie fortzubringen.

Soimonof eilte inzwischen die Mündung des Kur zu erreichen, um dort die Aufnahme der Gegend zu vollenden und von da weiter nach Astrakhan zu gehen. Am 17. März stach er mit acht Schiffen in See und Schipof blieb mit drei Schiffen in Rescht. Man befürchtete, die Perser könnten die russischen Schiffe in Peribazar mit Naphtha verbrennen; dies wäre ihnen sehr leicht gewesen, weil damals das hohe Schilf ganz trocken war. Die Perser dachten jedoch nicht daran. Der Vezir von Kesker suchte an den Ufern des Sees Enzeli eine günstige Stelle für eine Festung oder Batterie, um den russischen Schiffen unmöglich zu machen die See zu erreichen.

Nach wiederholter Aufforderung, die Stadt zu räumen, begannen die Perser die Feindseligkeiten, indem sie den Karawanseraï mit vier Kanonen und kleinem Geschütz beschossen, wobei Capitän Resin getödtet wurde. Nun wurde eine Compagnie Grenadiere gegen den Feind geschickt, unter Anführung des Capitän Schilling, der zu Mitternacht durch die Hinterpforte, welche nach dem Felde führte, aus dem Karawanseraï ausrückte und dem Feinde in den Rücken fiel. Zugleich rückten durch die vordere Pforte zwei andere Compagnien aus. Im Augenblick wurde der Platz geräumt. Tausend Mann Perser fielen theils vor dem Karawanseraï, theils auf der Flucht, und die Fliehenden wurden in allen Strassen der Stadt verfolgt. In derselben Nacht hatten die Perser am Meerbusen von Enzeli eine Batterie aus Strauchwerk und Erde aufgeworfen und fingen mit Tagesanbruch an die russischen Schiffe zu beschiessen, auf denen sich im Ganzen einhundert Mann an Bord befanden, dahingegen die Perser 5000 Mann stark waren. Der Cpt.-Lieutenant Solotaref aber liess nach der Batterie zu bugsiren und ging gerade auf das Feuer los. Nach einer Viertelstunde war kein Feind mehr zu sehen; doch ging die Sache auch für uns nicht ohne Verlust ab.

Am 10. August 1723 traf Ismael Bek in St. Petersburg ein und stellte sich am 14. desselben Monats dem Kaiser in einer öffentlichen Audienz vor. Am 12. September wurde, nach der ihm von Schah Tahmasp gegebenen Vollmacht, mit dem russischen Ministerium ein Tractat geschlossen, kraft dessen (Artik. 2) die am kaspischen Meere gelegenen persischen Provinzen Dagestan, Schirwan, Gilan, Mazanderan und Astrabad auf ewige Zeiten an Russland abgetreten wurden.

Am 22. December 1724 kam der Generalmajor Matjuschkin in dem Hafen von Enzeli an und traf am 24. in Rescht ein. Die Russen befanden sich hier in einer schwierigen Lage. In der Nähe von Rescht stand ein persisches Armeecorps von 20,000 Mann, welches der Vezir von Kesker commandirte. Man befürchtete stündlich einen Ueberfall. Der Brigadier Lewaschof hatte nur sechs Bataillons Infanterie, 500 Dragoner und einige Compagnien leichtes Fussvolk, aus Armeniern, Grusiern und donischen Kosaken bestehend. Das Hülfscorps Matjuschkins war nur 300 Mann stark.

Die Russen hatten zwei feste Plätze zu ihrer Vertheidigung; der eine war der Karawanseraï im Osten der Stadt, der andere wurde 1723 am Ausgange der Stadt angelegt, auf der Strasse nach Kaswin, von wo aus man einen Ueberfall der Perser befürchten konnte. An der westlichen Seite von Rescht hatte der Oberst Schipof eine neue Befestigung aufgeführt, welche aus einem Erdwalle mit acht

Bastionen bestand. Um die Feindseligkeiten der Perser aufzuhalten, schickte der Generalmajor Matjuschkin einen Expressen an den Schah Tahmasp, um diesen zu bitten, den Veziren Befehle zu ertheilen. Es erfolgte keine Antwort. Als Ismael Bek aus Russland zurückkehrte, lebte er in Rescht, die Perser aber betrachteten ihn als Verräther und er lebte in Furcht und täglicher Lebensgefahr. Später wurde er nach Astrakhan geschickt, wo er noch zwanzig Jahre lebte.

Anfang des Jahres 1725 erhielten die Russen durch armenische und persische Kaufleute die Nachricht, dass die persische Armee von dem Fl. Fuza (Lengerud) und Sefidrud vorrücke, um einen Ueberfall zu machen. In der That zeigten sich mit Tagesanbruch Soldaten vor dem Karawanseraï am Rande des Waldes und fingen an über die Wiese zu schiessen, ohne jedoch Schaden zu thun. Die Russen antworteten mit Granaten aus kleinen Mörsern. Die Feinde flohen, sammelten sich aber bald wieder und wurden durch ein Bataillon Infanterie und drei Compagnien Dragoner verscheucht. Als die Soldaten sich dem seichten Flüsschen (Kelädschi-rudbar?), welches durch die Wiese fliesst, näherten, sprengte die persische Cavallerie heran, zog sich aber bei den ersten Schüssen wieder zurück. Das fliehende Fussvolk wurde fünf Werst weit von den drei Compagnien Dragonern verfolgt und eine grosse Anzahl Perser wurde getödtet. Nach drei Tagen machten die Perser einen neuen Angriff, und so jede Woche, wurden aber jedesmal zurückgeworfen. So vergingen zwei Monate, ohne dass die Perser wagten, das Flüsschen zu überschreiten, welches den beiden Parteien als Grenze diente.

Im März fingen die Perser an, die Transporte auf der Strasse von Peribazar zu belästigen, und hatten sich in einem Walde nahe dem reissenden Flusse Piledorband versteckt, von wo aus sie auf die Russen schossen. Die Russen hieben den Wald nieder. Nahe bei diesem Flusse lagerte der Vezir von Astara, gegen den drei Bataillons Infanterie und einige Cavallerie geschickt wurden, die ihn hinderten, den Fluss zu überschreiten. Die sich schon auf dem Flusse befanden, wurden zurückgetrieben oder ertranken. Hierauf überfielen die Perser einen Offizier, der mit einer kleinen Abtheilung Soldaten nach einem benachbarten Dorfe (Manguda?) marschirte, und dem man eine Kanone zu Hülfe schickte, worauf der Feind floh. Bei diesem Gefechte wurde der Stückjunker Lwof getroffen."

Hiermit endigten die Feindseligkeiten, denn bald darauf traf die Nachricht von dem Tode Peters des Grossen ein und Matjuschkin und Soimonof verliessen Rescht im Juni 1725; in Gilan blieb nur der Generalmajor Lewaschof zurück. Nach Abreise Soimonofs wurde am westlichen Ufer des Meerbusens von Enzeli eine Festung, Ekaterinopol, gegründet, die jedoch bald wieder aufgegeben wurde.

Wie man weiss, wurden diese Provinzen zur Zeit der Kaiserin Anna an Persien zurückgegeben. Die Ruinen der Befestigungen in der Umgegend von Rescht sind noch vorhanden, wie wir unten bei der Beschreibung von Rescht sehen werden.

ASCHURADE UND DIE TURKMANEN.

Am Eingange in den Golf von Astrabad liegt die russ. Marinestation Aschurade, 15—20 Meilen von der turkmanischen, 12 Meilen von der persischen Küste entfernt. Westlich derselben streckt sich die unter den Namen Potemkin, Uruskale und Mijankale bekannte Landzunge hin, östlich liegt die andere Insel Aschurade, gewöhnlich „die kleine" genannt. Auf älteren russischen Karten führt die Insel den Namen St. Eugenius oder Orest, den man auch nach Gründung der Marinestation noch beibehielt. Mit ihrem eigentlichen Namen Aschurade wurde sie, wenn ich nicht irre, zuerst auf englischen Karten genannt; die Bewohner nennen sie auch Aschir, und die gegenüberliegende Küste bei Gäz, Perewal, d. i. Ueberfahrt. Die Insel ist nur etwa eine Werst lang und eine halbe Werst breit, sehr flach und erhebt sich kaum vier Fuss über die Meeresfläche; nur an der westlichen Seite, wo der Wind den Sand zusammengetrieben hat, ist sie etwas höher. Bei hoher See wird sie, je nach der Gewalt des Windes, mehr oder weniger überschwemmt und bei starken Stürmen oft mehr als zur Hälfte unter Wasser gesetzt; doch zum Glück sind die Stürme selten, nur etwa ein oder zwei Mal im Jahre, im December oder Januar, und halten in der Regel nur einen oder zwei Tage an. Sobald sich der Wind gelegt hat, weicht das Wasser wieder schnell zurück. Ueberhaupt ist der Golf von Astrabad eines der ruhigsten Gewässer, seine Rheden sind die sichersten und bequemsten am ganzen Ufer des kaspischen Meeres und mit seinen Inseln und Schiffen bietet er bei stillem Wasser, namentlich in den Morgenstunden, durch die hier häufigen Luftspiegelungen einen wahrhaft zauberischen Anblick. Die Insel, ursprünglich eine Sandbank, ist mit Triebsand und Muscheln bedeckt und hat fast gar keine Vegetation. Einige hier angepflanzte Bäume kommen auf dem sandigen Boden nur kümmerlich fort. Von der See aus übersieht man die Insel von allen Seiten, mit allen darauf befindlichen Gebäuden.

Die Landzunge Potemkin uud die Insel Klein-Aschurade sind unbewohnbare Haufen von Triebsand, voller Sümpfe, und ihre mit dichtem Schilf bewachsenen Ufer sind nicht selten Schlupfwinkel für die Böte räuberischer Turkmanen. Die russische Marinestation war bekanntlich früher auf der Insel Sari, 10 Werst nördlich von Lenkoran, und wurde von da, theils wegen des ungesunden Klima's jener Insel, theils weil die Perser selbst um Schutz vor den Ueberfällen der Turkmanen baten, welche die Küste häufig heimsuchten, nach dem Golf von Astrabad verlegt. Der persische Premierminister war damals Hadschi Mirza Agasi, der russische Gesandte Graf Medem.

Man schickte damals zwei Kriegsschiffe nach dem Golf von Astrabad, von denen das eine unweit der Küste bei Gäz, das andere in der Nähe der Insel Aschurade stationirte. Die sandige Insel war unbewohnt und Offiziere und Mannschaft blieben an Bord der Schiffe. An der persischen Küste war ein Badehaus für die Matrosen eingerichtet und eine kleine Wohnung für den Arzt, welcher auch persische Kranke behandelte. Diese Gebäude waren beständigen Ueberfällen der Turkmanen von der Steppe her ausgesetzt und wurden von diesen mehr als einmal zerstört und verbrannt.

Eine interessante Beschreibung der Marinestation, wie dieselbe vor zwanzig Jahren war, giebt der englische Reisende Holmes*), der während seines Aufenthalts an der Südküste auch Aschurade besuchte. In den von Holmes geschilderten Verhältnissen hat sich im Ganzen wenig geändert; dasselbe Dampfschiff Kama, welches vor zwanzig Jahren in den Golf von Astrabad gekommen war, um Steinkohlen aus den Gebirgen in der Umgegend von Schahkuh zu holen, stationirte noch bis 1861 an der Insel**), doch ist insofern eine Besserung eingetreten, als das Klima, seit die Insel bewohnt

*) Sketches of the shores of the Caspian. S. 245.

**) Ausser der Kama lag bei Aschurade noch ein altes Dampfschiff, die Wolga, die aber nur auf dem ruhigen Golf fahren konnte, und zwei alte Segelschiffe, Tarantel und Schlange, beide ebenfalls in ziemlich schlechtem Zustande.

ist, an Schädlichkeit verloren hat, und jetzt sogar für Brustkranke und Schwindsüchtige zuträglich sein soll.

Die schlimmste und für den Aufenthalt auf der Insel unangenehmste Zeit ist in den Sommermonaten, von Mai bis September oder October. Die Sonne erhitzt dann den Sand in solchem Grade, dass man kaum darüber gehen kann. Die Bewohner verlassen dann ihre Wohnungen nicht vor Sonnenuntergang, wenn die Hitze durch den vom Alburzgebirge herströmenden Luftzug einigermassen gemildert wird. Die Nächte sind jedoch wenig besser als die Tage, denn sobald die Sonne untergeht, füllt sich die Luft mit Mücken, die hauptsächlich von der anderen Insel und der Landzunge Potemkin herüberkommen. Doch sind diese im Golf von Astrabad ungleich weniger lästig als bei Enzeli.

Einen Winter giebt es auf Aschurade nicht, und wenn es auch zuweilen schneit, so bleibt doch der Schnee höchstens einige Stunden liegen und schmilzt bei dem ersten Sonnenstrahle wieder. Die Kälte ist überhaupt so gering, dass selbst im December und Januar die Bewohner keine warmen Kleidungsstücke anlegen.

Vor zwanzig Jahren waren auf der Insel nur zwei Zelte für die Kranken, ein Backhaus und ein turkmanisches Zelt für den damaligen Stationschef Du Hamel; als sich später einige Offiziere entschlossen, ihre Familien mit hieher zu bringen, entstanden einige Wohnhäuser. Wegen Mangel an Bauholz sind die Häuser auf Aschurade grösstentheils aus Schilf und Lehm erbaut und nur etwa sieben Häuser sind von Brettern; in drei derselben wohnen die verheiratheten Offiziere, die übrigen dienen als Niederlagen für die Vorräthe der Station. In den Schilfhütten an der nördlichen Seite der Insel wohnen die verheiratheten Matrosen, die übrigen leben auf den Schiffen oder am östlichen Ufer in dem Ordon *), wo auch die gefangenen Turkmanen gehalten werden.

Gebäude giebt es auf der Insel nur wenige: auf der östlichen Landzunge ein von Holz gebautes Ambar mit einem Verkaufslocal,

**) Das Ordon, oder Ordonnanzschiff, diente im Jahre 1842, als Schamil den Norden von Dagestan behauptete, und die Verbindung zwischen Tiflis und der Armee an der Küste unterbrochen war, als Postschiff. Nahe dem Ordon liegt die Brigg Mangischlak; beide Fahrzeuge sind zu Wohnungen für die Matrosen eingerichtet.

welches der transkaspischen Handelsgesellschaft gehört; drei aus Brettern zusammengeschlagene Buden, welche einigen Persern gehören; unmittelbar neben diesen eine Marketenderbude und neben dieser ein zwei Stockwerk hohes Talar, welches dem turkmanischen Aeltesten Kedir-Khan gehört. Entlang der Insel, von Ost nach West, an der rechten Seite: ein Backhaus, die Kaserne, Badehaus und Brunnen, Fremdenhaus, das ehemalige Faktoreigebäude der transkaspischen Gesellschaft, die von Holz erbaute Kirche, ein zwei Stock hoher Wachtthurm und neben diesem das Haus des Stationschefs, vor welchem einige Geschütze aufgestellt sind. An der Nordseite: ein Offiziershaus. An der linken Seite der Insel: das Hospital, eine Wohnung für die beiden Aerzte (einer für die Russen, der andere für die Perser), ein Offiziershaus. An der Westseite der Insel war früher der Begräbnissplatz, weil aber hier das Wasser beständig den Sand abspülte, so dass die Särge blosgelegt wurden, hat man ihn in neuerer Zeit auf die Halbinsel Potemkin verlegt.

Auf Aschurade sind zwei oder drei Brunnen mit süssem Wasser und ein grosser sumpfiger Platz, mitten auf der Insel, zwischen der Kirche und den von den Matrosen bewohnten Gebäuden. Seit einigen Jahren hat man angefangen diesen Sumpf, aus dem beständig ungesunde Dünste aufsteigen, auszufüllen; die Arbeit geht aber sehr langsam von Statten, weil es auf der Insel an Erde fehlt, die von der persischen Küste auf Booten herübergebracht werden muss. Ein Boot kann aber die Reise von Aschurade nach Gäz und von da zurück täglich nur einmal machen, weil es am Morgen mit dem günstigen Seewind absegeln und erst am Abend mit dem Bergwinde wieder zurückkehren kann; übrigens wird die Erde nicht am Ufer selbst geladen, sondern in einiger Entfernung, weil das Wasser sehr seicht ist, und muss in Säcken auf die Böte herübergebracht werden. Auf dieselbe Weise muss auch Lehm, Reissig und Schilf als Baumaterial auf die Insel gebracht werden. Bauholz zu fällen aber gestatten die Perser nicht, weil sie fürchten, man könnte auf Aschurade eine Festung bauen. Uebrigens sind die Waldungen an der Küste sehr jung, und findet man hie und da einen grossen Stamm, so ist er sicher wurmstichig. Die persischen Bretter sind dünn und zum Baue untauglich.

Die Errichtung einiger Gebäude auf Aschurade brachte in Teheran eine grosse Aufregung zu Wege. Die Perser waren überzeugt, dass hier starke Befestigungen angelegt würden, die für die Ruhe Persiens gefährlich werden könnten, und Niemand wollte glauben, dass nicht ein einziges steinernes, nicht einmal ein festes hölzernes Gebäude auf der Insel sei. Als der Statthalter von Astrabad, der verstorbene Dschafar-Kuli-Khan, nach Aschurade kam und der damalige Chef der Station, Herr Licharef, ihm die Gebäude auf der Insel zeigte, sagte er, es sei ihm nicht möglich, in seinem Berichte nach Teheran eine der Wahrheit getreue Schilderung der Station zu geben, man würde ihn sonst bei dem Schah als von den Russen bestochen verläumden.

Die Perser fingen sehr bald an zu zeigen, wie wenig ihnen eine russische Station gegenüber ihrer Küste behage, und sagten, dass sie der Hülfe Russlands gegen Ueberfälle ihrer turkmanischen Unterthanen keineswegs bedürften. Gewöhnlich müssen die Turkmanen, welche nach der persischen Küste segeln, an der russischen Station einen Erlaubnissschein lösen, den sie nur gegen eine Bescheinigung des Aeltesten ihres Stammes erhalten und in welchem gesagt ist, dass sie in friedlicher Absicht reisen; man lässt sie dann mit ihren Waaren passiren, die Waffen aber hält man bis zu ihrer Rückkehr in sicherer Verwahrung und giebt ihnen dieselben erst wieder, nachdem man sich durch eine Untersuchung des Bootes überzeugt hat, dass sie keine gefangenen Perser bei sich führen. Jetzt aber machten die persischen Behörden den Turkmanen kund, um ungehindert auf dem Meere oder im Meerbusen zu fahren, müssten sie nicht von der russischen Marinestation, sondern von der persischen Ortsbehörde eine Bescheinigung fordern, und hätten daher gar nicht nöthig bei Aschurade anzuhalten. Diese günstige Gelegenheit liessen die Turkmanen nicht unbenutzt vorübergehen, sie beeilten sich persische Erlaubnissscheine einzuholen und fingen nun mit grösserer Frechheit als vorher an, die Dörfer an der Küste zu plündern, wo sie im dichten Schilf verborgen oder am Ufer vor den Verfolgungen der russischen Schiffe sicher sind. So machen sie ohne Mühe alle Perser, die ihnen begegnen, zu Gefangenen und führen sie auf Waldwegen nach ihren Steppen.

Da die Station eine Stelle einnimmt, von der einen Seite gegenüber der turkmanischen, von der andern der persischen Küste, so ist sie in politischer und commerzieller Beziehung sowohl zwischen diesen einander stets feindlichen Völkern, als auch zwischen diesen

Völkern und Russland von grosser Wichtigkeit. Ich werde über diesen Gegenstand einige Bemerkungen geben.

Die turkmanischen Steppen beginnen südlich der vereinigten Buchten von Krasnowodsk und Balchan und ziehen sich längs des östlichen Ufers des kaspischen Meeres bis an die Provinz Astrabad. Von den Steppen der Kirgisen der kleinen Horde sind sie nördlich durch das Bett des Flusses Amuderja getrennt, welcher sich früher 80 Werst südlich von der Bucht Balchan in das kaspische Meer ergoss.

Die Sage, dass das alte Bett des Amuderja von den khiwanischen Uezbeken verschüttet wurde, aus Furcht, die Russen könnten sich desselben bemächtigen, ist bekannt, desgleichen die Sage von dem Goldsande, welcher den ersten Grund dazu gab, dass Peter der Grosse im J. 1713 eine Expedition unter dem Fürsten Bekowitsch Tscherkaski dorthin schickte, mit dem Auftrage, an der Mündung des Amuderja, nahe der Bucht Krasnowodsk, eine Festung zu erbauen und dann zu dem Khan von Khiwa zu reisen, wobei er sich immer in der Nähe des Flussbettes halten sollte. Er sollte so die Ufer, den Lauf des Flusses und den Damm besichtigen, um, wenn es möglich wäre, den Lauf des Flusses wieder in das kaspische Meer zu leiten, und eine Stelle für eine neu zu erbauende Stadt auffinden. Peter der Grosse meinte, wenn sich auch in dem Flusse selbst kein Gold fände, so könnte man dieses doch durch Handelsverbindungen mit Indien gewinnen. Aber die Feindseligkeiten der Khiwanen und Bucharen einerseits, und andererseits die Uneinigkeit zwischen den Anführern der Expedition verhinderten die Ausführung seines Planes*). Bekowitsch wurde von den Khiwanen ermordet, die seinen Kopf dem Khan von Buchara schickten. Die Expedition Buchholtz's gegen den Khan blieb ohne Erfolg, und der bald darauf erfolgte Tod Peters schob die indische Frage auf unbestimmte Zeit hinaus.

Die Veränderung im Laufe des Amuderja, welcher zwei Mündungen hatte, ist mit grösserer Wahrscheinlichkeit einem Erdbeben

---

*) Koschin wollte die Befehle des Fürsten Bekowitsch nicht ausführen, weil er die von diesem zum Bau einer Festung erwählte Landzunge von Krasnowodsk nicht für geeignet hielt, da sie zu sandig sei und nichts als Gras hervorbringe.

zuzuschreiben. Murawief sah auf seiner Reise nach Khiwa noch Spuren der Wasserströmungen des alten Bettes*), und die Turkmanen sagen, dass im Jahre 1850 das Wasser während einer Ueberschwemmung in dem alten Bette bis in das Meer floss. Die Ueberreste der Festung oder Redoute auf der Landzunge Krasnowodsk sollen noch bis jetzt erhalten sein. Die Landzunge ist vier Werst breit und zwölf Werst lang, die Vegetation ist sehr dürftig und besteht nur aus niedrigem Gesträuch oder Gras; die freie Lage und Nähe der Sümpfe und Salzseen ist der Gesundheit höchst nachtheilig. Auch der Ankerplatz für die Schiffe ist nicht gut; die Tiefe des Wassers beträgt allerdings drei Klafter, aber die heftigen Nordostwinde, welche hier oft in der Nacht wehen, machen die Rhede unsicher und gefährlich.

Nördlich der Landzunge Krasnowodsk, bis zur Meerenge Karabugaz, eine Strecke von 180 Werst, sieht man keine Nomaden, die Brunnen aber, welche man hier findet, beweisen, dass ehemals eine Bevölkerung oder Aúls hier waren. Die ganze Küste ist mit Triebsand bedeckt, und nur hie und da sieht man, in der Nähe grosser Salzseen, dorniges Gesträuch.

Das nördliche Ufer der Balchan-Bucht ist auf einer Strecke von 60 Werst von senkrechten Felsen umgeben. Am Anfange der Landzunge Krasnowodsk, nahe dem Ufer, führen diese Felsen den Namen Kaipat, hierauf theilen sie sich in einige Reihen, Kubadag, Schagadam oder Tschagadam, und Udschrak, hinter denen das Thal Kubadag liegt. Die Tschagadam-Berge ziehen sich nordöstlich um die Bucht, dachen sich dann allmälig ab und vereinigen sich weiter hin durch eine Hochebene mit den 15 Werst vom Ufer des Meeres entfernten Balchangebirgen. Diese Gebirge gelten bei den Turkmanen als die für ihr Nomadenleben geeignetste Gegend, weil sich am Fusse der Berge Quellen süssen Wassers finden. In den Gebirgen giebt es Hasen, Füchse, Wölfe und Tiger.

Am Gebirge Tschagadam findet man auch Brunnen mit süssem Wasser, von denen besonders der Brunnen Balkui am nördlichen Ufer der Bucht Krasnowodsk bekannt ist, der jedoch nur wenig Wasser hat; man sagt, dass man täglich nur etwa vierzig Eimer schöpfen

*) Murawief, Reise nach Khiwa (russisch). Th. I. S. 74 u. ff. Th. II. S. 12 u. ff.

könne. In der Umgegend des Balkui nomadisiren zehn turkmanische Familien, die auch Melonen und Wassermelonen bauen. Oestlich des Balkui, in den Gebirgen Kubadag, sind die Brunnen Bulük, Kasin, Sülmen, Süidschi, deren Wasser wegen der Nähe des Meeres etwas salzig ist. Bei diesen Brunnen vorbei führt der Weg nach Khiwa, bis wohin für die Karawanen zwölf Tagereisen sein soll. Westlich des Kasin liegt der Brunnen Burnak, in dessen Nähe sich Grasweiden finden.

Fünfzig Werst südlich von dem Bett des Amuderja beginnt eine Kette niedriger Berge, unter dem Namen Ambal bekannt, die theilweise mit Gebüsch und kleinem Gehölz bewachsen sind, und die man, wie es scheint, vom Meere und dem Golf von Astrabad in der Ferne als einen kaum sichtbaren Streifen am Horizont sehen kann.

Gegen Osten grenzen die turkmanischen Steppen an Khiwa, gegen Süden sind sie durch den Fl. Gurgan von der Provinz Astrabad geschieden; die Turkmanen aber nehmen den Fl. Bagu, welcher sich in den Golf von Astrabad ergiesst, als Grenze an. Die turkmanischen Steppen ziehen sich mehr als 300 Werst an der östlichen Küste des kaspischen Meeres hin, von Krasnowodsk (40° N. B.) bis an die Grenze von Astrabad, auf dieser ganzen Länge eine ebene, niedrige Fläche, in fast gleicher Höhe mit dem Meere, nur hie und da durch einzelne Sandhügel unterbrochen. Die Küste ist überall flach und sandig und die Tiefe des Wassers sehr gering, so dass in der Nähe des Ufers oft selbst die flachen, kleinen Kulaz nicht mehr fahren können. Die ganze Niederung, welche die Steppen einnehmen, hat das Ansehen einer Wüste, beinahe ohne Vegetation; nur an einzelnen Stellen findet man in Vertiefungen und Sümpfen Steppengras. Der Boden ist überall sandig und der Cultur unfähig; nur nach Astrabad zu und in der Nähe der Flüsse Etrek und Gurgan, wo die Turkmanen einigen Weizen bauen, gewinnt die Steppe ein frischeres Ansehen. Die künstliche Bewässerung der Felder ist bei den Turkmanen nicht üblich, obwohl man sagt, dass dort zu diesem Zwecke Canäle angelegt worden seien.

Der Fluss Etrek entspringt in den Gebirgen nahe bei Kal'a Jusuf nordöstlich von Kutschan, und mündet in das kaspische Meer, nahe dem Golf von Astrabad, vierzig Meilen nordöstlich von der Insel Aschurade, nach einem Laufe von 60 Farsakh durch die Steppe; seine Breite ist unbedeutend, die Strömung rasch und seine Ufer sind ziemlich steil. Von der rechten Seite nimmt er die Flüsse Hartut, Tschinder, Sund oder Sumbar auf, von der linken den Semulgan; an der Mündung ist er seicht.

Der Gurgan entspringt im Alburzgebirge aus dem Quell Germetscheschme (Warmbrunn), unweit von Schah-abad und dem Semulgan, und mündet am Aúl Kumisch-tape (Silberberg) 6 Farsakh südlich von der Mündung des Etrek. Der Lauf des Gurgan ist 28 Farsakh lang; seine Ufer sind ziemlich steil, der Boden lehmig und schlammig, daher das Wasser eine gilbliche Farbe hat. An manchen Stellen ist der Fluss so tief, dass man ihn nicht durchwaten kann und der Wasserstand überhaupt, während der Ueberschwemmungen, ziemlich bedeutend. An seinem Ausflusse ist der Gurgan seicht und bildet einen Sumpf mit flachen Ufern. Zuflüsse sind zur Rechten: der Karezli, im Thale Schahrek, der Tschilgesi, welcher von dem Berge Nilekuh kommt, den Karasu aufnimmt und sich, 1 Farsakh von Gumbedi-kaus, mit dem Gurgan vereinigt; der Gärmerud fliesst durch eine Schlucht des Alburz, nimmt einige kleine Flüsse auf und mündet in den Gurgan westlich von Gumbedi-kaus, der Abi-chur, und noch 3 Farsakh weiter oben der Sarisu. Zuflüsse zur Linken sind: der Karaul-tschai oder Escheksu, der Dugulum, nach dem Orte Dug genannt, fliesst im Thale Schahrek *).

Am linken Ufer des Gurgan sind die Ueberreste eines Thurmes Gumbedi-Kaús, der nach einem der ältesten Herrscher Dschordschans, Kabus oder Kaús benannt wurde. Nach Bode's Beschreibung ist dieser Thurm aus Ziegelsteinen erbaut und noch ziemlich gut erhalten; nur im Innern hat er gelitten, denn man sieht oben eine Oeffnung. Der innere Umfang beträgt 148 Fuss, ebensoviel die Höhe. Das Dach ist von polirten grünen Ziegeln; über der Thür, am äusseren Gesimse, ist eine Inschrift in kufischen Charakteren.

Am rechten Ufer des Gurgan war ehemals eine Mauer, Kisil-alan genannt, welche von dem Berge Puscht-i Kemer, 4 Farsakh von dem Ursprunge des Gurgan, nahe dem Nomadensitze der Kara-bal-

---

*) Schahrek war früher eine Stadt, wenn man nach der Localität urtheilen kann, die mit Gräben durchzogen und voller künstlicher Erhöhungen ist. Ausser Schahrek, Dschordschan, Gumbedi-kaus findet man noch Ueberreste der Städte Bibi-schirwan, Gaur-kale, Deschtalge und Peres. Vergl. Bode, über Jamut und Goklan (Abhandl. der russisch. geograph. Gesellschaft 1847. Bd. II. S. 209 u. f.

kan, parallel mit dem Ufer des Flusses bis an das Meer und noch eine Strecke in dieses hinein lief. Die Mauer war aus gebrannten Ziegelsteinen erbaut, ist aber bis auf eine Reihe von Hügeln verschwunden, die sich noch an manchen Stellen 8—10 Fuss über den Boden erheben. Diese Hügel oder Kurgane haben das Ansehen viereckiger Verschanzungen und sind vierzig Minuten Weges von einander entfernt und jeder etwa 150 Schritt lang. Hinter Kisilalan sieht man noch eine andere Reihe von Erhöhungen, welche mit der Hauptmauer parallel laufen; sie sind niedriger als diese und verschwinden an manchen Stellen ganz; zwischen den letzteren führt der Weg hin. Man glaubt, dass alle diese Befestigungen zur Zeit Alexanders des Grossen erbaut wurden und als Schutz gegen die damals am Ufer des kaspischen Meeres wohnenden Alanen dienen sollten.

An beiden Ufern des Gurgan waren früher Wasserleitungen, die auf einer Brücke über den Fluss geführt waren, und deren Erbauung man ebenfalls dem makedonischen Helden zuschreibt; andere setzen sie in die Zeit des alten Dschordschan. Südlich vom Gurgan münden die Flüsse Karasu und Bagu in den Golf von Astrabad.

Von den turkmanischen Aúls am östlichen Ufer des kaspischen Meeres sind bekannt: der Aúl Krasnowodsk, auf dem Vorgebirge des gleichen Namens, 1½ Werst vom Ufer. In diesem Aúl zählt man gegen achtzig Tschatma (Zeltwagen); die Bewohner halten eine kleine Anzahl Kameele, aber gar keine Pferde. Der Aúl auf der Insel Tscheleken, südlich von Krasnowodsk. Die Turkmanen erklären den Namen der Insel Tscheleken oder Tscharkan, weil sich auf der Insel vier Erze, tschahor-kon چهار کان, finden: Naphthagil, Naphtha, Salz und Farben. Nach Murawief*) ist der Name von dem Worte Tschelek, Fass (Naphtha oder Erdharz in Fässern) abzuleiten.

Von der Insel Aschurade oder dem Golf von Astrabad ist Tscheleken 180 Meilen (315 Werst) entfernt, und ebensoweit von Baku, dem es fast gegenüber liegen soll. Tscheleken besteht aus vier nach verschiedenen Seiten hinausragenden Vorgebirgen. Die Länge der Insel beträgt etwa 35, die Breite 25, der Umfang 100 Werst. Das

*) Murawief, Reise nach Turkmanien und Khiwa, im J. 1819 (russisch). Mosk. 1820. Pag. 27.

südliche Vorgebirge ist unter dem Namen Derwisch bekannt und war in früherer Zeit eine Insel, die durch ein Erdbeben mit Tscheleken vereinigt wurde. Die Bucht an dem Vorgebirge Derwisch führt den Namen Karakul-derja. Die Schiffe müssen hier einige Klaftern vom Ufer entfernt ankern. In der Bucht Karakul-derja soll sich Glaubersalz finden. Das nördliche Vorgebirge erstreckt sich 18 Werst hinaus und ist unter dem Namen Kufaldschi bekannt; die Bucht führt den Namen Kertike und bietet guten Ankergrund.

Nach der turkmanischen Küste zu sind die Vorgebirge Igisk und Schah-Derwisch, zwischen denen und der Küste eine sehr gefährliche Durchfahrt ist, da das Wasser zuweilen nur zwei Fuss und auch noch weniger Tiefe hat.

Die Insel ist besonders durch ihre Naphtabrunnen berühmt, die man aller Orten findet. Die bedeutendsten sind an den Gebirgen Tschochrak und Kisil-tüpa, fünf Werst von der Bucht Karakul-derja. Die Tschochrakgebirge ziehen sich nordöstlich bis an die Sandhügel in einer Strecke von 8 Werst Länge und 4 Werst Breite. Auf der Insel sollen sich nicht weniger als 1000 Naphtabrunnen finden, in denen man das angesammelte Naphta oder Steinöl schöpft, welches in manchen schon seit vierzig Jahren stehen soll. Die Turkmanen aber kümmern sich um die Erhaltung dieser Brunnen gar nicht und sie sind daher in sehr schlechtem Zustande.

Das Naphtagil ist concentrirtes Naphta oder Steinöl, und eine dem Wachse oder Harze ähnliche Masse, die bald schwarz, bald weiss zum Vorschein kommt; es wird aus dem Sande gegraben und durch Schmelzen in Kesseln gereinigt. Als Brennmaterial dient bei diesem Prozess der mit Naphta getränkte Sand, welcher hell brennt und starken Russ absetzt. Das Naphtagil wird in tiefen Gruben aufbewahrt. Dass weisse Naphtagil findet man auf der Insel nur in geringer Quantität. Von Farben findet man auf der Insel eine Art Ocher, Karabug oder Karabuja genannt, und Aschkal, eine schwarze Farbe; ferner Vitriol und einige andere Mineralien. Salzseen sind im Osten und Nordosten der Insel, in der Gegend des Tschochrak; die bekanntesten sind der Parsu, nordöstlich von diesem der Alatsch-Basch und im Westen der Insel ein Salzquell, Merznik oder Merzi-bek genannt. Das Salz findet sich hier in

Stücken oder Koschma, dünnen Schichten, in der Dicke von zwei Spann und bis zu anderthalb Pud (60 Pfund) schwer. Zwei Koschma, Dschuft جفت, oder von den Turkmanen Kulün genannt, wiegen gewöhnlich drei Pud. Das Salz wird grösstentheils aus dem See Gerem am östlichen turkmanischen Ufer gewonnen, eine Tagereise vom Ufer des Meeres, südlich von Tscheleken, nach dem Aúl Tschekischlär zu, von wo aus man es mit Kameelen an die Küste bringt, um es auf Böten zu versenden. Ein Kameel trägt etwa vier Dschuft oder zwölf Pud.

Der Boden auf Tscheleken ist überall sandig und mit Muscheln, Salz, Farben, Naphtagil u. s. w. gemischt. Die hier häufigen Wirbelwinde führen den Sand nicht selten über die ganze Insel. Vegetation giebt es beinahe gar nicht, nur im Frühjahr kommt in der Nähe des Meeres einiges Gras und ein Kraut, Akselau genannt, zum Vorschein, die aber mit Eintritt der heissen Jahreszeit verdorren und dann von den Einwohnern als Brennmaterial gebraucht werden. An süssem Wasser ist auf der Insel grosser Mangel.

Auf der Insel Tscheleken zählt man im Ganzen 300 turkmanische Zelte; die Bewohner treiben meist Handel und bringen ihre Waaren nach der persischen Küste und Aschurade. Kameele und Pferde werden hier nur wenige gehalten und das Vieh wird grösstentheils nach der Insel Aidak auf die Weide gebracht.

Aidak oder Ogurtschinsk ist eine schmale Insel südlich von Tschelcken, 40 Werst lang und durchschnittlich 3 Werst breit. Obwohl der Boden hier beinahe von gleicher Beschaffenheit ist wie auf Tscheleken, so ist doch die Vegetation ungleich besser und man findet an manchen Stellen schon in geringer Tiefe süsses Wasser. Auf dieser Insel giebt es etwa 30 turkmanische Zelte und die Bewohner bauen Melonen und Wassermelonen, die sie nach Tscheleken verkaufen. An der nördlichen Seite der Insel liegt der turkmanische Begräbnissplatz, auf dem sich ehemals ein Denkmal zu Ehren eines Derwisch befand, das aus vier Bäumen bestand. Die Schiffe können der Küste ziemlich nahe ankern; die Tiefe des Wassers beträgt in einer Entfernung von $^1/_2$ Werst vom Ufer noch 3—4 Klaftern.

Der Aúl Tschekischlär, am Ufer des Meeres, hat gegen 200 Zelte und ist von Tscheleken 110 Meilen entfernt; er hat, wie man sagt, nur einen einzigen Brunnen, Tscheschme چشمه, dessen

Wasser in einem Tage ausgeschöpft wird. Die Schiffe können dem Ufer bis auf eine Meile nahe kommen.

Von Tscheleken bis Tschekischlär sind zu Lande am Ufer hin sieben Tagereisen; auf dieser ganzen Strecke findet man nicht einen einzigen Aúl. Der Weg führt bei zwei hohen Sandhügeln vorbei, von denen der eine, unter dem Namen der grüne Hügel bekannt, vom Meere aus deutlich sichtbar ist. Auf dem Gipfel desselben ist ein Brunnen mit kochendem Meerwasser. Vom Ufer bis an den grünen Hügel sind etwa 10 Werst. Südlich von diesem liegt der andere, ihm ganz ähnliche, Ak-tepe oder der weisse Hügel genannt, sieben Werst vom Meeresufer. Auf diesem sollen sich einige ausgebrannte Krater mit schwefelsaurem Schlamm und ein Brunnen mit kochendem Salzwasser befinden; in der Umgegend giebt es Brunnen mit bitterem und salzigem Wasser. Ehemals floss in der Nähe des Ak-tepe ein kleiner Bach und befand sich auch ein Salzsee daselbst. Das Meer ist an der Küste seicht und die Schiffe bleiben fünf Werst vom Ufer liegen. Vom grünen Hügel bis zu dem Ak-tepe rechnet man etwa 35 Werst.

Der Aúl Husein-kuli, auch Hasan-kuli oder gewöhnlich Asanguli حسن قلی genannt, liegt zwei Werst vom Ufer, an der Mündung des Etrek; er ist vom Ak-tepe etwa 25 Werst, von Aschurade gegen 45 Meilen entfernt. Der Aúl hat ungefähr 300 Zelte und die Einwohner verfertigen Teppiche. Die Mündung des Etrek ist flach und das Wasser salzig, die Bewohner müssen daher, um süsses Wasser zu holen, auf Böten bis zu dem Silberhügel im Gurgan hinauf fahren. Rechts von Asanguli sollen sich Salzseen befinden, links ist ein turkmanischer Begräbnissplatz. Dieser Theil der Küste war früher eine Insel. Vor etwa 20 Jahren hatten russische Fischer bei Asanguli eine Fischerei.

Der Aúl Etrek اترك, am Flusse Etrek, östlich von Asanguli, etwa 20 Werst vom Ufer des Meeres, zählt gegen 1000 Zelte. Die Bewohner nennen sich Karaktschi und leben zum grossen Theile vom Raube. Viele Turkmanen aus den am Ufer liegenden Aúls bringen den Sommer am Etrek zu. Wegen der vielen Sümpfe und Moräste soll es sehr schwer sein, den Aúl vom Meere her auf geradem Wege zu erreichen. In dem Aúl Etrek werden die Gefangenen in Gewahrsam gehalten; in der Umgegend, in den Steppen und im

Schilfe hausen Wölfe, Füchse, Eber, Dschirane (wilde Ziegen), Schakale u. s. w.

Der Aúl Kümisch-tepe كمش تپه oder Silberhügel, etwa zwei Werst vom Ufer des Meeres, an der rechten Seite des Flusses Gurgan und von diesem etwa drei Werst entfernt. Der Hügel liegt zwei Werst vom Flusse. Die Turkmanen sagen, er habe seinen Namen davon, weil man goldene und silberne Gefässe aus einer früheren Zeit hier gefunden habe. Weiter stromaufwärts kommt man an den Hügel Kurak-sufa, sieben Werst von der Küste; weiterhin ist der Boden salzig. Anderthalb Werst nordöstlich sind turkmanische Begräbnissplätze.

Nach Murawiefs Beschreibung ist der Silberhügel eine 100 Klaftern lange und zwei Klaftern hohe, von gebrannten Ziegeln erbaute Mauer, die an der östlichen Seite, der Steppe zu, mit Sand verschüttet ist und daher wie ein Hügel erscheint. Herr Murawief selbst hat in dieser Mauer menschliche Ueberreste gesehen. Man vermuthet, dass hier die Hauptfestung der Kizil-Alan lag. Der Hügel bildete früher eine Insel. Auf dem Vorgebirge, welches sich früher 70 Klaftern weit in das Meer erstreckte, sah man auch die Ueberreste von Mauern, Häusern und runden, aus grossen viereckigen Ziegelsteinen erbauten Thürmen, etwa 30—40 Klaftern vom Ufer auf dem Meeresgrunde; in den Ruinen hat man jedoch, ausser Glasscherben, nichts gefunden. Die Mauern und Thürme ragen nicht hervor, und sind wahrscheinlich durch ein Erdbeben zerstört worden.

Der Aúl Kümisch-tepe hat gegen 500 Zelte. Die Gegend an der Mündung des Gurgan ist niedrig, sumpfig und mit Schilf bewachsen. In den heissen Sommermonaten ist der Aufenthalt hier sehr ungesund und die Bewohner gehen deshalb in dieser Zeit entweder nach Asanguli oder an den Etrek. Da das Wasser in der Mündung des Gurgan salzig ist, so muss man, um süsses Wasser zu holen, etwa fünf Werst im Flusse aufwärts fahren. Flache Böte können leicht in den Fluss gelangen. Zwei Werst von der Mündung ist der Fluss über eine Klafter tief und sechs Klaftern breit. Die Schiffe bleiben zwei Meilen vom Ufer vor Anker. Vom Gurgan nach Astrabad ist eine Tagereise; der Landweg von Kümisch-tepe nach Norden über den Aúl Etrek, am Ufer des Meeres hin, soll sumpfig sein.

Der Aúl Hadschi-nefes حاجی نفس, eine Werst vom Meeresufer, hat nur einige Zelte. Die Schiffe kommen hier dem Ufer bis auf eine Meile nahe.

Der Aúl Kara-senger قره سنگر, gegenüber der Insel Aschurade nach Osten zu, ist vier Werst vom Ufer entfernt und zählt 300 Zelte. Die Bewohner treiben meist Handel und stehen in vielem Verkehr mit Persien und Astrabad.

Die Turkmanen aller dieser Aúle gehören zu den drei Hauptstämmen A) Jamut یموت, B) Goklan کوکلان und C) Teke تکه, die sich in folgende Zweige theilen. *)

a) Zu Jamut, Stamm des Dschafer-Baj جعفر بای, gehören I. Jar-ali یار علی und II. Nur-ali نور علی.

I. Jar-ali theilt sich in folgende Zweige: 1. Unluk-tumadsch انلق توماج 250 Zelte; 2. Eri-tumadsch ایری توماج 140 Zelte; 3. Tschukan چوکان 85 Zelte; 4. Purkhas پرخاص 110 Zelte; 5. Aryk ارق 100 Zelte; 6. Kal کل 45 Zelte; 7. Kusali کوسهلی 45 Zelte; 8. Kyzyl قزل 90 Zelte; 9. Sakally سقالی oder Aryktakally, Aryksakally, 90 Zelte.

Die Turkmanen des Stammes Jar-ali nomadisiren meist in den Aúlen Kara-senger, Kümisch-tepe u. a.

II. Zu dem Stamme Nur-ali gehören: 1. Kam کم, 220 Zelte; 2. Kir کر, 60 Zelte; 3. Kurt کرد oder Kur-taifa, 60 Zelte; 4. Karendschik کرنجیك, Karaïdschak oder Karadscha, 200 Zelte; 5. Pan پانق **), Pan-kutuk, 150 Zelte; 6. Igdir ایکدر, Igdyr-kotschek, 250 Zelte; 7. Kelte کلته, 170 Zelte.

Die Turkmanen des Stammes Nur-ali nomadisiren in den Aúlen Hadschi-nefes, Kümisch-tepe, Asanguli, am Etrek u. s. w.

b) Die Jamut des Stammes Ogurtschaly آقور جلی theilen sich in I. Ak آق und II. Ata-baj اتا بای.

I. Zu Ak gehören: 1. Uzin-ak اوزین اق, 320 Zelte; 2. Kiskeak قسقه اق, 280 Zelte.

---

*) Ich gebe die Aufzählung der Stämme nach einem Bericht des Statthalters von Astrabad an den Schah von Persien, vom Jahre 1857. Die Aufzählung von Herrn Dr. Häntzsche (Topographie und Statistik der persischen Turkmanen, in der Zeitschrift für allgemeine Erdkunde. Berlin 1862. No. 110), bezieht sich, wie mir scheint, auf die vorhergehenden Jahre.

**) Spr. wie d. französ. pan.

II. Zu Ata-baj gehören: 1. Sahane سهنه, 100 Zelte; 2. Sakki سقی, 75 Zelte; 3. Janpej یان پای, 40 Zelte; 4. Muhammed-unluk محمد انلق, 170 Zelte; 5. Sarydschly ساریجه‌لی, 40 Zelte; 6. Kasa کسه, 45 Zelte; 7. Kasa-halka کسه حلقه, 150 Zelte; 8. Dugendscha دوکونجه, 80 Zelte; 9. Taana طعنه, 200 Zelte; 10. Kangerma قانقرمه, 80 Zelte; 11. Kullar قولر, 20 Zelte; 12. Karadaschlu قره داشلو, 20 Zelte.

Für den Stammvater der Ata-baj hält man Tschuni. *)

Die Ogurtschaly, welche auf der Insel Tscheleken nomadisiren, haben folgende Namen: III. Ogurtschaly-Terekme; IV. Og:-Semedem; V. Og:-Gerej oder Irej (Kjr); VI. Og:-Nedin.

c) Jamut vom Stamme Jelkai یلقی: 1. Sakkar سقار, 65 Zelte; 2. Wakilli وکیلی, 195 Zelte; 3. Kyr قیر, 40 Zelte; 4. Mirza-Ali میرزا علی, 65 Zelte; 5. Urazly اراضلی, 25 Zelte; 6. Unluk انلق, 140 Zelte.

d) Jamut vom Stamme Dudschi دوجی theilen sich in: 1. Udek اودك, 140 Zelte; 2. Saridsche-Mejut ساریجه میوت, 70 Zelte; 3. Khiwaki خیوقی, 105 Zelte; 4. Kure کره, 100 Zelte; 5. Abdalidschmek ابدال وایجمك, 120 Zelte; 6. Baka باقه, 20 Zelte; 7. Karadscha-dagy قراجه داغی, 550 Zelte.

Der Stamm Dudschi nomadisirt in der Gegend des Bulük Kätul in der Provinz Astrabad am Ufer des Gurgan u. a.

e) Ausser diesen sind noch Jamut vom Stamme Daz داز in der Umgegend von Ak-meschhet اق مشهد, im Bulük Fakhremadeddin und anderen, gegen 650 Zelte; Jamut des Stammes Badrak بدراق nomadisiren an der Grenze des Bulük Kätul, 300 Zelte; Jamut des Stammes Kan-i-okmaz قان یقمز in Bibi Schirwan, 200 Zelte; Jamut vom Stamme Ejmir ایمر an der Grenze des Bulük Fenderisk, 375 Zelte; Jamut des Stammes Kotschek کوچك theilen sich in: 1. Istaddschik استادجق, 190 Zelte; 2. Khurta خورطه, 185 Zelte; der Stamm Kotschek nomadisirt zwischen Fenderisk und Karatagan قرا تیکان.

*) Nach Murawief (S. 40) stammen die Jamut von einem Stammvater desselben Namens, der drei Frauen hatte. Die Söhne der ersten hiessen Tschuni und Schareb; der Sohn der zweiten war Kudschuk und der der dritten Bairamscha. Alle werden als Stammväter verschiedener Stämme gezählt.

Jamut vom Stamme Salach سلاخ, 255 Zelte; Jamut vom Stamme Karawija قرویه am Etrek und nahe am Balchan, 250 Zelte; Jamut vom Stamme Balük بهلكه am Etrek, 260 Zelte; Jamut vom Stamme Kudzuk-Tatar قجق تاتار, nahe bei Bibi Schirwan, 439 Zelte; Jamut vom Stamme Ata آتا, 90 Zelte; Jamut vom Stamme Makhdum مخدوم, 120 Zelte.

B. Goklan, theilt sich in zwei Stämme.

I. Dudurka دودرقه und II. Halke-dagly خلقه داغلی.

I. a) Goklan-Dudurka vom Stamme Kürük قرق theilen sich in: 1. Kunlyk كنكليك, 100 Zelte; 2. Sufijan صوفیان, 100 Zelte; 3. Kugedscha کوکجه, 100 Zelte; 4. Dahane دهنه, 100 Zelte; 5. Tschake چکه, 76 Zelte.

Diese Stämme nomadisiren westlich vom Gurgan in der Gegend von Mischk-anbar مشك عنبر u. a.

b) Goklan-Bajandyr بایندر theilen sich in: 1. Ak-klitschkhani آق قلیچ خانی, 123 Zelte; 2. Nefes-khani نفس خانی, 107 Zelte; nomadisiren in den Thälern des Gurgan.

c) Goklan-Jangak ینقاق theilen sich in: 1. Kuti-medschmen کوتی مجمن, 116 Zelte; 2. Utsch-kunli اوچ قونلی, nomadisiren westlich von Gumbedi-kaus کنبد قاووس und östlich von Käbuti-dschame کبود جامه, 100 Zelte.

d) Goklan-Karkaz کرکز am Ufer des Gurgan, 150 Zelte.

e) Goklan-Sengrik سکرك theilen sich in: 1. Kuschhi und Karaschur قوشحی و قراشور, 139 Zelte; 2. Kharuschur خروشور, 156 Zelte.

II. Zu Goklan-Khalke-dagly gehören: 1. Tschakkerbekdelü چاقربیکدلی, nomadisiren an den Ufern des Gurgan, am Etrek und der Umgegend von Haidar-abad حیدر آباد, 350 Zelte; 2. Arab عرب, 100 Zelte; 3. Aiderwisch ایدرویش, nomadisiren in den Thälern des Gurgan und der Gegend von Karascheikh قراشیخ, 66 Zelte; 4. Karabalkhan قرابالخان theilen sich in: a) Jukhari-buili یخاری بوی لی, 150 Zelte; b) Aschaki-buili اشاقه بوی لی, nomadisiren in den Thälern des Gurgan und bei Karnabad قرن آباد, 165 Zelte; 5. Ergekli ارککلی, zwei Farsakh vom Gurgan, in der Nähe von Ali-tscheschme, 112 Zelte; 6. Gaj غای theilen sich in: a) Tamak تمك, 56 Zelte; b) Dari داری, 56 Zelte; c) Karnas قرناس, 47 Zelte; d) Bukidscha بوقجه, nomadisiren in der Umgegend von Mischkanbar und Murgzar مزغ زار, 40 Zelte.

C. Teke hat seine Nomadenplätze am Ufer des Meeres und in der Provinz Astrabad in der Gegend von Akhal اخال, östlich von Ischk-abad عشق آباد, westlich von Kyzyl-rebat قزل رباط.

I. Zu Teke-akhal-neschin der Stämme Utmijesch اتميش und Tuktemisch تقتميش gehören: 1. Ischk-abad عشق آباد (قلعه), 800 Zelte; 2. Guschi كوشى, 400 Zelte; 3. Kuktscha كوكجه, 500 Zelte; 4. Kyptschak قبچاق, 300 Zelte; 5. Bagir باقر, 70 Zelte; 6. Baba-arab بابا عرب, 400 Zelte; 7. Kariz كاريز, 50 Zelte; 8. Pariz پاريز, 40 Zelte; 9. Allah-wirdi الله وردى, 50 Zelte; 10. Khirman خرمن, 50 Zelte; 11. Nur-kalei نور قلعه, 150 Zelte; 12. Hari-kalei هرى قلعه, 200 Zelte; 13. Kalädschar كلاجار, 100 Zelte; 14. Juzmaïn يوز مهين, 100 Zelte; 15. Nawe ناوه, 100 Zelte; 16. Mahin مهين, 400 Zelte; 17. Murdscheli مورجيلى, 60 Zelte; 18. Keläte-ischabaschi كلاته ايشا باشى, 80 Zelte; 19. Keläte كلاته, 60 Zelte; 20. Jengi-kalei ينكى قلعه, 250 Zelte; 21. Akhal اخال, 500 Zelte; 22. Ak-tepe اق تپه, 400 Zelte; 23. Gok-tepe كوك تپه, 400 Zelte; 24. Jaradschi ياراجى, 350 Zelte; 25. Karagan قراقان, 250 Zelte; 26. Darun درون, 350 Zelte; 27. Barzenu برزنو, 300 Zelte; 28. Muntscha مونچه, 80 Zelte; 29. Suntscha سونچه, 80 Zelte; 30. Nukhur نخور, 300 Zelte; 31. Artschiman ارچمان, 400 Zelte; 32. Bam بام, 350 Zelte; 33. Burma بورمه, 350 Zelte; 34. Kyzyl-rebat قزل رباط, 600 Zelte.

II. Teke des Stammes Kum-neschin قوم نشين zählen an 1250 Zelte.

Die Gesammtzahl der Goklan beträgt 2550 Zelte. Früher soll die Zahl der Goklan an 12,000 Familien betragen haben, aber die Kriege mit Khiwa und Jamut und der Feldzug, welchen Muhammed-Schah im Jahre 1836 gegen sie unternahm, haben ihre Zahl bedeutend verringert.

Die Goklan nomadisiren in der Gegend des Bulük Kuhsar in der Provinz Astrabad, an den Ufern des Gurgan, Gärmerud u. a. Ihr Gebiet ist von dem der Jamut und den Besitzungen der Kurden von Budschnur und Semulgan durch die Festungen Nardin, Gumbedi-kaus, das Thal des Gärmerud und einer Kette des Alburzgebirges geschieden.

Die Gesammtzahl der Teke beträgt 11,960 Zelte.

Reiter der Goklan 1275 Zelte, Reiter der Jamut 5355 Zelte.

Die turkmanischen Stämme werden auch Tschumur und Tscharwar, Tschalwar oder Tschorw genannt. Tschumur nennt man diejenigen, welche feste Wohnsitze haben und Ackerbau oder Handel treiben. Sie nomadisiren an den Grenzen der Provinz Astrabad am Gurgan und nehmen überhaupt die am besten für den Ackerbau geeigneten Gegenden ein. Die Perser betrachten sie als ihre Unterthanen, ihre Macht über dieselben erstreckt sich jedoch nicht weiter, als dass sie einen geringen Tribut von ihnen erheben, für das Recht auf persischem Grund und Boden zu weiden, was jedoch in der Regel nie ohne Streit abgeht, denn der Statthalter von Astrabad unternimmt dann gewöhnlich einen nächtlichen Ueberfall, Tschapaul چاپول, auf die der Stadt am nächsten wohnenden Nomaden, von dem selbst die Perser vorher nichts erfahren, und plündert die Aúls. Sobald er sich wieder entfernt hat, überfallen die Turkmanen die persischen Dörfer und schleppen Gefangene in ihre Steppen, gewöhnlich an den Etrek, wie wir unten sehen werden.

Die Tschorw nomadisiren zwischen den Flüssen Etrek und Gurgan, in einiger Entfernung vom Meere und erkennen niemandes Oberhoheit an. Sie sind wohlhabender als die Tschumur und unternehmen häufige Raubzüge in die persischen Dörfer und die Bucht von Astrabad. Die friedlichen Tschorw haben ganze Heerden von Kameelen, Pferden und Schafen. Im Frühjahr ziehen sie mit ihren Heerden dem Balchan näher und bleiben dort bis zum Herbste. Wenn ein Tschorw keine Lust zum Raube hat, so wird er Tschumur; eben so gehen die Tschumur zu den Tschorw über, sobald sie reich genug sind. Die Tschumur zählen 6540, die Tschorw 3275 Zelte.

Alle turkmanischen Stämme liegen unter sich beständig im Kriege und erkennen keine höhere Macht an. Da sie in getrennten Aúlen nomadisiren, so unterwerfen sie sich nur in seltenen Fällen ihren obersten Khanen, Risch-sefid ریش سفید oder Unbegi ارن بیك. Einen grösseren Einfluss auf die Stämme könnte das geistliche Oberhaupt, der Kazy, ausüben. Der gegenwärtige Kazy, Takhan-Kazy, hat sich aber durch Habgier und Ungerechtigkeit verhasst gemacht und seinen Einfluss fast ganz verloren.

Die fortwährenden Zwistigkeiten der Stämme untereinander, ihre Feindschaft gegen die Perser und der Wunsch, sich von dem Statthalter von Astrabad unabhängig zu machen, bringen die Turkmanen in eine eigenthümliche Stellung, so dass sie beständig schwanken und nicht wissen, ob sie den Russen oder den Persern den Vorzug geben sollen. Um sie in Abhängigkeit zu erhalten, unternehmen die Perser oft gegen die turkmanischen Stämme Feldzüge, die aber nichts sind als leere Demonstrationen und zu keinem Erfolge führen. Als ein Beispiel, wie diese Kriege geführt werden, will ich hier den Feldzug des Statthalters von Astrabad, Dschafar Kuli-Khan, bekannt unter dem Namen Il-khani, erzählen.

Dschafar Kuli-Khan wurde im Jahr 1856 als Statthalter nach Astrabad geschickt. Er war von kurdischer Abkunft und daher den Persern wenig gewogen, die Turkmanen hingegen freuten sich, dass die Provinz Astrabad nicht einem Perser oder Kadscharen, sondern einem Kurden anvertraut wurde. Il-khani soll früher an einem Aufstande in Khorasan regen Antheil genommen und auf Seiten eines Thronprätendenten, Salär ben Asad-ud-daula gestanden haben, nach Misslingen des Unternehmens aber hielt er sich eine Zeitlang in der turkmanischen Festung Kari-Kal'a verborgen und erschien später als Reuiger vor dem Schah, der ihn begnadigte. Sobald Il-khani in Astrabad eingetroffen war, unternahm er, um den Persern seinen Eifer zu zeigen, und unter dem Vorwande die Abgaben einzutreiben, verschiedene Ueberfälle auf die turkmanischen Aúle, grösstentheils mit einer Schaar ihm zugethaner Kurden, deren er fünfhundert bei sich hielt; und um diese Unternehmungen vor den Persern geheim zu halten, die, wie er sagte, die Turkmanen von seinem Vorhaben in Kenntniss setzen könnten, rückte er vorzugsweise bei Nacht aus der Stadt, vorher aber liess er durch seine getreuen Kurden alle Perser festnehmen, die sich auf den Strassen fanden, durch die er kam, damit Niemand wissen könnte, nach welcher Seite zu er ausrückte. Dies erfuhr man erst nach seiner Rückkehr, am zweiten oder dritten Tage, und er kehrte immer als Sieger zurück und brachte Gefangene mit, zum grössten Theil Frauen und Mädchen. Der berühmteste seiner Feldzüge war der vom 5. Sptbr. 1857 gegen die Turkman-Jamut, der Stämme Dschafar-baj und Ata-baj, bei dem er gegen 300 Gefangene machte, grösstentheils Mädchen, wegen deren Austausch die Turkmanen noch lange nachher nach Astrabad kamen. Durch ähnliche Feldzüge erlangte Il-khani in kurzer Zeit eine gewisse Berühmtheit; nach Teheran jedoch kam die Kunde, dass mehrere Tausend turkmanischer Familien, die seit 50 Jahren nach

Khiwa übergesiedelt waren, um den Bedrückungen der Perser zu entgehen, nach ihren früheren Wohnorten zurückzukehren anfingen, namentlich in die fruchtbaren Ebenen am Fl. Sund, eines Nebenflusses des Etrek, und die halbzerstörte Festung Kari-Kal'a, welche ihnen ehemals gehört hatte, wieder eingenommen hätten. Die Regierung in Teheran schöpfte Verdacht, dass dieses nicht ohne Vorwissen Ilkhani's geschehe, der sich für den Fall eines Aufstandes ihrer Hülfe versichern wolle; er erhielt daher Befehl, die Turkmanen aus den Ebenen des Sund und der Festung Kari-Kal'a zu vertreiben. Ilkhani hatte keineswegs Lust zu einem Kriege mit den Turkmanen, und schlug diesen vor, andere Orte für ihre Niederlassung zu wählen, worauf in der That gegen 2000 Familien über den Sund in das dem Etrek näher gelegene Thal Tschaldir zogen, die übrigen, 6000 an der Zahl, an deren Spitze Aga Muhammed-Sardar, weigerten sich ihre Wohnsitze zu verlassen, und nun begann Ilkhani ein Heer zu sammeln. Die Aushebung dauerte volle zwei Monate und war mit unendlicher Schwierigkeit verbunden, denn die Perser suchten sich auf alle Weise dem Kriegsdienste zu entziehen, flohen in die Wälder oder verbargen sich auf andere Weise; man konnte daher nur solche einreihen, die man unerwartet einfing. Die Durchsuchung der Wälder blieb grösstentheils ohne Erfolg; doch brachte man ein Heer von etwa 5000 Mann zusammen, und am 21. Novbr. (1857) rückte der Statthalter von Astrabad ins Feld. Seine Artillerie bestand aus drei halb zerschossenen Kanonen. Den Befehl über das Heer führten der Khan Abdullah Khan, Mir-Pendsch Sarem-ed-daula, (Oberster von 5000, Schwert des Reichs) genannt, und der Obrist Riza Kuli-Khan Afschar. Das Heer rückte mit äusserster Langsamkeit vorwärts. Als es an der Steppe Sutlär, etwa 8 Farsakh vor Kari-Kal'a ankam, machte Ilkhani einige Tage Rast. In Sutlär empfing er einige turkmanische Häuptlinge, welche als Abgesandte mit der Bitte kamen, bis zum Frühjahr in der Ebene des Sund bleiben zu dürfen. Ilkhani schlug es ab. Da eilten die Turkmanen aus den Stämmen Jamut, Teke, Dschafar-baj, Ata-baj u. a. aus den Astrabad näher gelegenen Steppen, von ihrem geistlichen Oberhaupte Takhan-Kazy angetrieben, der Festung Kari-Kal'a zu Hülfe. Unter solchen Umständen war Ilkhani gezwungen, gegen den Feind zu rücken, der an Zahl und Tapferkeit ihm bei weitem überlegen war, so dass man wohl an dem günstigen Ausgange dieses Feldzugs zweifeln konnte, zumal die persische Armee im Stande war, bei dem ersten Zusammenstosse mit dem Feinde die Flucht zu ergreifen.

Kaum hatte jedoch Ilkhani Astrabad verlassen, als die benachbarten turkmanischen Stämme verschiedene persische Dörfer überfielen und viele Gefangene fortführten. Da sie wussten, dass der Statthalter die Stadt selbst fast ohne allen Schutz gelassen, so kamen grössere Streifzüge oft ganz in die Nähe der Stadt, wo dann die Thore sogleich sorgfältig geschlossen wurden. Obgleich Tschaparen (Couriere) von Ilkhani nach Astrabad kamen, welche Nachrichten brachten, dass hie oder da die Turkmanen geflohen wären, so glaubte man doch diesen neuen Nachrichten, khabar taze خبر تازه, nur scheinbar und die Einwohner schwebten in beständiger Angst, die noch grösser wurde, als man erfuhr, dass die Turkmanen des Stammes Dschafar-baj einen Schahzade, Namens Ibrahim Mirza, mit acht Nuker (Diener), der von Ilkhani zurückkehrte, in der Steppe Dukabran, 5 Farsakh von Astrabad, im Jajlak Kätul gefangen hielten.

Der Mudschtehid von Astrabad, Akhunda Mulla Riza, der grossen Einfluss auf das Volk hatte, bildete aus Kaufleuten, Handwerkern u. a. ein Heer, stellte sich selbst an die Spitze und rückte gegen die Turkmanen aus. Diese Feldzüge waren jedoch fast ganz nutzlos, weil die Turkmanen ihre Ueberfälle fast immer bei Nacht unternahmen, ein Dorf zerstörten, die Gefangenen fortführten und in der nächsten Nacht eben so unerwartet in einem anderen Dorfe erschienen.

Der Statthalter von Astrabad langte endlich vor Kari-Kal'a an, welches von den Turkmanen besetzt war, und blieb im Angesicht der Festung auf einer Anhöhe stehen, jedoch, wie man sagt, in einer Entfernung, aus welcher keine Kanonenkugel die Festung erreichen konnte. Der Krieg ging nun bald zu Ende, und, wenn man dem Gerüchte glauben darf, auf ziemlich merkwürdige Weise. — Eines Morgens nämlich gewahrten die Perser, dass eine ihrer Kanonen auf den Mauern der Festung Kari-Kal'a stand, ohne dass man wusste, wie sie dorthin gekommen, worauf die Turkmanen aus der Festung abzogen und die Kanone zurückliessen. Nach Teheran jedoch wurde Bericht erstattet, die Turkmanen seien unterworfen. Der Statthalter kehrte nach Astrabad zurück und sobald er den Rücken gewendet, besetzten dieselben Turkmanen Kari-Kal'a wieder;

dennoch aber schickten die Jamut eine Klage über Ilkhani nach Teheran und beschwerten sich, indem sie zugleich ihre aufrichtige Unterwerfung betheuerten, über die unerträglichen Bedrückungen von Seiten Ilkhani's und baten den Schah, ihnen einen anderen Statthalter zu setzen*).

Der Wunsch, unter russischem Schutze zu stehen, wurde bei den Turkmanen schon im J. 1782 rege, als Graf Woinowitsch mit seinem Geschwader in den Meerbusen von Astrabad einlief und die Festung Gerei Dugün, nahe bei Gäz, erbaute. Seit dieser Zeit haben sie ihren Wunsch der russ. Regierung mehr als einmal zu erkennen gegeben. Während des persischen Krieges 1826 hatten die Turkmanen kaum die russ. Fahrzeuge, das Schiff „Murawei", die Brigg „Baku", das Transportschiff „Jaik" u. a. im Golf von Astrabad wahrgenommen, als sie ihrerseits Angriffe gegen Persien unternahmen, unter Anführung Kiat-Khan's, aus dem Stamme Kur. Die Turkmanen aus dem Aúl Asanguli landeten, 300 an Zahl, in 50 Böten zuerst auf der Halbinsel Potemkin, später bei Karatape, Ferahabad u. a., nahmen den Persern mehr als 2000 Stück Vieh, unter diesem auch eine Heerde Pferde die dem Schah gehörten, und kehrten, nachdem sie viele Gefangene gemacht, in ihre Steppen zurück. Die Turkmanen der Aúle Karasenger, Kümischtepe u. a. fielen zu Lande in Astrabad ein, und der Statthalter Schahzade Badia Zeman, welcher mit einem Heere von 20,000 Mann gegen sie operirte, sah sich endlich genöthigt in Unterhandlungen mit ihnen zu treten um die Gefangenen auszutauschen.

Nach Errichtung der Marinestation auf Aschurade kamen die Turkmanen oft hieher um Handelsverbindung mit den Russen anzuknüpfen, und Kedir Mohammed Khan, der Sohn des oben genannten Kiat Khan, der die Verhandlungen mit den Persern wegen Austausch der Gefangenen geführt hatte, siedelte endlich ganz nach Aschurade über, wo er als Häuptling der Turkmanen wohnt**).

---

*) Dschafar Kuli Khan starb im nächstfolgenden Jahre auf einem Feldzuge gegen die Turkmanen in einem Dorfe auf dem Wege nach Schahrud; man sagt, er sei von seinem Bruder vergiftet worden.

**) Einige Glieder der Familie Kiat Khan's sind nach Russland ausgewandert, wo sie auf Kosten der Krone erzogen wurden; sein jüngster Bruder, Adna Muhammed, und sein Sohn, Nazar Muhammed, dienten als Stabsrittmeister im Uhlanenregiment Erzherzog Carl Ferdinand von Oesterreich.

Die friedlichen Turkmanen, welche im Golf von Astrabad Handel treiben, stehen in beständigem Verkehr mit Aschurade, wo sie sich in den persischen Buden oder in Zelten hinter der Marketenderbude aufhalten. — Da die Anzahl der Turkmanen, die mit den Russen in Verkehr getreten sind und öfter als andere den Golf von Astrabad besuchen, wo sie sich hauptsächlich mit Fischfang beschäftigen, nicht sehr bedeutend ist und alle persönlich bekannt sind, so ist es möglich, nach dem uns von ihnen in Einem Jahre gelieferten Quantum Naphtagil ihr Vermögen und Ansehen zu ermessen; es sind folgende: Oküz-bej, vom Stamme Semedin aus dem Aúl Asanguli (2000 Pud), Tagi-bay v. St. Terekme (1000 P.), Seïd Mamed v. St. Nedim (1500 P.), Akhunda Mulla Murad*) (3000 P.), Uraz Mamed (3000 P.), Hadir-Mamed vom St. Nedim (700 P.), Hak-Nazar-Khiwatschi v. St. Terekme (800 P.), Kijas, Sohn des Oküz-bej (300 P.), Mulla-durdi, St. Dakhma, am Silberhügel (200 P.), Agadschan (200 P.), Iljas-Kuli, St. Tschude am Etrek und im Aúl Tschekischlär (700 P.), Abaha (1000 P.), Hadschi-Ahmed, St. Semedin (1000 P.), Ana-Nazar, St. Tschude (300 P.), Aba-Mulla-Ogurdschali (200 P.), Süün-Ogurdschali (100 P.), Mamed Wirdi (300 P.), Nuri-bai v. St. Terekme (1200 P.), Jakub v. St. Semedin (150 P.), Nijaz-Ali (50 P.), Karasch v. St. Tatar in Tschekischlär und Hadschi-Nefes (3000 P.), Mulla-baba (700 P.), Kurban-Klitsch, St. Makhtum in Asanguli (400 P.), Khandschan, St. Kelte aus demselben Aúl (24 P.), Aba (1500 P.), Kedir-Khan, St. Kur am Etrek, in Tscheleken und am Silberhügel (4000 P.), Anasan-Khan, Sohn Kedir-Khans (1500 P.), Saleh-Khan (1000 P.), Aím, ein Verwandter Kedir-Khans (350 P.), Nur-Ali-Khan v. St. Tschuki Karasenger (200 P.). Zuletzt kam noch Nijaz-durdi, früher durch Räubereien berüchtigt, um mit den Russen in Handelsverbindungen zu treten, aber verschiedene Unruhen und Unordnungen im Golf von Astrabad unterbrachen den Handel mit Naphtagil auf den Inseln.

Nach Aschurade bringen die Turkmanen Naphtagil, Naphta, Salz, Teppiche, Daunen, Filz, Schwanenfelle und andere Waaren, die sie für Geld verkaufen. Der Umsatz des Naphtagil war im J. 1858

*) Als geistliche Person kam Akhunda nie selbst nach Aschurade, sondern schickte einen Bevollmächtigten.

bedeutend, als Baron von Tornauw grosse Quantitäten für die Fabriken kaufte, welche er bei den indischen Feuern, „Surkhane", 18 Werst nördlich von Baku, errichtet hatte. In diesen Fabriken wird bekanntlich Photonaphtil gewonnen.

Die Turkmanen fingen damals an auf der Insel Tscheleken eifrig nach Naphtagil zu graben und kamen damit täglich nach Aschurade. Plötzlich aber fing die Zufuhr an zu stocken, weil unter den Turkmanen Streitigkeiten über den Besitz der verschiedenen Naphtagruben entstanden, die vorher Niemand in Anspruch genommen und Niemand im Stande gehalten hatte, und das Naphtagil stieg zu einem Preise, den man unmöglich bezahlen konnte. Anfangs bezahlte man das Pud mit $37^1/_2$ Kop. Silber (Rijal-kuhna oder alte Rijal, wie die Turkmanen sagen), später stieg der Preis auf 60 Kop. (du hazor = 2 Karan) und endlich auf 75 Kop. = $2^1/_2$ Karan. Da den Turkmanen die Bruchrechnung grosse Schwierigkeit macht, so gehen sie selten darauf ein, den Preis nach Schaï, d. i. $1^1/_2$ Kopek, zu erhöhen oder zu ermässigen, sondern immer nach Panabat oder Karan*).

Als Besitzer von Naphtabrunnen auf Tscheleken waren folgende bekannt: Hadschi-Geldi vom Stamme Semedin, Kijaz-Muhammed, Seïd-Makhtum, Ak-Muhammed-Onbegi, Kuli-ken-an, Hadschi-ken-an, Kotschak-kir vom Stamme Irei, Scherep v. St. Nedin, Andschak, Mamed-durdi-Igdir, Seïd-Kuli, Atesch, Sandschar, Eiwaz-aga-Khiwatschi vom St. Terekme, Hadschi-Nijaz, Eiwaz-Khan; diese kamen nicht selbst nach Aschurade, sondern schickten Bevollmächtigte.

In einem Jahre hatte man 60,000 Pud Naphtagil nach Aschurade gebracht, ausserdem nach Baku, ohne die Marinestation zu berühren, noch 10,000 Pud. Das Naphtagil wird in viereckigen Stücken von 4 — 10 Pud Gewicht verladen. Eine grosse turkmanische Barke kann bis zu 1500 Pud fassen.

---

*) Bei den Turkmanen sind folgende Münzen im Gebrauch. Silberne: Panabat (persisch) = 15 Kop. Silber; Karan = Rijal oder Hazor = 30 Kop. Goldene: Tuman = 3 Rbl. Silber; Holländische Dukaten, welche sie Arabtschi oder Badschagly nennen, = 3 Rbl. Silber. Ausserdem rechnen sie nach Rijal-kuhna, $37^1/_2$ Kop., die aber nicht als Münzen existiren. Russische Halbimperiale kennen sie wenig und nehmen sie nur ungern zu dem Nominalwerthe von 5 Rbl. 15 Kop.

Naphtha wird von den Turkmanen vorzugsweise den Persern der Provinzen Astrabad und Mazanderan verkauft. Die Turkmanen verfahren das Naphtha-Oel in Schläuchen, Hik خيك, und verkaufen es nach Bar بار oder Halwar. Ein Hik = 10 Batman oder $^1/_4$ Halwar = $3^1/_2$ Pud, wird zu 3—4 Karan geschätzt. Bar oder Halwar zu 40 Batman, = 15 Pud zu 12—14 Karan, d. h. etwa 30 Kop. Silber für das Pud. Anstatt der Gewichte bedienen sich die Turkmanen beim Verkauf grosser Steine. Flüssige Produkte, wie Naphtha und dergl., werden nach Eimern oder Gefässen zu $^1/_2$ Halwar und mehr gemessen. Ein grosses turkmanisches Boot nimmt 500—800 Pud Naphtha als Ladung.

Salz wird nach Dschuft oder Koschma verkauft, zu $1^1/_2$ bis 2 Karan das Dschuft, d. i. 10 Kop. Silber das Pud.

Fische werden hier von Kaufleuten aus Astrachan oder Baku gekauft, die keine grossen Mittel haben; dieser Handel wird daher nur im Kleinen betrieben und es verlassen im Jahre nur etwa fünf oder sechs mit Fischen beladene Schiffe den Golf von Astrabad. Die armenischen Kaufleute, welche hier Fische einkaufen, kümmern sich wenig um den Aufschwung des Handels und betreiben ihre Geschäfte nicht sehr gewissenhaft. Da sie einander selbst wenig Vertrauen schenken, so schliessen sie beständig Contrakte unter sich, in denen sie sich verbindlich machen, die Fische von den Turkmanen der Reihe nach und jeder nur ein bestimmtes Quantum zu kaufen und den andern nicht durch Erhöhung des Preises den Kauf zu verderben u. s. w., die sie aber jedesmal brechen, obgleich die Contrakte immer in aller Form und mit Festsetzung einer Conventionsstrafe abgeschlossen werden. Obwohl sie einander bei der Befrachtug der Schiffe sehr genau beobachten, so findet sich doch, wenn sie in Astrachan ankommen, dass jeder ein anderes Quantum hat. Das gewöhnlichste Mittel, welches sie anwenden um einander zu hintergehen, ist, dass sie sich mit den Turkmanen verabreden, die ihnen, nachdem sie den Golf von Astrabad verlassen, auf dem Meere noch eine Quantität Fische bringen.

Die Turkmanen, obwohl sie alle Schliche der Armenier kennen, sind doch in Erfüllung ihrer Bedingungen ziemlich gewissenhaft. So erhalten sie z. B. die Bezahlung für ihre Waare ehe sie dieselbe liefern, ohne Quittung, und könnten den Käufer leicht betrügen, sie dürften nur in ihre Steppe ziehen, dies kommt jedoch äusserst selten vor und vielleicht nur in dem Falle, dass sie ihren Gläubiger als Gefangenen mitnehmen können.

Der Handelsverkehr mit den Turkmanen wird ziemlich häufig unterbrochen, jedes Mal, sobald die Nachricht kommt, dass Russen gefangen oder ein Schiff beraubt worden. In solchen Fällen muss die Station sogleich alle auf der Insel befindlichen Turkmanen festnehmen, worauf die Unterhandlungen wegen des Austausches beginnen. Die Gefangenen werden gewöhnlich an dem Etrek, in einiger Entfernung vom Meere, gehalten, um ihr Entrinnen zu hindern. Die Unterhandlungen zwischen Aschurade und dem Etrek werden dann durch die an der Küste wohnenden Turkmanen vermittelt und es vergeht oft ziemlich lange Zeit, ehe man sich über den Preis einigen kann. Doch werden die gefangenen Russen und überhaupt andere Fremden von den Turkmanen bei weitem weniger mit Arbeiten überlastet als die Perser und geniessen in dem Aúl ungleich mehr Freiheit; man gestattet ihnen Briefwechsel mit Verwandten und Freunden und die Turkmanen selbst befördern die Briefe und Packete an den Ort ihrer Bestimmung. Auch die turkmanischen Frauen sollen sich gegen die Russen freundlicher benehmen als gegen die Perser, insbesondere in Abwesenheit der Männer; dagegen aber fordert man einen ungleich höheren Preis für ihre Freiheit als von den Persern, für einen gemeinen Matrosen z. B. bis zu 1000 Tuman, denn da die Turkmanen beständig um den Besitz der Gefangenen unter einander im Streite liegen, so will Jeder seinen Pai „Antheil“ erhalten, der, je nach der Anzahl der bei dem Raube Betheiligten, schon im Voraus bestimmt wird. Einen Pai erhält jedes Mal der Obergeistliche Takhan-Kazy, der für die Rettung ihrer Seelen beten muss. Die Gefangenen werden sehr scharf bewacht und wagen selten zu entfliehen, weil sie nach einem Fluchtversuche nur eine desto härtere Behandlung zu erwarten haben. Ein persischer Krämer in Aschurade, der aus der Gefangenschaft frei gekauft war, erzählte mir, dass man ihn nach einem Versuche zu entfliehen sogleich in Ketten gelegt und gezwungen hatte, von früh bis zum Abend in einem Mörser Salz zu stossen, mit einer Keule, die so schwer war, dass er sie kaum erheben konnte, wobei er durch Schläge zur Arbeit angetrieben wurde. In der Nacht band man seine Beine an einen Baum, und zwar so, dass er nur mit dem Kopfe auf dem Boden lag. Früher soll die gewöhnliche Strafe gewesen sein, dass man den Gefangenen bis an den Hals im Boden verscharrte und ihn so einige Tage stehen liess. Der Menschenraub im Meerbusen von Astrabad beginnt in der Regel nach Beendigung des Fischfanges und der gegenseitigen Abrechnung.

Man muss bemerken, dass die an der Küste lebenden Turkmanen sich als geschickte und kühne Seefahrer auszeichnen; obwohl ihre Böte, welche sie gewöhnlich Kusoboj nennen (von dem russischen Wort kosowoj), selten in gutem Zustande sind, wagen sie sich doch damit weit in das Meer und fürchten kein Unwetter, und man hört selten, dass ein turkmanisches Fahrzeug untergegangen ist. Die turkmanischen Seeräuber im Meerbusen von Astrabad halten sich bei Tage gewöhnlich nahe an dem seichten Ufer, um den Verfolgungen der russischen Kreuzer leichter entgehen zu können, Abends benutzen sie den günstigen Wind und fahren weiter in das Meer hinaus. In ihren Böten bringen sie Naphta, Salz und andere Waaren nach Karatape, Ferahabad und Meschhediser, und bleiben dort gewöhnlich im Flusse Babul liegen, weiter als Meschhediser wagen sie sich nicht, wegen der hohen Wellen und heftigem Stosswinde. Um die Aufmerksamkeit der russischen Kreuzer von sich abzulenken, nehmen die Turkmanen zu einer List ihre Zuflucht. Sie hängen nämlich Filzlappen auf das am Ufer wachsende Schilf und setzen turkmanische Mützen darauf.

Die Gesammtzahl der turkmanischen Boote mag sich auf etwa 300 belaufen, unter denen etwa 40 Kusoboj, die 1000—1500 Pud laden können. Wenn die Turkmanen von ihren Ausflügen zur See zurückkehren, suchen sie auf jede Weise einige Gefangene zu machen. Begegnen sie einem Handelsschiffe, so suchen sie es entweder im Lauf aufzuhalten, oder sie umringen es, während es vor Anker liegt. Solche Handelsschiffe, gewöhnlich mit 4—5 Mann persischer oder tatarischer Bemannung, gehen aus Astrachan ganz unbewaffnet in die See, und können einem Angriffe der Turkmanen, die immer mit Säbeln und Flinten bewaffnet sind, natürlich keinen Widerstand leisten. Aus Astrachan und Baku kommen jährlich vielleicht nicht mehr als 20 Segelschiffe nach dem Golf von Astrabad, die persische Waaren und Eisen laden. Für die Fahrt von Astrachan nach dem Meerbusen von Astrabad brauchen diese Schiffe 2—3 Monate, weil sie bei jedem widrigen Winde liegen bleiben, so dass ein Dampfschiff in derselben Zeit den gleichen Weg 2—3 Mal zurücklegen kann. Die Segelschiffe sind im kläglichsten Zustande und die Mannschaft ist weder bewaffnet, noch im Stande, das Schiff zu regieren, und obwohl sie sich nie weit vom Ufer entfernen, so kommen doch, namentlich in der schlechten Jahreszeit, häufige Unglücksfälle vor. Die Zahl dieser Schiffe hat sich in den letzten Jahren etwas vermindert, seit die Dampfboot-Gesellschaften „Kaukausus" und „Merkur" angefangen haben, Spedition der Waaren zu übernehmen.

Die aus dem Golf abfahrenden Schiffe werden von der Marinestation aus so lange bewacht, bis sie von der turkmanischen Küste aus nicht mehr gesehen werden können und die offene See gewonnen haben. — Wenn das Wasser in dem Meerbusen steigt, so brauchen die Schiffe das Fahrwasser bei Klein-Aschurade nicht aufzusuchen und können zwischen der Marinestation und der Halbinsel Potemkin einfahren, wodurch sie eine Strecke von 20 Meilen gewinnen. Für Böte und flachgehende Fahrzeuge ist dieser Weg fast das ganze Jahr hindurch fahrbar, und vor den Angriffen der Turkmanen sicher.

ASTRABAD.

Die Provinz Astrabad liegt an der südöstlichen Küste des kaspischen Meeres und erstreckt sich längs des Alburz von der Grenze des Distrikts Aschref, im Westen, bis zu den turkmanischen Steppen, im Osten. Die Provinz hat nur eine einzige Stadt, Astrabad, nach welcher sie genannt wird, und die auf einer unbedeutenden Anhöhe am Fusse des Gebirges, im Angesicht der turkmanischen Steppen liegt. Die Entfernung von der Stadt bis zu dem Meerbusen von Astrabad schätzt man auf etwa 40 Werst; bei hellem Wetter kann man die Stadt vom Meere aus sehen. Gegen Westen grenzt die Provinz Astrabad an Mazanderan, in dem ehemaligen Gebiet von Dschire-kulbad, nahe dem Dorfe Gälügo كلوكا. Von der Stadt bis hierher rechnet man neun Farsakh. Man erzählt, dass zur Zeit Nadir Schah's oder Schah Abas's hinter dem Dorfe Gälügo eine Mauer war, die sich vom Fusse des Gebirges bis an das Meer erstreckte und sowohl als Grenzscheide zwischen den beiden benachbarten Provinzen diente, als auch den Persern vor den Ueberfällen der Turkmanen Schutz gewährte. Ausser dieser Befestigung lief in derselben Richtung ein tiefer Graben, wie noch Ueberreste eines Dammes erkennen lassen. Rechts von dem Dorfe Gälügo, jenseits des Flüsschens gleichen Namens, erhebt sich ein Hügel, Imarat-tape عمارت تپه, auf dem, wie es scheint, die Schanze des Grafen Woinowitsch stand. Man behauptet, dass sich das Meer früher bis an diesen Hügel erstreckte.

Gegen Osten ist die Provinz Astrabad durch den Fluss Karasu قراسو, der in nordöstlicher Richtung von der Stadt fliesst, von den turkmanischen Steppen geschieden; der südliche Grenzort, gegen

Schahrud-Bastam, ist das Dorf Tasch تاش, in dem Gebirge Schachku-i-Sewer شاه کوه و ساور. Von der Stadt Astrabad bis hierher rechnet man 10 Farsakh.

Die Provinz Astrabad liegt in einer sumpfigen, mit dichter Waldung und niederem Gebüsch bedeckten Niederung. Die Vegetation nimmt östlich von der Stadt sichtlich ab, der Wald wird lichter und verliert sich jenseits des Flusses Karasu im Angesicht der sandigen Steppe zuletzt ganz.

Die Provinz ist in folgende Bulüks oder Kreise eingetheilt:

I. Bulük Astrabad-Rustak بلوك استراباد رستاق, begreift die Dörfer östlich der Stadt und ist gegen vier Farsakh lang. Zu diesem Bulük gehört auch der ehemalige Bulük Fakhremadeddin فخر عماد الدين.

II. Bulük Sadan-Rustak سدن رستاق, nördlich und nordöstlich der Stadt, erstreckt sich bis an das Dorf Kurd-maalle كرد محلّه, sechs Farsakh von dem Flusse Bagu oder Sijahdschu, und ist zwei Farsakh breit.

III. Bulük Anazan انزان, nordwestlich der Stadt, erstreckt sich bis an den Meerbusen von Astrabad, von dem Dorfe Kurdmaalle östlich, bis zu dem Dorfe Naukende نوكنده westlich, in einer Länge von fünf und einer Breite von zwei Farsakh, bis an das Gebirge. Zu diesem Bulük gehört der frühere Bezirk Dschire-Kulbad جير كلباد.

IV. Bulük Kätul كتول, südöstlich der Stadt, umfasst die den Turkmanen benachbarte Steppe und ist sieben Farsakh lang.

V. Bulük Fenderisk فندرسك, zwischen Kätul und der östlichen Grenze. Zu diesem Bulük gehören die ehemaligen Bezirke Kuhsar کوه سر und Naude نوده.

VI. Bulük Schahkuh-i-Sewer شاه کوه و ساور oder Schahsewer, im Gebirge, an der Grenze der drei Provinzen Astrabad, Schahrud-bastam und Mazanderan.

Auf dem Uferlande des Meerbusens von Astrabad sind folgende Flüsse, von Osten nach Westen gezählt:

Fluss Karasu, d. i. Schwarzwasser, so genannt wegen seines dunkeln Schlammbodens; er entspringt nahe dem Dorfe Hussein-Abad حسين آباد, vier Farsakh von Astrabad, und ergiesst sich südöstlich von der Insel Aschurade in den Meerbusen. Die Turkmanen nennen das Flüsschen Karasu zuweilen Kara-gurgan, Schwarz-

Gurgan, zum Unterschiede von Weiss-Gurgan, wie sie den Fluss in der Fähe von Kumisch-Tape nennen. — Westlich des Karasu fliesst der Bach Selpi-kelä سلپی کلا, der nur im Frühjahr während der Ueberschwemmungen, wenn der Schnee im Gebirge schmilzt, Wasser hat, in der heissen Jahreszeit aber an seiner Mündung ganz trocken ist; das Wasser ist süss.

Der Fluss Bagu باغو oder Sijahdschuh سیاه جو (der schwarze Fluss) hat seinen Namen von dem drei Werst von dem Flusse und ebenso weit vom Meerbusen entfernten Dorfe Bagu. Der Fluss ist tief genug für die Schifffahrt mit Böten; an der Mündung ist er zur heissen Jahreszeit ziemlich seicht.

Sermahallä سر محلّه, nahe dem Dorfe gleichen Namens, fällt in den Meerbusen als ein seichter Bach, der wegen des dichten Schilfes, welches seine Ufer bedeckt, kaum sichtbar ist.

Läward لاورد oder Waläfra ولفرا, ein seichter Bach, fliesst durch den Wald bei dem Dorfe Waläfra und ergiesst sich der Insel Aschurade gegenüber in den Meerbusen.

Gäz جز, zwei Werst östlich von dem Dorfe desselben Namens, ergiesst sich als ein seichter Bach in den Meerbusen.

Daschti-kelä دشت کلا, fliesst in einem breiten aber seichten Bette durch das Dorf Gäz und fällt nahe dem persischen Zollamte in den Meerbusen.

Tschubukende چوباکنده, ein Bach, der im Sommer ganz vertrocknet, hat seinen Namen von einem Dorfe.

Naukende نوکنده, ein Bach, fliesst durch das Dorf Naukende und vertrocknet im Sommer ganz.

Liwan لیوان, hat nur während der Ueberschwemmungen Wasser.

Dschire-kulbad جر کلباد (جیر), ein Bach, hat seinen Namen von dem ehemaligen Bezirk und dem Dorfe Dschire.

Gälugo گلوگا, Grenzfluss zwischen den Provinzen Astrabad und Mazanderan, fliesst durch das Dorf Gälugo und vertrocknet im Sommer. In dem Hügel Pir-i-kürend پیر کرند, in der Nähe dieses Flüsschens, sollen sich Bleiminen finden.*)

---

*) Nach Aussage der Perser finden sich in der Nähe von Gälugo auch Goldminen. Bode, Nouv. Ann. de Voy. S. 235.

Sämmtliche genannte Flüsschen entspringen in dem nahen Gebirge und fliessen in unregelmässigen Windungen durch Wald und Gebüsch, grösstentheils durch den an der Küste gelegenen Bulük Anasan. Nur zwei von ihnen, Karasu und Sijahdschu, verdienen den Namen Flüsschen und können bei hohem Wasserstande mit beladenen Booten befahren werden; die übrigen sind so seicht, dass sie nicht einmal flache Fahrzeuge tragen. Zur Zeit der Ueberschwemmungen haben sie zwar Wasser, aber auch dann nur so wenig, dass man sie überall durchwaten kann. Auf ihrem Wege durch die Wälder verlieren sie sich oft in Schilf und Moräste. Die sandigen Betten dieser Bäche gewähren jedoch den Bewohnern des Landes wesentlichen Vortheil, welche dieselben als Fahrwege benutzen, anstatt der schlüpfrigen Ufer- und Waldpfade, die bei schlechter Jahreszeit gar nicht zu passiren sind.

Die Gründung Astrabads wird von den Bewohnern auf folgende Weise erzählt. Als noch die alte Stadt Gurgan stand, lebten hier Esel- und Maulthiertreiber, und der Bergabhang, auf dem die heutige Stadt steht, diente den Eseln und Maulthieren — astar استر — als Weide und Aufenthalt — abad آباد. *) Später entstand hier ein Dorf, Astarek, welches durch die Schätze des nahen Gebirges berühmt war, durch welche die Bewohner verschiedener Provinzen herbeigelockt wurden Als der arabische Feldherr Jezid-ibn-Muhallib auf seinem Feldzuge nach Gurgan und Tabaristan im Jahre 98 (= 716) nach Astarek kam, entdeckte er durch Zufall einen Schatz von 40 mit Gold gefüllten Krügen, **) und die Lage des Dorfes gefiel ihm so, dass er Befehl gab, hier eine Stadt zu erbauen, die er zu seiner Residenz erwählte. Der Name Astrabad's wird in der Geschichte des alten Tabaristan oft erwähnt, als Residenz der arabischen Heerführer und Herrscher aus den Dynastien der Zijariden und Seïden, die als Statthalter über verschiedene Theile Tabaristans mehr als einmal die südlichen Ufer des kaspischen Meeres überfielen. Ueber Astrabad kamen die Seldschuken, Mongolen und andere fremde Völker, die sich die südliche Küste des kaspischen Meeres zu unterwerfen suchten. Als die Stadt

---

*) Zehir eddin. pag. 22.

**) Fraser, Travels and adventures in the Persian Provinces, etc. Lond. 1826. S. 7.

Gurgan zerstört wurde, wanderten die Bewohner derselben nach Astrabad aus und die Stadt erstreckte sich damals bis an den jetzt zwei Werst von Astrabad entfernten Hügel Kala-handan قلعه خندان. Auf dem Gipfel dieses Hügels stand ein Fort, von dem aus eine Mauer um die ganze Stadt lief; dieses Fort soll aus den Steinen eines alten Tempels der Feueranbeter erbaut worden sein. An den Mauern waren feste Thürme und Bastionen und rings um die Stadt lief ein tiefer Graben. Der Hügel wird auch Khalat-puschan خلعت پوشان genannt; man erzählt, dass hier früher die Ceremonie der Investitur des neuerwählten Statthalters von Astrabad vorgenommen wurde. Von der ehemaligen Befestigung ist jetzt nichts mehr zu sehen. Für die Bewohner Astrabad's ist der Hügel jetzt ein beliebter Vergnügungsort. Ausser dieser Festung waren in der Umgegend von Astrabad noch an 30 andere Festungen.

Während der bürgerlichen Unruhen des vergangenen Jahrhunderts in Persien erlitt Astrabad öftere Ueberfälle und wurde mehrmals zerstört, weil die verschiedenen Kronprätendenten die Stadt entweder als eine treue Vertheidigerin oder als gefährlichen Widerstand ansahen; auch mehrere Ueberfälle der turkmanischen Nomaden musste die Stadt erdulden, und Nadir-Schah, um den beständigen Unruhen in der Provinz ein Ende zu machen, liess endlich die Mauern und Befestigungen abtragen. Von dieser Zeit an erhielt die Stadt den Umfang, welchen sie noch jetzt hat. Unter der Regierung des Aga-Muhammed-Khan wurde Astrabad noch einmal befestigt und erhielt wieder eine Mauer; Bastionen und Thürme wurden neu gebaut und der Stadtgraben gereinigt; allein seit dieser Zeit hat sich Niemand um die Befestigungen gekümmert, Mauern und Thürme sind wieder durch ein Erdbeben zerstört worden, der Graben ist wieder verschüttet, und heute könnte Astrabad nicht die geringste Belagerung aushalten. Von den früheren Befestigungen sind nur Trümmer und Haufen von Backsteinen nachgeblieben, welche die Bewohner zu verschiedenen Bauten in der Stadt verwenden.

Unter den Befestigungen waren ausser dem Kala-handan die bemerkenswerthesten: Tepe-kala-kuhna تپه قلعه کهنه, an der Ostseite der Stadt; Tureng-tepe تورنك تپه, im Bulük Astrabad-Rustak, wo jetzt ein Dorf desselben Namens steht; Kuhna-kulbâd کهنه کلباد, gegen Westen, an der Grenze von Mazanderan; Majan مایان,

südlich von Astrabad, im Bulük Kätul, auf einem Berge desselben Namens, Ak-kale اق قلعه, gegen Osten, an der Grenze der turkmanischen Steppen, und einige andere. Alle diese Festungen sind jetzt verfallen und nur Trümmerhaufen sind übrig geblieben.

Die Mauern Astrabads haben an jeder Seite ein Thor, welche von der Richtung, nach der sie führen, genannt sind. Es sind vier: Derwaze-i-meidân دروازهٔ میدان, „Thor des Platzes", von hier aus geht der Weg nach der Küste Gäz und überhaupt zu dem Meere. Ueber dem Thore ist ein Thurm für die Wache; es wird jeden Abend geschlossen, damit die Turkmanen nicht in die Stadt können. Derwaze-i-sebzi-meschhed دروازهٔ سبزی مشهد, an der Ostseite, führt nach Meschhed und Khorasan. Derwaze-i-Bastam دروازهٔ بسطام, gegen Südost, führt nach der Provinz Schahrud-Bastam. Derwaze-i-Tschihil-dukhtar چهل دختر, „Thor der 40 Jungfrauen", an der südlichen, dem Gebirge zugewandten Seite der Stadt. Man erzählt, dass die Turkmanen hier bei einem Ueberfalle 40 Jungfrauen erschlugen.

Die Quartiere (Maalle محلّه) der Stadt sind folgende:

Maalle-i-naalbendan محلّهٔ نعلبندان, Quartier der Hufschmiede. Hier steht der von Aga-Mohammed-Khan erbaute Palast, in welchem der Gouverneur der Stadt residirt. Der Palast steht auf einem offenen Platze und ist mit einer Mauer umgeben. Das Thor, welches an der Ostseite hineinführt, ist fast immer durch Breter, Mauerschutt u. dgl. verengt, so dass die Einfahrt ziemlich schwierig ist. Innerhalb der Mauer ist ein Garten mit Orangen-, Citronen- und anderen Bäumen, wo man zu jeder Zeit Kühe, Pferde und andere Hausthiere finden kann. An der westlichen Seite des Gartens ist ein kleiner Pavillon, wo der Gouverneur von Astrabad gewöhnlich seine Besuche empfängt. Vor dem dem Platze zugewandten Thore des Palastes sind einige Kanonen aufgefahren, welche die Artillerie von Astrabad bilden. Im Naalbendan liegt auch die Hauptmoschee der Stadt, Mesdschidi-dschoma مسجد جامعه, von einem grossen Begräbnissplatze umgeben. Die Namen der Strassen sind folgende: Himedûz حیمه دوز, Païserw پای سرف, Mikhtsche-keran میخچه کران, Schirkusch شیر کش.

In diesem Quartiere wohnen auch die Nachkommen der Stämme Belüdschi بلوچ und Hadschilar حاجیلار, deren Vorfahren unter der Dynastie der Sefewiden nach Astrabad verpflanzt wurden.

Das Quartier Sabzi-meschhed, nach dem Namen des Thores (s. o.) so genannt, mit folgenden Strassen oder Gassen: Sukhte-tschinâr سوخته چنار, Sare-tscheschme سر چشمه, Sare-pul سر پل, Tschemandian چمندیان, Nakare-tschian نقاره چیان *), Debâgân دباغان. Das Quartier hat 350 Häuser und eine Moschee.

Das Quartier Derwaze-i-nau دروازهٔ نو, „neue Pforte" oder Maalle-i-meidan محلّهٔ میدان, „Platzquartier", mit der Moschee Gülschan گلشان und den Strassen: Derebe-nau درب نو (neue Strasse), Kase-geran کاسه گران, Bag-i-paleng باغ پلنك, Duschambe دوشنبه. — Das Quartier hat gegen 500 Häuser, von denen etwa 200 von Kadscharen bewohnt sind, die mit der Eroberung Tabaristans durch Timur nach Astrabad kamen und sich in zwei Hauptstämme theilen, deren einer, die „Aschaki-baschi" اشاقه باش, oder Obere, die Hochebenen einnehmen, der andere „Jükhari-baschi" یخاری باش, oder Untere, in den Niederungen ein Nomadenleben führen. Von den Kadscharen stammt bekanntlich die gegenwärtig in Persien regierende Dynastie. Die Perser theilen die Kadscharen in folgende Stämme:

I. Aschaki-baschi. Zu diesen gehören: 1. die Kawanlu قوانلو; 2. Azadanlu عضدانلو; 3. Schambiati شام‌بیاتی; 4. Karamanlu قرامانلو; 5. Zijadlu زیادلو; 6. Kärlu کرلو.

II. Jukari-baschi. Zu diesen gehören: 1. die Dawanlu دوانلو; 2. Sijanlu سیانلو; 3. Daschlu داشلو; 4. Kuhnalu کهنه‌لو; 5. Khazinedarlu خزینه‌دارلو; 6. Kiakhlu قیاخلو.

Ausser diesen waren noch sieben Stämme, die den gemeinschaftlichen Namen Kizil-basch قزل باش, „Rothköpfe", führten, welchen sie von Schah Ismaïl erhielten; es sind folgende: 1. Ustadschlu استاجلو; 2. Schamlu شاملو; 3. Nikalu نیکالو; 4. Beharlu بهارلو; 5. Zulkadar ذوالقدر; 6. Afschar افشار und 7. Kadschar قاجار — von denen der erste Herrscher Aga-Muhammed-Khan abstammt.

Bemerkenswerthe Flüsse giebt es in Astrabad nicht; in der Stadt selbst fliessen zwei Bäche, der eine, Zijaret زیارت, entspringt in dem Gebirge Schahku und nimmt seinen Weg dem Dorfe

*) نقاره Trommel. — In Astrabad wird jeden Morgen und Abend eine Art Zapfenstreich gehalten, der mit einem so hohen und schrillen Tone endigt, dass man glauben könnte, ein falsch gestimmtes musikalisches Instrument zu hören.

Zijaret vorbei, der andere heisst Kennat قندنات. Zur Zeit des Schah Abbas waren in der Stadt mehrere Cisternen oder Abambare. *)

Imamzade und Asitane آستانه, „Kapellen", sind folgende bekannt:

Imam-zade-Ishak اسحق; Bibi-sabz بی‌بی سبز; Murad-bakhsch مراد بخش; Tschahor-schambe چهار شنبه; Duschambe دوشنبه; Setan سه‌تن; Tutestan توتستان; Bibihûr, Bibinûr, Bibi-zuhur, بی‌بی حور, بی‌بی نور, بی‌بی ظهور; Rubandberu روبندبرو; Kadami-hizr قدم‌کا حضر.

Moscheen zählt man im Ganzen 47; Madrasa مدرسه oder Schulen 7; Badehäuser 13. Die Bewohner geben die Zahl der Häuser auf 1350 an, von denen 395 als Verkaufsläden dienen. Nimmt man als mittlere Zahl für jedes Haus sieben Bewohner an, so ergäbe sich für die Stadt Astrabad eine Bevölkerung von 10,000 Köpfen. Der grösste Theil der Einwohner dieser Provinz besteht aus Geistlichen, Mulla's, Seïden, die sich mit Nichtsthun beschäftigen und sich in den Dörfen und Städten an der Küste umhertreiben.

Astrabad führt auch den Namen Dar-ul-mumenin دار المومنین, d. i. „Haus der Gläubigen", wie es auf den hier geprägten Münzen genannt wird. **)

Der städtische Bazar enthält zwar viele Verkaufslokale, ist jedoch keineswegs reich versorgt; meist findet man Landesprodukte, die in Astrabad selbst consumirt werden. Die Waaren werden nur selten sortirt und in einem und demselben Schuppen kann man baumwollene Gewebe und Milch, Talglichter und Zucker u. dgl. nebeneinander finden. Zu dem Bazar gehören drei Karawanseraï.

Die Häuser in Astrabad sind durchgängig von Stein gebaut, nach alter Bauart, aber fast alle im Verfall. Mit Ausnahme des russischen Consulats giebt es nicht ein Haus, das sich durch seine

*) Abambar آب انبار nennt man tiefe, im Innern mit Stein ausgelegte Brunnen. Diese werden mit Wasser angefüllt und dann fest verschlossen. Während der heissen Jahreszeit wird dann das Wasser durch einen Hahn, der sich unten an der Mauer befindet und zu dem eine Treppe hinabführt, nach Bedarf abgelassen.

**) Die Münzen, welche man hier prägt, sind: Tuman تومان, von Gold, = 10 Sahib-kran صاحب قران, Sahib-kran (Silber) = 30 Kopeken; Panabad پناه آباد, von Silber, = 15 Kopeken, und Schaï شاهی, von Kupfer, = 1½ Kopek Silber.

Bauart oder durch Pracht auszeichnete. Die Gassen oder Strassen sind eng und krumm und schwer zu passiren, wegen der vielen Gräben und Brunnenlöcher, die nur selten umzäunt sind. *)

Der Bulük Astrabad-Rustak hat folgende Dörfer:

Rustem-kelä رستم کلا; Fudschurd فوجورد; Uzina اوزینه; Etrek-tschal اترك چال; Bag-i-gulbin باغ کلبین; Welik-âbad ولیك آباد; Muhammed-Abad محمد آباد **); Usman-kelä عثمان کلا; Rabi-kelä ربی کلا; Khairât خیرات; Tschupläni چوب لانی; Welasch-abad ولاش آباد; Numul نومل; Karna-abad قرن آباد; Feiz-âbad فیض آباد; Marjam-âbad مریم آباد; Sijätalü سیاه تلو; Narendsch-âbad نارنج آباد; Alü-kelä الو کلا; Dschelbin-balä جلبین بالا; Dschelbin-pâin جلبین پاین; Dudanga دودانگه; Isfahan-kelä اصفهان کلا; Ahenger-maalle اهنکر محلّه; Sumarud سومارود; Talebu طالبو; Marzen-kelä مرزن کلا; Surhun-kelä سرخون کلا; Maasum-abad معصوم آباد; Ful-khurde پل خورده; Ali-âbad علی آباد; Zijaret-khosserud زیارت خاصهرود; Schems-âbad شمس آباد; Tureng-tepe تورنك تپه; Sultan-âbad سلطان آباد; Kala-sijah-balä قلعه سیاه بالا, an der Grenze der turkmanischen Steppe und 1 Farsakh von da entfernt.

Von allen diesen Dörfern verdient nur Zijaret Erwähnung; es liegt sehr malerisch an einem ziemlich steilen Bergabhange. Das

---

*) Fraser sagt (S. 8 u. f.), dass während seiner Anwesenheit, im Oktbr. 1821, die Stadt ein besonderes Ansehen hatte und sich durch Reinlichkeit auszeichnete, die er in anderen persischen Städten nicht gefunden. Nach seiner Ansicht bemühten sich die Einwohner damals nicht allein das Pflaster in den Hauptstrassen im Stande zu halten, sondern pflasterten selbst die kleinen Gässchen, welche zu ihren Häusern führen.

**) Im Persischen Tageblatt vom 28 Rabi-ul-auwal (1864) lesen wir: „Das active Heer, wie aus dem Berichte hervorgeht, der zu dem gesegneten Staube der Füsse seiner Hohheit des Schah gesandt wurde, steht in dem Dorfe Muhammed-Abad, 1 Farsakh von Astrabad. In den letzten Tagen war der Sipah-Salar beschäftigt, den Kriegern den Sold auszuzahlen (sic!) und hatte daher nicht Zeit, entschieden gegen den Stamm Turkman-Jamut vorzugehen! Zu der Zeit, als die unüberwindlichen Heere sich nach dem genannten Dorfe zurückzogen, wurde durch eine glückliche Vereinigung der Umstände der Telegraphendraht zwischen der Residenz (Teheran) und der oben genannten Stadt (Astrabad) vollendet. Diese Begebenheit öffnete der Möglichkeit zu den schnellsten Mittheilungen die Thür. Jetzt werden alle Befehle aus Teheran an den Oberbefehlshaber der Armee, desgleichen alle seine Berichte und die gnädigsten Beantwortungen derselben auf diesem Wege mit unglaublicher Schnelligkeit mitgetheilt werden."

Klima ist hier gesund, wesshalb viele persische Familien hier ihre Jailak oder Sommerwohnungen haben; auch der russische Consul bringt hier den Sommer zu. In der Umgegend, nahe den Bergen, ist eine eisenhaltige Salzquelle. Von Astrabad nach Zijaret rechnet man drei Farsakh. Der Weg führt in einem Thale hin, am Ufer des Flüsschens Zijaret, welches man 25 Mal überschreitet. Diese Fuhrten beginnen 1 Fars. von Astrabad, wo das Flüsschen sich theilt. Der eine Arm desselben fliesst links nach dem Kuzluk, um Astrabad herum, und dann nach dem Flusse Gurgan. Der rechte Arm geht nach Astrabad bis in die Nähe des Schahrud-Thores und fliesst dann dem Hügel Kalakhandan zu. Die Tiefe des Zijaret ist nicht bedeutend, die Strömung aber ziemlich rasch. Ein Farsakh von dem Dorfe Zijaret, auf dem Wege nach Pain-Schahku (ein Dorf in der Provinz Schahrud, 30 Werst von Zijaret) soll sich an dem Abhange eines Berges ein Haufen von Steinen finden, den man für die Ueberreste der alten Stadt Schahribut شهربت hält, die von einem Feueranbeter oder Zauberer, Namens Omar, gegründet worden sein soll, nach dessen Namen ein grosser Stein daselbst „Takht-i-Omar" تخت عمر genannt wird. Nach Aussage der Perser wurde dieser Omar von einem turkestanischen Helden, Namens Anafschem (geschr. انرشيه), getödtet, der auch die Stadt zerstörte.

Zu dem Bulük Fakhremadeddin, der einen Theil des Bulük Astrabad-Rustak bildet, gehören die sieben Dörfer: Hussein-abad حسين آباد; Mir-maalle مير محلّه; Mijân-abad ميان آباد; Dschafar-abad جعفر آباد; Taki-abad تقى آباد; Kuli-abad قلى آباد; Kenare كناره.

Die Dörfer im Bulük Astrabad-Rustak liegen zum grössten Theil im Walde und in den Niederungen.

Der Bulük Sadan-Rustak hat die Dörfer: Kurd-maalle كرد محلّه, besteht aus vier nebeneinander liegenden Dörfern; Balä-paleng بالا پلنك oder Balä-bulük بالا بلوك, mit einem Tschaparkhane چاپار خانه oder Posstation; Sali-kende صالى كنده; Tuskaïsch توسكايش; Weläguz ولاغوز oder Schirdarbun شيردارين. Diese Dörfer liegen fünf Farsakh von Astrabad und 6 Werst von der Schah-Abbas-Strasse. In Kurd-maalle sind 3 Moscheen, 15 Waarenschuppen, und in den vier Dörfern zusammen zählt man 970 Häuser. Das Haus des Dorfherren soll aus Steinen von der alten Stadt Kharab-i-Schahr (s. unten) erbaut sein. Die Einwohner von Kurd-maalle sind wohlhabender als die anderer Dörfer der Provinz Astrabad; sie leben hauptsächlich von Viehzucht, sind aber den Ueberfällen der Turkmanen sehr ausgesetzt, die ihnen oft ihr Vieh wegtreiben. Früher weideten auf den Triften gegen 2000 Rinder, jetzt zählt man deren kaum 200, so viele haben im Laufe der Zeit die Turkmanen nach ihren Steppen getrieben. Neben der Viehzucht wird auch Ackerbau betrieben, und die Seidenzucht giebt jährlich bis zu 800 Batman Seide. Das Malijat مالیات (Einnahme) von den Dörfern beträgt 800 Tuman (2400 Rbl.). Zu Kriegszeiten sollen die Dörfer Kurdmaalle 130 Mann Sarbazen stellen, indessen, wie gewöhnlich, werden solche Bestimmungen wenig beachtet und sobald sich irgend Aussichten zu einem Kriege zeigen, verschwinden alle, an denen die Reihe ist sich zur Armee zu stellen, aus den Dörfern und werden dann erst später in den Wäldern oder auf den Wegen wieder eingefangen. —

Das Dorf Käfschgîri کفشگیر auf dem Wege von Kurd-maalle nach Astrabad, von welchem letzteren es 2 Farsakh entfernt ist, gehört dem Besitzer von Hazar-Dscherib. Es hat eine Moschee, eine Takie (kleine Kapelle), drei Waarenschuppen oder Verkaufsbuden und 250 Häuser. Es ist ebenfalls häufigen Ueberfällen der Turkmanen ausgesetzt. Man hat zwar zur Sicherung einen Graben um das Dorf gezogen, dieser nutzt aber nichts, weil man leicht hinüber kann. Die Einwohner verfertigen Kunschut-Seife. Seide sammelt man hier jährlich gegen 150 Batman. Die übrigen Dörfer sind: Aläng النك, Tschahorde چهارده, Alwar الوار, Balädschade بالاجاده, Kharabe-mesdschid oder Khar-mesdschid خر مسجد, Tschekar چقر, Mijan-derre میان درّه, auf dem Wege von Käfschgîri nach Astrabad, liegt vor einer weiten Schlucht desselben Namens, 3 ½ Fars. von Astrabad, ½ Fars. vom Imamzade Rauschan-abad. Durch die Schlucht führt der Weg nach dem Dorfe Baladscha-de بالا جهده, und von da nach Rudkan, 4 Fars. von Baladscha-de; Angirum انگرم, Kerim-âbâd کریم آباد, Lämi-leng لامی لنك, Kal'a-Mahmûd قلعهٔ محمود, Azad-maalle ازاد محله, Laldebin للدوبن, Kaländar-maalle قلندر محله, Bane-imam بانه امام, Haschim-âbâd هاشم آباد, Tschaleki چالکی, Kheider-âbâd خیدر آباد, Mihtar-kelä مهتر کلا, Amin-âbâd امین آباد, Zirewân-maalle زروان محله, Kaländar-aïsch قلندر عایش, Kelämûn کلامون, Schurijan شوریان, Tuschan توشن, Bakär-maallä باکر محله, Jalu یالو, Kazim-abad قاظم آباد, Zerbad-maalla زرباد محله, Pischinkelä پیشین کلا, Jasaki یساقی, Gurdschi-maalle کرجی محله, Dangelan دنکلان, an der Strasse nach Astrabad, Schah-de شاه ده, Wurud-maalle ورود محله, Sar-kelä-kharâbi-schahr سر کلا خراب شهر, südlich vom Imamzade Kazim, hat 40 Häuser; Espukhil اسپوخیل oder Espu-maalle, Schemuschek oder Tschemuschek شموشك, Nautschaman نوچمن, Seïd-maran oder Seïd-maalle سید محله, Sadr-abad صدر آباد, Kelä-sengijân کلا سنکیان, Sadan سدن, Kalädschan-kazi کلاجان قاضی, Kalädschan-kadschar کلاجان قاجار auf dem Wege von Käfschgîri nach Astrabad; Lemisk لمسك, Warsan ورسان mit einem Imamzade desselben Namens, auch Pentsch-Imam پنج امام „Fünf-Imame" genannt, liegt auf dem Wege von Käfschgîri nach Astrabad; Alüfa الوفه, Saad-abad سعد آباد, Nudidscha نودیجه, Tahsch-maalle تحش محله, In-dschîrâb انجیراب, zwischen Warsan und Astrabad; Zengi-maalle زنکی محله, Udschaban اوجابن, Kal'a قلعه, die letzten 4 Dörfer liegen in geringer Entfernung von Astrabad.

Die Dörfer des Bulük Anazan sind: Haschike هشیکه, an der Grenze zwischen Mazanderan und Astrabad, 9 Fars. von der Stadt; Talär طلهر, Liwan لیوان, zwischen Gäz und Aschref; Kuhna-kulbad کهنه کلباد, „Alt-Kulbad", an der Grenze der beiden Provinzen; Naukende نوکنده, am Wege zwischen Gäz und Aschref; Nusch-tepe نوش تپه, Tschubukende چوباکنده, nahe bei Gäz, Daschti-kelä دشت کلا, nahe dem Gebirge, an dem Flüsschen desselben Namens. Bei schlechter Witterung nimmt man den Weg über dieses Dorf nach dem Imamzade Kharâb-i-schahr; Watana وطنا, liegt hoch und dient den Küstenbewohnern als Jailak; es liegt 6 Werst vom Meerbusen, 2 Fars. vom Karasu und 3 Werst von Kharâb-i-schahr. Bei schlechter Jahreszeit geht man über Watana und das Gebirge nach Radkan رادکان, das im Gebirge liegt, um Gäz zu umgehen. Von Radkan nach Gäz sind 4 Farsakh; Gäz جز von Watana 3 Werst, von Astrabad 6 Farsakh entfernt, besteht aus drei Dörfern oder Quartieren (Maalle); Maalle-i-kurd محله کرد, Mijan-maalle میان محله und Maskär-maalle مسکر محله. Gäz hat im Ganzen 215 Häuser, die wegen des feuchten Klima's grösstentheils mit Holz gedeckt sind. Die Einwohner betreiben Ackerbau, Viehzucht und theilweise auch Seidenzucht. Der Malijat von Gäz ist auf 700 Tuman festgesetzt. Von der Küste führt der Weg hier durch nach Astrabad, Schahrud, Aschref, Barferusch u. s. w. Die Waldpfade östlich des Dorfes führen an den Karasu über Kurd-maalle. Diese Pfade in der Nähe der Küste und im Bulük Anazan sind sehr unregelmässig. Nach Kurd-maalle führt der Weg von Gäz zuerst durch einen Wald über das Flüsschen Gäz nach der Schah-Abbas-Strasse, jenseits welcher man an den Fluss Waläfra kommt, und an einen wegen seiner Höhe und Dicke merkwürdigen Nussbaum, den die Bewohner „Mazui-Waläfra“ مازوی ولفرا nennen. Dieser Baum steht ganz nahe an dem Chiabân (Strasse) und ist 38 Khân-Ellen hoch. Wenn man das Flüsschen Waläfra hinter sich hat, führt der Waldpfad noch über drei andere Bäche; über einen derselben ist eine kleine steinerne Brücke gebaut, Pul-i-Hadschi Ibrahim پلی حاجی ابراهیم genannt, die beiden anderen Bäche vereinigen sich und fliessen den nahen Dörfern Bagu und Karakende zu. Vor der Brücke Hadschi Ibrahim führt ein Pfad nach dem Imamzade „Kharâb-i-schahr“, den man als Mitte des Weges zwischen Gäz und Kurd-maalle annimmt. Südlich vom Wege liegt das Dorf „Sar Kelä Kharâb-i-schahr“ سر کلا خراب شهر, weiterhin, rechts vom Flusse Alwand-kijâb الوند کیاب findet man einen anderen durch seine Dicke bemerkenswerthen Baum, „Kundul-afra“ کندل افرا genannt, dessen Stamm in der Mitte bis auf die Wurzel gespalten und in dessen Nähe ein kleiner Brunnen gegraben ist. In der Nähe von Kurd-maalle kommt man über den Fluss Schir-darbun. Von Gäz nach Kurd-maalle sind drei Farsakh. — Schah-pasand شاه پسند, Waläfra ولفرا, Ustinawa oder Ustun-âbâd استون آباد; Sermaalle سرمحله liegt im Walde nahe der mit dichtem Schilf und Gebüschen bedeckten Küste. Letzteres Dorf grenzt an das Dorf Bagu. Sartak سرطاق, Kalä-afra کلاافرا, Sutede ستوده, Banafsch-tepe بنفش تپه, Karakende قراکنده oder کارکنده, vier Werst von der Küste, Bagu باغو, drei Werst von dem Flüsschen desselben Namens, vier Werst von der Küste des Meerbusens und ½ Werst von Karakende. Die Bewohner dieser Dörfer arbeiten Schnitzereien von Nussbaumholz.

Die Dörfer des Bulüks Anazan liegen alle in den Wäldern, welche die Küste des Meerbusens von Astrabad bedecken und in einer Entfernung von drei bis sieben Werst von letzterem. Von der Küste aus kann man sie nicht sehen und auf geradem Wege sind sie wegen der vielen Moräste und Untiefen sehr schwer oder gar nicht zu erreichen.

Die Dörfer des Bulüks Kätul sind eingetheilt in Kyschlak قشلاق (Winterdörfer) und Jailak ییلاق (Sommerdörfer). Kyschlak's sind: Kurtsch-kurni قورچ کورنی, Hadschi-abad حاجی اباد,

Naude نوده, Khar-kelä خار کلا, Kurd-âbâd کرد آباد, Mizraa مزرعه, Bitschak-maalle بیچاك محله, Beraftan برفتان, Alämin علامین, Alärzin الارزین, Sawar-kelä ساور کلا. — Jailak's sind: Tagar-tschal طغر چال, Wesisa وسیسه, Hulindâr حولندر, Garîb-âbâd غریب آباد, Tschidscha چهجا, Känou کنو, nahe einem Berge, von dessen Gipfel vier Bäche herabfliessen; — Majan مایان, am Fusse des Berges gleichen Namens, auf dessen Spitze die Ruinen einer Burg stehen sollen, in denen ein Schatz vergraben liegt; — Sija-marku سیاه مرکو, berühmt durch seine fetten Weideplätze. Das Dorf liegt an einer Stelle wo drei Wege zusammenkommen; der eine, nordwestlich, führt nach Astrabad über das Thal Kätul, der andere, südlich, führt nach Schahrud und Bastam, und der dritte, westlich, nach dem Gebirge Schahkuh. Im Frühjahr und Sommer kommen aus verschiedenen Gegenden Derwische nach Sija-marku, welche hier heilsame Kräuter und Pflanzen sammeln; — Rik-tscheschme ریك چشمه, Balä-tschili بالا چیلی, Païn-tschili پاین چیلی, Taber تابر (?), Nersu نرسو, Schurâb شوراب, Alüstan الوستان.

Die Dörfer des Bulüks Kätul sind im Durchschnitt drei bis vier Werst von einander entfernt. Im Winter halten sich die Bewohner in der Ebene von Kätul auf, die von einem Bache durchschnitten wird, der in den Gebirgen Schahkuh und Sewer entspringt. Die Ebene ist zwei Farsakh von der Stadt entfernt. Bei eintretender Hitze siedeln die Bewohner näher nach dem Gebirge über.

Die Dörfer des Bulüks Fenderisk sind folgende zwanzig: Naki-âbâd نقی آباد, Dar-kulä دار کلاه, Schafi'-âbâd شفیع آباد, Maschou ماشو, Non-talü نام تلو, Khan-bebin خان بهبن, Saad-âbâd سعد آباد oder Saidul, Galü-kana کلو کن, Zerîn-gül زرین کل, Tschinau چنو, Dschauz-tschal حوزچال, Suleiman سلیمان, Ramijan رامیان, 15 Farsakh von Astrabad; Watan وطان, 19 Farsakh von Astrabad, Nargis-tschal نرکس چال, Maalle-kangi محله قانکی, besteht aus den vier Dörfern: Kaschlak قشلاق, Maalle-mir محله میر, Parsijan پارسیان und Til-âbâd تیل آباد.

Dörfer des Bulüks Kuhsar sind: Kal'a-kafi قلعه قافه, Maalleï-tschinaschek محله چناشك, besteht aus den fünf Dörfern: Waminan وامنان, Kaschidâr کاشی دار, Puschtitschal پشت چال, Hussein-âbâd حسین آباد, Nerâb نراب — Telake-band طلاقبند, Tschemani-balä چمانی بالا, Tschemani-païn چمانی پاین, Terese ترهسه, Ahengär-maallä

اهنکر محلّه, Duzîn دوزین, Derdschin درجین, Brendschewîn برنجوین, Kulah-i-sari کلاه سری, Fareng فرنك.

In vielen Dörfern der Bulüks Kuhsar und Fenderisk wohnen Gudaren, ein Volksstamm, den man hauptsächlich in den Provinzen Astrabad und Mazanderan findet; sie werden von den Persern gewöhnlich als Tagelöhner und Feldwächter gemiethet und wohnen in den Dörfern meist am äussersten Ende, um nicht mit den Persern in nähere Berührung zu kommen, die sie nicht achten. Man wirft ihnen vor, dass sie keine Religion haben und Schweinefleisch essen; letzteres braten sie auf der Haut und begiessen es, bevor sie es braten, mit Butter; die Haut werfen sie nachher den Hunden vor. Eine eigene Sprache scheinen die Gudaren nicht zu haben; sie sprechen den mazanderanischen Dialekt des Persischen, des Türkischen und überhaupt der Gegend, in welcher sie wohnen, auch haben sie keine besonderen Hochzeitsgebräuche. Bei Streitigkeiten wählen sie einen der Aeltesten ihres Stammes als Schiedsrichter. Sie gelten als gute und erfahrene Schützen, da sie schon in früher Jugend zum Schiessen angehalten werden; als Jäger gehen sie kühn auf Tiger, Leoparden und andere Thiere. Von den Turkmanen werden sie gefürchtet, die sich nur selten in Dörfer wagen wo viele Gudaren wohnen.

Die Dörfer des Bulüks Schahkuh-i Sewer شاه کوه و ساور sind: Radkan رادکان, Kundâb کنداب, Hadschi-âbâd حاجی آباد, Nautschaman نوچمن, Rasul-âbâd رسول آباد, Sawer ساور, Tschalkhane چال خانه Schah-kuh-bâlâ شاه کوه بالا, Schah-kuh-pâïn شاه کوه پایین, Tasch تاش, an der Grenze der Provinz Astrabad und Schahrud-Bastam.

Mit Ausnahme von Gäz جز, Kurd-maalle und einigen im Gebirge gelegenen Dörfern befinden sich sämmtliche Dörfer der Provinz Astrabad in einer sehr ärmlichen Lage und nicht ein einziges zeichnet sich durch gute Einrichtung oder Industrie aus. Um sich einen Begriff von dem Handel in Astrabad zu machen, genügt es, die Küste bei Gäz oder den Perewal, wo das persische Zollamt steht, zu sehen, wo sich die ganze Thätigkeit der Provinz concentrirt, da alle Waaren aus Schahrud und Russland hier durchgehen.

Unter den Waaren und Produkten der Provinz Astrabad verdienen Nussbaumstämme und Sesamöl besondere Erwähnung. Die Nussbaumstämme werden grösstentheils im Bulük Anazan gefällt und an die Küste von Gäz oder an den Fl. Sijahdschu gebracht, um von da weiter nach Astrachan befördert zu werden. Die Nussbäume werden von der persischen Regierung ihren Unterthanen in Pacht gegeben; der Ankauf derselben an Ort und Stelle ist nicht gestattet. Seit dem Jahre 1859 war die Nussbaumpachtung in den Händen des persischen Consuls, Mirza Jusuf Khan, in Astrachan, der allein das Recht besass, die Stämme zu verschiffen und in Russland zu verkaufen. Zur leichteren Verschiffung werden sie gewöhnlich in Stücke von 2 Arschinen Länge zerschnitten und nach der Breite und Dicke zu 1 Karan (30 Kop. Silber) für jeden Zoll taxirt. Die gewöhnliche Dicke, bei 2 Arschinen Länge, ist 5 Zoll und der Preis an Ort und Stelle 5 Karan (1 Rbl. 50 Kop.) für das Stück; Stämme von 1 Arschin Länge und 3 Zoll Dicke werden zu 60 Kop. S. taxirt. Nach Astrachan allein werden von Gäz gegen 10,000 Stück verschifft, bei deren Verladung den Persern von der russischen Marinestation Hülfe geleistet wird, um sie vor den Ueberfällen der Turkmanen zu schützen.

Sesamöl wird in grosser Masse in der Stadt Astrabad gepresst, hat aber keinen grossen Absatz nach Russland und wird nur nach Astrachan gebracht. In Astrabad bezahlt man das Pud mit 3 Rbl. S.

Sesamseife, durch welche Astrabad berühmt ist, hat einen widerlichen Geruch und andere schlechte Eigenschaften, weshalb auch die Perser selbst immer der russischen Seife den Vorzug geben. Ausserdem wird in Astrabad auch Rindsleder verkauft, nach dem Gewicht und in geringer Quantität; der grössere Theil dieses Leders, welches aus Khorasan oder Schahrud gebracht wird, geht nach Mazanderan. Von russischen Waaren werden in Astrabad hauptsächlich Eisen, kupferne Gefässe, Porzellan, Kaljun (Wasserpfeifen), Tassen, Gefässe von Gusseisen, Kessel, für die Turkmanen, und dergl. eingeführt. Der Umsatz russischer Produkte beläuft sich in Astrabad nicht höher als etwa 10,000 Rubel Silber jährlich. Russische Manufakturwaaren können mit den englischen hier nicht concurrieren, da letztere nicht allein wohlfeiler sind, sondern auch bei weitem mehr dem orientalischen Geschmacke entsprechen. Da die Provinz Astrabad dem russischen Handel keine besonderen Vortheile bietet, so ist der Verkehr dorthin sehr gering und die Geschäfte des russ. Consuls beschränken sich fast ausschliesslich auf das Visa von Pässen und Passierscheine für Vieh.

Man muss hier bemerken, dass die russischen Kaufleute, welche mit Mazanderan oder dem Meerbusen von Astrabad in Handelsverbindungen stehen, schon seit mehreren Jahren über die Schwierigkeiten klagen, welche ihnen bei Visierung ihrer Papiere u. s. w. in Astrabad gemacht werden. Sobald sie in Barferusch oder überhaupt in Mazanderan ankommen, müssen sie einen expressen Boten mit ihrem Passierscheine nach Astrabad schicken, und oft mehrere Tage, zuweilen länger als eine Woche, auf dessen Rückkehr warten. Dazu kommt, dass nicht jeder Perser Lust hat nach Astrabad zu reisen, weil der Weg immer durch die Turkmanen unsicher ist. Durch diese Verzögerungen erleiden die Kaufleute zuweilen nicht unbeträchtlichen Verlust. Die Visierung könnte recht gut in Barferusch oder Meschhediser und müsste eigentlich auf Aschurade geschehen, zumal gewiss die betreffenden Kaufleute hier persönlich besser bekannt sind, als in dem 40 Werst entfernten Astrabad.

Kaufleute die aus Baku oder Astrachan nach dem Meerbusen von Astrabad kommen, kaufen ihre Waaren in Schahrud gewöhnlich durch Vermittelung in Gäz wohnender Perser. Den bedeutendsten Handel mit Schahrud aber hat die transkasp. Handelscompagnie.

Waaren, welche an die Küste von Gäz gebracht werden, sind hauptsächlich folgende: Baumwolle پنبه, Färberröthe روناس, Rosinen سبزی, grüne Kischmisch, Turschi-Rosinen مویز, Kischmisch-taifa طایفه d. i. einheimische Rosinen, Kaisi قیصی und Alü-bukhara الو بخارا d. i. eine Art Pflaumen, gereinigte Mandeln مغز بادم und ungereinigte Mandeln, dünnschalige Mandeln کاغذ بادم, Girdu گردو, welsche Nüsse, Mandelnüsse, fein- und grobschalig, Datteln „Khurma“ خرما, schwarze Datteln *), Pistazien aus Damgan und Herat, Indigo u. a. m. Von Persern und Turkmanen werden verkauft: turkmanischer und persicher Weizen und verschiedene Rauchwaaren, wie Füchse روباه, Marder دله, Schakal شغال, Korsuk, Fischotter پست شنك, ferner Wolle, gewaschen und ungewaschen. Von den Turkmanen, in der Bucht von Astrabad, kauft man an Fischen: Hausen, Stöhr, Wels, Caviar, Hausenblase. Von der Insel Tscheleken wird hergebracht: Naphthagil نفت گل, Naphtha نفت u. Salz. Ausser diesen bringen die Turkmanen noch, in geringer Quantität,

*) Diese werden aus Khorasan nach Schahrud gebracht, jedoch nicht mehr als etwa 100 Pud jährlich.

Teppiche, Hurdschin (eine Art Hängesäcke) u. s. w. Die Schahrudischen Waaren werden sämmtlich gegen Eisen eingetauscht, die Turkmanischen, vor der Ablieferung, mit baarem Gelde bezahlt. Die Schahrudischen Waaren sind keineswegs durch besondere Vorzüge ausgezeichnet, und weder die khorasanische Wolle noch die Färberröthe stehen in Russland im Werthe, gelten vielmehr auf der Messe zu Nischnij Nowgorod als letzte Sorte. Die Waaren werden in den Wintermonaten, von September bis März oder April, eingekauft und in dieser Zeit besteht zwischen der Küste von Gäz und Schahrud ein lebhafter Verkehr. Die Tscharwadaren bringen die Waaren auf Kater (Maulthieren) in Ballen von 6 Pud Gewicht. Für den Transport einer solchen Ladung (12 Pud) von Gäz bis Schahrud und zurück bezahlt man 6 Karan (1 Rbl. 80 Kop.) für den Kater. Von der Küste nach Schahrud zurück laden sie gewöhnlich Eisen. In Kisten verpackte Waaren nehmen die Tscharwadaren ungern, weil diese auf den Gebirgspfaden schwer fortzubringen sind, und die Kisten dürfen nicht über 3 Pud wiegen (für beide Seiten also 6 Pud). Mit der Verpackung der Waaren beschäftigen sich nur etwa fünfzig Personen. Die Tscharwadaren sind ausserordentlich gewissenhaft und vollkommen sicher; obwohl keiner Aufsicht unterworfen, liefern sie die ihnen anvertrauten Waaren pünktlich ab. Sie übernehmen die Waaren nachdem dieselben gewogen sind und lassen sich einen Frachtbrief, „Kahyz“ کاغز, ausstellen, auf dem die ihnen übergebenen Waaren verzeichnet sind; ohne einen solchen Frachtbrief übernimmt kein Tscharwadare eine Sendung. Von ihnen selbst wird kein Empfangsschein verlangt. Bei günstiger Witterung kommen die Tscharwadaren von Schahrud am Morgen des dritten Tages bei Gäz an. Der Transport ist namentlich im November und December beschwerlich, wenn in den Gebirgen, nach starkem Schneefalle, alle Pfade verschneit sind; der Weg ist dann, wie die Tscharwadaren sich ausdrücken, band بند, verschlossen, und die Communication mit Schahrud bleibt bis zum nächsten Thauwetter unterbrochen.

Die Hauptstrasse von dem Meerbusen nach der Stadt Astrabad führt durch das Dorf Gäz im Bulük Anazan, 4 Werst vom Meerbusen entfernt, von dessen Ufer man auf Waldpfaden hieher gelangt; das Dorf selbst liegt an einer sehr sumpfigen Stelle im Walde versteckt und ist von dem Wege aus fast gar nicht sichtbar, und die

Strasse, welche durch das Dorf führt, ist während des ganzen Jahres schwer zu passieren. Der Regen durchweicht hier den Boden so, dass die Pferde oft bis an den halben Körper versinken. Um diesen Uebelstand zu vermeiden, zieht man den Weg in dem sandigen und steinigen Bette des Deschti-kelä vor. Da dieses Flüsschen aber immer Wasser hat, und an manchen Stellen selbst ziemlich tief ist, so muss man auf einer Strecke von 2 Werst unzählige Male von einem Ufer zum anderen übersetzen. Hat man das Dorf hinter sich, so wird der Weg besser und geht an einem Abhange hin und über eine alte Brücke über einen Graben auf die Strasse (Chiaban) des Schah Abbas, die in geringer Entfernung von dem Gebirge und diesem parallel in gerader Richtung nach Astrabad führt, auf der ganzen Länge zu beiden Seiten von dichtem Walde begrenzt, der erst ganz nahe bei Astrabad aufhört. Zehn Werst vom Ufer und sechs Werst von Gäz entfernt steht dicht am Wege ein Imamzade, wo ein Nachkomme des Imam Musa, Namens Imam Kazim امام کاظم, beerdigt sein soll. Das Gebäude*) liegt an der linken Seite der Strasse, ganz nahe am Wege; an der rechten Seite ist ein grosser Begräbnissplatz, der von dem Walde begrenzt wird und auf dem eine Menge Grabmonumente von rohem Stein umhergestreut liegen. In früherer Zeit soll an der Stelle, welche jetzt das Imamzade und der Gottesacker einnimmt, eine Stadt mit Namen Berberi بربری (barbarisch ?) gestanden haben, die entweder durch ein Erdbeben oder durch eine reissende Fluth zerstört wurde, die aus der Bergschlucht Schemschirbur شمشیربر hervorkam. Das aus der Schlucht hervorströmende Wasser überschwemmte das ganze Küstenland bis an den Meerbusen von Astrabad; dies ist der Sinn des Namens der Stadt Berberi, von der nur Ruinen geblieben sind. Die Stelle, welche die alte Stadt einnahm, ist heut zu Tage unter dem Namen Kharâb-i Schahr خراب شهر, d. i. verwüstete Stadt, bekannt (vergl. S. 63). Die Ruinen des alten Berberi sollen zu verschiedenen Bauten, theils in Astrabad selbst, theils auf den Kharâb-i Schahr benachbarten Dörfern verwendet worden sein, unter andern auch zum Bau des Imamzade Kazim. Letzteres ist seiner Bauart nach ohne Zweifel ein Gebäude aus neuester Zeit oder wenigstens

*) Vgl. Häntzsche: Beiträge zur Geogr. u. Alterthumsk. von Nordpersien in Zeitschrift der deutsche Morgenl. Gesellsch. Bd. XVI, S. 226.

neu umgebaut worden. Die Wände sind beworfen und das Dach mit Ziegeln bedeckt. Bemerkenswerthe Inschriften findet man hier nicht, aber Thüren und Wände sind von den wandernden Seïden, Meschhedi und anderen Besuchern der heiligen Stätten mit Versen aus dem Koran, Liedern von Hafiz und anderen Sprüchen beschrieben worden. Im Erdgeschoss des Gebäudes sieht man durch ein mit eisernen Stäben vergittertes Fenster, das nach Süd-Ost gerichtet ist, das Grab des Imamzade Kazim. Die innere Thür ist stets verschlossen. In gleicher Linie mit dem Imamzade steht ein Häuschen für einen Wächter, wo aber Niemand wohnt, weil die Lage von Kharâb-i Schahr durch die Ueberfälle der Turkmanen aus der Steppe sehr gefährdet ist. Zehn Schritt östlich vom Imamzade ist ein tiefer Graben, der wahrscheinlich den Bewohnern der alten Stadt einmal als Schutzwehr diente. Am Ende des Grabens ist eine Quelle des reinsten Wassers. Der Bach, welcher aus dieser entspringt, fliesst nach dem Meerbusen zu und bildet weiter unten den Sijahdschu oder Bagu. Reisende halten sich bei Kharâb-i Schahr nur möglichst kurze Zeit auf. Imamzade Kazim bildet die Grenze zwischen den Bulüks Anazan und Sadan-Rustak.

Weiterhin auf dem Wege nach Astrabad findet man noch ein Imamzade, Rauschan-âbâd روشن آباد oder gewöhnlich Rustem-âbad رستم آباد genannt; hier ist ebenfalls einer von den vielen Nachkommen des Imam Musa begraben, Namens Abdullah. Das Gebäude liegt links an der Strasse und ist dem Imamzade Kazim ganz ähnlich. Die Reisenden verweilen hier ebenfalls nur kurze Zeit, um von einem Ritte von 3 Farsakh, von Kharâb-i Schahr bis hieher, auf der holprigen Strasse, auszuruhen. Von Rauschan-âbâd bis Astrabad rechnet man noch etwas mehr als 1 Farsakh. Sobald man dieses Imamzade hinter sich hat, sieht man die Stadt vor sich liegen; der Wald wird immer lichter, denn man giebt sich die Mühe, ihn alljährlich auszubrennen, um die Umgegend der Stadt freier zu machen und die Ueberfälle der Turkmanen leichter abhalten zu können.

Ausser diesen beiden Imamzade berührt man auf dem geraden Wege nicht ein einziges Dorf, die alle seitwärts liegen bleiben und durch dichte Waldung verdeckt kaum sichtbar sind.

Die Schah-Abbas-Strasse hat sich auf dieser Strecke etwas besser erhalten als die übrigen Chausseen an der Südküste des kaspischen Meeres, doch auch sie wird von Jahr zu Jahr schlechter. Auch eine grosse steinerne Brücke über einen tiefen Graben unweit Kharâb-i-Schahr hat sich erhalten; sie ruht auf festen steinernen Pfeilern und wurde unter der Regierung des Schah Abbas zu gleicher Zeit mit der Strasse erbaut. Vom Ufer bei Gäz bis Astrabad schätzt man die Entfernung auf etwas mehr als 6 Farsakh (mehr als 40 Werst). Der Weg nach Astrabad ist während des ganzen Jahres durch Ueberfälle der Turkmanen gefährdet, die sich aus ihren Steppen heraus wagen, um sich hier im Walde zu verbergen und den reisenden Persern aufzulauern; zuweilen wagen sie sich selbst bis an die Küste bei Gäz, wenn sie erfahren, dass dort wenige Leute sind. Obgleich an dieser Küste ein persisches Zollamt, „Gümrük-khane“ گمرك خانه steht, so findet doch der Reisende, der von hier nach Astrabad geht, nicht ein einziges Gebäude, wo er sich für die Reise rüsten könnte. Ein zwei Stockwerk hoher Talär تالار (von dem schon oben die Rede war) kann höchstens für einen kurzen Aufenthalt dienen. Die Tscharwadaren aus Schahrud, die man am häufigsten an diesem Ufer trifft, fürchten die Strasse nach Astrabad und entschliessen sich nur selten dorthin zu gehen. Diese Tscharwadaren gebrauchen, beiläufig gesagt, keine Pferde, sondern bringen die Waaren mit Kater (Maulthiere) hieher, die zum Transport über das Gebirge tauglicher sind. Sobald sie ihre Waaren abgeliefert, beeilen sie sich, die für sie gefährliche Küste zu verlassen, um noch bei Tageslicht das Dorf Gäz zu erreichen, wo sie über Nacht bleiben. Lastpferde miethet man in den Küstendörfern Gäz, Tschubukende, Naukende u. a.; da die Perser aber überhaupt die Wege in der Provinz Astrabad gern vermeiden, so ist es oft schwierig solche Pferde aufzutreiben. Wegen des Mangels an Obdach auf diesem Wege warten Reisende, die über den Meerbusen von Astrabad nach Persien gehen, lieber auf der russischen Marinestation, bis die für sie gemietheten Pferde an das Ufer gebracht werden.

Kein Perser wird sich entschliessen von der Küste aus geraden Wegs und allein nach Astrabad zu reisen, sondern sucht möglichst viele Reisegefährten zu gewinnen, um auf dem Wege sicherer zu sein. Alle versorgen sich gewöhnlich mit Luntenflinten, die ihnen jedoch in der Regel zu Nichts nutzen, da sie nur selten Patronen bei sich führen, sondern sich damit begnügen, auf dem ganzen Wege für den Fall der Noth die brennende Lunte bei sich zu tragen.

Die Turkmanen, denen diese Taktik bekannt ist, haben vor den Reisenden, ungeachtet ihres kriegerischen Aussehens, nichts weniger als Furcht, sondern treten ihnen aus ihrem Versteck kühn entgegen, nehmen sie ohne allen Widerstand gefangen, zwingen sie, einander selbst zu binden und entführen sie dann in ihre Steppen.

Die Gefangenen werden grösstentheils nach dem Aúl Etrek gebracht, der am weitesten von der Küste entfernt ist; hier müssen sie die schwersten Arbeiten verrichten, bis sie etwa von ihren Verwandten oder sonst jemand frei gekauft werden. Die Auslösungssumme ist sehr verschieden und hängt ganz von den Umständen des Gefangenen ab. Für arme Landleute begnügen sich die Turkmanen mit der geringen Summe von 2 bis 3 Ducaten (Badschagly); ohne Geld aber geben sie keinem die Freiheit wieder. Da die Bewohner der Provinz Astrabad im Allgemeinen keineswegs wohlhabend sind, so wird es ihnen oft schwer, auch diese geringe Summe aufzubringen; es bleiben daher immer viele Gefangene bei den Turkmanen, die sich endlich so an deren Lebensweise gewöhnen, dass sie sich gar keine Mühe mehr geben die Freiheit wieder zu erlangen. Viele solcher in der Gefangenschaft zurückgebliebenen Perser leben auf der Insel Tscheleken, wo sie mit der Bereitung des Naphthagil oder in den Salzgruben und bei den Naphthabrunnen beschäftigt sind, auch auf Aschurade kann man deren sehen, wo sie gewöhnlich turkmanische Tracht tragen, um nicht als Perser erkannt und an die Regierung nach Astrabad ausgeliefert zu werden.

Um jedoch sich vor diesen gefährlichen Begegnungen möglichst zu schützen, nehmen die Perser neben ihren Luntenflinten noch zu einem anderen Mittel ihre Zuflucht, indem sie nämlich ihre persische Kleidung mit turkmanischer Tracht vertauschen; namentlich bedienen sie sich zu dieser Verkleidung der turkmanischen Mützen, die von der persischen Kopfbedeckung verschieden sind. In Folge dieser Mummerei giebt es zuweilen scherzhafte Auftritte, wenn z. B. zwei so verkleidete Trupps einander begegnen und einer vor dem anderen erschreckend beide die Flucht ergreifen. Diese List übrigens haben die Perser den Turkmanen selbst abgesehen, die, wie oben erzählt worden, ihre Mützen auf das Schiff zu hängen pflegen, um die Aufmerksamkeit der Kreuzer der Station von sich abzulenken.

Ausser der Schah-Abbas-Strasse giebt es noch einen anderen Weg der vom Meerbusen nach Astrabad führt, nämlich den Karasu hinauf und über das sechs Werst von der Küste gelegene Dorf Kurd-maalle. Da das Wasser in der Nähe der Küste sehr seicht ist, so können die Fahrzeuge nicht bis in die Nähe des Karasu gelangen, sondern müssen in ziemlicher Entfernung von dessen Mündung liegen bleiben. Um in letztere zu gelangen, bedient man sich der auf dem Meerbusen von Astrabad gewöhnlichen flach gehenden Kulaz, die man leer mit sich führt und beim Eintritt in den Fluss beladet. Die Ufer des Karasu sind dicht mit hohem Schilf bewachsen, was der freien Bewegung der Ruder sehr hinderlich ist, weshalb man nur sehr langsam stromaufwärts fahren kann. Da sich in dem Schilfe oft Turkmanen verbergen, so sitzt einer von den Schiffern während der ganzen Fahrt auf der Spitze des Mastbaums, von wo er sowohl die Ufer des Flusses als auch die benachbarte turkmanische Steppe beobachten kann. Die Lage des Beobachters ist jedoch ziemlich gefährlich, da er leicht den Turkmanen als Zielscheibe dienen kann, und eine Verfolgung derselben wäre hier ganz unmöglich. Drei Werst vom Meerbusen wird das Bett des Flusses sehr eng und das Schilf noch dichter. Am Ufer des Flusses steht eine kleine Hütte, welche man Wachtthurm nennt; rechts führt ein Fusssteig nach dem Dorfe Kurd-maalle. Die turkmanischen Kosowoj kommen mit Naphtha, Salz und anderen Artikeln, die sie den Einwohnern der zunächst gelegenen Ortschaften verkaufen, in den Fluss, und ihre Fahrzeuge bleiben in einiger Entfernung von der Wachhütte liegen, in der übrigens kein Wächter ist. Sobald die Perser hören, dass Turkmanen angekommen, suchen sie zunächst zu erfahren, wie viele Böte, wie stark die Besatzung, wer die Waare gebracht hat u. s. w., und dann erst gehen sie in einzelnen Haufen beisammen an das Ufer. Ihre Zahl überwiegt in solchen Fällen immer die der Turkmanen. Die Handelsgeschäfte werden immer bei Tage abgemacht und sobald die Sonne untergeht, sucht jeder sein Dorf zu erreichen, denn keiner würde es wagen die Nacht über an dem Ufer zuzubringen. In der heissen Jahreszeit, wenn das Flüsschen seicht wird, werden die Handelsgeschäfte quer über den Fluss betrieben, so nämlich, dass Käufer und Verkäufer an den beiden entgegengesetzten Ufern stehen und von ihren Plätzen aus die Waaren auf Kulaz, oder wenn das Wasser nicht zu hoch ist, hinüber watend über den Fluss bringen, was von den Turkmanen besorgt wird, da sich die Perser, aus Furcht vor Verrath, nicht an das andere Ufer wagen. Der Pfad, welcher von dem Karasu nach dem Dorfe Kurd-maalle führt, geht zuerst durch einen Wald, dann in einer Strecke von drei Werst durch Gebüsch, und endlich über ausgedehnte Wiesen, hinter denen das Dorf liegt; von hier aus führt er weiter auf die Schah-Abbas-Strasse, auf welche er zwischen den beiden Imamzade ausmündet.

Vom Karasu bis Astrabad rechnet man 35 Werst. Dieser Weg, obgleich weniger beschwerlich als der über Gäz, wird doch wenig benutzt, weil man ihn wegen der Nachbarschaft der Turkmanen für gefährlich hält, die auf demselben Wege kommen, wenn sie aus ihren Steppen nach der Schah-Abbas-Strasse auf Raub ausziehen. Dazu kommt, dass das Flüsschen, obwohl gewöhnlich tief genug für Böte, im Sommer und an seiner Mündung so seicht ist, dass kaum die flachen Kulaz hinaufkommen, Böte aber entweder hineingeschoben oder hinübergetragen werden müssen.

WEGE NACH SCHAHRUD.

Am 24. Januar 1858 setzte ich in früher Morgenstunde von Aschurade auf einem Boote nach dem Ufer bei Gäz über, um von da über den Pass im Alburzgebirge nach Schahrud zu gehen. Der Morgen war hell, der Wind günstig, wie um diese Zeit immer, und schon nach zwei Stunden landete ich unfern der Faktorei. *) Am Ufer sammelten sich die Tscharwadaren, welche täglich mit Waaren aus Schahrud hieher kommen und gewöhnlich ohne Ladung wieder dorthin zurückkehren. Sie gingen mit Freuden darauf ein, mich mitzunehmen, und verlangten für jeden Kater (Maulthier), in Betracht der Beschwerlichkeit des Weges, nicht weniger als einen Tuman. Ich miethete acht Maulthiere und am nächsten Morgen sollte die Reise fortgehen. Die Tscharwadaren wollten wie gewöhnlich in Gäz übernachten, ich beredete sie jedoch in der Faktorei zu bleiben, um bei Anbruch des Tages aufbrechen zu können, und übergab ihnen am Abend mein Gepäck; um Mitternacht aber erhob sich ein heftiger Wind, diesem folgte ein Regenguss, und am Morgen war der ganze Horizont mit dunklen Wolken umzogen, und auf den nahen Bergen lag Schnee. Die Reise war unmöglich; die Tscharwadaren gaben mir mein Gepäck wieder, zogen nach Gäz und versprachen, am ersten heiteren Tage wiederzukommen. Das Wetter aber wurde immer schlechter, unaufhörlich strömte der Regen herab, immer mehr bedeckte sich das Gebirge mit Schnee und bald waren alle Wege und Stege band (gebunden), und kharob خراب (zerstört). Auch das Meer war unruhig; der

*) Ritter, Erdkunde VIII. S. 514, giebt die Länge des Meerbusens, von Ost nach West, 16 Stunden, die Breite desselben 3 — 3½ Stunden an; beides ist unrichtig, da die Länge nicht mehr als acht, die Breite nicht über zwei Stunden beträgt. — S. 524 sagt der berühmte deutsche Geograph, die Provinz Astrabad habe (im Jahre 1808) 750,000 Einwohner!

Sturm trieb die Wellen auf das Land und der nur etwa dreissig Schritt vom Ufer entfernten Faktorei zu, so dass zuweilen sämmtliche Gebäude am Ufer unter Wasser standen. Das Zimmer in der Faktorei, welches ich bewohnte, war nur aus Bretern zusammengeschlagen und die inneren Seiten der Wände mit persischen Teppichen behangen, die der durch die Spalten dringende Wind wie Segel bauschte. Durch die morsche, mit Segeltuch beschlagene Decke drang der Regen und das ganze Gebäude schwankte und zitterte unter den Stössen des Windes. Um das feuchte Gemach zu erwärmen, war in der Mitte ein Mangal (Becken) mit glühenden Kohlen aufgestellt, aber das von oben herabträufelnde Regenwasser löschte die Gluth und bald war das ganze Zimmer mit Rauch und Dampf gefüllt.

Für die persischen Faalä (Arbeiter) war das Unwetter jedoch nicht ohne Vortheil, denn sie benutzten es, um die in den benachbarten Dörfern gefällten Nussbäume durch Schmutz und Schlamm von ihren Ochsen an das Ufer schleppen zu lassen, welche letzteren sie mit Stockschlägen und Worten antrieben, wie: „Ei padar sukhte saabe tu“ ای پدر سوخته صاحب تو (soll der Vater deines Herrn verbrennen!), „Guri padari saabe tu misuzonat“ کور پدر صاحب تو میسوزاند (möge auch die Grabstelle des Vaters deines Herrn verbrennen!) oder „Saabe tu goh khurde est“ صاحب تو گوه خورده است (dein Herr hat Dreck gefressen), dazwischen hörte man یا علی jŏ Âalí! یا الله jo Allah! oder kürzer یالله jalla! *)

In der Nacht des 30. Januar wurde ich durch mehrere aufeinander folgende Schüsse aus dem Schlafe aufgeweckt und hörte unten viele Stimmen untereinander und Hin- und Herlaufen. Durch das Fenster nach dem Meere zu konnte ich nichts erkennen, denn die Nacht war stockfinster; die Schüsse aber kamen von verschiedenen Seiten, wie man hören und an den in der Finsterniss noch heller leuchtenden Blitzen des Feuers sehen konnte. Mein persischer Diener meldete mir erschrocken, die Faktorei sei von Turkmanen umringt. Wir stiegen die Freitreppe hinab in das Erdgeschoss, wo sich einige Handelsleute aus Astrachan und Baku, zur Mehrzahl Muhammedaner, aufhielten; diese waren aber zum

*) Bemerkenswerth ist, dass die Anrufung Ali's für nachdrücklicher und wirksamer gilt, als der Ausruf jo Allah! „ach Gott!“

grössten Theil schon entflohen, um sich in dem nahen Walde zu verstecken, und die noch übrigen wurden nur durch Angst zurückgehalten, weil sie fürchteten, im Walde den Turkmanen in die Hände zu laufen. Ihrer Aussage nach waren der Turkmanen sehr viele, zu Fuss und beritten „suwari", und wir unrettbar verloren. Rasche Hülfe war nicht zu hoffen, denn das Wachtschiff lag $^1/_2$ Werst vom Ufer und dorthin zu gelangen war unmöglich, weil kein Boot da war; überdiess war der Weg von der Faktorei bis an das Ufer, wenn sich Turkmanen in der Nähe befanden, nicht ohne Gefahr. Wir brachten das brennende Licht in ein Nebenzimmer, dessen Fenster ebenfalls dem Meere zuging und stellten uns im Halbdunkel, jeder mit einer Flinte bewaffnet, im Ganzen neun Mann, in Reih und Glied an der Wand auf. Von den der Faktorei zunächst liegenden Hütten her, welche den Namen Wachhäuser führen, hörten wir die Stimmen der persischen Sarbazen, die einander wiederholt zuriefen: „bezan uro padar sukhte, bezan!" بزن اورا پدر سوخته بزن „schiesse ihn nieder, den Schurken, schiesse!" worauf in der That ein Schuss fiel.

Eine volle halbe Stunde standen wir so in banger Erwartung; endlich, obwohl das Schiessen der Sarbazen noch immer fortdauerte, wagten wir uns hinaus; kaum aber waren wir vor die Thür getreten, als vom Schiffe her ein Kanonenschuss ertönte und bald darauf die Kugel über unseren Köpfen einschlug. Solche Hülfe war uns noch gefährlicher als die Turkmanen selbst; der hohe Wellengang im Meerbusen konnte dem Schusse leicht eine falsche Richtung geben und die Kugeln uns treffen. Doch verursachte der Schuss einen starken Lärm in den nahen Bergen, zugleich hörten wir vom Meere her den Schlag der Ruder eines zu unserer Hülfe geschickten Bootes; ohne noch einen solchen Schuss abzuwarten, eilten wir, zwischen den Nussbaumstämmen einen Weg suchend, dem Ufer zu. Da das Boot wegen der Seichtigkeit des Wassers nicht landen konnte, wateten wir durch das Wasser bis zu demselben, wo wir vor den Turkmanen sicher waren. Das Postschiff brachte mich noch an demselben Tage nach Aschurade zurück. Die Turkmanen hatten in dieser Nacht einen Ueberfall auf das Dorf Bagu, drei Werst östlich von der Faktorei, gemacht, von wo sie sich nach Gäz schlichen, westlich von der Faktorei. Auf dem Wege dorthin wollten sie die Perser in den Wachthäusern aufheben und bei günstiger Gelegenheit auch die Kaufleute in der Faktorei. Ihre Vorposten, die sie zum Recognosciren vorausgeschickt hatten, kamen bis an die Mauer der Faktorei, wo sie durch das Gebell eines Hundes entdeckt wurden, worauf einer der tapferen Sarbazen einen Schuss abfeuerte. Später erzählte mir einmal ein Turkmane, der selbst an diesem Ueberfalle theilgenommen hatte, sie seien durch das Gerücht verführt worden, dass ich eine ganze Truhe voll Gold bei mir habe, welches der Handelsgesellschaft gehöre.

Der Regen hielt volle 13 Tage an; endlich, am 5. Februar, kam die Sonne wieder zum Vorschein und ich liess mich wieder an das Ufer übersetzen, wo ich früh um sieben Uhr anlangte. Das ganze Ufer dampfte und war von warmen Dünsten erfüllt, die aus dem verwelkten Grase aufstiegen. Die Tscharwadaren, ihrem Versprechen getreu, warteten bereits mit ihren Thieren am Ufer, wollten sie aber nicht beladen, weil der Tschahorschambe چهار شنبه (Mittwoch) ein ungünstiger Tag zur Reise sei; überdiess, sagten sie, sei der Weg nach Schahrud noch nicht ganz woz واز (offen), und in den Bergen seien Lawinen gefallen; der andere Weg über Astrabad und durch die Thäler war wegen der Turkmanen nicht zu passieren. Der Weg über den Pass übrigens war bedeutend kürzer.

Um neun Uhr am Morgen verliessen wir den Strand und eilten nun, um noch an diesem Tage vor Einbruch der Nacht die erste Station im Gebirge, das Dorf Barkulä بر کلاه, zu erreichen. Gäz, welches fast ganz in Schlamm versunken war, liessen wir seitwärts liegen und ritten an dem Bache aufwärts, der ziemlich angeschwollen war, so dass wir öfters längere Strecken im Wasser reiten mussten. Durch den Wald gelangten wir dann auf eine offene Ebene und befanden uns bald am Fusse des Gebirges. Von Gäz bis an den Fuss des Gebirges rechnet man 1 Farsakh; von hier an steigt der Weg allmählich und wird mit jedem Schritte beschwerlicher. Bei schlechtem Wetter sind die Pfade so schlüpfrig, dass man sie nur zu Fuss passieren kann. Die Steigung gegen Süd-Ost ist etwa eine Meile lang. Auf der Höhe hat man den Anblick des kaspischen Meeres. Die Bucht von Astrabad mit ihren Inseln scheint bis an das Gebirge heranzutreten. Auf der turkmanischen Steppe erkennt man deutlich den Etrek und Gurgan. Von der Höhe abwärts führt zuerst der Weg in schlängelnden Windungen etwa drei Werst lang, an einen Bach, der in eine Bergschlucht führt und dann, nachdem man diesen überschritten, in gleichen Windungen, etwa fünf Werst aufwärts, zu einer von hohen Bäumen umgebenen Wiese. Die Wiese war hoch mit Schnee bedeckt, doch sahen wir zur Rechten die Spuren einer Quelle, nahe bei einem umgestürzten Baumstamme. Nicht ohne Mühe arbeiteten wir uns dorthin, wo wir Halt machten. Nach kurzer Rast setzten wir unseren Weg aufwärts fort, immer in gerader Linie, etwa 4 Werst, durch tiefen Schnee, der so hoch lag, dass wir ihn, obgleich wir ritten, mit der Hand aufnehmen konnten. Auf der Höhe angelangt erblickten wir wieder das kaspische Meer; den Meerbusen und die Insel Aschurade aber kann man hier kaum mehr unterscheiden. Von hier aus geht der Weg anfänglich nicht steil abwärts, etwa 1 Werst, zu einem Waldpfade, der seitwärts nach dem Dorfe Radkan führt, und dann steil abwärts an einen Bach, an dessen Ufer das etwa noch zwei Werst entfernte Dörfchen Barkulä liegt, bis wohin man von Gäz vier Farsakh rechnet.

Gegen sechs Uhr Abends kamen wir in Barkulä an; es liegt an einem Bergabhang und war jetzt ganz verschneit. An den ersten Hütten kamen uns einige Leute entgegen, die uns nach einem Manzil (Herberge) führten, einem unbewohnten Hause gleich am Anfange des Dorfes, dessen Thüre ganz verschneit war, so dass ich eine halbe Stunde warten musste, bis der Schnee entfernt war und ich eintreten konnte. Die Wohnung bestand aus vier leeren Wänden, an denen sich noch die Spuren eines Bewurfes von Lehm zeigten. Der Fussboden war die nackte Erde, Fenster gab es gar nicht, sondern anstatt dieser drei halbzerfallene Thüren. Die Decke fehlte ganz und das Dach war theilweise abgetragen. An der einen Wand war unten ein Loch, welches man den Bukhari بخاری (Kamin) nannte. Da es bereits dunkel wurde, zündete ich ein Licht an und fing an, mich in meiner Wohnung einzurichten. Unterdessen wurden die Pferde abgeladen und jedes Stück, welches man hereinbrachte, von der um mich versammelten Menge neugierig betrachtet. Ganz besondere Bewunderung erregte mein zum Zusammenschlagen eingerichtetes eisernes Feldbett, welches ich bei mir führte. Mittlerweile hatte der Ketchuda (Dorfälteste) feuchtes Reissig hereingebracht und ein Feuer angezündet; es wollte aber nicht brennen und der Rauch drang nicht durch den Schornstein, sondern füllte die Stube, so dass wir alle Thüren öffnen mussten, um nicht zu ersticken. Der Ketchuda entfernte sich, um eines von den wenigen Bretern, die das Dach bildeten, wegzuziehen, und erklärte mir, als er wieder kam, er habe es weggenommen, weil es den Dudkesch دودکش (Schornstein) bedeckt hätte, jetzt werde der Bukhari schon seine Dienste thun. Der dichte Rauch aber blieb nach wie vor in dem Zimmer und bald darauf sah man oben am Dache eine Flamme. Der Ketchuda kletterte wieder auf das Dach, man hörte oben ein Kratzen und in den Bukhari fiel zuerst Lehm herab, dem bald Schnee und Wasser folgte. Das Feuer hatte einen Balken ergriffen und das Dach fing an zu brennen. Um den Manzil zu retten, hatte sich das ganze Dorf versammelt. Schnee und Wasser drangen in reichem Maasse in die Stube und bildeten bald einen förmlichen Morast. Als das Dach abgenommen war, zeigte sich, dass ein Balken mitten durch den Schornstein ging, der, da er trockener war als das Reissig, leichter angebrannt war als dieses. Das Feuer wurde ohne grosse Mühe gelöscht, und der Ketchuda brachte nun mein Abendessen, zwei magere gebratene Hühner, bei denen er bemerkte, da sie selbst keine Hühner hielten, hätte er dieselben durch seinen Batscha بچه (Diener) aus dem nächsten Dorfe, Gowsalär گاو سلار, holen lassen, welches an der anderen Seite des Flusses Schahku, an dem gegenüberliegenden Bergabhange Kamarband کمر بند liegt. Nach dem Abendbrode schloss ich die morschen Thüren so gut wie möglich und legte mich, von der Reise erschöpft, zur Ruhe nieder. Als ich am andern Morgen erwachte, war der Fussboden, mein Bett und sämmtliches Gepäck mit einer Decke von Schnee bedeckt. Vor der Thüre schaufelte man wieder, um dieselbe öffnen zu können und der Ketchuda trat ein, um mir zu erklären, dass die Tscharwadaren nicht weiter wollten, weil der Weg wieder band sei und wir einige Tage hier bleiben müssten, bis Jemand aus Schahrud vorbei käme.

In diesem schmutzigen Manzil zu verweilen war aber schlimmer als bei schlechtem Wetter unterwegs zu sein, und da sich der Wind gegen Morgen legte, so beredete ich die Tscharwadaren endlich wieder aufzuladen, und machte mit dem Ketchuda die Rechnung für Nachtlager und Beköstigung, wofür er im ganzen zwei Tuman verlangte: vier Karan für die beiden Gowsalarischen Hühner, fünf Karan für Futter meiner Lastthiere, ein Karan für den Batscha, welcher den Schnee vor der Thür weggeschaufelt hatte, drei Karan für einen andern Batscha, der das Feuer gelöscht, vier Karan für einen dritten, der Wasser und Schnee herbeigeschleppt hatte, und drei Karan für die Beköstigung der Tscharwadaren und Nuker نوکر (Diener). Was ich für das Manzil selbst zahlen wollte, überliess man meiner Freigebigkeit.

Der Weg von Barkulä abwärts führt an den Fluss Schahkuh شاه کوه, der an dem Dorfe vorbei fliesst. Dieses Flüsschen soll auf dem Gebirge Dschelali, in der Nähe von Schahrud, entspringen und zwischen zwei parallel laufenden Gebirgsketten in das Thal Tschamansawer herabfliessen. Von Barkulä fliesst es nach Mazanderan und fällt unterhalb der Brücke Pul-i-nika in den Nika. Ein Arm, wie es scheint, dieses Flüsschens, Sawer genannt, durchschneidet den Chiaban zwischen Aschref und Sari und fällt bei dem Dorfe Nuzer-abad نوزرع آباد in das Meer, unter dem Namen Kurbaran کور باران.

Malerische Spuren auf dem Schnee zur Rechten, an dem Ufer des Flusses, zeigten, dass im nahen Gebirge Tiger und Panther hausen; auch findet man hier viele Rebhühner (Käbk کبك) und Fasanen. Wir ritten im Schritt und mit grosser Mühe am Ufer hin und fürchteten bei jedem Schritte zu versinken; bald sah man keine Spur vom Wege mehr, und die Tscharwadaren versicherten, ihre Lastthiere würden sich ruiniren „harob mischewand" خراب میشوند und seien nicht im Stande, die nächste Station, Balaschahku, zu erreichen, wo ich übernachten wollte. Ein halb Farsakh von Barkulä, an der linken Seite des Hohlwegs, liegt im Gebirge das Dorf Kunde کنده, und ein halb Farsakh von diesem, an der linken Seite der Berge, das Dorf Radkan رادکان, an einem Abhange, in der halben Höhe des Berges, zu dem vom Flusse aus ein steiler Bergpfad hinanführt.

Gegen drei Uhr Nachmittags kamen wir in Radkan an. Ich fragte den ersten Perser, den ich auf dem Dache eines Hauses erblickte, wo er beschäftigt war den Schnee herabzuwerfen, ob er uns eine Herberge zeigen könne. Der Mann war sehr neugierig zu erfahren, woher ich käme und wohin ich reiste, ob ich den Derjä-begi *) kenne, u. s. w. Er kletterte vom Dache herab und

*) دریا بکی, so nennen die Perser den Chef der Station auf Aschurade, welcher bei allen Bewohnern des Küstenlandes in grossem Ansehen steht.

bat mich, ein wenig auf der Strasse zu warten, bis er ein Manzil für mich in seinem Hause vorbereitet habe. Diese Vorbereitung bestand darin, dass aus der mir bestimmten Stube alle Teppiche und Filzdecken entfernt wurden (weil ich ein Farengi war), worauf man mich bat, einzutreten. Während der Hausherr beschäftigt war, Pilou mit Hühnern und Kebab كباب (Braten) für mich zu bereiten, versammelte sich, ebenso wie in Barkulä, eine neugierige Menge, um meine Effekten zu bewundern. Ihre Neugier wurde jedoch bald durch einen gewaltigen Lärm abgeleitet, der sich an dem nächsten Platze erhob. Dort hatte sich eine grosse Menge um zwei Pferde gesammelt, die, ohne Reiter, am Zügel geführt wurden; sie gehörten, wie mir erklärt wurde, zwei Einwohnern des Dorfes, die im Heere Ilkhani's bei Kari-kala von den Turkmanen getödtet worden waren, und wurden jetzt den Verwandten als Erbtheil zurück gebracht. Lautes Weinen und Wehklagen erscholl im Dorfe bis in die späte Nacht und die Verwandten der Erschlagenen zogen hinaus auf den nahen Berg und weinten bis zum Anbruch des Tages.

Radkan ist ein freundliches Dörfchen; es hat eine Moschee und etwa 65 Häuser. Die Einwohner treiben Ackerbau und viele von ihnen sind Tscharwadaren. Man findet hier Granatbäume, Birnen, Wein, Maulbeeren.

Der Berg nördlich von Radkan heist Mischkesar مشك زار, der gegen Süden Zereschk-chuni زرسك خونى, und der gegen Osten gelegene Zereschk-tschal زرشك چال. Von Gäz nach Radkan sind fünf Farsakh.

Am Fusse des Berges, nahe dem Flüsschen, steht der berühmte Thurm, ein cylinderförmiges Gebäude, mit einer hohen konischen Spitze, die am obern Ende etwas beschädigt ist. Er steht auf einem niedrigen Sandhügel, ist etwa 31 Arschin hoch und hat von aussen einen Umfang von 54, im Innern von 26 Arschin. Die Dicke der Mauer beträgt $2^3/_4$ Arschin. Die Mauer ist von Quadratziegeln von $5^1/_4$ Zoll Länge und Breite und $1^1/_4$ Zoll Dicke. An der Ostseite des Thurmes ist ein kleines Fenster. Die Thür ist $4^1/_2$ Arschin hoch und $1^3/_4$ Arschin breit; über derselben ist eine arabische Inschrift; eine andere Inschrift an der konischen Spitze ist bei der Höhe des Thurmes schwer zu erkennen; sie soll in Pehlewi-Sprache oder in kufischer Schrift geschrieben sein. Der russische Consul in Astrabad, Herr W. Gusef, hat eine Copie derselben an die Akademie geschickt, die aber so schlecht ist, dass man sie nicht entziffern kann. Der Raum unter dem Thurme ist hohl, wie man bemerken kann, wenn man stark auf den Boden stampft.

Von dem Thurme führt der Weg nach dem zwei Werst entfernten, durch seine Wiesen und Triften berühmten Thale Tschaman-sawer چمن ساور oder Tschaman-sawan, wo Feth-Ali-Schah bei seinem Zuge nach Khorasan gegen die Turkmanen lagerte. Am Abhange des Berges, nahe dem Tschaman-sawer, liegt das Dorf Hadschi-Abad حاجی آباد. Zwei Werst vom Thale und vier Werst vom Thurme kommt man an der linken Seite der Berge an die Schlucht Dschahan-numa جهان نما „Kosmorama," durch welche der Weg nach Astrabad führt. Dschahan-numa ist der höchste Punkt des Gebirges von Astrabad und dient den Bewohnern der Stadt als Sommeraufenthalt; die Spitze des Berges kann man vom Meerbusen aus sehen. Zwei Farsakh weiter ist eine andere Bergschlucht, die ebenfalls nach Astrabad führt und den Namen Sunduk-schakän صندق شکن, „Kofferbrecher" führt, die man aber gern vermeidet, weil sie durch die räuberischen Turkmanen unsicher ist.

Der Weg von Tschaman-sawer nach Astrabad führt, nach Angaben, die mir gemacht wurden, ein Werst rechts aufwärts, in ein weites Thal am Ufer des Hadschi-Abad, der sich in den Sawer ergiesst. Zwei Werst weiter im Thale kommt man links in dem ausgetrockneten Bette des Baches an den Berg Dschahan-numa; fünf Werst weiterhin wendet sich der Weg links und steigt durch den Wald drei Werst aufwärts, bis auf eine Ebene, wo der Dschahan-numa beginnt. Der Weg abwärts ist an der nördlichen Seite des Berges; rechts hat man das Flüsschen Kälo, welches auf dem Gipfel des Dschahan-numa entspringt. Der schmale Pfad führt nahe an der Bergschlucht vorbei und ist auf einer Strecke von $1^1/_2$ Farsakh sehr schwierig. Nachdem man das Flüsschen Kälo überschritten, führt der Weg $1^1/_2$ Fars. durch den Wald, und dann wieder links über den Kälo. Von hier bis Astrabad rechnet man zwei Farsakh. Der Wald ist hier weniger dicht, in der Gegend aber finden sich mit Schilf bewachsene Sümpfe, in denen sich häufig turkmanische Räuber verbergen. Ein Farsakh vor Astrabad führt der Weg wieder über den Kälo und dann durch dorniges Gesträuch der Stadt zu.

Die Ebene Tschaman-sawer endigt bei Sundukschakän. Gerade vor sieht man das Gebirge Schahku-i-Sewer شاکوه و سابر oder Schah-sewer. Der Schahku hat das Ansehen eines Kegels; sein mit Schnee bedeckter Gipfel ist vom Meere aus sichtbar. Das Gebirge dient den Bewohnern der Provinz Astrabad (vom Bulük Kätul) als Sommeraufenthalt. Rechts vom Tschaman-sawer ist die Schlucht Schemschir-bur شمشیر بر, durch welche der Weg nach Schahrud führt, über das Dorf Tschahorde چهارده. Die hohen Berge an der linken Seite des Fluss-Thales bestehen aus beinahe senkrechten, am Fusse abgestuften Schiefer-Felsen, die zu erklimmen unmöglich ist.

Von Sundukschakän windet sich ein schmaler Pfad durch die Schluchten; eine dritte Schlucht Kuzluk قوزلق, drei Werst von Sundukschakän entfernt, führt ebenfalls nach Astrabad und wird von den Turkmanen unsicher gemacht. Von hier nach Astrabad rechnet man acht Farsakh, nach Schahrud zehn Farsakh.

Der Pfad führt durch enge Schluchten, zwischen vorspringenden Felsen hin, die allmählich immer näher zusammenrücken und endlich so zu sagen eine Pforte bilden, durch welche das Flüsschen Schahku stürzt, dessen Rauschen laut in den Bergen wiederhallt. Diese abschüssigen Felsen ziehen sich noch etwa 12 Werst weiterhin, bald näher zusammen, wo sie jedes Mal höher sind, bald wieder weiter auseinander rückend. Hat man endlich die Bergschlucht im Rücken, so kommt man zu dem Dorfe Balä-i-Schahku بالا شاه کو, welches links vom Wege am Abhange eines Berges liegt, ähnlich wie Radkan. Balä-i-Schahku, welches man gern als Manzil wählt, hat eine Moschee, eine Takie und etwa 150 Häuser. Die Bewohner treiben hauptsächlich Ackerbau, in den Bergvertiefungen, und Viehzucht. Bedeutend ist namentlich die Schafzucht. Hier werden Namet نمد und Dschidschim zur Verpackung der Waaren verfertigt. Viele Bewohner sind auch Tscharwadaren. Die Luft ist frisch und rein, wesshalb Balä-i-Schahku auch als Jailak (Sommeraufenthalt) dient. Nach Osten zu liegen die Berge Schaleku شالکه کوه und Girdeku کرد کوه, nach Süden Schawar شاه وار oder Schah-sewar; ein Hügel am Fusse des letzteren führt den Namen Zertschal زرچال.

Von Radkan bis Balä-i-Schahku rechnet man sechs Farsakh, von Tschaman-sawer vier Farsakh.

Drei Werst von Balä-i-Schahku geht ein gewundener Bergpfad rechts ab, nach dem 2½ Farsakh von Tschaman-sawer entfernten Dorfe Païn-Schahku پایین شاه کوه, welches ebenfalls als Manzil dient und auf einer Erhöhung am Fusse des Gebirges liegt. Hier werden viele Schafe gezogen und die Einwohner sind zum grössten Theil Tscharwadaren. Von Païn-Schahku nach Balä-i-Schahku führt der Weg anfänglich über Hochland, weiterhin über flaches Feld; drei Werst von hier geht der Weg steil aufwärts und dann hinab in eine Schlucht, dem Flusse Schahku zu, und rechts am Ufer des Flüsschens weiter, wo Balä-i-Schahku links liegen bleibt. Drei Werst vom Dorfe beginnt der Pass über den Berg Tschaltschaljan چالچالیان, der von dem Berge Schahku noch ein Farsakh entfernt ist. Die Steigung ist etwa zwei Werst lang. Zu beiden Seiten des Tschaltschaljan sind Bergschluchten. Der Bach, welcher hier fliesst, soll derselbe sein, welcher auch durch die Schlucht Schemschirbur strömt. Auf dem Gipfel des Berges ist eine kleine Fläche, wo vier Bäume stehen; der fünfte und grösste, in der Mitte, ist bis auf die Wurzel niedergebrannt. Der Weg von Tschaltschaljan abwärts ist 1½ Werst lang und führt, rechts hinab, durch ein Thal, an dessen beiden Seiten Wachholderbäume wachsen. In den nahen Bergen giebt es Käbk کبك (Rebhühner), Buz-kuhi بز کوهی (Bergziegen), Tiger, Panther u. a.

Der Weg führt zwei Farsakh in dem Thale hin, bei einem Schafstalle, Kelä-rebat قلع رباط genannt, vorbei, in dessen Nähe zwei Bäche, Duâb (Zwei-Wasser) genannt, vorbeifliessen. Das Wasser des einen Baches, der zur rechten Seite fliesst, ist hell und frisch, das des anderen ist trübe.

Das Dorf Tasch تاش liegt links vom Wege, drei Werst von den Bächen Duâb; dient als Manzil und hat 22 Häuser. Die Bewohner treiben Ackerbau und Viehzucht; viele von ihnen sind auch Tscharwadaren. Die Luft ist rein und frisch. Der Bach, welcher hier vorbeifliesst, entspringt auf dem Berge Mijanku میان کوه. Südlich von Tasch liegt der Berg Kukuschan کو کو شان, östlich des Schewar شاه وار. Die nahen Berge sind durch ihren Reichthum an Steinkohlen berühmt, die Gruben werden jedoch nicht ausgebeutet. Erze findet man in dem Berge Surkhale, in dessen Nähe man die Grenze zwischen den Provinzen Astrabad und Schahrud-Bastam bestimmt hat.

Von Païn-Schahku bis Tasch rechnet man 4 Farsakh, von Balä Schahku bis Tasch 3 Farsakh, von Barkulä bis Tasch 9 Farsakh, von Tschaltschaljan bis Tasch 2 Farsakh, von Astrabad bis Tasch 10 Farsakh.

In Tasch übernachtete ich bei dem Daruga (Dorfschulze) Aga-rafia. dessen Bekanntschaft ich schon früher in Astrabad gemacht hatte. Er hatte grosse Freude mich wieder zu sehen, namentlich bei solchem Wetter, da, wie er sagte, erst gestern drei verunglückte Tscharwadaren, welche das Schnegestöber im Gebirge überrascht hatte, todt herein gebracht worden wären. Beim Abendessen machte mir Aga-rafia das Anerbieten, mir Steinkohlen als Peschkesch (Geschenk) geben zu wollen, mit der Bedingung, dass das Ausgraben und der Transport nach dem Ufer bei Gäz ihm übertragen würde; die Ehre, einen Firman von der persischen Regierung auszuwirken, wollte er mir überlassen. Nach der Berechnung des Daruga würden zehn Arbeiter, mit einem Tagelohn von 1 Karan, täglich etwa 60 Pud Kohlen zu Tage fördern, gerade die Ladung für 10 Lastthiere der Tscharwadaren. Der Transport jeder Last von 6 Pud würde 8 bis 10 Karan kosten, je nach der Jahreszeit und Qualität der Waare. Von Schahrud bis an das Ufer bei Gäz zahlt man bis 8 Karan Fracht. Obwohl das Dorf Tasch dem Ufer näher liegt als Schahrud, so berechnet man doch, da man von Gäz bis hieher eben so lange Zeit braucht wie von Gäz nach Schahrud, nämlich 2½ Tage, eben so hohe Frachtkosten. Das Pud Steinkohlen würde so, mit allen Kosten, bis an das Ufer nicht weniger als 2 Karan zu stehen kommen, dagegen man in Astrachan das Pud mit 1 Karan (30 Kop. Silber) bezahlt. Ausser den Steinkohlen wollte mir Aga-rafia auch noch andere Minen schenken, die ich mir auf dem Berge Surkhale selbst suchen sollte. Besonders rühmte er das Blei, welches sich in den Bergen nahe bei dem Karawanseraï Tudschar findet und das in Schahrud 1 Karan, das Batman von Tauris, bezahlt wird.

Um 8 Uhr des Morgens verliess ich Tasch und ritt zuerst am Duâb hin, nach Kala-rebat und dann links am Ufer des Duâb über eine Anhöhe. Der Weg war ganz mit Schnee bedeckt. Wir hatten kaum ½ Farsakh zurückgelegt, als sich ein starker Wind erhob und bald war die ganze Gegend in dichten Nebel gehüllt. Da ich fürchtete, wir könnten uns verirren, bot ich dem Herrn der Lastthiere an, in das Dorf zurückzukehren und dort zu warten bis das

Unwetter vorüber sei; er versicherte aber, seine Thiere seien „Baladi“ (einheimisch) und gingen auch im schlechtesten Wetter nie vom richtigen Wege ab. Er selbst ritt auf einem seiner Baladi voran, in seinen dicken Filzrock eingehüllt, mit den Beinen baumelnd und mit seinem Stocke bald rechts bald links den Hals seines Thieres stossend, welches in der That schnell vorwärts ging. So ritten wir wohl vier Stunden, bei einem Wetter wo man keine drei Schritt vor sich sehen konnte. Auf einmal fing unser Tscharwadar an ängstlich zu werden; er stieg von seinem Thier, und nachdem er noch einige Schritt vorwärts gethan, versank er bis an den Gürtel im Schnee. Wir befanden uns in einem ganz mit Schnee ausgefüllten Flussbette. Nicht ohne Mühe gelang es unserem Führer sich wieder herauf zu arbeiten und er ging nun um den richtigen Weg aufzusuchen. Nach einer halben Stunde kehrte er wieder zurück, griff schweigend seinem treuen Baladi an die Ohren und führte ihn zurück, indem er das arme Thier mit Stockschlägen über den Hals und Kopf überhäufte. Zwei Farsakh weiter fanden wir den richtigen Weg wieder. Zu beiden Seiten desselben konnten wir in der Ferne die schwachen Umrisse der Gebirge unterscheiden, deren Gipfel von den niedrig gehenden Wolken verhüllt waren. Vor uns sahen wir ein grosses steinernes Gebäude, Karawanseraï des Schah Abbas oder Tudschar genannt. Der Weg abwärts war so schwierig, dass wir absteigen und bis an den Gürtel im Schnee watend zu Fusse bis zum Karawanseraï gehen mussten.

Kaum waren wir hier eingetreten, als ich von einer persischen Musik, mit Gesang und Castagnetten, beinahe betäubt wurde; die Mutriben-Tänzer sprangen und schlugen Purzelbäume vor mir und ihre Affen ahmten ihnen nach. Einer von den Mutriben sagte mir, er habe mich schon in Astrabad kennen gelernt bei einer „lustigen“ Abendunterhaltung bei dem Statthalter*); seit aber Ilkhani gegen die

*) Es war in der That ein prächtiges Festmahl, welches Ilkhani zur Feier des Geburtstages Sr. Hoheit des Schah gab. Bei dieser Gelegenheit erhielt ich folgende schriftliche Einladung von ihm:

عالیجاه بلند جایگاه عزت وسعادت همراه دوست مهربان ملگونف صاحب مطالبه بخاند

عالیجاه بلند جایگاه عزت وسعادت همراه دوست مهربان چون امشب که شب شنبه ششم است عید سعید مولود مبارک اعلیحضرت قدر قدرت قضا شوکت

Turkmanen im Felde sei, wäre der Aufenthalt in Astrabad für sie nicht mehr vortheilhaft, sie zögen deshalb nach Schahrud. Das Karawanseraï war mit Lastthieren angefüllt, der Fussboden schmutzig, dies alles aber hinderte die Mutriben nicht, ihre Kunststücke zum Besten zu geben. Nach einer Stunde heiterte sich der Himmel auf und wir verliessen das Karawanseraï zugleich mit den Mutriben, die einen als Tscharwadaren gekleideten Affen auf ein Maulthier gesetzt hatten und dem Zuge vorausreiten liessen; auf diesen Scherz aber wollten unsere Tscharwadaren nicht eingehen. Dann wendeten wir links und erreichten bald den Fluss Garmiab کرم آب.

Hier öffnet sich ein flaches Thal; rechts vom Wege, näher den Bergen zu, erblickt man auf einer Fläche halbverfallene oder zerstörte Thürme, früher eine Schutzwehr gegen die Turkmanen. Einer dieser Thürme, dessen Erbauung man Schahpur-zul-Aktaf zuschreibt und der im Angesicht der Stadt Bastam بسطام auf einem Hügel stand, soll sehr hoch gewesen sein.

Von hier nach Bastam, welches man vom Wege ab links erblickt, sind zwei Farsakh. Die Stadt liegt auf einer weiten Ebene, östlich von Schahrud, gegenüber dem Gebirge Dschelali und dem Dorfe Keläte کلاته, oder, wie es gewöhnlich genannt wird, Keläti. Einer Tradition zufolge soll Bastam von Huscheng, einem Könige aus der Dynastie der Pischdadier, gegründet worden sein; hier soll

---

اقدسی همایون شهریاری روحی وروح العالمین فداه میباشد لهذا زحمت
افذا میشود که بعد از غروب درمنزل مقرب الخاقان ایلخانی تشریف بیاورید که
دران مجلس عیش وسرور صرف شیرینی وچای وشام شود وبسلامتی وجود مسعود
مبارک اعلیحضرت شاهنشاه مجلس منقضی کردد — تحریر فی ۵ شهر صفر
المظفر ۱۲۷۴

„Hochgeborner, Hochwürdiger Begleiter des Ruhmes und des Glücks, liebster Freund! Da die heutige Nacht, die Nacht vor dem 6ten, dem glücklichen Feste des gesegneten Geburtstages seiner Hoheit, des Mächtigen wie das Schicksal, und Starken wie der Ausspruch desselben, des heiligen und ruhmreichen Herrschers ist — möge mein Geist und die Seele der Welten ihm als Opfer gebracht sein: — so bemühen Sie sich, nach Untergang der Sonne zur Behausung des dem Khakan nahestehenden Ilkhani zu kommen, um in dieser Versammlung des Genusses und der Freude Schirini (Süssigkeiten), Thee und Abendmahlzeit zu geniessen und zum Wohl der beglückten Person seiner gesegneten Hoheit, des Herrschers der Herrscher, gemeinschaftlich mit der Gesellschaft den Abend verbringen zu wollen. — Geschrieben im Monat Safar-ul-Muzaffar 1274 (12. Sptbr. 1857).“

auch der berühmte persische Philosoph Scheich Abu Jazid el Bastami beerdigt sein, der im 12. Jahrhundert lebte und zu dessen Andenken man in der Mitte der Stadt ein Denkmal oder Minaret errichtet hat. *) Bastam ist die Residenz des Statthalters der Provinz, als deren Hauptstadt aber Schahrud شاهرود gilt, das von Bastam 6 Werst entfernt ist. Der Weg führt im Thale rechts an den Bergen vorbei, dem Dorfe Keläte zu, welches am Flusse des Berges liegt. Südlich von Keläte sieht man in der Ferne die Gärten Bagh-i zendan باغ زندان, welche zu Schahrud gehören und von diesem noch 2 Werst entfernt sind; das Dorf Bagh-i zendan bildet einen Stadttheil von Schahrud.

Das Gebirge Dschelali ist nicht sehr hoch und ohne grosse Beschwerde zu überschreiten; der Pass beginnt drei Werst hinter Keläte, und nachdem man die Höhe erstiegen, erblickt man Schahrud.

Von Keläte nach Schahrud rechnet man 10 Werst, von Tasch nach Schahrud 6 Fars., von Rebat-tudschar nach Schahrud 5 Fars., von Gäz nach Schahrud 19 Fars. (95 Werst **).

Noch ehe wir den Bergpass erreichten, hatte unser Baladi die Gärten von Bagh-i zendan erblickt, die seine Heimath waren; er benutzte einen Augenblick, wo sein Herr abgestiegen war, und rannte in vollen Kräften nach jener Seite hin und sämmtliche beladene Maulthiere ihm nach. Die Hälfte der Tscharwadaren eilte den Thieren nach um sie zurückzubringen und kamen uns bald aus dem Gesichte. Sobald wir über den Berg Keläte waren, schickte ich

---

*) Eine besondere Eigenthümlichkeit des Grund und Bodens von Bastam, sagt B. de Meynard, ist die, dass die Liebe den Bewohnern der Stadt ein völlig unbekanntes Gefühl ist, und ein Fremder, der von dieser Leidenschaft befallen ist, darf nur Wasser aus Bastam trinken um sogleich das Erlöschen der Gluth zu fühlen. Eine zweite Eigenthümlichkeit ist, dass man hier gar keine Augenkrankheiten kennt. Das Wasser in Bastam hat einen etwas bitterlichen Geschmack und wirkt, nüchtern getrunken, heilsam gegen Hämorrhoidalbeschwerden. Aloe, die man nach Bastam bringt, selbst die beste indische, verliert ihr Aroma, dahingegen andere Aromate, wie Moschus, Ambra und dergl. einen stärkeren Geruch erhalten.

**) Von der Küste Gäz bis Barkulä rechnet man 4 Fars., bis Radkan 5 Fars.
- Radkan - - - - 1 - - Tasch 8 -
- Tasch - - - - 9 - - Schahrud 6 -

19 Fars.

meine Diener in die Stadt, um den Vicegouverneur zu ersuchen, mir eine Wohnung anzuweisen. Es war bereits dunkel, als ich das Stadtthor erreichte, wo mich ein persischer Beamter empfing, der mich in seinem Hause aufnahm und einen Diener nach Bagh-i zendan schickte, um mein Gepäck in Empfang zu nehmen. Ueber den Pass bei Schahrud reist man bei günstiger Witterung gewöhnlich in drei Tagen, ich brauchte fünf Tage. *)

Die Provinz Schahrud-Bastam erstreckt sich östlich bis zu dem Dorfe Mijami ميامى (10 Farsakh von Schahrud), westlich bis Tasch, welches für das Grenzdorf zwischen Astrabad gerechnet wird, und nördlich bis zu dem Dorfe De-molla ده ملا, an der Grenze der Provinz Damgan.

Die Stadt Schahrud liegt auf einer Hochebene, die sich bis 3414 Pariser Fuss über den Spiegel des kaspischen Meeres erhebt. Die Stadt hat 6 Quartiere, 750 Häuser, 5 Moscheen, 4 Takie, 5 Bäder, 1 Bazar mit 170 Läden, 5 Karawanseraïen, von denen das grösste und schönste den schahrudischen Kaufleuten Hadschi Talib und Hadschi Mohammed Taki gehört. Dieses Karawanseraï ist amphitheatralisch, am Fusse eines Berges, von Ziegeln erbaut. Von dem Dache desselben kann man die ganze Stadt übersehen. Einen Theil hat die transkaspische Handelsgesellschaft gemiethet **).

Schahrud hat reine und frische Luft und Quellwasser; als Handelsstadt ist es als Stapelplatz khorasanischer Waaren, besonders Baumwolle, wichtig. Das Malijat der Stadt beläuft sich auf 1400 Tuman.

Von Schahrud bis Khorasan sind 12 Tagereisen und eben so weit nach Teheran.

---

*) Abreise a.	Gäz	Mrgns. 9 Uhr.	Ankunft in	Barkulä	Abds. 6 Uhr	(4 Fars.)
-	- Barkulä	- 8 -	-	- Radkan	- 3 -	1 -
-	- Radkan	- 7 -	-	- Païn-Schahku	5 -	4 -
-	- Païn Schahku	7 -	-	- Tasch	- 5 -	4 -
-	- Tasch	- 8 -	-	- Schahrud	- 7 -	6 -
						19 Fars.

Ich habe den Weg hier beschrieben, wie er in der schlechten Jahreszeit war.

**) Für 16 Kaufläden, 3 Ambare (Niederlagen) und 5 Zimmer wird ein Pacht von 150 Dukaten jährlich bezahlt. Das Karawanseraï wurde vor acht Jahren erbaut.

Der Weg über den Pass Kuzluk von Astrabad nach Schahrud führt, nach Mittheilungen, die ich in Astrabad sowohl von Einwohnern als von Reisenden erhalten konnte, südlich von der Stadt, zuerst über den Ziaret, fast eine halbe Farsakh durch Gebüsch, links der turkmanischen Steppe zu. Auf dem Wege kommt man über drei ausgetrocknete Zuflüsse des Ziaret. Zur Linken liegen die Dörfer Ahengär-maallä آهنگر محله und, etwa zwei Werst von diesen, Rabi-kela ربی کلا, durch Hügel versteckt; rechts, dem Gebirge zu, liegt das Dorf Naumarz نومرز. Etwa eine Werst führt der Weg durch Wald, über noch zwei Zuflüsse des Ziaret, weiter hin, etwa zwei Werst, über eine Ebene, zu dem von den Turkmanen zerstörten Dorfe Ghairat غیرات und dem Fl. Dschuzibali جوزب علی, der sich in den Gurgan ergiessen soll. Von der Ebene zieht sich der Waldweg östlich nach den Bergen am Ufer des Dschuzibali und der engen Bergschlucht zu, in welcher der Fluss entspringt. Von Ghairat bis zu dieser Schlucht sind ungefähr zwei Werst. Von hier geht der Weg in dem Bette des Dschuzibali aufwärts, immer südlich, einem ähnlichen, jedoch bewaldeten Passe zwischen hohen Felswänden zu, den man unter dem Namen Zerdalü-derre زردالو دره kennt. Von hier geht der Weg am Ufer des Flusses hin, den man nach einer Strecke von zwei Werst noch zwei Mal überschreitet, und wendet sich dann nach Südosten aufwärts, dem breiten offenen Thale Derre-i garm Obe descht دره گرم آب دشت zu. Einen halben Farsakh weiter kommt man noch zweimal über den Fl. Dschuzibali, dessen Ufer hier ziemlich steil und steinig sind. Die Gegend ist waldig; links sieht man die Schlucht, welche nach dem Bulük Kätul führt. Das Thal Derre-i Obe gärm theilt sich nachher in zwei Schluchten; in der, welche in gerader Richtung fortgeht, fliesst ein Arm des Dschuzibali, in der anderen dieser selbst. Die Steigung nach dem Kuzluk beginnt $3^1/_2$ Fars. von Astrabad mit schlangenartig, am Abhange des Berges ziemlich fünf Werst lang aufwärts windenden Waldwegen, und ist sehr beschwerlich. An der anderen Seite des Berges abwärts führt der Weg in eine Ebene, in welcher sich Quellen finden. Hier stand ehemals das Dorf Kuzluk قوزلق, welches von persischen Truppen zerstört worden sein soll, die zur Zeit der Regierung Mohammed Schah's auf dem Marsche hier vorbeikamen. Von hier geht der Weg wieder ziemlich 10 Werst steil aufwärts auf den Berg Kuzluk. Nahe dem Gipfel und nicht weit von einem Zuflusse des Dschuzibali liegt ein halbverfallenes Gebäude, ein Rebat رباط oder Herberge für die Tscharwadaren. Auf dem Berge wachsen Nussbäume — daher sein Name Kuzluk (von قوز Nuss) — und Khaschangur خشنگور , aus dessen Frucht eine gelbe Farbe bereitet wird. Der Gipfel des Kuzluk führt den Namen Sar-ali-abad سر علی اباد nach einem kleinen Hirtendörfchen, links am Wege. Einen halben Farsakh von diesem, auf einer Ebene angelangt, erblickt man gegen Nordwesten die Stadt Astrabad. Der Weg den Kuzluk abwärts ist nicht schwierig und etwa 1 Fars. lang. Die umliegenden Berge sind unbewaldet. Auf dem halben Wege sieht man eine Quelle, Rebat Sefid رباط سفید, unweit welcher, rechts hinter Hügeln an einem Berge, das Dorf Tschali-hani چالی خانی liegt. Vom Abhange des Kuzluk sieht man die Ebene Tschamanwara چمن وراه, die sich etwa $1^{1}/_{2}$ Farsakh bis zu dem Dorfe Schahku hinzieht. Am Anfange der Ebene sieht man, rechts am Fusse des Dschimdlin (schr. جلنك بلنك), einen viereckigen Kurgan, Kala-tepe-wara قلعه تپه واراه genannt, wo ehedem eine Festung gestanden haben soll, deren Erbauung einem Diw, Namens Wara, zugeschrieben wurde. Hier steigt der Weg $^{1}/_{2}$ Farsakh leicht den Dschimdlin hinan, der mit niedrigem Gebüsch bedeckt ist. Von dem Gipfel dieses Berges sieht man gegen Südwest den Gipfel des Schahkuh, auch Jachuanschahkuh genannt. Der Weg den Dschimdlin abwärts ist etwa zwei Werst lang sehr beschwerlich und führt in eine Schlucht, in welcher der Suchterudbar سوخته رودبار fliesst, ein Nebenfluss des Schahku, der bei der Mündung in diesen Tschahorbah چهارباغ genannt wird. Von hier führt der Weg $^{1}/_{2}$ Farsakh am Ufer des Suchte hin, bis an die Theilung der Schlucht, und dann links in dem engen vielfach gekrümmten Thale Tschaman-i-heft tscheschme چمن هفت چشمه aufwärts. Auf dem Wege findet man viele Quellen (Tscheschme چشمه), die dem Suchterudbar zufliessen. In dem Gebirge zur Rechten sollen sich Steinkohlen und Eisen finden. Einen Farsakh weiter theilt die Schlucht zur Linken sich nochmals und der Weg führt links nach dem Bulük Kätul und rechts über den Berg nach Wedschmenu وجمنو. Vor sich sieht man die Schneekoppe des Schewar شوار oder Schahsewar. Der Weg den Wedschmenu aufwärts führt zuerst zwei Werst gerade aus, hierauf rechts noch steiler aufwärts. Der Weg abwärts ist einen halben Farsakh weit beschwerlich und man findet tiefe Hohlwege. In den umliegenden

Bergen soll sich Kupfererz finden. Vom Gipfel aus sieht man in einer Bergschlucht einen Arm des Flüsschens Suchterudbar. Von hier steigt man zwei Werst und dann auf einem beschwerlichen Wege einen Farsakh abwärts zu dem Dorfe Tasch. Der Fuss des Berges wird Sangsalä genannt. Vom Kuzluk bis Tasch rechnet man sieben Farsakh.

Um die schwierigen Wege über die Berge Dschimdlin und Wedschmenu zu vermeiden, schlägt man einen anderen Weg ein, in dem Thale Tschamanwara und an dem Flüsschen Tschahorbah hin, bis zu dessen Mündung in den Fl. Schahku am Fusse des Siachani سیاه خانی. Das Gebirge welches diesen Namen führt beginnt, wie es scheint, nicht weit von dem Flusse Duab. Die Gipfel dieser Berge führen den Namen Talaw تلو, in ihrer Mitte befindet sich die Bergschlucht Ziaret زيارت. Von dem Flusse Tschahorbah führt der Weg am Flusse Schahku weiter über den Berg Tschaltschaljan und dann an den Fluss Duâb herab. Der Unterschied beträgt nur etwa einen Farsakh. Von Kala-tepe-wara bis zum Zusammenflusse des Tschahorbah und Schahku rechnet man etwa 10 Werst und von hier bis an den Duâb sind noch etwa 25 Werst.

Der leichteste Uebergang über das Gebirge bleibt Kalpusch کالپوش im Gebiete der Turkmanen Goklan, etwa 15 Farsakh von Astrabad entfernt, wo das Alburzgebirge niedriger wird. —

Von Schahrud nach Gäz zurück wählte ich einen anderen Weg, durch die Schlucht Schemschirbur. Dieser Weg führt an der westlichen Seite des Dschelaligebirges hin, auf der Strasse nach Damgan und Teheran. Von der Stadt aus kommt man nahe bei den Gärten von Schahrud vorbei, welche links liegen bleiben, auf eine Ebene, die $1^1/_2$ Werst von der Stadt anfängt und sich bis zu dem neun Farsakh entfernten Gebirge erstreckt. Vier Farsakh von Schahrud liegt das Dorf De-i-molla ده ملاه, das Grenzdorf zwischen der Provinz Damgan. Von hier bis zur Stadt Damgan rechnet man sechs Farsakh. De-i-molla ist durch seine Gärten berühmt; es hat 100 Häuser, Tschaparhane چاپارخانه (Poststation) und ein Karawanserai. Zwei Farsakh von De-i-molla, an der rechten Seite des Weges, liegt das Dorf Naïm-abad und $1^1/_2$ Farsakh von diesem das Dorf Mihmandusti مهماندوست, in dessen Nähe i. J. 1729 Schah Nadir die Afghanen schlug. Einen Farsakh von Mihmandusti geht der Weg rechts nach Norden, dem Gebirge zu, nach Tok; südlich führt die Strasse nach Damgan und Teheran. Tok ist von Mauern mit Schiessscharten umgeben und hat das Aussehen einer Festung. Das mit Balcons gezierte Haus des Khan überragt alle übrigen Häuser des Dorfes. Von Schahrud bis Tok rechnet man neun Farsakh.

Von Tok führt der Weg links durch eine drei Werst von dem Dorfe entfernte Schlucht und dann durch eine gebirgige Gegend weiter. Drei Farsakh von Tok ist ein Schwefelquell mit klarem und frischem Wasser, von wo aus man die damganischen Salzseen sehen kann. Der Weg führt denn immer weiter durch Schluchten, in denen man bei jedem Tritte ein hohles metallenes Dröhnen hört, bald stärker, bald schwächer, welches von früheren unterirdischen Kanälen herrühren soll, durch welche einmal das kaspische Meer mit dem persischen Meerbusen in Verbindung gestanden haben soll; andere meinen, es rühre von den in den Bergen lagernden Metallen her. Nachdem man einen Hügel und ein altes Karawanseraï am Fusse desselben hinter sich hat, kommt man durch ein Thal nach Tschaarde oder Tschahorde چهارده, welches vier Farsakh von dem Schwefelquell entfernt ist. Das Dorf Tschahorde liegt in einer von drei Seiten mit hohen Bergen umgebenen Aue, mitten zwischen Gärten, und besteht eigentlich, wie auch der Name besagt, aus vier Dörfern: 1) Kalä قلعه, 2) Werzun ورزون, 3) Sarbendan سربندان und 4) Kharabide خراب ده, d. i. „wüstes Dorf“, welches, wie man erzählt, vor 70 Jahren durch Sekki Khan, Bruder des Kerim Khan, zerstört wurde, der nach einer Empörung sämmtliche Bewohner hinrichten und aus ihren Schädeln ein Denkmal errichten liess. Tschahorde hat gegen 200 Häuser und 4 Moscheen. Die Luft ist hier sehr angenehm und frisch und das Dorf dient als Sommeraufenthalt. Die Einwohner treiben Viehzucht und viele von ihnen sind Tscharwadaren. In den nahen Bergen hausen Tiger, Panther und dergl.

In der Nähe von Tschahorde ist ein Brunnen, Tscheschme-bad چشمه باد, Windbrunnen genannt. Die Perser glauben, dass, wenn man irgend etwas Unreines hineinwirft oder ein Ungläubiger ihn berührt, sich plötzlich ein Sturm oder Gewitter erhebe. Aga Mohammed Khan, erzählt man, wollte die Wahrheit dieser Tradition erproben, aber in einem Augenblicke wurde sein ganzes Heer durch einen starken Sturm niedergeworfen.

Von Tok bis Tschahorde rechnet man 7 Farsakh, von Astrabad über Dschehannuma 6 Farsakh. Von Tschahorde geht der Weg aufwärts und dann wieder etwa drei Werst abwärts, hierauf wendet man sich links und steigt wieder steil aufwärts und dann in die Schlucht Schemschirbur شمشیر بر, „Schwerdtschlag," hinunter. Von Tschahorde bis hieher sind zwei Farsakh. Die Schlucht ist von zwei hohen senkrechten Felsen eingeschlossen, etwa 200 Klafter lang und 5—10 Schritt breit; im Grunde fliesst ein Bach, der sich weiter unten bei Tschaman-sawan in den Fl. Schahku ergiesst. Man reist nur selten durch diese Schlucht, und namentlich im Winter, wenn der Bach mit Eis bedeckt ist, ist es unmöglich hier zu reiten, weil sich die Eisschollen zu beiden Seiten des Baches senkrecht übereinander thürmen, so dass das Pferd bei einem Fehltritte leicht die Beine brechen kann. Die Reisenden überlassen daher die Thiere sich selbst und gehen vorsichtig zu Fuss, näher am Fusse des mit Schnee bedeckten Berges. Nach der Erzählung des Volkes soll Imam Ali, als er das Gebirge passiren wollte, die Schlucht mit dem Schwerdte durchgehauen haben, und sie hat in der That das Ansehen eines gespaltenen Berges; das Schwerdt soll dann in das kaspische Meer geworfen worden sein und davon sollen die Stürme dieses Meeres herrühren.

Rechts von der Schlucht führt der Weg in das Thal Tschaman-sawan und von hier nach Barkulä und dem Meerbusen.

Von Tschahorde bis Barkulä sind 6 Farsakh, von Schahrud bis Gäz rechnet man auf diesem Wege etwa 25 Farsakh.

REICHTHUM DER GEBIRGE.

Die Gebirge von Schahrud und Astrabad sind ausserordentlich reich an Metallen und anderen Mineralien, die sich nach Aussage der Bewohner namentlich an folgenden Stellen finden sollen.

„Kuhi:“ Surkh-zire کوه سرخ زیره, 8 Farsakh von Astrabad und 1 Fars. von dem Dorfe Naukende im Bulük Anazan, soll Steinkohlen bergen; Balädschade کوه بالا جاده, nach der Tradition ein Hügel der Gebern, westlich von dem Dorfe desselben Namens im Bulük Sadan-Rustak, 3 Fars. von Astrabad — Steinkohlen und Kupfer; Tschemuschek چموشك, südlich von dem Dorfe gleichen Namens, in Sadan-Rustak, 3 Fars. von Astrabad — Kupferminen; Peschmaliden کوه پیش مالیدن, in Sadan-Rustak, 3 Fars. südwestlich von Astrabad — Eisen; Zijaret-khosserud کوه زیارت خاصه رود, in Astrabad-Rustak, 4 Fars. südöstl. von Astrabad — Eisen; Kible-ï-zijaret-khosserud کوه قبلهٔ زیارت حاصه رود, 4 Fars. südöstlich von Astrabad, in Astrabad-Rustak — Steinkohlen; Pisch-nau-türk-meidan کوه پیش نو ترك میدان, in Astrabad-Rustak, 5 Fars. südöstl. von Astrabad — Steinkohlen; Schah-pasand کوه شاه پسند, in Sawer, 4 Fars. südwestl. von Astrabad — Blei; Aspnize اسپ نیز, in Sawer, 5 Fars. südwestlich von Astrabad — Blei; Dschiristan کوه جرستان, nördl. von Hadschi-abad, in Sawer, 6 Fars. von Astrabad — Kupfer; Dahaneï-nieï-schahkuhi-pâïn دهنهٔ نیهٔ شاه کوه پاین, südwestlich von Hadschi-abad, 7 Fars. von Astrabad — Blei; Bideki-schahkuhi-balä کوه بیدکی شاه کوه بالا, westlich von Schahku, 7 Fars. von Astrabad — Naphthaquellen (schwarzes Steinöl); Schahku-i-balä شاه کوه بالا, 7 Fars. v. Astrabad — Eisen; Kukuschan کوه کوکو شان, südl. von Tasch — Blei-Bergwerke; Tschalkhane کوه چال خانه, in Schahku, 6 Fars. von Astrabad — Blei; Pir-girde-kuh پیر کرد کوه, östl. von Schahku, 6 Fars. von Astrabad — Blei; Aspi-khur اسپ خور, östlich von Schahku, 7 Fars. von Astrabad — Blei und Eisen; Schawar کوه شاهوار, östlich vom Dorfe Tasch — Steinkohlen; Surkhale سرخال — Steinkohlen; Jezdeke-kätul

یزدک کتول, südwestl. von Kätul, 8 Fars. von Astrabad — Blei und Kupfer; Tudschar کوه تجر — Blei; Sawer ساور — Aspidstein; Kelärizi-kätul کوه کلاریز کتول, südwestlich von Kätul, 10 Fars. von Astrabad — Blei und Eisen; Dahaneï-surkh-maalleï-kätul دهنهٔ سرخ محلهٔ کتول, östlich von Kätul, 12 Fars. von Astrabad — Eisen und Steinkohlen; Kelä-ï-maran کوه قلع ماران, östl. von Fenderisk, 12 Fars. von Astrabad — Zinn und Kupfer; Gulistani-kuhsar کوه گلستان کوهسر, westl. von dem Berge Gulistan, im Bulük Kuhsar, 15 Fars. von Astrabad — Kupfer; Tadschiri-ramijan کوه تاجر رمیان, östl. von Ramjan — Eisen und Blei; Tadschir-i-khanduz کوه تاجر خاندوز, südwestl. von dem Berge Khanduz, in Fenderisk — Eisen und Kupfer; Rudkhaneï-balä-schahi-khanduz رودخانهٔ بالا شاه خاندوز, in Fenderisk, 16 Farsakh von Astrabad — Kupfer; Nileku نیل کو im Gebiet der Goklan, südwestl. von Nileku, 22 Fars. von Astrabad — Kupfer, Eisen, Zinn; Kulä-kal'pûsch کوه کلهٔ قلعپوش, östl. von dem Berge Kalpusch, zwischen den Prov. Astrabad und Schahrud-Bastam, 25 Fars. von Astrabad — Eisen und Kupfer; Dal-kuhi-watan دال کوه وطن, östlich von dem Berge Watan, in Fenderisk, 20 Fars. von Astrabad — Steinkohlen; Kuruti-kal'pûsch کوه کروتی قلعپوش, nördl. von Kalpusch, 26 Fars. von Astrabad — Läli-pijaz لعل پیاز (ein Edelstein); Ak-juk-kuschi-kal'pûsch اق یوق کوش قلعپوش, östl. von Kalpusch, 25 Fars. von Astrabad — Eisen und Kupfer; Artimeï-abar کوه اردمهٔ ابر, östl. von dem Berge Artime (?), 35 Fars. von Astrabad — Eisen und Kupfer; Zughaletschal-abar زغالچال ابر, nördl. von dem Berge desselben Namens, 20 Fars. von Astrabad — Erdharz u. Rubin; Zerin-kämari-abar زرین کمر ابر, westl. von Zerin-kämari, 20 Fars. von Astrabad, an der Grenze von Schahrud — Kupfer und Salz; Sija-kuhi-bastam سیاه کوه بسطام, in der Provinz Bastam, 20 Fars. von Astrabad — Steinkohlen und Eisen; Derreï-schah-kuli-awersidsch درهٔ شاه قلی اورسیج, in Bastam, 15 Fars. von Astrabad — Kupfer und Eisen; Gari-mughani-Schahrud غار مغان شاهرود, südwestl. von Mughani, in Schahrud-Bastam, 18 Fars. von Astrabad — Kupfer, Blei und Eisen; Zeraspeï-tazire کوه زراسپهٔ تازره, südwestl. von Tazire, in Damgan (Tileï-sefîd), 18 Fars. von Astrabad — Platina; Duläbi-tazireï دولاب تازرهٔ, westl. von Tazire — Eisen und Kupfer; Kelärizi-tazire کلاریز تازره, südwestl. von dem

Berge Tazire, 16 Farsakh von Astrabad — Blei und Kupfer; Tengabi-tscheharde تنگاب چهارده, nördl. von Mazarde, in Damgan, 15 Fars. von Astrabad — Steinkohlen, Eisen; Barreï-mudschin برهٔ موجن, in der Provinz Schahrud, 15 Fars. von Astrabad — Blei; Kedscheï-keläte كجهٔ كلاته, nördl. von dem Dorfe Keläte, 15 Fars. von Astrabad — zusammengelegte Erdmuscheln, ähnlich den Muscheln im kaspischen Meere; Schurabi-namäk كوه شوراب نمك, in Damgan, 15 Fars. von Astrabad — Eisen; Tschihil-dari-namäk چهل دار نمك, östlich von dem Berge gleichen Namens — Salz; Feraï-zîni-tujä كوه فراء زين تويهٔ, östlich von Tui, in Damgan, 14 Fars. von Astrabad — Eisen u. Zinn; Schahdari-tscheschme-ali شاهدار چشمه علی, 18 Fars. von Astrabad — Zinn und Eisen; Oweï-ak-jan كوه اوه آق يانر, südl. von dem Berge desselben Namens, in Damgan, 15 Fars. von Astrabad — Eisen und Blei; Käbuti-surkhî-kerijä كوه كبود سرخ كريه, in Hezar-dscherib, 16 Fars. von Astrabad — Eisen u. Porax; Radekan رادكان, in Jawer, 12 Fars. von Astrabad — Blei; Wazni-kuhi-sawer وزن كوه ساور, südwestl. von Sawer, 12 Fars. von Astrabad — Blei u. Eisen; Zeri-damgan كوه زر دامغان, in Marku, 26 Fars. von Astrabad — Silber; Guleki كولكى, östl. von Guleki, 27 Fars. von Astrabad — Kupferbergwerke; östlich von dem Dorfe Rischm رشم, im Bulük Kuhsar, 20 Fars. von Astrabad — Türkis; südwestlich von dem Dorfe Husseinân, in Kuhsar, 26 Fars. von Astrabad — Steinsalz; Kulkuli كوه كلكلى, 28 Fars. v. Astrabad — Kupfer; Luschemewar لوشموار, 28 Fars. von Astrabad — Kupfer; Turud تورود, westlich von dem Dorfe Turud, 28 Fars. von Astrabad — Kupferbergwerke; Sijah-kuhi-tscheschmeï-schirin سياه كوه چشمه شيرين, 26 Fars. von Astrabad, nördl. von Tscheschmeï-schirin — Rubinen und Smaragde; Zeri-kharâb كوه زر خراب, westlich von Aziz-ku, 20 Fars. von Astrabad — Silber und Gold, u. a.

Sämmtlichen Namen der Gebirge wird das persische Wort Kuh كوه „Berg“ vorgesetzt.

MAZANDERAN.

Die Provinz Mazanderan umfasst das südliche Küstenland des kaspischen Meeres, von dem Flusse Dschire-kulbad, östlich, bis zu dem Distrikte Rudesar der Provinz Gilan, westlich, wo der Fluss Surkhani سرخانی, gewöhnlich Sefid-temisch genannt, die Grenze bildet.

Die Länge der Provinz beträgt, am Ufer des Meeres, 51 Fars., die Breite im Durchschnitt etwa 10 Fars.; vom Ufer des Meeres, bei Meschhediser, bis an den Berg Firüzkuh فیروز کوه, rechnet man 23 Fars. Von den übrigen Provinzen Persiens ist Mazanderan durch das Alburzgebirge getrennt, in dessen Mitte sich, in beinahe gleicher Entfernung von den Grenzen der Provinzen Astrabad und Gilan, der Demawend erhebt.

Die Provinz Mazanderan ist in folgende Distrikte und Bulüks getheilt.

A. Distrikt Aschref, mit der Stadt Aschref; von dem Flusse Dschire-kulbad oder dem Dorfe Gälugo östlich, bis an den Fluss Nikah نیکاح westlich. Zu diesem Distrikte gehören die Bulüks:

1. Balä-bulük بالا بلوك „der obere Bulük," auch Hazardscherib „Tausend Dscherib" genannt; erstreckt sich südlich der Stadt Aschref nach dem Gebirge zu.

2. Païn-bulük پایین بلوك „der untere Bulük" oder Mijandurud میاندرورود, nördlich von Aschref, in der Niederung.

Grosse Flüsse giebt es in diesem Distrikte nicht; nordwestlich der Stadt fliesst der Atrek اترك.

B. Distrikt von Sari; vom Flusse Nikah östlich, bis zum Talär تلار westlich. Zwischen diesen beiden Flüssen, in der Mitte des Distrikts, fliesst der Tidschan, nahe bei der Stadt Sari vorbei. Alle drei Flüsse laufen einander parallel und ergiessen sich in das Meer. Die Stadt Sari liegt im Mittelpunkte des Distrikts, in gleicher Entfernung vom Gebirge wie vom Meere. Zu diesem Distrikte gehören die Bulüks:

1. Kulidschan-rustak كليجان رستاق oder Kadscheressakh, südwestlich von der Stadt.

2. Nikah, östlich von Sari, mit dem Flusse desselben Namens.

3. Ferah-abad, فراح آباد, nördlich von Sari, am Ufer des Meeres und des Flusses Tidschan.

4. Die Bulüks Milerud ميل رود Anderud اندرود, Mijandurud مياندورود und Karatagan قراطغان, nördlich und nordöstl. von Sari, zwischen den Flüssen Talär, Tidschan und Nikah.

5. Schirgo شيركاه, südlich von Sari, zwischen den Flüssen Tidschan und Talär.

6. Theile der Bulüks Hezar-dscherib, östlich: Ali-abad على آباد, südwestlich; Kijä-Kelä كيا كلا oder Telärepej تلارپى, südwestlich.

C. Distrikt vou Barferusch, von dem Flusse Talär östlich bis zum Flusse Heraz westlich, mit den Flüssen Babul oder Babulrud بابل رود und Ferikenar فرى كنار. Die Stadt Barferusch liegt im Mittelpunkte des Distrikts und der Provinz Mazanderan, etwa zwei Werst vom Flusse Babul. Die Bulüks, welche zu diesem Distrikte gehören, sind folgende:

1. Bulük Bischesar بلوك بيشهسر, „der waldige," umfasst die nächste Umgegend der Stadt.

2. Bulük Meschhediser بلوك مشهدسر, nördlich von der Stadt, am Ufer des Meeres, zwischen den Flüssen Talär, Babul und Ferikenar. — Zu Meschhediser gehört auch:

3. Bulük Pazewar پازوار, zwischen den Flüssen Talär und Babulrud.

4. Bulük Maschkendiruz مشكنجروز oder Maschotegendschi-ruz مشاطه كنج روز, südwestl. von Barferusch, zwischen den Flüssen Babul und Ferikenar.

5. Bulük Bandepej بندپى, südl., dem Demawend zu, grenzt an Maschkendiruz und zerfällt in zwei Theile: a) Kelärupej كلارپى oder Ir-bandepej اير بندپى, „der obere"; b) Setsch-rupej سج روپى oder Jur-bandepej يور بندپى, „der untere."

Die Flüsse des Bulük Bandepej sind: Kelärud کلارود, Bazerud بازی رود und Setscheru سجرو; die beiden ersteren ergiessen sich in den Babul, westlich von Barferusch, nahe der Brücke Muhammed Hasan Khan. Der Setscheru vereinigt sich mit dem Flusse Walü-Kelä ولی کلا und ergiesst sich nahe dem Gebirge in den Babul.

6. Bulük Babulk'enar بابل کنار, nordwestlich der Stadt, am Ufer des Flusses Babul.

7. Bulük Lälebad لاله آباد, westlich der Stadt, mit dem Flusse Kori قاری, der im Heraz entspringt und aus der Gegend von Amul her von Osten nach Westen fliesst.

8. Bulük Sozi-kelüm ساسی کلم, mit dem Flusse Kori, grenzt an Lälebad.

9. Bulük Dscheläl-azrek جلال ازرق oder Dschelälül-kadr جلال القدر, westlich der Stadt, mit den Flüssen Kori und Surkherud سرخ رود.

10. Bulük Dabu دابو, an der Grenze des Distrikts Amul mit dem Flusse Heraz هراز, ist in zwei Theile getheilt, von denen der westliche zu Amul gehört. — Südöstlich von Barferusch liegen:

11. Bulük Kiäkelä oder Telärepej am Ufer des Flusses Talär. Zu diesem Bulük gehört der frühere Bulük Bahnemir باغنمیر.

12. Bulük Ali-Abad علی آباد mit dem Flusse Schahrud شاه رود.

13. Bulük Balä-tidschan بالا تجن, südöstlich von Barferusch, mit dem Flusse Ateke هتکه, der sich in den Talär ergiesst.

14. Bulük Sawadku سواد کوه, nahe dem Gebirge, mit dem Flusse Talär, der im Gebirge Sawadku entspringt.

15. Bulük Läfur لفور oder Läpur لپور, südlich von Barferusch, mit dem Flusse Babul.

D. Distrikt von Amul, westlich von Barferusch, mit dem Flusse Heraz, an dessen Ufer die Stadt Amul آمل liegt, mit folgenden Bulüks:

1. Bulük Ahläm-rustak اهلم رستاق, nördlich der Stadt, am Ufer des Meeres und des Flusses Ahlämrud اهلم رود oder Alämrud.

2. Bulük Herazpej هرازپی und Dabu دابو, östlich der Stadt.

3. Bulük Daschtiser دشتسر, nordwestlich von Amul.

4. Bulük Udschi-Abad اجی آباد.

5. Bulük Pain-leteku پایین لیتکو „der untere."

6. Bulük Balä-leteku بالا لیتکو „der obere."

Westlich des Flusses Heraz, am Ufer des Meeres, liegen die Bulüks:

1. Bulük Nur بلوك نور, zwischen den Flüssen Heraz und Suläde سلده.

2. Bulük Kudschur كجور, von dem Flusse Suläde bis an den Fluss Tschalüs-rud چلوس رود, westlich.

3. Bulük Kelärestak كلارستاق, vom Flusse Tschalüs-rud bis westlich an den Fluss Namäk-obi-rud.

4. Bulük Tenakobun تنكابن, vom Flusse Namäk-obi-rud bis westlich an den Fluss Tschalek-rud چالك رود.

5. Bulük Sakhtesar سختسر, vom Tschalek-rud bis an die Grenze von Rudesar oder den Fluss Surkhani.

Barferusch gilt als Hauptstadt der Provinz Manzanderan, der Statthalter jedoch residirt in Sari; zuweilen auch wird die Provinz von Astrabad aus verwaltet. *)

---

*) Bis 1861 stand Mazanderan unter dem Statthalter von Astrabad, dem Prinzen Ardeschir Mirza Mulkara (ملك آرا Zierde des Reichs), nach dessen Absetzung der Prinz Masud Mirza die Provinz Mazanderan erhielt, während für Astrabad, an Mulkara's Stelle, Muhammed Weli Khan zum Statthalter ernannt wurde; übrigens wechseln die Statthalter hier häufig.

ASCHREF.

Aschref liegt am Fusse des Gebirges, 3 Farsakh westlich von Dschire-kulbad und 8 Werst von der Meeresküste, zwischen Gärten und Wäldern versteckt. Durch ihre malerische Lage und den Reichthum der Vegetation zeichnet sich die Stadt vor allen anderen Städten an der südlichen Küste des kaspischen Meeres aus, dennoch aber ist der Distrikt Aschref einer der ärmsten in der ganzen Provinz Mazanderan. Das Dorf Aschref wurde erst z. Z. der Regierung des Schah Abbas berühmt, dem die Lage gefiel, so dass er es zu seiner Residenz erwählte, und in den Gärten Aschrefs erhoben sich Paläste, denen nach Aussage der Perser in dem ganzen persischen Reiche nichts an Pracht und Herrlichkeit zu vergleichen war. Nach Schah Abbas war Aschref mehr als einmal der Schauplatz bürgerlicher Unruhen, welche in der Mitte des vergangenen Jahrhunderts das persische Reich erschütterten und wie Astrabad, so wurde auch Aschref mehrmals von den Turkmanen geplündert.

Die inneren Unruhen sowohl als die gefährliche Lage der Stadt bewogen viele Einwohner, Aschref zu verlassen. Aga Muhammed Khan richtete zwar während seines Aufenthaltes in Astrabad sein Augenmerk auf die Zustände Aschrefs, allein nach ihm kam die Stadt wieder in Vergessenheit und ist jetzt ein zwar grosses aber armes Dorf.

Die unter dem Namen Baghi Schah باغ شاه berühmten Gärten liegen südwestlich der Stadt, am Fusse des Berges Sute-kulüm سوت کلوم, und sind in sechs aneinander stossende, aber durch hohe Mauern von einander getrennte Gärten getheilt.

1. Baghi-tschihil-sutun باغ چهل ستون, „Garten der vierzig Säulen," hat seinen Namen von dem Palaste Tschihil-sutun, der

in dem mittelsten Garten steht. Der Palast hat allerdings nur 16 Säulen, aber mit dem Worte Tschihil-sutun bezeichnen die Perser jedes Gebäude, das viele Säulen hat.

2. Baghi-tscheschme باغ چشمه oder Imarat-tscheschme عمارت چشمه, „Brunnen-Garten“ oder „Brunnen-Palast,“ südöstlich von Tschihil-sutun.

3. Baghi-chalwat باغ خلوت, „Garten der Einsamkeit,“ mit einem Palast, in dem sich das Harem des Schah Abbas befand.

4. Baghi-schemal باغ شمال, „Nord-Garten,“ stösst an den vorgenannten.

5. Baghi-Sahib-zemân باغ صاحب زمان oder Sabzemûn, westlich von Tschihil-sutun, mit einem zu Ehren des zwölften Imam erbauten Palaste.

6. Baghi-tepe باغ تپه, „Hügel-Garten“ (schwebender Garten), östlich von Tschihil-sutun.

Sämmtiche Gärten sind durch eine hohe Mauer aus Steinen von einander geschieden.

Der Palast Tschihil-sutun besteht aus einer einstöckigen Terrasse, die von 16 Säulen, acht an der östlichen und acht an der westlichen Seite, gestützt wird und an deren beiden anderen Seiten zweistöckige Flügel angebaut sind, mit je einem Zimmer und einem Vorzimmer in jedem Stockwerke. Die Fenster sind nach Osten gerichtet und steinerne Treppen mit hohen Stufen führen in die oberen Etagen. Die Wände sind mit Lehm beworfen und überall von Rauch und Feuer geschwärzt, das fast immer in der Mitte des Zimmers angezündet wird. Die Dielen in den oberen Stockwerken sind von Holz und mit Lehm übergossen und ruhen auf so schwachen Balken, dass sie schwanken, wenn man in das Zimmer tritt. Die Wände der Terrasse sind beworfen und mit verschiedenen Bemerkungen von Reisenden beschrieben, die den Palast besuchten. Die Fensterscheiben sind fast sämmtlich zertrümmert und viele Rahmen ausgebrochen, mit denen man Feuer angemacht hat; doch sind einige hölzerne Thüren noch verschont geblieben.

Reisende, welche Aschref besuchen, wählen gewöhnlich die oberen Etagen des Tschihil-sutun zu ihrer Wohnung, weil die unteren feucht und modrig sind, namentlich während der schlechten Jahreszeit.

Tschihil-sutun soll im Jahre 1144 (1731) von Nadir Schah erbaut worden sein, an derselben Stelle, wo der Palast des Schah Abbas stand, den die Afghanen bei ihrem Ueberfalle zerstört hatten. Der erste Palast, dessen Bau 1612 begonnen und 1627 vollendet worden sein soll, war 1743 schon verödet.*)

Vor dem Palaste Tschihil-sutun befindet sich ein grosses, mit unbehauenen Steinen ausgelegtes Bassin mit Wasser, von 6 Fuss Tiefe, 50 Schritt Breite und 60 Schritt Länge, welches den Namen Chauze-tscharoghun حوض چراغون, „Lichter-Bassin,“ führt. Man erzählt, dass es früher in finsteren Nächten immer mit Tscheraghen چراغ (d. i. Lämpchen oder Naphthalichter) erleuchtet wurde. An beiden Seiten des Chauz, den ganzen Garten entlang, bis zum Eingange, laufen zwei Kanäle, die ebenso wie das Chauz mit unbehauenen Steinen ausgelegt sind. Beide Kanäle gehen parallel mit einander und haben eine Reihe von Löchern, in welche die zur Beleuchtung des Gartens dienenden Lampen gesetzt wurden. Die Kanäle sind gegen 1 Fuss tief und 3 Fuss breit, und das Wasser läuft über Stufen von 3 Fuss Höhe aus dem grossen Becken in die Kanäle und von da, vor dem Thore, als ein seichter Bach, durch die Stadt. Das Chauz selbst erhält sein Wasser durch ähnliche Kanäle, die aus den Bassins der anderen, oberhalb Tschihil-sutun gelegenen Gärten herabführen. Die Ausdehnung des Baghi Schah kann man auf 520 Schritt in der Länge und 240 Schritt in der Breite rechnen.

Der Palast im Baghi-tscheschme ist in einem Zustande des Verfalls; von früheren Malereien an den Wänden, die nach Aussage der Einwohner englische und chinesische Frauen in ihrer Nationalkleidung vorstellen, erblickt man jetzt keine Spuren mehr. In dem Palaste Imaret-tscheschme war ein Bild der Diana, von

*) Nach Angabe der pers. Handschr. (Astrab. Maz etc.) giebt die Inschrift an dem Palaste als Jahr der Erbauung 1144; nach Khanikof (Journ. Asiat. 1862. Nr. 74) 1143. Obgleich diese Verschiedenheit sehr unbedeutend ist, da die Angaben nur um ein Jahr differieren, so war doch eine Berichtigung nur durch eine neue Vergleichung der Inschrift möglich. Leider aber fanden wir bei unserem Besuche des Tschihil-sutun gar keine Inschrift und auch die uns begleitenden Perser konnten uns keine Auskunft geben.

John Duckmann gemalt.*) Vor dem Palaste befindet sich ein Bassin, in welches das Wasser von dem nahe gelegenen Berge Hazar-dscherib هزار جریب geleitet wird und von da aus durch die oben beschriebenen Kanäle in das Chauz-tscharoghun fliesst.

Aus dem Baghi-tscheschme führt eine Pforte in den Baghi-tepe, der auf einem ziemlich hohen, künstlichen Hügel angelegt ist, welcher den ganzen Baghi Schah überragt. Eine Treppe führt in den Garten hinauf, die Thür aber ist ausgebrochen und der Eingang mit einigen Bretern vernagelt. Baghi-tepe ist mit einer hohen Mauer umgeben; von den Thürmen, welche früher an den Ecken standen, hat sich nur einer noch halb erhalten, die übrigen sind zerstört und erheben sich jetzt nicht mehr über die Mauer. Der an der Nordseite gelegene Thurm führte den Namen Kulähi-Farengi کلاه فرنکی, „europäischer Hut;" von hier hat man die Aussicht auf Aschref und das kaspische Meer. Die Treppe, welche hinauf führt, ist mit bunten Fliessen belegt. In Baghi-tepe sind sechs durch ihre Höhe bemerkenswerthe Cypressenbäume.

Eine Pforte an der nördlichen Ecke des Gartens führt hinunter. An der rechten Seite, wo jetzt Feld ist, war früher ein Garten, Baghi-zeitun باغ زیتون, „Olivengarten," genannt; jetzt aber sieht man hier keine Olivenbäume mehr. Ein Pfad zur Linken führt über einen verfallenen Kanal nach dem Baghi-tscheschme.

Der Palast im Baghi-Chalwat war zwei Stock hoch; das obere Stockwerk ist jetzt bis auf die Eckzimmer, an deren von Rauch geschwärzten Wänden man noch einige weibliche Figuren von mittelmässiger Malerei erkennen kann, eingestürzt. Eine halbverfallene steinerne Treppe mit hohen Stufen führt hinauf. Im unteren Stockwerke ist ein Bassin, in dem einst die Bewohnerinnen des Harems badeten. Das Wasser ist von dem nächsten Berge hieher geleitet. An den Ecken des Bassins sollen früher Bänke von Marmor gestanden haben, von denen aber heute keine Spur mehr übrig ist. Der Garten Chalwat ist mit einer hohen Mauer umgeben, damit man von dem auf dem Berge gelegenen Palast Sefi-Abad nicht in das Harem sehen konnte, weshalb auch unter Schah

*) Vgl. Ouseley Travels. Appendix. Tom. III. p. 571. — Der Verfasser der persischen Handschrift giebt den Rath, die Wände erst mit Wasser abzuwaschen, um die Gemälde sehen zu können.

Abbas noch ein Eunuche als Wache auf der Mauer stehen musste. Ein gewölbtes Thor führt aus dem Baghi-Chalwat in den Baghi-schemal, wo die Dienerinnen des Harems wohnten. Auch hier soll ein Palast gestanden haben, aus dessen Ziegeln später an derselben Stelle ein anderes Gebäude aufgeführt wurde. Baghi-schemal ist von Baghi-Chalwat durch einen kleinen Hof getrennt, der jetzt mit allerlei Unrath angefüllt ist.

Von anderen Palästen und Gebäuden, welche einst in dem Baghi Schah standen, weiss man nur aus den Berichten früherer Reisenden. Hanway und einige andere Reisende erzählen von einem Speisesaale (in Sahib-zemân), welcher dem Imam Ali geweiht war und den man aus Verehrung gegen diesen nur bewaffnet betreten durfte, die Wände des Zimmers jedoch waren mit Malereien geziert, die zum Theil sehr unheilige Gegenstände darstellten. Unter diesen Malereien waren zwei Bildnisse der beiden Schah-Abbas. In der Nähe eines Palastes, dessen Wände mit holländischen Fliessen belegt waren, stand ein Gebäude, welches Aehnlichkeit mit einem Observatorium hatte. Dem Bassin in Sahib-zemân gegenüber, nahe am Eingange, stand ein Thurm, in welchem Schah-Abbas die europäischen Gesandschaften aufnahm. Ueber der Hauptpforte, welche von Aschref nach dem Baghi-Schah führte, war das persische Wappen „Sonne und Löwe“ angebracht. Wenn man durch diese Pforte eintrat, kam man in einen langen Corridor, an dessen Seiten dreissig Zimmer lagen, in denen das Gefolge des Königs wohnte.

Alle Paläste in Baghi-Schah waren von viereckigen Platten erbaut und Wände und Fussböden zum grössten Theil mit Marmor oder Alabaster belegt. Ausser den verschiedenen Gemächern waren hier, wenn man den Reisenden glauben darf, noch Branntewein-brennereien, Magazine und andere Gebäude.

Nach Schah-Abbas kamen die Aschrefschen Gärten in Besitz des Schah Sefi, Nadir Schah, Adil Schah, Muhammed Hasan Khan, Vater des Aga Muhammmed Khan.

Die Paläste in Aschref haben namentlich auch durch die Verwüstungen Stenka Razin's gelitten. Gegenwärtig sind sämmtliche Gebäude des Baghi-Schah in einem kläglichen Zustande und können nicht einmal eine Vorstellung ihres früheren Glanzes geben. Die Säle und Harems sind jetzt Badestuben oder Ställe für Esel und Kühe, denen die Gärten mit ihrer reichen Vegetation als Weide dienen. Unter den Bäumen sind besonders zu bemerken, Cypressen, Citronen, Apfelsinen, Maulbeer- und Granatbäume; unter den Früchten zeichnen sich die Patawa und Granatäpfel durch ihre Grösse aus. Man erzählt, dass Schah-Abbas viele Fruchtbäume habe aus Indien kommen lassen.

Baghi-Schah steht Jedermann offen und Jeder, der Lust dazu hat, kann hier frei leben und die Paläste mit ihren Gärten und Bassins benutzen, welche letzteren namentlich von Fröschen wimmeln; die Perser gehen übrigens nicht gern hieher, weil sich oft allerlei schlechtes Gesindel, Bettler, Diebe, Derwische und dergl. hier herumtreibt, die in den halb verfallenen Gebäuden sich leicht verbergen können, und solche Gäste kommen selbst aus Damgan und Schahkuh hieher.

Von dem Palaste Sefi-Abad صفی آباد, auf dem Gipfel eines Berges, ein Werst nördlich von der Stadt, stehen nur noch halb zerstörte weisse Mauern, die man von der dem Meere zuführenden Strasse aus sehen kann. Ein schmaler Pfad führt hinauf. Von der Mitte des Berges an, wo die Befestigungen Sefi-Abads gewesen sein sollen, ist der Weg ziemlich beschwerlich. Der Palast hatte drei Stockwerke; im Erdgeschoss war das grosse Empfangszimmer, mit einem Bassin in der Mitte und vier anderen Zimmern an den vier Ecken, so dass das Ganze die Gestalt eines Kreuzes hatte. Das Gebäude war mit einer Mauer umgeben. Von den Verzierungen oder dem Mosaik ist nichts mehr übrig und der Palast selbst ist gegenwärtig nur ein Haufen zerbrochener Ziegel. In Sefi-Abad, eben so wie in Baghi-Schah, stand ein von Schah Sefi erbautes Observatorium. In der Nähe des Palastes war ein Garten mit Cypressen, Citronen- und anderen Bäumen.*) Von der Höhe des Berges hat man eine herrliche Aussicht auf das kaspische Meer, die turkmanischen Steppen, die Küste bei Gäz u. s. w.

Die einzelnen Stadttheile Aschrefs sind folgende:

Maalleï Ferrasch محله فراش; Bazar-maallä بازار محله; Nikkasch-maallä نقاش محله mit einer Moschee desselben Namens; Gurdschi-maallä کرجی محله; Tscheschme-sar چشمه سر; Girejli-maallä کرای لی محله, dieser Stadttheil war von dem turkmanischen Stamme Girejli

---

*) Auf dem Berge standen 47 Cypressen und neun Citronenbäume. Pers. Handschr.

bewohnt, der unter der Regierung Aga-Muhammed-Khan's aus Kalpusch کالپوش und von den Ufern des Gurgan hierher verpflanzt wurde.

Die bedeutendsten Moscheen sind: Mesdschidi-dschôma مسجد جامع (Hauptmoschee); M. Muhammed Nasir Khan محمد ناصر خان, mit einer Madrasa مدرسه, „Schule;“ M. Baschi مسجد باشی, ebenfalls mit einer Schule; M. Tschôl چال; M. Mirza Mehdi Aschrefi میرزا مهدی اشرفی, mit einer Schule desselben Namens. — Unter den Schulen der Stadt ist noch die Madrasa Mulla-Safar-Ali berühmt.

Die Stadt hat zwei Karawanseraïen, Karawanseraï-buzurg کاروانسرای بزرك (das grosse) und Bazar-gurdschi Küdschik بازار کرجی کجك (das kleine); man rechnet 70 Kaufläden; 6 Bäder: Chammôm-i-Schah حمام شاه; Ch. Mirza-Aga میرزا اغا; Ch. Gôzi غازی; Ch. Hadschi حاجی; Ch. Akhun اخون oder اخوند (Priester); Ch. Ismaïl Khan اسمعیل خان.

Man zählt im Ganzen in Aschref 845 Gebäude, von denen einige mit Ziegeln, der bei weitem grössere Theil aber mit Schilf gedeckt sind.

Zu dem Bulük Mijandurud gehören die Dörfer: Tuskelä توسکلا; Waläscht ولاشت; Schabendin شبندین; Kil-tschalesar کل چال سر; Zir-chijaban زیر خیابان; Dardschi-maallä درجی محله; Hadschi-maallä حاجی محلّه, zwei Farsakh von Karatape; Sebesch-kelä سه بش کلا; Nimtschok نیم چاك; Nuzerabad نوزر آباد, nahe der Küste, zwei Fars. von Ferah-abad und drei Fars. von Karatape; Zuhomarz-Païn زاغمرز پاین, hieher wurden die Abdul-meliki عبد الملکی aus Kalaredascht [Nurekudschur] übergesiedelt; Zuhomarz-balä زاغمرز بالا, an einem Flüsschen desselben Namens, in welches turkmanische Böte mit Naphtha und Salz kommen; Tschare-imam چهار امام, zwei Farsakh von Karatape, mit einer Moschee desselben Namens; hier wohnen ebenfalls Abdul-meliki, die aus Nur und Kudschur übergesiedelt sind; Emir-abad امیر آباد, nahe der Küste; Kaftar-Khan کفتار خان, hier wohnen auch einige Familien der Abdul-meliki; Karatape قرا تپه, „Schwarz-Hügel,“ so genannt, weil das Dorf auf einem hohen Hügel liegt, der von ferne schwarz aussieht. Karatape liegt etwa 1 Werst von der Küste. Zur Zeit des Schah Abbas soll es ein Hafen gewesen sein und die Schiffe konnten bis dicht an den Fuss des Hügels gelangen, wo ein Karawanseraï stand, um die Waare zu verladen. Von dem Palaste, welchen Schah Abbas hier erbaute, konnte man Sefi-âbâd sehen. Unter Nadir Schah wurden Afghanen aus Afghanistan und Kandahar hieher übergesiedelt, die jedoch nach dessen Tode zum Theil wieder in ihre Heimath zurückkehrten, zum Theil sich in der Nähe des turkmanischen Stammes Goklan گوکلان an der Grenze der Provinz Astrabad niederliessen, von wo Aga Muhammed Khan sie wieder zurückbrachte, dagegen andere in der Stadt Sari ansiedelte. Gegenwärtig wohnen in Karatape und den umliegenden Dörfern etwa 100 afghanische Familien, die aber ihre ursprüngliche Sprache gänzlich vergessen haben und entweder turkmanisch oder persisch sprechen. Als Sunniten leben sie in Freundschaft mit den Turkmanen, durch deren Ueberfälle sie nie belästigt werden und mit denen diese weit lieber verkehren als mit den Persern. Die Turkmanen bringen nach Karatape Naphtha und Salz, welches von den Bewohnern des Dorfs weiter nach Aschref, Sari und anderen Orten zum Verkauf gebracht wird. Manche Afghanen kommen auch oft mit Früchten, wie Citronen, Apfelsinen und dergl. nach Aschurade, wo sie ihre Waaren gern gegen leere Flaschen eintauschen. Das Zollamt in Karatape bringt 120 Tuman jährlichen Pacht. Das Dorf hat zwei Moscheen, Giläk گیلاك und Afghan افغان genannt. Die drei Bäche, welche bei Karatape vorbeifliessen, sind Abi Schirin آب سیرین, „Süsswasser," Abi Schur آب شور, „Bitterwasser" und Atrek اترك, zwei Werst östlich von dem Dorfe. Das Wasser ist ungesund und überhaupt ist hier grosser Mangel an frischem Wasser. Der Strand bei Karatape ist seicht und die Böte müssen in einer Entfernung von fast drei Werst vom Dorfe liegen bleiben, von wo die Ueberfahrt auf flachen Fahrzeugen (Kulaz) bewerkstelligt wird. Bei Karatape wird hauptsächlich Weizen und Gerste gebaut. Von hier nach Gäz rechnet man sechs Farsakh; der Weg geht über die Dörfer Keläki کلاك, Turidschan توریجان u. a. Von Karatape bis Aschref sind sieben bis acht Werst. Von der Küste bis Aschref führt ein Pfad durch flaches Land dem südöstlich gelegenen Gebirge zu und etwa zwei Werst vor Aschref in ein Gebüsch, hinter welchem die Schah-Abbas-Strasse vorbeiführt. Auf dieser letzteren kann man nur im Schritt vorwärts kommen und mit der grössten Vorsicht, weil die Pflasterung beinahe ganz zerstört ist. Rechts auf dem Berge erblickt man die halbzerstörten Mauern des Palastes Sefi-âbâd. Hat man den Berg hinter sich, so kommt man zu dem Dorfe Zirewan زیروان; hier ist ein Imamzade. Links von Zirewan liegt das Dorf Gadi-Kiäb قادی کیاب, in welchem etwa 30 Familien Girejli wohnen. Vor der Stadt ist ein langer Bazar. Die Stadt selbst liegt noch hinter dem Walde versteckt. Hinter dem Bazar liegt der Baghi-Schah.

Westlich von Aschref, nach Sari zu und näher den Gebirgen, liegen die Dörfer: Tolesch-maallä طالش محلّه auch Kulisch-tolesch کلیث طالش genannt, mit etwa 100 Häusern, wohin unter Aga Muhammed Khan von Lenkoran aus eine Anzahl Familien vom Stamme Talisch übergesiedelt worden sein soll. Auch in Aschref wohnen noch etwa 30 Familien Talisch; Turidschan, etwa 2 Werst von der Stadt; Kusan کهسان, ein Fars. von Aschref, an einem Flusse desselben Namens; Gurdschi Maallä کرجی محلّه, nahe bei Kusan; Rustem-Kelä رستم کلا, mit einem Imamzade desselben Namens; Gomyschjan کامشیان; Obelü ابلو; Schurobesar شوراب سر, „Salzwasser" nach einer Salzquelle, die sich in dem Dorfe finden soll; Lak-taroschu, mit 100 Häusern; Tscholepol چاله پل, gegen 40 Häuser, näher dem Gebirge zu; die Einwohner sind zum Theil Girejli.

Dörfer zwischen Karatape und Sari: Käle-tschole کلا چاله, 1 Fars. von Karatape; Atrep, $3^1/_2$ Fars. von Karatape; Bazot-kelä; Garib-maallä غریب محلّه; Afroboh افراباغ; Tabagh-dej تباغ دی; Ati-Kelä اتی کلا u. a.

Oestlich von Aschref, der Grenze von Astrabad zu, liegen die Dörfer: Limras لیمراس, mit einem Imamzade Muhammed, welches nahe dem Flusse, $^1/_2$ Werst vom Dorfe steht, an der Grenze der Kreise Kulbad und Aschref; Tirtasch تیرتاش; Tilenu طیل نو, an einem Flüsschen gleichen Namens, 100 Häuser, etwa drei Fars. von Gäz und 1 Fars. von der Küste. Links von Tilenu liegt ein Asitane آستانه, Mulla Umadeddin genannt, neben welchem zwei Cypressen stehen; rechts von Tilenu liegt das Imamzade Muhammed; Ron ران, 50 Häuser, etwa 5 Werst von der Küste; Seradsch-maallä سراج محلّه; Khurschid-kelä خورشید کلا, 100 Häuser, 1 Werst von der Küste; Gälugo کلوکاه, $2^1/_2$ Fars. von Gäz, 1 Fars. von der Küste, $^1/_4$ Fars. von Liwan, 200 Häuser,*) liegt an der Schah-Abbas-Strasse und dehnt sich etwa zwei Werst hin. Unter Aga Muhammed Khan wurde der Stamm Amranlü aus Karabagh und Karadagh hieher übergesiedelt. Das Dorf gehört zur Prov. Astrabad.

*) Nach der persischen Handschrift soll Gäluga 1320 Häuser haben!

In den Dörfern des Distrikts Aschref wird Reis, Baumwolle, Kunschut und einiges Zuckerrohr gebaut; von Bäumen wachsen hier vorzugsweise Granaten, Citronen, Maulbeere u. a. Der Maljat (Abgabe) des Distrikts ist auf 335 Tuman festgesetzt. Im Kriege muss Aschref 200 Mann Tüfengtschi stellen, unter denen 81 Afghanen.

Von Aschref nach Sari führt die verfallende Strasse des Schah Abbas zuerst dem Berge Sefi-âbâd vorbei, hierauf, zwei Werst weiter, durch einen Wald auf eine offene Ebene, wo man das Dorf Karatape und das Meer sehen kann. Von Aschref bis auf diese Ebene sind etwa sieben Werst. Von hier führt der Weg nach dem Flusse Nika in gleicher Entfernung von dem Gebirge und dem Ufer des Meeres hin. Von Aschref bis an den Nika rechnet man 4 Fars. subuk. Ueber den Fluss führt eine alte steinerne ziemlich schmale und in der Mitte erhöhte Brücke, Puli-Nika پل نیکاء genannt, die auf festen steinernen Pfeilern ruht und zur Zeit des Feth-Ali-Schah erbaut worden sein soll. Von hier führt der Weg 2 Fars. weit gerade über die Ebene und hierauf durch den Wald, den Bergen zu, die noch etwa 7 Werst entfernt sind, auf eine flache Ebene. Drittehalb Werst von der Stadt liegt eine kleine Einsiedelei; von hier kommt man auf einer Brücke über den Fluss Tidschan, der 2 Werst von Sari fliesst und sich nahe bei Ferah-âbâd in das Meer ergiesst. Die Brücke, Puli-Tidschan پل تیجن genannt, ruht auf 9 (18) soliden steinernen Pfeilern oder Schwibbogen, von denen bei gewöhnlichem Wasserstande jedoch nur zwei im Wasser stehen. In den Tidschan sollen sich neun Flüsse ergiessen, die aus dem Gebirge Du-danka دو دانکه und Tschahor-danka چهار دانکه aus Hezar-dscherib kommen und nach deren Zahl die neun Schwibbogen erbaut worden sind. Während der Frühjahrsüberschwemmungen steigt der Tidschan, so dass alle Pfeiler im Wasser stehen. Im Tidschan sammelt sich viel Ahek آهك (Kalk). Näher nach den Bergen zu sind Bergwerke. Die Erbauung der Brücke Puli Tidschan wird in die Zeit der Regierung des Schah Abbas gesetzt, doch soll die alte Brücke durch die reissende Strömung des Tidschan abgerissen und zur Zeit des Muhammed Hussein Khan Kadschar, nach anderen des Aga Mohammed Khan oder Feth-Ali-Schah, eine neue Brücke erbaut worden sein. Sobald man über die Brücke kommt, tritt man in die Stadt. Von Aschref bis Sari rechnet man 7 bis 8 Farsakh, d. i. eine Tagereise.

SARI.

Die Gründung der Stadt Sari wird in so ferne Zeiten gesetzt, dass die Geschichtsschreiber selbst darüber uneinig sind. Nach einigen soll es von dem ersten persischen Könige, Kejumers, erbaut sein, nach anderen von Tahmuras, Feridun, Iredsch u. s. w.; einige Gelehrte jedoch sind der Ansicht, Sari sei das alte Sadra-karta, welches Strabo als eine der vier Städte Hyrcaniens nennt, wo der makedonische Held fünfzehn Tage verweilte, um den Göttern zu opfern und sich mit gymnastischen Spielen zu vergnügen. Sari war die Residenz der tabaristanischen Ispehbeden der Dynastien Karen, Seïd u. a. Zahir-ed-din schreibt die Gründung der Stadt dem Ispehbeden Ferkhan dem Grossen (Ende des 7. oder Anfang des 8. Jahrh.) zu, dem die hohe Lage und wasserreiche Gegend gefiel, weshalb er einem seiner Günstlinge den Auftrag gab, hier eine Stadt zu erbauen. Die Bewohner der Gegend aber waren mit dem Befehle des Königs nicht zufrieden und bestachen den Höfling, der die Stadt an einer anderen (als der befohlenen) Stelle gründete. Ferkhan gerieth darüber in solchen Zorn, dass er den Schuldigen in der Nähe von Amul, im Dorfe Awidschan, erhenken liess. Hierauf erbaute er die Stadt und nannte sie nach dem Namen seines Sohnes Saruja ساروية. In der ersten Zeit ihres Bestehens nahm die Stadt, wie man sagt, einen grossen Raum ein und wird wegen ihrer Grösse mit Kazwin verglichen. Sari war berühmt durch seine Seide, welche nach Amul geschickt wurde. Im 10. Jahrh (936 n. Chr.) wurde die Stadt entweder durch ein Erdbeben, oder durch eine Ueberschwemmung zerstört und die Bewohner suchten sich eine andere Stelle, näher den Bergen. Nach Aussage der Bewohner stand die alte Stadt auf der Ebene, westlich der Stadt, die jetzt „Schaaban“ genannt wird, wo man jetzt hauptsächlich Melonen, Wassermelonen u. s. w. baut und beim Graben zuweilen Trümmer von Bausteinen findet.

Zu den alten Denkmälern Sari's gehören: das Imamzade Jahja, westlich der Stadt, nahe dem Thore, welches nach Barferusch führt. Der Bau dieses Gebäudes soll von Harun-ar-Raschid begonnen und von Maziar vollendet worden sein; es ist gut erhalten und hat zwei vergoldete Kuppeln. Das Imamzade Mulla Medschd-ed-din, westlich von Sari, nahe dem Thore an der Strasse nach Ferah-abad. Die Bewohner der Stadt halten Medschd-ed-din für einen Imam, der viele Perser zu der wahren Religion bekehrte. Das Grabmal im Innern des Gebäudes ist mit einer hölzernen Kuppel von künstlicher durchbrochener Arbeit bedeckt; an den Ecken hängen hölzerne Tafeln mit Sprüchen aus dem Koran. Zur rechten Seite des Grabmals ist eine an zwei Stellen zerbrochene und wieder zusammengefügte Marmortafel eingemauert, auf der ein Fussstapfen des Imam eingegraben ist. In der Nähe dieses Imamzade steht eine alte Kapelle, in welcher Schahzade Muhammed Sultan Riza beerdigt sein soll; das von Ziegelsteinen erbaute Grabmal ist aber fast ganz zerstört. Die Kapelle dient jetzt zur Aufbewahrung von Särgen, die man für Derwische und Bettler, die zum Grabe des Derwisch Kejf Ali Schah pilgern, im Vorrath hält. Letztgenannter Derwisch ist in der Nähe des Imamzade beerdigt; sein Grab ist mit einer grossen steinernen Platte versehen, die eine persische Inschrift trägt. Kejf Ali erfreute sich während seines Lebens eines grossen Rufes unter den Derwischen des Landes und war, wie man sagt, im Besitze des Steines der Weisen, oder eines Elixirs, durch welches er jedes Metall in Gold verwandeln konnte. Vor seinem Tode jedoch warf er dieses Elixir in den Tidschan (Tetschin) und starb, ohne sein Geheimniss Jemand zu vermachen. Seine Anhänger allerdings sagen, die Orte, an denen er seine Schätze vergraben, seien an der oberen Ecke der Steinplatte an seinem Grabe angegeben gewesen, diese Ecke aber ist abgebrochen, und Niemand weiss, wo sie hingekommen. Derwisch-Schah, von dem schon oben (S. 12 f.) die Rede war, sagte uns, sie befinde sich im Besitze der Witwe des früheren Wächters des Imamzade, die in dem Dorfe Seid-Maallä, zwei Farsakh von der Stadt, wohnt; er versprach, uns vor unserer Abreise eine Abschrift derselben zu verschaffen, und ging nach dem Dorfe hinaus, brachte auch in der That nach zwei Tagen ein mit kabbalistischen Zeichen beschriebenes Papier, welches Herr v. Dorn zu sich nahm. Nahe dem Imamzade Medschd-ed-din steht ein Baum mit einem gespaltenen Stamme. Man erzählt, dass schwangere Frauen hinausgehen und sich durch die Spalte hindurchwinden.

Oestlich, hinter einer Grube, sieht man Schutthaufen und Ziegelsteine, welche die Ueberreste des Thurmes Selmi-Tur سلمتور sein sollen. Die alten Helden Selm und Tur fielen bekanntlich im Kampfe gegen ihren Neffen, der den Tod seines Vaters Iredsch an ihnen rächte und ihre Köpfe seinem Grossvater Feridun übersendete, welcher auf dem Grabe seiner Söhne zwei Gumbad (thurmartige Kapellen) erbauen liess, die er Selmi-tur nannte.*) Die Stelle des Thurmes wissen die Einwohner Sari's nicht mehr genau anzugeben; einige sagen, er habe an der Westseite der Stadt, hinter dem Imamzade Jahja, gestanden; nach anderen stand er an der östlichen Seite, nahe dem Thore nach Astrabad zu. Man zeigte uns auch einen Waarenschuppen nahe dem Karawanseraï Hadschi Ahmed (s. S. 11), der an der Stelle des Thurmes stehen und von dessen Ziegeln erbaut sein soll. Gmelin fand in Sari noch sieben Thürme, welche die Namen Feridun, Iredsch, Selm, Tur, Schakhisi (?), Guschtasp und Luhrasp führten. Die vier ersten waren noch erhalten, die übrigen schon halb verfallen. Die Thürme Feridun und Iredsch ruhen auf einem gemeinschaftlichen Fundament und theilen sich oben in zwei Kuppeln.

Nach der Beschreibung früherer Reisenden war der Selmi-Tur ein cylinderförmiger Thurm von dauerhaften Ziegeln, die durch einen festen, mit Kameelmilch gemischten Cement verbunden waren; die Höhe des Thurmes war 100 Klaftern, der Durchmesser 30 Fuss, eine Treppe war nicht vorhanden. An der äusseren Wand fanden sich zwei kufische Inschriften, in Emaille, die eine oben am Thurme, die andere in der Mitte, die jedoch schon zu Fraser's Zeit nicht mehr lesbar waren. Nach Aussage der Ein-

*) Zehir ed-din sagt S. 14: Selm und Tur seien zusammen mit ihrem Grossvater Feridun beerdigt worden und Menutschihr habe über den drei Körpern einen Thurm erbaut, den man Gumbadisetan كنبد سه تن, „Thurm der drei Körper", oder Segumbad سه كنبد, „drei Thürme", nannte.

wohner besagte die Inschrift, dass in dem Thurme der Deilemitische König Chusam ed-Daula begraben sei, der im 5. Jahrh. starb. Der Thurm war so fest gebaut, dass er mehrere Erdbeben aushielt und nur an wenigen Stellen Risse hatte. Aga Muhammed Khan wollte ihn mit Kanonen einschiessen, aber auch diesen trotzten die Mauern. Nach einer Angabe bei Holmes wurde der Selmi-Tur auf Befehl des Statthalters Mulkara Muhammed Kuli Mirza zerstört. Stuart *) fand keine Spur mehr davon, und glaubt, dass er bei einem Erdbeben zusammenstürzte; er sagt, dass er an der Stelle des Thurmes nur ein Loch im Boden gefunden habe.

Wie in anderen alten Gebäuden sollen auch in dem Selmi-Tur unschätzbare Reichthümer vergraben sein. So erzählen z. B. die Einwohner, ein Dschugi جوكى (hindustanischer Fakir), der einen geheimnissvollen Brief besass, mit dessen Hülfe er Schätze entdecken konnte, begegnete einem Reisenden aus Sari, und beredete diesen für 1000 Tuman, in den Thurm Selmi-Tur zu gehen und dort den Brief zu lesen, doch sollte er während des Lesens den Kopf nicht erheben, es möchte um ihn herum vorgehen was da wolle. Der Mazanderaner ging darauf ein und begab sich nach seiner Rückkehr nach Sari in den Thurm. Als er zu lesen anfing, hörte er über sich ein sonderbares Geräusch, wie das Flattern von Vögeln. Der Lärm dauerte so lange, dass er es endlich, in Combinationen vertieft, nicht länger aushalten konnte und aufblickte. Da fiel das Geld zu seinen Füssen, verwandelte sich aber sogleich in Tauben, die aus dem Thurme herausflogen. Das Geheimniss bestand darin, dass die Tauben, während er las, aus dem Thurme fort nach Hindustan fliegen und dort in einen von dem Indier in Bereitschaft gehaltenen magischen Kasten fallen sollten; hier sollten sie sich für immer in Geld verwandeln. **)

Ein Hirt, so erzählt man ferner, der in der Nähe des Selmi-Tur weidete, wurde von einem Gewitter überrascht und suchte Zuflucht in dem Thurme. Als er hier zum Zeitvertreib in den Boden grub, stiess er auf eine eiserne Thüre. Er hob den Riegel auf und sah eine Treppe, die in ein unterirdisches Gemach führte, das

*) Journal of a residence in northern Persia. S. 268.

**) Eine ähnliche Erzählung, mit einiger Veränderung, findet sich in einer persischen Handschrift und bei Fraser.

ganz mit Gold und Edelsteinen angefüllt war. Er füllte eiligst seine Taschen, als er aber wieder heraufstieg, war die Thüre verschlossen, und alle Bemühungen, sie zu öffnen, blieben fruchtlos. Er stieg wieder hinab; da erschien ihm ein Diw, der ihm versprach, ihn hinauszulassen, wenn er alles genommene Geld wieder hinlege; aber die Thüre blieb verschlossen. Da er vermuthete, dass noch Geld in seiner Mütze oder in seinen Kleidern sein könne, legte er dieselben ab; aber die Thüre öffnete sich noch immer nicht. Als er nun auch die Strümpfe auszog, fand sich in einem derselben ein Goldstück, und nun öffnete sich die Thüre und er konnte hinaus. Seine Bemühungen, später den Schatz zu heben, blieben umsonst.

Man will bemerkt haben, dass zu der Zeit, als der Selmi-Tur noch stand, öfters ein starker Wind blies, der aus zwei Brunnen kam; der eine befand sich in dem Dorfe Dizo دیزو, der andere in Taku تاکو, zwei Farsakh von Sari. Nach Einsturz des Thurmes ist der Wind viel schwächer geworden. Das Gebäude, welches man jetzt Selmitur nennt, ist eine Glasfabrik, wo Flaschen u. dgl. gefertigt werden; durch einen Brand im Schornstein wurde wahrscheinlich die Kuppel eingeäschert, so dass jetzt von oben das Licht hereinfällt.

Westlich von Sari, auf der Ebene Schaaban, stand eine Art Kapelle, wo Khurrem Schah خرم شاه begraben sein soll. Das Gebäude ist halb verfallen und das Grabmal jetzt ein blosser Steinhaufen; eine andere Kapelle war über dem Grabe des Schah Ghazi Rustem شاه غازی رستم erbaut.

Drei Werst von der Stadt, an dem Wege nach Barferusch, liegt das Imamzade Isendich اسندیح oder Isekannuch; es steht mitten im Walde und die Kuppel erhebt sich über die Bäume. Die Fläche, welche jetzt mit Wald bedeckt ist, soll früher Feld gewesen sein. Ein Reisender, Namens Isendich oder Isekannuch, der hier vorbei kam, traf einen Arbeiter, welcher Weizen säete. Er nahm von diesem eine Handvoll Weizenkörner und warf sie auf das Feld, und sogleich kam überall reifer Weizen zum Vorschein. Der Arbeiter hielt den Reisenden für einen Zauberer, erschlug ihn und begrub ihn an der Stelle, wo jetzt das Imamzade steht,*)

*) Eine ähnliche Erzählung giebt Gmelin, bei Erklärung des Wortes „Kesma“.

welches später auf Veranlassung der Geistlichkeit von Sari erbaut wurde. Die Einwohner versichern, dass auch in diesem Gebäude ein Schatz vergraben sei.

Ein Farsakh östlich von Sari, am Wege nach Aschref, steht die alte Kapelle Kabri-Khatun قبر خاتون, „Frauengrab"; hier soll die Frau eines Imam beerdigt sein. Ein Farsakh weiter kommt man zu einer anderen kleinen Kapelle, Schatir-gumbad شاطر كنبد, „Denkmal des Läufers", genannt, die auf Befehl des Schah Abbas erbaut worden sein soll. Als Schah Abbas einmal auf dem Wege nach Sari war, liess er seine Reitpeitsche fallen; ein Läufer im Gefolge wollte diese aufheben, bog sich aber so schnell und unvorsichtig, dass er das Rückgrat brach und an der Stelle, wo jetzt das Denkmal steht, todt blieb. Von der früheren Kuppel dieses Gebäudes fabelt man ebenfalls, dass Schätze darin aufbewahrt wurden. Schatir-gumbad liegt 2 Farsakh vom Pul-i-nika.

Die grosse Moschee der Stadt, Mesdschid-i-dschoma, soll an der Stelle eines früheren Tempels der Feueranbeter stehen und von Omar-ben-el-alla oder Jahja-ben-Jahja (im Jahre 125 = 742) erbaut und von Maziar-ben-Karen restaurirt worden sein. *) An dem nördlichen Eingange soll, nach Aussage der Einwohner, Feridun begraben sein. Auf dem Hofe der Moschee stand, wie Fraser erzählt, ein verbrannter Baum, eine Sikamore, der sich, wie die Perser glauben, nach 1000 Jahren von selbst wieder entzündet. Ein ähnlicher Baum stand auch auf dem Bazar. **)

Der von Aga Muhammed Khan erbaute Palast brannte während der Statthalterschaft des Muhammed Kuli Mirza, eines Sohnes des Feth Ali Schah, ab, und das jetzige Diwan-Khane hat nur die Wände des früheren Palastes. Nach der Beschreibung der Reisenden zeichnete sich das frühere Gebäude durch Reichthum und Zierlichkeit der Ausschmückung aus; die Gesimse waren alle aus Marmor und die Wände mit Gemälden geschmückt. Unter letzteren war besonders bemerkenswerth eine Darstellung des Kampfes Schah Ismaïls mit den Janitscharen, deren Anführer der Schah vor den Augen des Sultan Sulejman den Kopf abschlug, und das

*) Zehir ed-din, S. 29. Derselbe sagt jedoch, S. 274, die Moschee sei von Abul Khasib ابو الخصيب erbaut, der nach dem Tode Khurschid's zwei Jahre in Tabaristan regierte.

**) Fraser. S. 41.

Portrait des Schah Nadir; drei Bilder stellen Frauen in europäischer Tracht vor. Neben dem Palast steht eine Dattelpalme, vier Platanen und zwei Cypressen.

Von den Gärten in Sari sind zwei berühmt; der eine, in welchem Limonen, Cypressen u. s. w. wachsen, liegt im nördlichen Theile der Stadt und wird Schah-Abbas genannt. In der Mitte desselben stand früher ein Thurm, Kulähi Farengi كلاه فرنكى „europäischer Hut" genannt, von wo aus man das kaspische Meer sehen konnte, von dem aber nur noch das aus Ziegeln erbaute Fundament übrig ist. In einem anderen Garten, im westlichen Theile der Stadt, sind die Paläste, Chauz und Bassins, welche der frühere Statthalter, Muhammed Kuli Mirza, erbaut haben soll. Dieser Garten führt den Namen Baghi Mulkârâ باغ ملك آرا. Noch einige andere Gärten finden sich in der Umgegend der Stadt. Bemerkenswerth ist in Sari noch ein Ab-ambâr (Cisterne) durch seine Grösse und Tiefe. Es ist mit Dachziegeln gedeckt und im Innern führt eine steinerne Treppe hinab. Die Erbauung desselben wird in die Zeit des Schah Abbas gesetzt.

Die Stadt Sari ist mit einer Mauer von Lehm und Steinen umgeben, an deren westlichen Seite von Aussen ein tiefer Graben läuft. Die Stadt soll von Aga Muhammed Khan befestigt worden sein, als er sich nach dem Tode des Kerim Khan (1193) hieher zurückgezogen hatte. Die Mauern sind jetzt in ziemlich schlechtem Zustande und der Graben ist trocken. Die Thore werden, eben so wie in Astrabad, nach den Orten genannt, nach welchen sie gerichtet sind: 1) Derwâzeï Barferusch دروازهٔ بارفروش, führt nach Barferusch; 2) Derwâzeï Ferah-abad oder Ferabad فراح آباد, auch Mulla Medschd-ed-din genannt, nach dem Namen des Imamzade, nördlich, führt nach Ferah-abad und dem Meere zu; 3) D. Astrabad; 4) D. Nakar-Khane نقاره خانه oder Ark ارك, nach Süden, dem Gebirge zu. Nahe dem Thore steht eine Hauptwache; hier ist auch der Palast des Diwan-Khane ديوان خانه, in welchem der Statthalter von Mazanderan wohnt.

Die einzelnen Quartiere der Stadt sind folgende: Maalleï Sabzi-mejdan سبز ميدان, grenzt an M. Nakar-Khane نقاره خانه; M. Usanlü اوصانلو; hier wurden unter Aga Muhammed Khan türkische Stämme, Usanlü, Belüdschi, Kurden und Afghanen angesiedelt, deren in Sari allein 150 Familien gewohnt haben sollen; M. Belüdschi-chel بلوچی خل, nach dem Namen des Stammes Belüdschi, von dem in diesem Stadttheil etwa 40 Familien wohnen; M. Isfahani-maallä اصفهان محلّه; M. Afghun افغون; M. Tscholebok چاله باك; M. Schipisch-Kuschun شپش قشون; M. Baghi-Schah-Kuhna باغ شاه کهنه; M. Kilischti oder Kilidschli-maallä قلیچ لی محلّه, ein türkischer Stamm Kilidschli, etwa 35 Häuser*); M. Mire-sarruze میر سرروزه, mit einem Imamzade desselben Namens; M. Mulla-Medschd-ed-din ملا مجدالدین, mit einem Imamzade; M. Mir-Meschhedi-maallä میر مشهد محله, das grösste und Hauptquartier in der Mitte der Stadt, hat sechs Moscheen; M. Biromatir بیرامتر; M. Dar-metched در مسجد; M. Pâtschenar پای چنار, so genannt von einer Platane (Tschinar), welche früher hier stand; M. Schischgir-maallä شیشه گیر محله, in diesem Stadttheile werden Flaschen „Schische" zur Bereitung des Rosenwassers verfertigt; M. Naalbendun نعل بندان, Quartier der „Schmiede"; M. Bahor-abad بهار آباد; M. Schah-zade-Hussein شاه زاده حسین, mit einem Imamzade desselben Namens; M. Imamzade Abdulla امام زاده عبدالله, mit einem Asitane desselben Namens; M. Imamzade Jahja, mit Imamzade.

Nach den Quartieren werden auch die Strassen genannt.

Karawanseraïen giebt es in Sari vier: Karawanseraï Schah, mit einem Wasserbehälter, der schönste in der Stadt; K. Wakil وکیل; K. Mirza Aga; K. Hadschi Abbas Kuli. Verkaufsläden zählt man im Ganzen 410. Die berühmtesten Moscheen sind: Mesdschidi-dschoma مسجد جامعه, mit Madrasa; M. Hadschi Mustafa Khan; M. Hadschi Derwisch Ali, mit Madrasa; M. Hadschi Riza Khan حاجی رضا خان; ausser diesen noch die Schulen: Madrasa Madare-schahzade مادر شاهزاده; Mdr. Sulejman Khan; ferner 14 Takie. — Bäder sind: Chammomi Mirza Jusuf, mitten auf dem Bazar; Ch. Se-Schambe سه شنبه; Ch. Jak-Schambe یك شنبه; Ch. Sadik Khan صادق خان; Ch. Hadschi Derwisch Ali; Ch. Baghi Schah Kuhna, die beiden letzteren in den Quartieren desselben Namens.

Sari hat, wie man behauptet, 1700 Häuser und 8000 Einwohner. Das Malijat ist auf 1200 Tuman festgesetzt. In Kriegszeiten stellt die Stadt 500 Mann Fussvolk und Reiter, zu denen auch die Kurdenstämme Dschanbeglu جان بیکلو und Madanlu مدانلو und andere ihr Contingent stellen.

---

*) Die in Mazanderan herumziehenden Zigeuner nennen sich auch Kilischli.

Dörfer des Bulük Kadscheresach sind: Gultschini گل چینی, nahe der Stadt, etwa 50 Häuser; Ohi-dascht اهی دشت, $^1/_2$ Farsakh von Sari; Puli-Gerden پل گردن, 1 Fars. von Sari; Dizo دیزا, mit dem Windbrunnen, s. o.; Sangetaroschun سنك تراشن; Pahne-kelä پهنه کلا; Schiketo شیکتا u. a. m.

Oestlich von Sari die Dörfer: Nakaritschi-maallä نقارچی محله, nahe der Stadt; hier bleiben die herumziehenden Musikanten, wie Lüti, Banbuli بانبلی etc.; Azad Kulä ازاد کلاه; jenseits der Brücke Puli Tidschan, $^1/_2$ Fars. von der Stadt, mit dem Imamzade Abbas, neben einem halbzerstörten Ab-ambâr, der unter Schah Abbas erbaut und aus dem Tidschan mit Wasser versorgt wurde. Durch das Dorf geht der Weg nach Aschref. Der Ort ist berühmt durch seine guten Wiesen und Weideplätze, auf die auch viele Schaafe aus Hezar-dscherib getrieben werden; Zughale-tschol زغال چال; Semiskende سمیس کنده, mit dem Imamzade Hasan, wird Bulük genannt. Das Dorf hat 90 Häuser und ist von Sari $1^1/_2$, von Puli-nik $2^1/_2$ Farsakh entfernt Zu Semiskende gehören die Dörfer: Scheikh-maallä شیخ محله, 16 Häuser; Alü-kelä علوی کلا 25 Häuser; Badillä, 20 Häuser; im Ganzen rechnet man 141 Häuser. Das Dorf ist wegen seiner Reisfelder berühmt *); Surek سورك, $1^1/_2$ Fars. von Sari; Mahom مهام, nahe dem Flusse Tidschan; hier soll ein Palast der früheren Beherrscher Mazanderans gestanden haben; Dscham-khane جمعه خانه, hat gegen 100 Häuser; Zarrinabad زرین آباد, 2 Fars. von der Stadt, dem Gebirge zu, wird Bulük genannt. Hier fertigt man wollenen Stoff, Dschidschims جاجیم, zur Verpackung der Waaren, Aba عبا, Oberkleider u. s. w. Der Dorfherr soll 100,000 Schaafe besitzen und muss im Kriege 300 Tüfengtschi von dem Stamme Karatschukha قرا جوخه stellen; Wareke ورکی **) am Fusse des Gebirges, 3 Farsakh von Sari, höher als der Fluss Tidschan, soll der Wohnort des Helden Feridun sein.

---

*) Die Reisfelder nehmen einen Raum von 190 Dscherib ein und geben etwa 3500 Halwar (1 Halwar = 40 Batm.) Ertrag; an Weizen baut das Dorf 480 Halwar, Baumwolle 60 Halwar, Seide 30 Halwar. Eine Frau kauft man für 5 bis 15 Karan (1 Rubel 50 Kop. bis 4 Rubel 50 Kop.) Pers. Hdschr.

**) Der Name ورکی findet sich auch bei Zahir-ed-din. Es ist der Name, welcher etymologisch mit dem im Zend-Avesta erwähnten Wara oder Warena zusammenhängt. Vgl. Comment. über das Avesta von F. Spiegel. S. 43 u. f.

Dörfer nördl. von Sari sind: Dim-turu oder Dim-turan ديمتوران, nahe der Stadt, hat 20 Häuser; Khamid-abad خميد آباد, theilweise von Kurden des Stammes Dchanbeglu bewohnt; Hali-kende الوكنده, nahe dem Imamzade Medschd-ed-din, hat 20 Häuser; Alibok عليابوك, 50 Häuser; Isfendi-tepe oder Isfendin اسفندين, hier führt die Strasse des Schah Abbas vorbei. Das Dorf war von Kurden bewohnt, gegenüber demselben ist ein Hügel; Umal اومال; Achkend oder Oken اق خن, an der Strasse des Schah Abbas; Dughanli دوغانلى; Firüzkende فيروزكنده, 1 Fars. von Sari, 80 Häuser; Khadschire-chil, 20 Häuser; Seïd-Maallä سيد محله, 20 Häuser; Kharemijan خار ميان; Naudek نوديك, 1 Fars. von Puli-Nika und 3 Fars. von Sari; Kizilli قزلى. Unter Aga Muhammed Khan wurden in dieses Dorf die Stämme Girejli von den Ufern des Gurgan und aus Kalpusch übergesiedelt; Pambe-tschule پنبه چوله; Pambezar-keti پنبه زار كتى, 2 Fars. von Sari, 50 Häuser; Balä-kun بالا كن; Kharjek oder Kurük خاريك, gegen 30 Häuser; Espiwaschi اسپ واش, 50 Häuser; Zerin-kelä زرين كلا; Lärim لاريم, etwa 3 Werst vom Ufer des Meeres, hat gegen 100 Häuser und ist durch seine fruchtbaren Felder berühmt. Der Tschaman (Wiese), 1/4 Fars. lang, wird im Winter für 70 Tuman verpachtet. Die Bewohner treiben Ackerbau, Viehzucht und zum Theil auch Seidenbau. Der Malijat des Dorfes wird auf 105 Tuman geschätzt. Lärim gehört den Mudschtehiden von Sari, Aga Mirza Muhammed Hussein*). Nahe dem Dorfe ist ein See, 1/2 Fars. von Lärim und 2 Fars. von Karatape fliesst der Sijahrud. Der Fischfang wird für 88 Tuman verpachtet. Während der Ueberschwemmungen ist der Fluss ziemlich reissend; die turkmanischen Böte befahren ihn mit Naphtha, Salz und anderen Waaren, die sie gewöhnlich gegen Reis vertauschen; bei Gelegenheit machen sie auch persische Gefangene. Unter den turkmanischen Räubern, welche diese Küste häufig durch kühne Ueberfälle heimsuchen, sind die Chaknazar und Seïd-niaz, vom Stamme Ogurdschali, am meisten gefürchtet, deren Namen schon den Bewohnern Furcht und Schrecken einflössen. Die Bewohner des Gebirges Sawadkuh kommen im Winter mit ihren Heerden auf die fruchtbaren Tschaman am Ufer des Sijahrud. Gadi-kelä قادى كلا, 4 Fars. von Sari und 3 Fars. von

*) Ausser diesem sind in Sari noch drei Mudschtehiden, Hadschi Mullah Abdullah, Mirza Muhammed Taki und Mulla Muhammed Hazar Dscheribi.

Barferusch, 100 Häuser, gilt als Bulük. In den benachbarten Dörfern baut man Weizen, Gerste, Baumwolle, Seide, deren letztere man gegen 3000 Batman (?) sammelt. Ferah-Abad فرح آباد, wird als Bulük genannt, liegt am Ufer des Meeres an der Mündung des Tidschan. Der Ort war nächst Aschref Residenz des Schah Abbas, der hier einen zweistöckigen Palast, Dschehan-numa جهان نما „Kosmorama" erbaute, in welchem er 1037 = 1628 starb, nach einer Regierung von 43 Jahren. Unter Schah Abbas war Ferah-abad ein Seehafen, und die Schiffe, welche in den Tidschan fuhren, blieben an der Brücke liegen. Die Stadt war in zwei Theile getheilt; in dem einen, nahe dem Meere, lagen die Paläste des Schah, mit hohen Mauern und Thürmen geschützt, in dem anderen, südlich von den Palästen, wohnten die Bürger der Stadt, unter denen auch Grusier und Armenier. Dieser Stadttheil war ehemals durch Festungswerke und Thürme geschützt.*) Ferah-abad ist bekannt durch seine Fischerei, welche für 500 Tuman verpachtet wird. Mit dem Fischfang beschäftigen sich russische Fischer, die aus Astrakhan hieher kommen. Am Meeresufer, rechts vom Tidschan, ist eine russische Fischerei, „Wataga," mit einem Ambar (Vorrathshaus) zur Lagerung der Fische. Die Fischerei ist übrigens nicht bedeutend und es kommen nicht mehr als 4 — 5 russische Kauffahrer hieher. Der Tidschan ist bei seinem Ausflusse seicht und die Schiffe bleiben vor der Mündung. In Ferah-abad trifft man nicht selten Turkmanen, deren Kosowoj mit Naphtha und Salz in den Fluss kommen. Bei günstiger Gelegenheit überfallen die Turkmanen auch die am Ufer liegenden Dörfer und führen Gefangene fort. Ein vor einigen Jahren zur Sicherheit der Bewohner in der Nähe von Ferah-abad erbauter Wachtthurm ist nutzlos, weil er nie besetzt wird, eben so vier andere Thürme am Ufer, auf dem Wege nach Nuzerabad. Man beabsichtigt jedoch zur Beobachtung der Turkmanen 30 Sarbazen zu halten. In Ferah-abad zählt

---

*) Nach Olearius führte Ferah-abad früher den Namen Tabona.

H. Vámbéry, Reise in Mittelasien (S. 25), sagt, die Turkmanen nennen es Parabad; allein so und Afrabad, Achrabad u. s. w. nennen es nur die russischen Matrosen und Kaufleute. Bei Demselben lesen wir weiter unten, Kedir (Chidr) Khan sei Derjabegi (Admiral) in Aschura, aber unter diesem Titel kennen Perser und Turkmanen nur den russischen Chef der Station.

man etwa 100 Häuser. Die Bewohner treiben zum grössten Theil Viehzucht. Auf den benachbarten Triften weiden gegen 300 Rinder.

Den Maljiat des Dorfes, ohne die Fischerei, schätzt man auf 100 Tuman, mit den benachbarten Dörfern auf 1000 Tuman. Ferah-abad dient als Manzil auf dem Wege am Ufer des Meeres, nach Karatape, östlich, oder nach Meschhediser, westlich. Von Karatape nach Ferah-abad rechnet man 6 Fars., von Meschhediser 7 Fars., von Sari nach Ferah-abad 4 Fars. Der Weg von Sari hieher geht auf der Strasse des Schah Abbas über folgende Dörfer: Ali-kende $^1/_2$ Fars. von Sari, $^1/_2$ Fars. weiter Ali-bok, von hier führt der Weg durch ziemlich dichten Wald nach dem 2 Werst entfernten Dorfe Firüzkende, 1 Fars. weiter sieht man links vor dem Walde das Dorf Ach-kende, rechts Mafruz-maallä مفروز. Zwei Werst hinter Ach-kende, nahe bei dem Dorfe Umal, hört die Strasse des Schah Abbas auf; $^1/_2$ Fars. von Umal liegt das Dorf Isfendi-tepe اسفندی تپه, von hier geht der Weg nach dem Tidschan, und nachdem man diesen überschritten, $^1/_2$ Fars. durch eine Ebene bis Ferah-abad.

Von den früheren Befestigungen Ferah-abads sieht man jetzt nur noch aufgeworfene Hügel auf den Feldern von Païn-Ferahabad پایین فرح اباد und weiter hin an dem Dorfe Isfendin. Die Paläste in Ferah-abad wurden durch Stenka Razin zerstört.

Dörfer des Bulük Nika: — Nika oder Puli-nika پل نیکاح, gegen 70 Häuser, nahe dem Flusse gleichen Namens, 4 Fars. von Sari, 2 Fars. von Karatape, 3 Fars. vom Ufer des Meeres entfernt; Scheitun-maallä شیطون محله, etwa 30 Häuser; Hadschi-maallä-schirkhan, 50 Häuser; Kilä-tschalesar کلا چالسر oder Kaläsar, etwa 30 Häuser; Klirt-khan-baba-khan; Tschamon چمن u. a. m. In vielen Dörfern dieses Bulüks wohnen Girejlier.

Dörfer des Bulük Schirgo: — Schirgo شیرگا, gegen 100 Häuser; Ahengär-kelä آهنگر کلا; Puläd-kelä پولاد کلا, 3 Fars. von Barferusch, mit etwa 100 Häusern; Arsendschun, gegen 100 Häuser; Burechil; Tschokesar چاکسر; Iwek; Manhal, gegen 100 Häuser; Musa-kelä موسی کلا; Rahdar-khane راهدار خانه; Kilitsch, eine Ansiedelung des Stammes Kilitsch قلج.

Die Bewohner der den Bergen näher liegenden Dörfer treiben Viehzucht und Bienenzucht, andere Ackerbau, und bauen Weizen oder Tschältik, manche auch Seide. Der Maljat des Bulük Schirgo (15 Dörfer) wird auf 1500 Tuman geschätzt.

Der Bezirk von Hazar-dscherib*) ist etwa 10 Fars. lang von Westen nach Osten, 4 Fars. breit von Norden nach Süden, und in zwei Theile getheilt, Tschahor-danka چهار دانکه und Dudanka دودانکه. Die Grenzen des Bezirks sind: zwischen der Provinz Astrabad das Flüsschen Sawer und das Dorf Kunde oder Kundu کندو, 1/2 Fars. westlich von Radkan; zwischen dem Bezirk von Aschref die Dörfer Barkulä und Nila نیلا, bei denen der Weg von Schahrud nach Aschref vorbeiführt. Die Dörfer an der Grenze von Damgan, südlich, sind: Surchgiri سرخ کیری; Balchas بلخاس; Tscheschme-urus چشمه اروس und Tschahorde چهار ده. Für das schönste Dorf des Bezirks Hazar-dscherib gilt Janiser یانسر, in einem Thale am Abhange des Kämar-band کمر بند, 1 Fars. von dem Flüsschen Sawer und 4 Fars. von dem Dorfe Tschahorde gelegen. Janiser ist durch seine Weideplätze berühmt und 1/2 Farsakh von dem Dorfe ist die Weide Khuschangur خوش انکور. Besonders bemerkenswerth in dem Dorfe ist das Haus des Dorfherrn wegen seiner Bauart.

Dörfer des Bulük Ali-Abad sind: — Seïd-Kasim سید قاسم, 1 Farsakh von Sari, mit Imamzade gleichen Namens; Surche-kelä سرخ کلا, gegen 100 Häuser; Kurdekhil کرد خل; Gile-kelä گیل کلا; Mafrudscheñ مفروشجك; Rustemdar-maallä رستم دار محله; Schahzade-Hussein شاه زاده حسین; Dschafar-abad جعفر آباد; Zejte-khil; Abdengesar آبدنکسر „Dreschtenne" für Tschältik und dergl.

Dörfer östlich von Sari: Gul-afschun کل افشون, nahe der Stadt, gegen 30 Häus.; Zarwedschun, 1/2 Fars. von Sari, gegen 50 Häus.; Maschkhi-kelä, 100 Häuser; Isfendin اسفندین; Izorek, 50 Häuser; Tir-kulä تیر کلا, 40 Häuser; Azon, 2 Fars. von der Stadt, 40 Häuser; Futen, 2 1/2 Fars. von der Stadt, 30 Häuser; Aspeward اسپورد; Schurab شوراب u. a. m.

Der Bezirk von Sari ist eine der fruchtbarsten Gegenden in Mazanderan und fast alle Felder sind mit Baumwolle, Zuckerrohr und Reis bepflanzt; doch wird auch Seidenzucht betrieben und in den dem Gebirge näher liegenden Dörfern Viehzucht; ausserdem verfertigen die Einwohner wollene Stoffe, Dschidschim, zur Ver-

*) „Tausend Dscherib". — 1 Dscherib enthält 10 Hawiz حویض, 1 Hawiz = 4 Tscherek چرك oder Tschel چل Viertheil; 1 Tscherek ist in der Länge = 10 Nai (Nai نی Schilf = 2 Khan-Arschin), folglich 1 Dscherib = 40 Tscherek, = 400 Nai, = 800 Khan-Arschin, = 350 □Klafter.

packung der Waaren, Zembil (Körbe) zu Früchten u. a. m. In manchen Dörfern giebt es Schlangen, jedoch keine giftigen.

Der Weg von Sari nach Barferusch führt zuerst auf Bergpfaden nach dem Imamzade Isendich, welches rechts vom Wege bleibt und von da nach Westen in gerader Richtung dem Flusse Talär zu*); 2 Fars. von Sari kommt man an das Dorf Tuläm. Von hier bis an den Talär rechnet man noch 2 Fars. Nachdem man den Fluss überschritten, kommt man in das am jenseitigen Ufer liegende Dorf Seid-maallä, von welchem ein Waldpfad nach dem Imamzade Sultan Muhammed Tahir سلطان محمد طاهر führt. Das Imamzade liegt nahe bei Barferusch, 2 Fars. von Seid-maallä entfernt.

Die Gegend zwischen Sari und Barferusch ist eben und mit Wald und Gesträuch bedeckt. Von Sari nach Barferusch sind 7 Fars., von der Grenze der Provinz Astrabad 10—11 Farsakh.

---

*) D'Arey Todd, Memoranda to accompany a sketch of part of Mazanderan (Journ. of the Geogr. soc. 1838) Pag. 104 sagt, der Weg von Sari nach Barferusch gehe mit einem Umwege über Ali-âbâd (südlich der Stadt), weil der gerade Weg auf der Strasse des Schah Abbas sehr beschwerlich sei;, dies ist jedoch keineswegs der Fall.

BARFERUSCH.

In der Geschichte des alten Tabaristan ist die Stadt Barferusch unter dem Namen Mamtir مامطير bekannt und hatte unter den verschiedenen Dynastien, welche über das südliche kaspische Uferland herrschten, keine besondere Bedeutung. Später wird Mamtir unter dem Namen Barferusch-deh بارفروش ده erwähnt, wo nach Zahir-ed-din ein Herrscher, Kija Fakhred-din كيا فخر الدين Dschelál Azrek residirte, und wo im 15. Jahrhundert eine Mauer, Azrekdun ازرق دون, genannt wird. Die Nachkommen Fakhred-din's zogen sich nach Gilan und Rudbar, andere nach Firüzkuh und Hazar-dscherib zurück. Dschelál Azrek ist jetzt der Name eines Bulük. Die Einwohner erzählen, Barferusch sei im Jahre 403 = 1012, zu gleicher Zeit mit der Moschee „Kelädschi-meschhed" كلاج مشهد d. i. „Elster-Meschhed", in dem Quartiere desselben Namens, gegründet worden. Zählt man den Zahlwerth der Buchstaben dieses Namens zusammen, so erhält man das Jahr der Gründung: ك k = 20, ل l = 30, ا a = 1, ج dsch = 3, م m = 40, ش sch = 300, ه h = 5, د d = 4 = كلاج مشهد = 403.

Barferusch, oder Balferusch, liegt in einer Niederung, umringt von Wäldern und Sümpfen, etwa 18 Werst vom Ufer oder der Rhede von Meschhediser. Die Stadt hat keine Mauern und mit den sie umgebenden Gärten einen Umfang von 10 Werst. An der Ostseite der Stadt fliesst der Ogheru, oder Ogherud, an der Westseite der Babul, oder Babulrud, der in der Geschichte Tabaristans öfters erwähnt wird; Zahir-ed-din nennt ihn Baul-rud باول رود; er soll in dem Gebirge Sawad-kuh entspringen und ergiesst sich nahe dem Dorfe Meschhediser in das Meer. Der Fluss hat wenig Fall, sein Wasser ist rein und der sandige Grund fast überall sichtbar; die

Ufer sind an manchen Stellen steil und er bildet auf der ganzen Strecke seines Laufes ein breites und seichtes Bett. Während des Sommers ist der Fluss so seicht, dass nur kleine Böte und Kulaz oder Nau نو ihn befahren können, im Frühjahr aber steigt das Wasser und tritt aus den Ufern, so dass die Fahrzeuge selbst bis nach der beinahe zwei Werst von seinen Ufern entfernten Stadt gelangen können. Man bemerkt übrigens, dass der Babul von Jahr zu Jahr seichter wird und immer mehr durch den aus dem Meere hereingetriebenen Sand versandet. Westlich von Barferusch führt eine steinerne Brücke über den Fluss; bei Meschhediser setzt man auf einer Fähre über, wobei man die Pferde hinüberschwimmen lässt, indem man sie mit langen Stricken an die Fähre anbindet. Die Breite des Flusses ist etwa 200 Schritt; neben anderen Flüssen nimmt er auch den Ogeru auf.

Bemerkenswerthe Denkmäler aus alter Zeit besitzt Barferusch nicht; nur an der südlichen Seite der Stadt zeigt man einen Baghi Schah „Königsgarten", wo zur Zeit des Schah Abbas Paläste standen. Der Garten war auf einer künstlichen Insel angelegt, an einem Orte, Bachr-ul-irem بحر الارم „Meer des Paradieses" genannt. Nördlich derselben war ein See, der sich bis an die Stadt erstreckte und durch Kanäle mit dem Babul und Ogherud verbunden war.*) Von dem See gingen andere Kanäle aus, die zur Bewässerung der Reisfelder dienten.

Die Paläste des Schah Abbas verfielen, wie man sagt, während der Statthalterschaft des Muhammed Kuli Mirza in Mazanderan und an ihrer Stelle wurden andere Gebäude aufgeführt, die jetzt auch schon wieder halb verfallen sind und in denen nur zuweilen wandernde Derwische, Bettler oder Tscharwadaren eine zeitweilige Wohnung aufschlagen. Das Hauptgebäude enthält vier Zimmer, der linke Flügel einige kleine Gemächer; Fensterrahmen, Thürflügel und alles andere Holzwerk ist ausgebrochen und zum Feuern verbraucht worden; selbst die Ziegelsteine sind allmälig aus den Mauern genommen und zum Bau anderer Gebäude verwendet worden.

Hinter diesem Palaste steht ein anderer, Anderun اندرون „das Innere" genannt, in welchem die Frauen des Statthalters wohnten.

---

*) Stuart, der während seines Aufenthalts in Barferusch den Garten besuchte, sagt, der See Bachr-ul-irem sei 16 Meilen vom Ufer des Meeres entfernt.

Hier sind die Zimmer besser erhalten, denn Anderun liegt etwas vom Wege ab und wird daher seltener besucht. Nahe demselben steht noch ein aus Steinen gebautes Badehaus, jetzt von Schlangen bewohnt und daher nicht ohne Gefahr zu betreten. Das Wasser war hieher aus dem zwei Werst entfernten Babul geleitet, und dieselben Wasserleitungen dienten zur Speisung des grossen Bassins (Chauz) hinter dem Hauptgebäude.

Auf einem Felde, gegenüber dem Baghi Schah, sieht man noch die steinernen Säulen, welche dem Reservoir als Fundament dienten und die Manche für Säulen von einem Palaste halten, welchen Schah Abbas mitten im See erbaute und wo er die heissen Sommernächte zuzubringen pflegte. Dieses Gebäude war so hoch, dass er von da aus das kaspische Meer sehen konnte. Baghi Schah ist 220 Schritt lang, eben so breit und rings herum stehen Aepfelbäume, Cypressen (42), Orangen (41), Nussbäume (6) u. s. w. Der See, welcher ehedem den Garten und die Paläste umgab, ist jetzt ein seichter mit Schilf bewachsener Moor, der sich zur Regenzeit mit Wasser füllt und den Einwohnern als Jagdplatz dient. Unter anderen Sumpfpflanzen wächst hier der Nilufer نیلوفر, dessen Same, wie man sagt, als Heilmittel gebraucht wird. Aus der Stadt führt nach den Gärten eine hohe 180 Schritt lange Brücke über den Moor, die auf 23 (46) auf steinernem Fundament erbauten Pfeilern ruht, und wahrscheinlich zu gleicher Zeit mit den Palästen erbaut wurde, denn auch sie ist in einem ähnlichen Zustande des Verfalls. Ueber die hölzernen Querbalken, welche die Säulen verbinden, sind alte Bretter lose hingeworfen, die man nur mit grösster Vorsicht und einzeln betreten kann, da sie nicht im Stande sind, eine Last zu tragen, und die Querbalken von einem Ende der Brücke zum andern zu gleicher Zeit schwanken. Um von der Stadt oder dem Platze Sabzi Meidan auf die Brücke zu gelangen, musste man an besonders zu diesem Zwecke angelegten Balken hinaufklettern. Wenn das Wasser im Moor vertrocknet ist, geht man auf dem sumpfigen, weichen Boden zur rechten Seite der Brücke durch die Felder des Sabzi Meidan. Hier findet man, nahe dem Baghi Schah, einen Hügel, in dem eine Zauberin begraben sein soll, die zur Zeit des Aga Mohammed Khan lebte und durch ihre Kunst berühmt war. Die Einwohner nennen den Hügel Duzd-i Ketschal دزد کچل, weil sich in der Nähe desselben Diebe oder die Anhänger der Sekte

Babi بابی*) aufhielten, welche bekanntlich vor 18 Jahren ganz Persien in Aufregung brachte und die nach der Erzählung der Einwohner von Barferusch von dieser Stadt ihren Ausgang genommen haben soll. In Barferusch sagt man: Nobob omad in baläd toze bob schud ناباب آمد این بلد تازه باب شد „ein Nâ-Bâb kam, diese Stadt wurde neue Bâb“ d. i. ein Ungläubiger kam hieher und der neue Unglaube verbreitete sich von hier aus weiter. Man erzählt, ein Kaufmann in Barferusch, Namens Saleh صالح, im Quartier Tschahor-schambe-pisch چهار شنبه پیش, hatte einen Sohn, Namens Muhammed Ali, mit dem Beinamen Ketschal کچل „Kahlkopf“ genannt. Dieser ging in seiner Jugend nach Mekka und beschäftigte sich dort mit dem Studium des Koran und der muhammedanischen Theologie. Von Mekka wanderte er nach Schiraz und stellte um dieselbe Zeit die Grundsätze seiner neuen Lehre zusammen, gab sich für einen Propheten aus und erklärte, er sei der Mehdi مهدی, oder versprochene Erlöser, dessen Ankunft die Gläubigen erwarten. Er erkannte keine oberste Gewalt an, trat den Mudschtehiden und der Geistlichkeit offen entgegen und fand bald einen grossen Anhang. Man erzählt, dass Jeder, der von ihm eine Dattel (خرما) nahm und ass, unwillkührlich sein Anhänger wurde.

Eine seiner neuen Lehren war auch die, dass ein wahrer Gläubiger keine gekochten Kischmisch (kleine Rosinen) in den Pilow thun dürfe, weil sich die Kischmisch gekocht in Wein verwandeln; ferner verbot er den Kaljun zu rauchen, Knoblauch oder Zwiebeln zu essen u. dergl. Während seines Aufenthalts in Schiraz kam die Tochter des kazwinischen Mulla, Muhammed Buragani, Namens Tahire Kurrat-ul-ain طاهرة قرة العين zu ihm, die sich den Babi anschloss und Muhammed Ali nicht mehr verliess. Nach Tahire's

*) Das arabische Wort Bâb باب, Thüre, Ausgang, bedeutet auch „Grundsatz“. Die Erzählung von den Babi entlehne ich einer mazanderanischen von einem Mullah der Babi geschriebenen Handschrift, die ich der kais. Akademie der Wissenschaften übergeben habe. — Eine vollständige Geschichte dieser Sekte und Darstellung ihrer Lehre giebt das Werk des Professor Mirza Kazembeg: „Bab und Babiden“ (russisch), St. Petersburg 1865, und dessen Abhandlung im Journal asiatique (1867). Auszüge aus dem Koran der Babi giebt Herr v. Dorn in: „Morgenländische Handschriften der kais. Bibliothek in Petersburg.“ St. Petersb. 1865.

Lehre war jede Frau in allen ihren Handlungen vollständig frei, und hatte das Recht, so viele Männer zu haben als ihr gefiel; die Muslimen hätten nicht nöthig sich bei ihren Gebeten nach der Kibla oder Mekka zu wenden, weil die Kibla sich in ihrem, der Tahire, Gesicht ausdrücke, und der Gläubige, dem es vergönnt sei, dieses zu berühren, könne seiner Erlösung und künftigen Seligkeit sicher sein.

Später wendeten sich die Babi nach Bagdad, aber der dortige Statthalter, Nadschib Pascha, der schlimme Folgen von ihrem raschen Zuwachs fürchtete, suchte sie aus der Stadt zu entfernen. Noch weniger Erfolg hatten sie in Ispahan; und so gingen sie nach Meschhed. Hier gesellte sich ein Kaufmann aus Barferusch, Mulla Hussein, zu ihnen, der früher einen Handel mit Mützen, Kulah کلاه, getrieben hatte. Mit diesem gemeinschaftlich pilgerten sie wieder nach Mekka und kehrten dann nach Barferusch zurück. Als der Mudschtehid der Stadt, Seïd Ulema سعید علما, von ihrer Ankunft erfuhr, und ihre Lehren kennen zu lernen wünschte, lud er Hadschi Muhammed Ali am Abend zu sich, zugleich auch die vornehmsten Mulla's und Seïden der Stadt. Unter anderen wurde auch ein Pilow mit Kischmisch aufgetischt, von dem der Babi nicht allein nicht essen wollte, sondern nach der Mahlzeit, anstatt des gewöhnlichen Händewaschens, eine vollständige Waschung vornahm. Nach einer solchen Handlung entschieden am nächsten Tage die Mudschtehiden und Mulla's in der Hauptmoschee, den Hadschi Muhammed Ali als einen gefährlichen Menschen aus der Stadt zu schaffen; und die Babi mussten fort.

Nach vier Monaten kamen sie wieder nach Barferusch und liessen sich in dem Quartiere Pijah-kelä nieder. Von hier vertrieben, gingen sie auf den Sabzi Meidan, wo sie ein Karawanseraï einnahmen. Muhammed Ali hatte jetzt schon 500 Anhänger und der Mudschtehide versuchte mit den Einwohnern der Stadt vergeblich sie aus dem Karawanseraï zu vertreiben.

Die Feindseligkeiten begannen, als ein Knabe, der sich in den Hof des Karawanseraï gedrängt hatte, ein Bündel Dornen an den Schwanz eines Pferdes band, wodurch das Thier scheu wurde und aus dem Karawanseraï unter einen Haufen Volks lief. Bei dem Auflaufe, der dadurch entstand, tödteten die Babi sieben Männer, worauf sich das Volk zerstreute. Der Statthalter von Mazanderan,

Mehdi Kuli Mirza مهدی قلی میرزا, berichtete die Sache eiligst nach Teheran, und in Folge dessen rückten 800 Sarbazen unter Anführung des Serdar Abbas Kuli Khan عبّاس قلی خان aus Laridschan nach Barferusch.

Die Babi zogen mittlerweile nach dem 2 Fars. von der Stadt entfernten Dorfe Scheikh Tabrisi شیخ طبرسی hinaus, wo sie sich verschanzten. Die Bewohner der nahe liegenden Dörfer traten auf ihre Seite und ihr Anhang stieg auf 1000 Köpfe. Der Serdar von Laridschan lagerte sich vor Scheikh Tabrisi und die Babi machten in der Nacht einen Angriff. Abbas Kuli musste fliehen und verlor beinahe seine ganze Mannschaft. Hierauf vereinigte er sich mit Mehdi Kuli Mirza; sie belagerten mit vereinten Kräften Scheikh Tabrisi und schnitten den Belagerten allen Verkehr mit den benachbarten Dörfern ab, so dass die Babi, wie man sagt, genöthigt waren, sich von Baumblättern und Pferdefleisch zu nähren, endlich sogar von Leder, und sich nach sechs Monaten ergeben mussten. Die beiden Hadschis wurden gefangen nach Barferusch gebracht und Hadschi Muhammed verurtheilt, auf den Sabzi Meidan verbrannt zu werden. Als man ihn mit einem Strick um den Hals über den Bazar zum Richtplatz führte, warf ihn das Volk mit Steinen, Messern und mit Nägeln beschlagenen Brettern. Vor dem Tode versicherte er, dass er nach 40 Tagen wieder auferstehen werde und bedauerte nur, dass er nicht in Kufa sterben könne, wo sein Leben durch die Hand eines Barbiers enden solle. Er wurde stehend enthauptet und sein Körper in mit Naphtha getränkte Decken gehüllt und verbrannt und die Asche auf den ganzen Sabzi Meidan in den Wind gestreut. Sein Kopf wurde während mehrerer Tage in der Stadt herumgetragen. Mulla Hussein, sein Gefährte, wurde in der Stadt vor der Hauptmoschee erschossen, die übrigen Anführer enthauptet, einige auf dem Sabzi Meidan, andere lebendig in die Brunnen des Baghi Schah geworfen. Tahire, welche mit den Babi in Scheikh Tabrisi war, fand Gelegenheit sich zu verbergen; sie lebte später in Teheran, im Hause des Obersten der Polizei, „Kalendar“ Mahmud Khan, als Gefangene; nach einem misslungenen Versuch der Babi, den Schah in Teheran zu ermorden, wurde sie erdrosselt. *)

*) Ueber die Hinrichtung der Babi in Teheran berichtet die Teheraner Zeitung vom Jahre 1852.

Barferusch hat folgende Stadttheile: Maalleï Sabzi Meidan محلّه سبز میدان, an der südlichen Seite der Stadt, wo der Weg nach dem Baghi Schah geht; M. Chiäban-haram محلّه خیابان حرم; M. Rudgir-maallä رودکر محله; M. Sedschelál سید جلال; M. Tschahor-schambe-pisch چهار شنبه بیش; M. Gusab-kelä قصاب کلا; M. Bisar-takie بی سر تکیه; M. Udschoban اوچاق بند; M. Dare-schuhado دار شهدا; M. Murad-bek مراد بیك; M. Zärgär-maallä زرکر محله; M. Hodiriä-maallä; M. Haft-tan هفت تن; M. Ogheru اغارود; M. Ohengär-kelä آهنکر کلا; M. Nakhib-kelä نقیب کلا; M. Pentsch-schambe-bazar پنچ شنبه بزار; M. Ezzareban ازار بند; M. Schahzengi شاه زنکی; M. Gülschan کلشان; M. Tuhdorebend طوق دار بند, M. Piä-kulä پیا کلا; M. Derwische-chel درویش خیل; M. Debboh-chane-pisch ده باغ خانه پیش; M. Derwisch-todschin oder todschedin; M. Kuresar کورسر; M. Sare-chammom-aga-Hasan سر حمام اغا حسن; M. Seid-zul-abdin سید ذو العبدین; M. Hasir-feruschon حصیر فروشان; M. Horo-kelä قرا کلا; M. Espi-takie; M. Tschup-bog چوب باغ; M. Bohbod-maallä باغ باد محلّه; M. Mijan-kâti میان قطع; M. Bidobod بید آباد; M. Mijan-dasse; M. Kabriston Muhammed قبرستان محمد; M. Schemchirgir-maallä شمشیرکر محله; M. Schah-kelä شاه کلا; M. Hasteke-kelä هتکا کلا; M. Kelädschi-meschhed کلاچ مشهد, mit einer Moschee und einem Begräbnissplatz, welcher seit Gründung der Stadt bestehen soll, auf dem man jedoch keine bemerkenswerthen Grabsteine findet, die im Jahre 1833 weggenommen wurden, als die Cholera hier herrschte und wegen Mangel an Raum die Todten in den früheren Grüften beerdigt werden mussten; M. Jahudi-maallä یهود محله, von etwa 50 jüdischen Familien bewohnt, deren Vorfahren sich vor 300 Jahren in Barferusch niedergelassen haben sollen. Die Juden haben hier eine Synagoge mit einer kleinen Bibliothek und zahlen der Regierung eine jährliche Abgabe von 100 Tuman; sie treiben Kleinhandel und verkaufen Branntwein „Arak" عرق. Der hebräische Ketchuda (Aelteste) erhält einen Jahresgehalt von 20 Tuman. In einem Garten, nahe der Synagoge, steht eine Dattelpalme, die jedoch keine Früchte trägt.*) Die Juden schicken jährlich, wie man sagt, am Tage ihres Festes Zweige von dieser Palme nach den

*) Dattelpalmen wachsen am südlichen Ufer des kaspischen Meeres nicht und es giebt deren in ganz Mazanderan nur vier; ausser der hier erwähnten eine in Sari, nahe dem Palaste Diwan-khane, die dritte im Dorfe Khormo-kelä (im Bulük Balätidschan), die vierte bei Demawend, wo einige

Orten, wo sie geboren sind, wo sie das Stück zu 1 Tuman verkaufen. Maalleï Bidschinadschi بیجناجی; M. Raziä-kelä رزیا کلا; M. Asitane استانه; M. Scharbaf-maallä شعر باف محله; M. Babi-Nazir باب ناظر; M. Maallä-Mirza-Kutschik محله میرزا کوچك; M. Kazi-kuti قاضی کتی; M. Darzi-kuti درز کتی; M. Takie-arbab تکیه ارباب; M. Abu-maallä ابو محله.

Moscheen sind folgende: Mesdschidi Dschoma, Hauptmoschee; Ms. Hadschi-mirza-baba; Ms. Udschoban اوجاق بند; Ms. Zargär-maallä زرکر محلّه; Ms. Sadr صدر; Ms. Tschole چاله; Ms. Ruchimiä; Ms. Mirza-schafi; Ms. Hodije; Ms. Nakhib-kelä; Ms. Murad-bek; Ms. Kazem-beki كاظم بيك, eine der vornehmsten Moscheen in der Stadt, in welcher sich gewöhnlich die Mudschtehiden und Mulla's bei feierlicher Gelegenheiten versammeln.

Imamzade und Asitane sind: Imz. Asitane استانه im Kelädschi-meschhed, Imz. Schuhedo شهدا, mitten auf dem Bazar, Imz. Tuhdoreben طوق دار بند, Imz. Haft-tan هفت تن, an der Südseite der Stadt, Imz. Schah-zade شاه زاده, im Stadttheile Ohengär-kelä, Imz. Abdulla عبد الله, an der nördlichen Seite der Stadt.

Schulen und Madrasa zählt man gegen zwanzig; sie werden nach den Namen der Moscheen oder Imamzade genannt, in denen sie sich befinden.

Die Strassen in Barferusch sind nicht gepflastert, aber obwohl sie während der Regenzeit und bei schlechtem Wetter sehr schmutzig sind, so können sie doch im Vergleich zu denen der anderen Küstenstädte noch für sehr gut gelten. Der Schmutz dauert hier nie lange und trocknet in den heissen Tagen sehr schnell.

Häuser zählt man in Barferusch und der Umgegend im Ganzen 6000, unter diesen aber ist nur eines, welches die Aufmerksamkeit auf sich zieht, an der nördlichen Seite der Stadt; es ist vor einigen Jahren erbaut und gehört dem Arbab von Barferusch, Abbas Kuli; alle übrigen Gebäude sind von alter Bauart und grösstentheils Waarenlager und Karawanseraïen.

Die Zahl der Einwohner in Barferusch und Meschhediser wird auf 50,000 angegeben, zum grössten Theil Kaufleute. Der Maljat beträgt 2200 Tuman. Barferusch hat keine grosse Besatzung und die

---

jüdische Familien leben. Früher sollen am Ufer des kaspischen Meeres die Dattelpalmen geblüht haben. Vergl. Bulletin de l'acad. 1859, Fevrier. „Dattelpalmen an den Ufern des kasp. Meeres“ u. s. w. von Acad. Baer.

Einwohner zeichnen sich durch Friedfertigkeit aus. Der Bazar befindet sich am südlichen Ende der Stadt und die Verkaufsläden, welche sich der Strasse entlang ziehen, sind oben mit einem Dache verbunden. Diese Strasse oder Bazar ist übrigens ziemlich schwer zu passieren, weil man stets auf seiner Huth sein muss, unten nicht in die zum Ablaufen des Wassers gegrabenen Löcher und Rinnen zu treten und oben nicht in die von einem Verkaufsstande zum andern übergelegten Stangen zu stossen, an denen allerhand Manufakturwaaren ausgehängt sind. Die Beleuchtung des Bazar wird sehr spärlich durch einige Naphthalampen bewerkstelligt.

In der Stadt giebt es 11 Karawanseraïen, unter denen die bekanntesten Kaisiriä und Mirza-schafia. Kaufläden zählt man 414, in denen, wie überall, Landesprodukte verkauft werden, wie Weizen Brentsch برنج und Gendum گندم, Gerste Dschou جو, Bagilä باقلا, eine an Geschmack der Kartoffel ähnliche Bohne, Brod Non نان, Käse Panir پنیر, Oel Kundschut کنجد und Butter Raugan روغن, Fleisch Guscht گوشت, saure Milch Schir-u-mast شیر و ماست, Zucker Schakär شکر oder Kand قند, Thee (persischer) Tschaj چای, Wachs Mum موم, Honig Asal عسل; die Turkmanen bringen Salz und Naphtha; Astrabad Seife Sabun صابون, Talglichte Scham-u-pej شمع پی, Holzkohlen, Stroh u. s. w.; von Wild: Fasanen Karkaul قرقاول, Enten Murgabi مرغ آبی, Hühner u. a.

Am Ende der Bazarstrasse, näher dem Platze Sabzi Meidan, steht ein Karawanseraï, welches von der transkaspischen Handelsgesellschaft gemiethet war und wo die Kaufleute aus Astrachan oder Baku wohnen. Man rechnet, dass im Durchschnitt jährlich etwa 300 Russen nach Mazanderan kommen, hauptsächlich Armenier und Kaufleute aus Baku, die aus Russland Eisen, Stahl, Kupfergeschirr (Theemaschinen), Porzellan, Glas, einige baumwollene Waaren und Tuch hieher bringen*) und dagegen Waaren aus Schahrud und Teheran in Tausch nehmen; diese sind im Ganzen dieselben wie bei Gäz, und ausser diesen noch aus Mazanderan

*) Das russische Eisen wird in Barferusch mit $6^1/_2$ Karan = 1 Rbl. 95 Kop. Silber für 40 Pfd. bezahlt, bei Gäz 7 Karan, in Schahrud $7^1/_4$ Karan = 2 Rbl. 20 Kop. Silber; Kupfer $5^1/_2$ Tuman für 40 Pfund; Theemaschinen für 1 Pfd. 3 Karan. Ueberhaupt kauft man russisches Metall in Persien sehr gern, hauptsächlich Eisen, von dem man in den Uferprovinzen jährlich mehr als 200,000 Pud absetzt.

ungereinigte Baumwolle, Pamba-wiläjät پنبه ولايت. Aus Barferusch werden die Waaren in Ballen nach Meschhediser und von da, nach einer Abgabe von 5 %, auf die Rhede gebracht und auf die Handelsschiffe nach Astrachan verladen

Hinter dem Bazar und dem Karawanseraï, an der Brücke des Baghi Schah, befindet sich eine Zuckersiederei, Kennat-khane قندات خانه „Zuckerhaus,“ wo der berühmte mazanderanische Zucker gewonnen wird. Diese Zuckersiederei wurde vor etwa 15 Jahren erbaut; die Perser kauften die Geräthschaften in Moskau und engagirten einen russischen Zuckersieder, der aber nicht lange in Barferusch blieb, weil ihm die Perser den versprochenen Gehalt nicht auszahlten. Nach seiner Abreise blieb ein gewisser Hadschi Jakub als Verwalter. Der aus Zuckerrohr gewonnene Zucker ist ziemlich schlecht, weil die Perser ihn weder zu reinigen noch zu crystallisiren verstehen, und so weich, dass man ihn gar nicht zu zerschlagen braucht. Von Farbe ist der mazanderanische Zucker gilblich und wird nur in kleinen Formen zu 5 — 10 Pfund bereitet. Man glaubt, dass aus 10 Batman Zuckerrohr, 5 Batman Zucker gewonnen werden können; die Perser aber gebrauchen dazu das Doppelte, nämlich 20 Batman Rohr. Der Ertrag des Kennat-khane ist unbedeutend und der Reinertrag soll nicht über 300 Tuman jährlich betragen. An Ort und Stelle zahlt man für 20 Batman (3³/₄ Pud) 7¹/₂ bis 8 Tuman. Schirini, d. i. Zuckerwaaren von mazanderanischem Zucker, werden jährlich nach Teheran zur Ansicht geschickt. In Mazanderan selbst hält man den Zucker des Landes für den süssesten von allen Zuckern, so dass man ihn mit nichts anderem vergleichen kann, als mit dem Kusse der Geliebten und man singt z. B.:

Schakär schirintáre mazanderáni,
Busé schiríne kuta zenáni;
Hár käs kuta zenáni wärbakhusad,
Behíscht warwéj haläl, duzekh harómi.*)

شکر شیرینتره مازندرانی * بوسه شیرینه کوتا زنانی
هر کس کوتا زنانی وربخوسد * بهشت بروی حلال دوزخ حرامی

*) Der süsseste Zucker ist der mazanderanische, aber süsser ist der Kuss der kleinen Frau; wer die Nacht mit einer kleinen Frau verbringt, dem ist das Paradies erlaubt, die Hölle verboten.

Der Münzhof, Zarabkhane ضرب خانه, in Barferusch wird von der Regierung verpachtet; man prägt hier Tuman (3 Rbl.), Saïb-kran oder Hazor „1000 Dinar“ (30 Kop. Silber), Panabad (15 Kop.) und Schaï (1½ Kop.). Die hier geprägten Panabad wurden im Jahre 1860 zu leicht befunden und verboten, weil zwei Panabad weniger wogen als ein Karan. Der Münzhof bietet einen eigenthümlichen Anblick, und man kann schwer begreifen, dass hier wirklich die Landesmünze geprägt wird. Nahe dem Thore z. B., welches gewöhnlich offen steht, sitzt vor einem Kohlenbecken, an dem er mit der einen Hand silbernen oder goldenen Draht glüht, der Meister, Usta استاد, und füttert zu gleicher Zeit mit der anderen Hand die neben ihm stehende Kuh und um ihn herumlaufende Hühner mit Tschurek (Brod) oder Gerste. Auf dem freien Platze vor ihm steht ein zweiter Usta, der in der einen Hand einen Kaljun hält, aus dem er raucht, mit der andern den Stempel auf die runden Münzstücke drückt und diese dann in einen Haufen Sägespähne zu seiner Seite wirft; in letzterem sind die Hände des dritten Usta verborgen, dem es obliegt, die geprägten Stücke hervorzusuchen und zu reinigen. Das Stempeln der Münzen geschieht ganz mechanisch; der Usta sieht nicht einmal den Ambos an, oder prüft die Form der Stücke, daher kommt es, dass man unter hundert Münzen kaum eine findet, die vollkommen rund wäre und auf der alle Buchstaben gleichmässig ausgeprägt sind. Der Münzhof steht zu jeder Zeit offen und Jedermann kann sich hier sein Gold oder Silber prägen lassen. Als ich mit Herrn v. Dorn diese Anstalt besuchte, prägte man uns auf unser Verlangen einige Tuman und Saïb-kran.

Zum Bulük Bische-sar gehören folgende Dörfer: östlich der Stadt, Sultan Muhammed Tahir سلطان محمد طاهر, ½ Fars. von Barferusch, im Walde; an der Strasse nach Sari ist ein Imamzade mit dem Grabe eines Sohnes des Imam Musa. Die Inschrift hat das Jahr 875 = 1470; Bischesar oder Wischesar, nahe der Stadt, ebenfalls im Walde (bische بیشه), 100 H.; Hali Kanna, 30 H.; Ramenet, 60 H.; Haidar-kelä حیدر کلا, gegen 20 H.; Oguzeband اغوز بند, 15 H.; Walikedun ولیك دان oder Waläkin, 35 H.; in der Umgegend des Dorfes wächst Gebüsch (Walik ولیك), welches als Brennholz gebraucht wird; Schengritsch; Längur, 100 H.; Azzoreband ازاره بند, 10 H.; Tschemozde چماز ده; Tschemoze-kelä چماز کلا, 2 Fars.

von Barferusch, 10 H.; Bidschinadschi-chamomisar; Bidschi-kelä, 2 Fars. von Barferusch; Sipboh سیپ باغ, gegen 20 H.; Schobdin-kelä شب دین کلا, 60 H.; Uschip, 10 H.; hier soll bei einem Aufstande (aschub اشوب) ein Imamzade erschlagen worden sein; Rudger-maallä رودگر محله, die Bewohner dieses Dorfes stehen im Rufe der Ungastlichkeit, als Leute, „die ihr Gesicht von anderen abwenden" (رو برگردن); Benore-kelä, 15 H.; Goze-keti قاضی کتی, etwa 30 H.; Darzi-keti درز کتی, 20 H., nahe dem Babulrud; Bahnemir, wird Bulük genannt und besteht aus zwei Dörfern, von denen das eine zum Bulük Telarepej gehört.

Dörfer südlich der Stadt: Nasir-abad ناصر آباد, mit dem Flüsschen Mirerud امیررود, gegen 35 Häuser; Olü-kende غلو کنده, 60 H.; Sare-babul سر بابل, am Ufer des Babulrud; Kalämin کلمین; Hateke-puscht, mit dem Flüsschen Hateke, 30 H.; Nakhibe-kelä, 100 H.; Muziratsch; Diw-dascht دیو دشت; Mansur-kende; hier soll ein gewisser Mansur منصور einen Schatz gehoben haben.

Westlich der Stadt: Marzi-gerden مرز گردن, westlich von Baghi Schah, am Wege von Barferusch nach dem Amul, hat wegen ihrer Stärke berühmte Azatbäume; Kämongär-kelä کمانگر کلا, zwei Werst von der Stadt, mit dem Flüsschen Schahrud شاهرود, gegen 50 H.; Sekelä-maallä سیاه کلاه محله, gegen 30 H., am Flusse Ogheru, hier sollen „Ilat in Zelten mit schwarzen Dächern" gelebt haben, die aus Schiraz kamen und sich Sijakula سیاه کلا „Schwarzmützen" nannten; Ruschan-Abad روشن آباد, 1 Fars. von der Stadt, gegen 80 H.; Païn-gändscheruz پایین گنجروز, gegen 50 Häuser; Balä-gändscheruz بالا گنجروز, 2 Fars. von der Stadt; hier will man eines Tages einen Schatz gefunden haben, daher der Name, von „gändsch" گنج Schatz und „ruz" روز Tag; Muallim-kelä معلم کلا; Essiri-kelä; Balä-daste oder Bala-déj بالا ده, gegen 70 Häuser, u. a.

Dörfer des Bulük Meschhediser: Meschhediser مشهد سر, am rechten Ufer des Babul, etwa 1 Werst vom Meere entfernt und beinahe 2 Werst lang. Die Häuser, etwa 230 an Zahl, liegen zum grössten Theil im Walde versteckt. Früher war Meschhediser unter dem Namen Meschhedi-sabza مشهد سبز bekannt und berühmt durch seinen Imamzade, zu dem man aus der Umgegend Wallfahrten (zijaret زیارة) unternahm. Das Imamzade ist zu Ehren des Seïd Ibrahim Abu Dschewab, eines Sohnes des Imam Musa und Bruder des Imam Riza erbaut worden und liegt etwa 3 Werst östlich vom

Babul auf freiem Felde; es soll von Seïd Schems-ed-din Babulkhani im Jahre 841 (1437) erbaut sein, wie man aus einer Inschrift sieht. Die Inschrift an der anderen Thüre hat ebenfalls den Namen Seïd Schems-ed-din Babulkhani بابلکانی und die Jahreszahl 858 (1454). Die Einwohner erzählen, Ibrahim habe sich einmal am Grabe des Propheten in Mekka niedergeworfen und auf seine Worte „Saläm alejkum" aus der Gruft die Antwort (Dschewab جواب) „Alejkum saläm" erhalten, daher sein Beiname Abu-dschewab, „Vater der Antwort". *) Das Gebäude ist jetzt halb zerstört und wird nicht mehr besucht; es ist mit einer Mauer von Steinen umgeben und in dem Hofe stehen Cypressen und andere Bäume. Ein halb Werst östlich von hier sieht man eine alte steinerne Kapelle, Bug'a بقعه, in welcher eine Tochter des Imam Musa, Namens Bibi-Sukeine بی بی سکینه, beerdigt sein soll. Das Grab befindet sich im Innern des Bug'a. Die Thüren zu beiden Seiten der Kapelle sind verschlossen; die Inschrift an denselben trägt die Jahreszahl 893 (1488). Zwischen dem Imamzade und dieser Kapelle ist ein Sumpf, der sich zur Regenzeit in einen See verwandelt. Der Weg zu der Kapelle führt auf einem ziemlich hoch aufgeworfenen Damme hin. In der ganzen Umgegend sieht man kein anderes Gebäude. Die Bewohner der Gegend kommen hieher um zu jagen.

Die Küste bei Meschhediser ist ziemlich niedrig und wird durch Stürme von der See her überschwemmt, bei denen das Wasser die ganze Strecke, bis beinahe zum Dorfe hin, bedeckt. Zwischen Meschhediser und dem Meere ist ein hoher Sandhügel, auf dem ein Thurm stand, welchen, wie man sagt, Stenka Razin zerstörte und von dem keine Spur mehr vorhanden ist. **) An der Ostseite des Hügels fliesst ein kleiner Bach. Das Zollamt von Meschhediser liegt etwa 100 Klaftern vom Ufer des Babul und besteht aus einigen Schuppen zur Aufbewahrung der ankommenden Waaren; es soll, mit den Fischereien in Ferikenar zusammen, 12,000 Tuman jährlichen Pacht tragen. Kurz vor meiner Anwesenheit war es von

*) Nach der Erzählung der Perser soll Imam Ibrahim im Kriege gegen die Türken gefallen sein, die ihm den Kopf abschnitten; der Heilige soll daher ohne Kopf beerdigt sein. S. Eichwald, Reise auf dem Kasp. Meer und in dem Kaukasus, 1825—1826. Stuttgart 1834. S. 333.

**) Gmelin spricht von einem Thurme an der Mündung des Babul. S. Reise S. 687.

den Dorfherren von Barferusch, Abbas Kuli und Aga Hussein gepachtet. Früher soll es für 8000 Tuman verpachtet worden sein.

Der Bulük Meschhediser ist in zwei Theile getheilt. — Zu dem ersten Theil gehören die Dörfer: Bazar-maallä بازار محله, mit einem Bazar, hinter dem Dorfe liegt das Imamzade Ibrahim; Kole کله, 1½ Farsakh vom Ufer des Meeres, gegen 70 Häuser; *) Sefi-maallä صفی محله; Bahir-tange باهر تنکه, ½ Fars. von Meschhediser; Kazim-Abad کاظم آباد; Seïd-maallä oder Sadat-maallä سادات محله; Juri-bul, an der anderen Seite des Babul; Rudbast رود بست, ½ Fars. vom Babul und 2 Werst vom Meere, mit dem Imamzade Hasan, 100 Häuser. Zu Rudbast gehören die Dörfer: Kicho-maallä کیچا محله, Gowzan-maallä کوزن محله, Kaläbast کل بست, auf dem Wege nach Barferusch, und 1 Fars. vom Babul entfernt, wird als Bulük gezählt. Die Bewohner sind grösstentheils Tscharwadaren, doch treiben sie auch Ackerbau und Seidenzucht. In Kaläbast leben einige jüdische Familien, die sich mit Seidenzucht beschäftigen. Die zu Rudbast gehörigen Felder werden aus den Flüssen Surkherud und Ferikenar künstlich bewässert. Die Gegend um Kaläbast und Ferikenar ist waldig und sumpfig und mit Granatbäumen, Brombeersträuchern und Schilf bewachsen. Während der Regenzeit ist der Verkehr zwischen den beiden Dörfern sehr beschwerlich. Das Dorf Rudbast gehörte einmal dem früheren Sadr-azam (Premier-Minister).

Zu dem zweiten Theil des Bulük Meschhediser gehören die Dörfer:

Ferikenar فری کنار, am Flusse desselben Namens, ½ Fars. vom Meere und 2 Fars. von Meschhediser entfernt, mit etwa 200 Häusern. Der Fluss Ferikenar entspringt, wie man sagt, aus dem Heraz. Der Fischfang wird für 50 Tuman verpachtet. Nahe dem Dorfe ist ein freier Platz, Sabze-zar سبزه زار, wo 40 Tage nach dem Nauruz ein Jahrmarkt, Chamse-bazar خمسه بازار, gehalten wird. **) Die Einwohner von Ferikenar sind zum grössten Theil Kirdschimführer oder Tscharwadaren. Seide wird hier nicht gebaut. Das Dorf

*) S. oben, Geschichte von Tabaristan.

**) Der Verf. der pers. Handschr. bemerkt, dass dieser Markt grosse Aehnlichkeit mit der Messe zu Makarie مکاریه (Nischnij Nowgorod) habe, und dass der Statthalter von Mazanderan 65 Sarbazen hierher zur Aufsicht schicke.

gehörte ehemals dem Sadrazam. Der Maljat von Ferikenar ist auf 600 Tuman bestimmt. Kari-kelä کاری کلا, gegen 60 Häuser; Tschapek-rud چپك رود, an einem Flusse desselben Namens (oder Talär), 1 Fars. vom Meere. Nicht weit von dem Dorfe sind vor einiger Zeit, zum Schutze gegen die Turkmanen, zwei Wachthürme erbaut worden, die aber keine Besatzung haben. Der Fluss Tschapek-rud ist ziemlich tief; der Fischfang wird für 66 Tuman jährlich verpachtet. Mire-rud میررود, 1 Fars. von Meschhediser, östlich, nahe dem Meere, an dem Flusse Mirullä, über den man auf dem Wege von Ferahabad nach Meschhediser kommt. Der Fluss ist tief, so dass man auf Kulaz hinüberfährt, und die Pferde müssen abgeladen werden; der Fischfang wird für 90 Tuman jährlich verpachtet. Muhri-kelä مهر کلا, gegen 50 Häuser; Ahmed-kelä احمد کلا, 40 Häuser; Kelämarz کلا مرز; Gomyschbene گمشی بنه; Tschupboh oder Tschupbas چوب باغ; Pazewar پازوار gehört zu Meschhediser, obgleich es einen Bulük für sich bildet. Das Dorf liegt auf dem halben Wege von Barferusch nach Meschhediser im Walde, und ist von der Strasse nicht zu sehen; es hat eine Moschee und eine Takie. Der Name des Dorfes wird in der Geschichte des alten Tabaristan als Residenz der Nachkommen des Mir-buzurg Kewam-ed-din genannt. Die Mutter eines der Söhne des Seïd Kemal-ed-din war in Pazewar geboren. Bekannt ist noch Seïd-zein-ul-abedin, mit dem Beinamen Pazewari. In Pazewar lebte viele Jahre der Mazanderanische Dichter Emir Pazewari, dessen, im Mazanderanischen Dialekte geschriebenen Poesien in Persien sehr berühmt sind. *) Zu Pazewar gehören die Dörfer: Mir-Bazar امیر بازار, ein Farsakh vom Meere, nahe dem Babul, wo Dienstags ein Markt gehalten wird, der deshalb den Namen Se-schambe سه شنبه führt. Nahe dem Dorfe ist ein mit Azatbäumen bepflanzter Begräbnissplatz. Schurek شورك; Hamze-kelä حمزه کلا, hier werden Filze, Namät نمد, zur Verpackung der Waaren gefertigt, die man 100 Stück für 10 Tuman verkauft. Das Dorf hat eine Takie und drei Kaufläden. Ormidschi-kelä ارمیج کلا; Darzi-kelä درز کلا; Fukelä فو کلا; Kurde-kelä کرد کلا; Sare-chammom سر حمام; Tschapun-kelä چپان کلا;

*) Die Gedicht-Sammlung des Emir Pazewari ist neuerdings von Herrn v. Dorn herausgegeben, in: Beiträge zur Kenntniss der Iranischen Sprachen. Petersburg 1866. 8.

Kosker-maallä کسکر محله oder Kazem-beki کاظم بیك; Emir-kelä امیر کلا, 5 Werst von Barferusch, mit einem Markt, „Dschuma-bazar", der am Freitag gehalten wird. Die Einwohner sind zum grössten Theil Tscharwadaren oder beschäftigen sich mit Ueberfahrt der Waaren nach der Rhede von Meschhediser. Die Kauffartheischiffe bleiben meistens vier Werst vom Ufer liegen, weil sie wegen der Seichtigkeit der Mündung nicht in den Babul einfahren können. Nach der Rhede werden die Waaren auf Kirdschims gebracht. Für den Transport der Waaren, zu Lande, vom Ufer bis in die Stadt, nehmen die Tscharwadaren bis zu 1 Karan (30 Kop.) für den Ballen zu sieben Pud. Man zählt in Barferusch gegen 200 Tscharwadaren, die zum grössten Theil aus den benachbarten Dörfern Pazewar, Kalä-bast, Emir-kelä, Meschhediser u. a. sind. In Pazewar und Emir-kelä wird Leinwand zur Verpackung der Waaren verfertigt. Besonders berühmt sind die hier gedrechselten Kaljun-Gedu (کدو), die sehr sauber gearbeitet sind, aber leicht zerbrechen und vom Volke viel gebraucht werden. Man bezahlt in Pazewar das Hundert mit 6—10 Tuman; sie werden hauptsächlich nach Gilan zum Verkauf gebracht.

Die Bewohner von Meschhediser stehen in Handelsverbindung mit Enzeli und Lengerud *) und bringen jährlich folgendes Quantum ihrer Produkte dorthin: Leinwand etwa 2000 Tup **); Dschidschim (von Wolle) 1000 Halwar ***); Baumwolle 50 Halwar; Bagilä باقلا 50 Halwar; Mohn 10 Halwar; Honig 250 Halwar; Wachs 10 Halwar; getrocknete Aprikosen 20 Halwar; Kleien 1000 Halwar; Butter 300 Halwar; Seife aus Astrabad 50 Halwar; Kaljun-gedu u. a. m.

Der Weg von Barferusch nach Meschhediser geht durch den Wald, am rechten Ufer des Babul, vorbei den Dörfern Emir-kelä, $^1/_2$ Fars. von der Stadt, Kaläbast, auf dem halben Wege, und nahe bei Meschhediser, Babul-puscht. Zur Seite desselben liegt das Imamzade Tschihil-schahidan چهل شاهدان oder „die 40 Märtyrer".

*) Der Verf. der pers. Handschr. sagt, die Kirdschim gehen von Meschhediser bis nach Aschurade. Dies ist jedoch unrichtig, denn die Perser fahren überhaupt nicht gern zur See, und wagen sich fast nie so weit, weil sie die gefährlichen Begegnungen mit den Turkmanen scheuen, die ziemlich oft die Rhede von Meschhediser besuchen.

**) 1 Tup = 6 khanische Ellen.

***) 1 Halwar von Schahrud = $18^1/_2$ Pud.

Bei gutem Wetter reist man 2½ Stunde. Von Ferah-abad bis Meschhediser rechnet man sieben Farsakh; als Manzil dient das Zollamt.

Zum Bulük Babul-kenar بابل کنار oder باول کنار gehören die Dörfer:

Korde-kelä کرده کلا, 4 Farsakh von Barferusch; Schenef-tepe جنف تپه; Kebrija-kelä, gegen 100 Häuser; Keläri-kelä کلار کلا; Diraz-kelä دراز کلا; Guran-telär, 20 Häuser, mit einem Asitane; Sede-kelä سده کلا; Guna-kelä, 300 Häuser; Schirdor-kelä شیردار کلا; Derun-kelä درون کلا, 200 Häuser; Marzu-kelä مرز کلا; Sijuderko سیاه درکه, 50 Häuser u. a. Die Bewohner dieser Dörfer treiben Ackerbau, Viehzucht, Bienenzucht, zum Theil auch Seidenbau. Der Bulük war an Mirza Kerim Khan aus Sawadku für 1000 Tuman verpachtet.

Dörfer des Bulük Bandepej بندپی sind:

Bezorupej بزاروپی, 100 Häuser, 4 Fars. von Barferusch, besteht aus einigen aneinander grenzenden Dörfern; Sajide-mir-Käram سید میر کرام, nach dem Namen eines hier beerdigten Heiligen genannt, auf dessen Grabmal die Worte „Jo rabb“ یا ربّ „o Gott!“ sechzehn Mal wiederholt sind; Kelärupej کلاروپی, 100 H., 5 Fars. von der Stadt; Fakitschal, 50 Häus.; Buzudpej, 60 Häus., 3 Fars. von Barferusch; Khoschrud-peï خوش رود پی, 40 H.; Selähder-kelä, am Flusse Kelärud, gegen 20 Häuser; Schanetrasch شانه تراش, am Flusse desselben Namens, 3 Fars. von Barferusch, 10 Häuser; Kara-kenar قرا کنار, 10 Häuser, 2½ Fars. von Barferusch; Kuschtilej, 50 Häuser; Bometu بامتو, 8 Häuser; Ahengär-kelä آهنگر کلا, 20 Häus.; Lidar, 15 Häus.; Padischahomir پادشاه میر, mit einem Imamzade desselben Namens, zu dem die Bewohner der Umgegend Wallfahrten (زیارات) unternehmen; Merzebal, مرزبال 30 H.; Walü-kelä ولی کلا, 50 H.; Suret, 30 H.; Zewarde زوار ده, 30 H.; Imamzade Abbas امام زاده عبّاس, 30 H.; u. a.

Zu Bandepej werden noch gerechnet:

Neschel نشل, westlich von Barferusch, näher dem Gebirge und nach Amul zu, besteht aus einigen nahe bei einander liegenden Dörfern, die gegen 500 Häuser zählen. Die Bewohner der Umgegend haben hier ihre Jailak oder Sommerwohnungen; Tamtame-kelä تمتمه کلا; Scheich Musa شیخ موسی; Käbut-kelä کبود کلا, mit einem Asitane, vor dem einst ein Stein vom Himmel herabgefallen sein soll, seit welcher Zeit der Boden blau „käbut“ کبود wurde, wovon das Dorf den Namen erhielt.

Zu dem Bulük Maschkendiruz oder Maschote gendschiruz مشاطه کنج روز (Reichthum کنج, an einem Tage روز, als Brautschmuck مشاطه geschenkt) gehören die Dörfer:

Merznak مرزناك, 4 Fars. von Barferusch, besteht aus zwei nebeneinander liegenden Dörfern, in denen fast nur Seïden wohnen; Mulla Muhammed-schahr-aschub ملا محمد شهر آشوب, mit einem Imamzade desselben Namens, 20 H.; Bendor-kelä بندار کلا oder Benger-kelä, mit einem Asitane, 20 Häuser; Abli-asan-kelä ابو الحسن کلا, mit einem Imamzade Muhammed; Utohe-sera اوطاق سرا, 100 Häuser; Meschhediseri مشهد سری, 3 Fars. von Barferusch, auf dem Wege nach Amul, besteht nur aus einigen Häusern. Auf dem Felde, links vom Wege, soll in früherer Zeit eine Stadt gestanden haben, Namens Tadschiri تاجری, welche eine Fläche von 3 Fars. einnahm und sich bis an das Ufer des Meeres erstreckte. Man sieht noch heute die Ueberreste eines Thurmes oder einer Kapelle, und ein altes Chauz (Cisterne), das mit rohen Steinen ausgelegt ist und noch Wasser enthält. An den Seiten desselben sieht man Spuren früher vorhandener Mauern oder Dämme, die mit Gebüsch und Gras bewachsen sind. Beim Graben findet man oft sehr grosse Bausteine. Man nennt auch einen Begräbnissplatz, mit Namen Alemu, im Walde, 1 Fars. von Meschhediseri; hier soll sich ein Grabmal befinden, das mit einem ungewöhnlich grossen Steine bedeckt ist. In Meschhediseri soll, wie manche von den Bewohnern meinen, der erste Herrscher der Dynastie Kadschar, Aga Muhammed Khan, das Licht der Welt erblickt haben. Bazargo بازارگاه, mit einem Imamzade; *) Païn-gätob, Mijan-gätob und Balä-gätob stossen aneinander; Tschore چهار, nahe am Babul, hier soll ein Schatz vergraben sein, weil man einmal beim Graben einen Krug mit folgender Inschrift gefunden hat: „Se cham khasrewi mole azreke rûmi“ سه حم خسروی مال ازرق رومی, „drei Krüge Khosroi's gehören Azrek Rumi“ (der vierte, den man fand, war leer). Dscheläudor-maallä جلاودار محله, gegen 100 H.; Gumi-kelä, 50 H.; Schubi-kelä شب کلا, 100 H. u. a. m.

*) Der Name dieses Dorfes wird eben so wie Mesnak oft in der Geschichte von Tabaristan genannt. Zehir ed-din. S. 479, 508, 509, 514 u. f.

Die Einwohner der Dörfer von Maschkendiruz treiben Ackerbau und Seidenzucht und in der Nähe des Gebirges Viehzucht und Bienenzucht.

Die Dörfer von Läfur لفور oder لپور sind:

Läfur, gegen 100 Häuser; Neftetschol نفت چال; Azadgon ازاد كان; Maalleï-Hadschi-Dscha'far محله حاجی جعفر, 100 Häuser; Dehun, 100 H.; Tangesero تنك سرا; Mirkozi; Läpurek لپورك, 5¹/₂ Fars. von Barferusch u. a. m.

In den Dörfern von Läfur wird Reis, Baumwolle und Zuckerrohr gebaut, auch einige Seide gewonnen; in der Nähe des Gebirges Viehzucht. Der Maljat von Läfur wird auf 500 Tuman geschätzt.

Zu dem Bulük Kija-kelä كيا كلا oder Telärepej تلارپی gehören die Dörfer:

Nadschar-kelä نجار كلا, 4 Fars. von Barferusch, auf dem Wege nach Amul, nahe der Brücke Schisch-pul شش پل; Dej-kelä oder Diwone-kelä, der erste Besitzer dieses Dorfes soll wahnsinnig gewesen sein, daher der Name ديوانه; Dali-kanda; Sange-tu سنك تو; *) Betscho-tschelüsar; Dschazie-selami-chel; Kaprutschal, mit einem kleinen See, in welchem Fische „Kupur" كپور gefangen werden; Kalüdascht, 2 Fars. von der Stadt; Duk; Schahzed; Derwische-alämbozi درويش علم بازی (Derwische, die mit Aläm, d. i. oben mit Baumwolle umwickelten Stöckchen spielen بازی); Sorzo-kelä oder Soruz-kelä سهروز كلا; Mari مهری oder مهريه, gegen 100 Häuser. Das Dorf soll diesen Namen haben, weil es einer gewissen Mihr مهر (Liebe) als Mahrie مهريه (Morgengabe) von einem Manne gegeben wurde, nach dessen Namen die nächsten Dörfer Rustem رستم und Païn-Rustem پاين رستم benannt sind. Azizek عزيزك; Seïd-Abad سيد آباد; Dirwozde oder Girwozde; Chelwaï-kelä; Rukune-kelä, gegen 300 H. u. a.

Die Dörfer an den Ufern des Telär nennt man mit dem allgemeinen Namen Telärepuscht تلارپشت; es sind deren fünfzig.

Dörfer des Bulük Ali-Abad sind:

Ali-Abad على آباد, am Telär, 4 Fars. südwestlich von Sari; hat 400 Häuser; unter den Einwohnern sind Kurden von den Stämmen Dschanbeglu und Madanlu. Das Dorf ist öfters durch Ueberfälle

---

*) In Persien existirt eine Folter, Schutur-bandi شتور بندی genannt, bei welcher dem Schuldigen heisse Steine „Sang" سنك, an die Fusssohlen gelegt werden.

der Turkmanen heimgesucht worden. Schah Abbas hatte hier einen Palast erbaut und die Strasse Chiaban führte hier durch. In der Umgegend wächst viel Zuckerrohr. Man sammelt Baumwolle, Reis und Seide in grosser Menge; die Felder sind meist Tschältik, die fast immer unter Wasser stehen, weshalb sich viele schädliche Dünste entwickeln. In den Reisfeldern halten sich häufig wilde Schweine auf. Die Bewohner Mazanderans pflegen die Köpfe der erjagten Schweine an den Bäumen aufzuhängen, wodurch die schädlichen Ausdünstungen noch vermehrt werden. Arate, 2½ Fars. von Sari, nahe dem Gebirge; die Einwohner sind Holzhauer, daher der Name, von Arre ارّه, Säge. — Matune-kelä, 100 Häuser; Obondonesar, 30 H.; Medschore-maallä مجاره محله, 50 H.; Iskender-kelä اسکندر کلا; Keschir-kelä; Khuschke-sari خشك سر; Tschemoze-kelä چماز کلا, 3 Fars. von Barferusch, 50 H.; Woz-kas واز کس, hier sollen die Babi eine Niederlage erlitten haben; Surche-kelä سرخ کلا, gegen 30 H. u. a. m.

Dörfer des Bulük Balä-Tidschan بالا تیجن sind:

Khatir-kelä خاطر کلا, gegen 150 Häuser; Gowon-ohengär گاوان آهنکر; Dorde-koscht دارد کاشت; Hali-ascht; Poscho-kelä; Tilchani تیل خانی oder Gil-chani کیل خانی; Fenderi فندری, etwa 400 Häus.; Maleke-chel ملك خل, meist von Seïden bewohnt; Torsi-kelä; Kordir-khati, 3 Fars. von Barferusch, am Flusse Ateke. In diesem Dorfe soll sich eine Gruft befinden, mit sieben Abtheilungen hintereinander, die durch Thüren verbunden sind; die letzte zu betreten soll aber unmöglich sein, weil jedesmal, wenn man die Thüre öffnet, ein starker Wind das Licht auslöscht, ohne welches man nicht hinunter kann; hierauf erscheinen Diwen und man hört das Gebrüll wilder Thiere u. s. w. Käschko; Hadschi-kelä حاجی کلا; Numur-kelä; Ghorochil, 100 H; Nuh-kelä نه کلا; Ateke-puscht; Schami-kelä; Afro افرا, gegen 50 H.; Khormo-kelä خرما کلا, mit einer Doppelpalme خرما; Aziz-kelä عزیز کلا; Scheikh-Tabrisi شیخ طبرسی, drei Farsakh von Barferusch, mit einem von Suleiman Khan Girejli سلیمان خان کریلی erbauten Imamzade oder Bug'a. Die Inschrift an der Wand desselben sagt, dass Scheikh Tabrisi auf dem Tschaman چمن (Feld) zugleich mit Mulla Muhammed, dem Sohne des Schahr Aschub, mit Seïd-Cheidar حیدر und einem Derwisch, Namens Hussein Sijaus سیاوس, begraben wurde. Diese Heiligen starben den Märtyrertod, und wer seine Seele retten will, muss vier Freitagsnächte auf ihrem Grabhügel stehen und die Arme gen Himmel strecken. Das Dorf war, wie schon oben erzählt wurde, Festung der Babi. Ein eigenthümlicher Zufall ist es, dass die Inschrift des Imamzade auch von einer Empörung spricht, die einmal hier stattfinden soll.

Zum Bulük Sawadku gehören die Dörfer:

Ardschuman, 200 Häuser, etwa 20 (?) Fars. von Barferusch; Aspitscheschme اسپ چشمه, 18 Fars. (?); Surcher-abad; Aläscht, 15 Fars. (?); Imamzade Hasan, 15 Fars. (?); Meto, 14 Fars. (?); Rostupe, 11 Fars. (?); Schir-kelä شیر کلا, 10 Fars. (?); Scheikh-maallä شیخ محله ; Kasaljun, 9 Fars.; Schurman شورمان, 8 Fars.; Zirâb زیراب; Tscherat; Welüpe ولی پی; Schurku شورکوه; Imamzade-sefid امام زاده سفید; Kormaz u. a. m.

Die Dörfer sind in Kyschlak und Jailak getheilt; die Bewohner treiben zum grössten Theil Viehzucht und sollen im Ganzen eine Kurur Rinder und Schafe besitzen. Im Gebirge giebt es Tiger, Panther, Wölfe, Bären, Füchse, Rebhühner, Fasanen u. s. w. Der Bulük wird für 1700 Tuman jährlich verpachtet.

Dörfer des Bulük Dschelāl-Azrek sind:

Barsannum, mit dem Bache Baras; Roh-kelä راه کلا; Tadschir-daulä تاجر دوله; Rukun, etwa 10 H.; Artschi ارچی, mit einer „Mühle;" Khuschkeru خشك رود, 100 H.; Godi-kelä کادی کلا, 80 H.; Schiro شیرا oder Schore, 3 Fars. von Meschhediser, ½ Fars. vom Meeresufer, mit einem Flusse desselben Namens; Talikerun, 10 Häuser; Titscho-kelä, 100 Häus.; Ord-kelä ارد کلا, 40 Häuser; Tuhun, 20 H.; Kelärisi کلارسی, 20 H.; Turke-maallä ترك محله, 20 H.; Käru-kelä کارا کلا, 150 H.; Espiward اسپ ورد, 30 H.; Aspischurepe اسپ شور پی, 10 H., 2 Fars. von Barferusch, mit einem Graben, in welchem man den Pferden (اسپ) die Füsse (پی) wäscht (شور); Hadschir-kelä; Nuh-dehek نه دهك, „neun Dörfer" mit zusammen etwa 400 H.; Tidschanek تیجنك, 20 H.; u. a. m.

Dörfer von Lälebad:

Maskhir-maallä, gegen 30 H.; Newoi-kelä نوای کلا, 30 H.; Ebn-newo ابن نوا, 100 H.; Espu-kelä اسپ کلا oder Derwischechok درویش خاك, an der Brücke Schisch-pul und dem Fl. Nika, auf dem Wege von Barferusch nach Amul; hier werden Kuläh کلاه (Mützen) verfertigt. Matike oder Matti-kelä متی کلا, 20 H.; Tschemozin چمازین, 50 H.; Gärmitsch-kelä کرمیچ کلا oder Gärmesar-maallä کرم سر محله, 15 H.; Chosse-babul-kun خاصه بابل کان, 300 H.; der Name

Babulkani kommt oft in der Geschichte von Tabaristan vor. Balä-bazar بالا بازار, gegen 100 Häuser; Païn-bazar پایین بازار, 90 Häuser; Muzaffar-kelä مظفر کلا, 50 Häuser; Lälük لالك, 30 Häuser; Ama-dscholepej; Schemschir-zan شمشیر زن; Tari-maallä; Ispe-kelädschi اسپ کلاجی u. a.

Der Maljat von Lälebad beträgt 417 Tuman.

Dörfer des Bulük Sozi-kelüm sind:

Sozi-kelüm, etwa 200 H.; hier werden Teppiche von Stroh (Kelum کلم) gefertigt (Sozi سازی); diese Teppiche werden gewöhnlich Khazir خسیر genannt; Sedo-maallä سعده محله, 20 H.; Alä-rudbar علی رودبار oder Gozo-maallä, 20 H.; Nakaritschi-maallä نقارچی محله, 15 H.; Darzi-kelä درز کلا, 10 H.; Alä-tschol علی چال, 30 H.; Korde-baj, 40 H.; Rikotsch ریك اچ; Oketitsch-kelä, 25 H.; Khurosoni-maallä خراسانی محله; Deweband-kelä دیوبند کلا, 25 H.; Oho-mulk اغا ملك, nahe dem Babul.

Der Bulük Dabu wird in der Geschichte Tabaristans als Bezirk genannt, welchen der berühmte arabische Feldherr Omar-ben-el-ala verwaltete,*) den Zehir-ed-din als Gründer der Stadt Omar-keläte nennt.

Dörfer dieses Bulüks sind:

Katschep کچپ, 4 Fars. von Barferusch, etwa 300 Häuser; Faresch, 25 H.; Narden-kelä ناردن کلا, 30 H.; Afrotacht افراتخت, 200 H.; Mardschi-maallä مرجی محلّه, 50 H.; Sir-dschorun; Achmed-abad احمد آباد; Bezro oder Wezro-maallä وزرا محله, nahe am Meere, 15 H.; das Flüsschen kommt aus dem Heraz; Barike-maallä باریك محله; De-tire ده تیره, am Fusse des Gebirges u. a. m.

Der westliche Theil von Dabu gehört zum Distrikte Amul.

Der gerade Weg von Barferusch nach Amul führt durch Wald und Gebüsch südwestlich über das Dorf Marzi-gerden, nahe der Stadt, westlich vom Baghi Schah und dann über die Brücke Puli-Muhammed-Hasan-Khan über den Babul. Diese Brücke, zwei Werst von Barferusch entfernt, ruht auf fünf steinernen Bogen und ist in der Mitte hoch gewölbt. Die steinernen Pfeiler sind so fest, dass sie allen Ueberschwemmungen trotzen, und der Mörtel ist in der Länge der Zeit so hart geworden wie Eisen. Nur die beiden

*) Eine von Omar geprägte Münze mit Pehlewischrift, geprägt in Dabuja, 168 d. H. hat sich erhalten. Vgl. Dorn, Bullet. de l'Acad. 1859. T. I. p. 478.

Endpfeiler sind beschädigt, wie man sagt, durch ein Erdbeben, welches vor einigen und vierzig Jahren stattfand. Obwohl die Brücke sehr hoch ist, steigt doch das Wasser im Frühjahre bis beinahe zu gleicher Höhe und überschwemmt die umliegenden Felder und Dörfer. Die Breite der Brücke ist nicht bedeutend. An der linken Seite kann man unter den Bogen gelangen, wo sich in einiger Höhe über dem Wasser eine Plattform von unbehauenen Steinen befindet, zu welcher die Bewohner der Stadt Spaziergänge über Land unternehmen. Sieben Werst von Barferusch liegt das Dorf Goze-maallä; hinter diesem kommt man auf einer kleinen steinernen Brücke über den Fluss Khanerud. Diese Brücke führt den Namen Schisch-pul شش پل, „Sechsbrücken;“ noch fünf andere Brücken, wenn sie wirklich vorhanden sind, sollen an verschiedenen Stellen über denselben Fluss führen. Der Khanerud entspringt aus dem Heraz und fliesst in den Bulük Lälebad.

Vom Schisch-pul führt der Weg am Ufer des Flüsschens Kori, welches ebenfalls aus dem Heraz entspringt, und von Westen nach Osten durch die Bulüks Sozi-kelüm, Dscheläl-azrek und Dabu fliesst. Rechts vom Wege liegt das Dorf Kazem-beki کاظم بیك; nahe einer Mühle, am Ende dieses Dorfes, steht eine hohe Sycomore (چنار Tschinar), in deren Schatten die Reisenden rasten. Von hier führt der Pfad zu dem Flusse Heraz, an dessen Ufer das Dorf Horun liegt. Ueber den Heraz führt eine feste, auf zwölf Bogen ruhende Brücke, sehr lang und eben so hoch über dem Flusse wie die Brücke über den Babul; sie ist jedoch nicht breit und in der Mitte hoch gewölbt. Bei heller Witterung ist von hier das kaspische Meer zu sehen. Das Bett des Flusses ist breit, aber seicht, so dass man ihn im Sommer leicht durchwaten kann. Nur die zwei oder drei mittelsten Bogen der Brücke stehen im Wasser, die übrigen auf dem Sande; zur Zeit der Ueberschwemmung aber sind alle zwölf Bogen unter Wasser gesetzt, welches an manchen Stellen selbst über die Ufer tritt. Die Bogen haben die Form von Halbkreisen und werden deshalb Tscheschme چشمه, „Augen“ genannt. Die Erbauung der Brücke wird in die Zeit des Imam Hasan gesetzt.

Die Bewohner der Umgegend erzählen, die Brücke sei von einem wohlthätigen Reisenden erbaut worden, welcher bemerkt hatte, dass viele Menschen bei dem Durchwaten des Flusses ertranken. Da die Behörden und Grossen der Stadt ungeachtet seiner Vorstellungen sich nicht zu dem Bau entschlossen, trug er selbst die Kosten und verfluchte alle obrigkeitlichen Personen, die es wagen würden, über die Brücke zu reiten,*) mit Ausnahme derer, welche nicht den Titel Khan führen.

An der Brücke stand früher eine Festung, die aber jetzt nicht mehr existirt. Gegenüber dem Dorfe Horun, auf dem westlichen Ufer des Heraz, liegt die Stadt Amul. Von Barferusch bis Amul rechnet man sieben Farsakh subuk, oder eine Tagereise.

---

*) Gmelin bemerkt, S. 644: Nach Erzählung der Perser gehen obrigkeitliche Personen, welche die Brücke passieren, zu Fusse über die Brücke und führen ihr Pferd hinter sich.

AMUL.

In historischer Beziehung ist Amul eine der wichtigsten Städte am südlichen Ufer des kaspischen Meeres und ihr Name wird sowohl in der Geschichte Tabaristans, als der alten und mittleren Geschichte Persiens häufig genannt. Amul war die Residenz mehrerer Ispehbeden von Tabaristan, der arabischen Feldherren, der Hasaniden, Husseiniden und Seïden, deren Stammvater, Mir Buzurg Kewam-ed-din, den grössten Theil seines Lebens hier zubrachte und auch hier beerdigt ist; in Amul wurde die Khutba خطبه für ganz Tabaristan und das Heil des Volkes gelesen. Viele mohammedanische Gelehrte sind in Amul geboren, unter ihnen Abu Dscha'far Muhammed ben Dscherir et-Tabari, gestorben 316 d. H. Als Handelsstadt war Amul bekannt durch seine baumwollenen Zeuge, die von hier aus in die Nachbarländer gingen, und durch seine Sedschde سجده oder Gebetteppiche.

Ueber die Gründung Amuls geben die Geschichtsschreiber eben so wenig Sicheres wie über die Gründung von Sari und setzen dieselbe in die entferntesten Zeiten, nämlich in die Regierung Kejumers, Zokhak, Dschemschid, Huscheng und anderer. Der Verfasser der Geschichte von Tabaristan nennt als Gründer einen König Firüz فیروز und giebt bei dieser Gelegenheit folgende Erzählung, die ich als ein Beispiel der Erfindungsgabe orientalisher Historiker hier mittheilen will*).

An der Stelle des heutigen Amul liessen sich zwei Brüder, Uschtad اشتاد und Jezdân یزدان, nieder und erbauten zwei Dörfer, Uschtad-rustak اشتاد رستاق und Jezdân-Abad یزدان آباد. Uschtad hatte eine Tochter von wunderbarer Schönheit, in deren Bild sich

*) Zahir-ed-din. Pag, 22 u. f.

der König Firüz, als er es einst im Traume sah, dergestalt verliebte, dass er seine ganze Ruhe verlor. Alle Bemühungen des Königs, diese unbekannte Schönheit aufzufinden, blieben lange Zeit vergebens, bis er sich endlich an einen Freund und Verwandten, Mihr Firüz, wendete und diesen bat, ihm zu helfen. Dieser machte sich sogleich auf, um Tabaristan zu durchforschen und kam nach Kusan کوسان (wo später einer der Seïden, Babulkani بابلکانی, residirte). Hier begann er seine Nachforschungen. Ein ganzes Jahr wanderte er in Tabaristan umher, bis er eines Tages in einem Walde am Ufer des Meeres seinen Weg verlor und an den Fluss Aläm *) اهلم kam. Als er hier am Ufer entlang wanderte, sah er plötzlich die Schöne vor sich, welche er so lange gesucht hatte, und die mit dem Waschen der Wäsche beschäftigt war; er knüpfte ein Gespräch mit ihr an, begleitete sie nach Hause und warb nach drei Tagen um ihre Hand. Sobald ihm diese zugesagt war, schrieb er an den König, und Firüz war über die Nachricht so erfreut, dass er seiner zukünftigen Gemahlin ganze Ballen von Gold und Kostbarkeiten schickte. Mihr erklärte nun der Braut, dass er nicht für sich, sondern für einen König um ihre Hand geworben habe; die Schöne wurde nach Balkh geleitet und vermählte sich dort mit dem Könige. Nach einiger Zeit legte Firüz seiner Gemahlin folgende drei Fragen vor: wie kommt es, dass die Augen der Frauen Euerer Gegend so bezaubernd, ihre Lippen duftender und ihr Körper zarter ist als aller anderen Frauen? Die Königin antwortete sogleich (im mazanderanischen Dialekt): „Unsere Augen sind schwärzer und reizender, weil wir beim Erwachen des Morgens in frisches Grün sehen; unsere Lippen sind duftender, weil wir eine Pflanze essen, die in unserer Gegend Badrendsch-buja بادرنج بویه (Krausemünze) genannt wird, und unser Leib ist zarter, weil wir im Winter seidene, im Sommer leinene Gewänder tragen.“ Der König war mit dieser Antwort so zufrieden, dass er versprach, jeden ihrer Wünsche zu erfüllen, worauf die Königin entgegnete, sie wünsche nichts weiter, als an der Stelle ihrer Geburt, nahe dem Heraz هرهز, eine Stadt zu sehen, die ihren Namen trüge. Der König erfüllte ihren Wunsch, und da seine Gemahlin Amule آمله hiess, d. i. „der Tod möge dich nicht erreichen,“ so erhielt die Stadt den Namen Amul. Zuerst

*) Der Aläm oder Alämrud entspringt aus dem Heraz.

wurde sie auf einer Anhöhe erbaut; da man aber das Wasser aus dem Heraz nicht dorthin leiten konnte, so befahl Firüz, sie dem Flusse näher zu rücken und mit einem Graben zu umgeben. Die Tiefe des Grabens war 33 Arschin, die Breite ein Pfeilschuss, die Länge im Umkreise 400 Dscherib (1 Dscherib = 40 Arschin). In der Stadt wurde für Amule ein Palast erbaut, in welchem sie später starb. Zahir-ed-din setzt hinzu, dass zu seiner Zeit Amule's Grab noch vorhanden war und dass die Stadt durch den Ispehbed Maziar, Sohn Karens, zerstört worden sei.

Die Bewohner von Amul erzählen, die alte Stadt habe westlich des Heraz gelegen, an einer Stelle, wo jetzt ein mit Gras und Gebüsch bewachsenes Feld ist und wo man noch heute einzelne Steine und Ziegeln findet, letztere in solcher Menge, dass ganz Amul davon erbaut ist und man in der Stadt keine Ziegelbrennereien nöthig hat. Die Zerstörung der alten Stadt schreibt man einer starken Ueberschwemmung des Heraz zu, für deren Urheber man einen Derwisch hält, der, um sich an den Einwohnern zu rächen, die ihm kein Almosen gaben, in das Gebirge ging und den See aufsuchte, aus dem der Heraz entspringt, und einen magischen Stein hineinwarf, worauf der See sogleich stieg und das ganze Uferland überschwemmte. Zu gleicher Zeit stürzte vom Berge ein Felsen herab, der das frühere Bett des Heraz deckte und dem Flusse seine jetzige Richtung gab.

Von alten Bauwerken in Amul sind bekannt: Mir Buzurg-Kewam-ed-din, eine grosse Moschee, südwestlich der Stadt, am Felde, die von Mir Buzurg erbaut sein soll, der auch hier beerdigt ist. Das Grabmal des Seïden ist mit einer geschmackvollen durchbrochenen Kuppel bedeckt. Rechts ist ein Gemach, in welchem Mir Buzurg während seiner Verwaltung Tabaristans lebte, die Thüre jedoch zu demselben ist vernagelt. In der Moschee soll sich, in unterirdischen Gemächern, eine Münzstätte befunden haben und man vermuthet, dass die Treppe, welche hinunterführt, sich in der Mitte der Moschee, nahe dem Grabmal befindet. Die Sage von den Reichthümern der Münzstätte lockt noch heute viele Schatzgräber hieher, doch hat man bis jetzt noch keinen Zugang zu den unterirdischen Gemächern finden können.*) Die Moschee Mir Buzurg

*) Man erzählte uns, dass kurz vor unserer Ankunft einige Leute heimlich bei Nacht in die Moschee gekommen waren, um den Gang aufzusuchen;

wurde unter Schah Abbas, der eine Verwandtschaft mit Kewam-ed-din beanspruchte, restaurirt. Seit dieser Zeit jedoch ist sie ganz verlassen; die Kuppel stürzte bei einem Erdbeben ein, und man erzählt, dass 15 Batman Goldblech davon gesammelt worden seien. Eine steinerne Treppe führt zu dem mit Gras bewachsenen Dache hinauf; von den Gemächern aber, die sich ehedem hier fanden, ist keine Spur mehr zu sehen. Nahe bei Mir Buzurg ist ein kleines steinernes Gebäude, wo sich eine Schule مدرسه befindet.

Zwei Werst von Mir Buzurg, gegen Süden, sieht man auf einem Felde eine alte Kapelle, die den Namen Khizr خضر führt. Die Bewohner Amuls glauben, dass Khizr alljährlich einmal diese Kapelle besucht, um hier zu beten.

Nordwestlich der Kapelle Khizr ist ein Imamzade Ibrahim, eines Nachkommen des siebenten Imams. Das Gebäude ist mit steinernen Mauern umgeben, die an einer Seite ganz verfallen sind, so dass man bequem eintreten kann. Nahe am Eingange zeigt man ein kleines aus Ziegeln erbautes Gebäude, welches den Namen Aschpaz-khane اشپاز خانه, „Küche" führt. Die Thüre des Imamzade ist verschlossen; an der vorderen Seite, nahe der Mauer, sind einige Steine aufgerichtet; hier sollen 72 Anhänger des Imam begraben sein. Der Hof des Imamzade diente als Begräbnissplatz und die Grabsteine stehen hier in grosser Unordnung. In der Mitte steht ein Tschinarbaum, der schon über 200 Jahre alt sein soll.

Nördlich von der Moschee Ibrahim, zwei Werst von der Stadt, sind einige wegen ihres Alterthums berühmte Kapellen oder Gumbad, deren Gründung in die älteste Zeit gesetzt wird. Es sind sogenannte Se-gumbad سه گنبد „Dreikuppeln," und man findet deren im Ganzen fünf.

1. Käbuti-Gumbad کبود گنبد „Blaukuppel;" diese Kapelle hat das Ansehen eines viereckigen Thurmes. Die Kuppel soll früher mit blauen Kacheln belegt gewesen sein und wurde durch ein Erdbeben zerstört. Die eine Wand ist eingestürzt und die anderen sind dem Einsturz nahe. Innerhalb der Ruinen liegt ein Haufen von Ziegeln und das Ganze ist von Schatzgräbern durchwühlt. Die Erbauung dieses Gebäudes schreibt man den Gebern zu.

---

sie wurden aber bemerkt und verliessen ihre Arbeit unbeendigt. Das Loch, welches sie gegraben hatten, ist wieder verschüttet worden.

2. Gumbadi-Nasir-ul-Hakk كنبد ناصر الحق, östlich von Käbuti-Gumbad, nach dem Namen eines Herrschers von der Dynastie der Hasaniden (im 9. Jahrh.) genannt, der hier beerdigt sein soll, ist ebenfalls halb eingestürzt, und im Innern nur ein durchwühlter Haufen von Ziegelsteinen.

3. Schemse-Tebrisi شمس الطبرسی oder Schemse-A'la Rasul شمس اعلا رسول (?), östlich von Nasir-ul-Hakk, war zwei Stockwerke hoch, das obere Stockwerk aber stürzte bei einem Erdbeben zusammen, wobei man einen Kasten mit Gold fand. An der inneren Wand des Gumbad sieht man oben noch bunte Kacheln.

4. Gumbadi-Seïdo-se-tan كنبد سياید سه تن „Kuppel über den Körpern der drei Seïden." Nach Erzählung der Bewohner Amuls sind hier die drei Söhne des Mir Buzurg Kewam-ed-din beerdigt. Das Monument innerhalb der Kapelle ist halb zerstört und jetzt nur ein Haufen Ziegelsteine, unter denen in der Mitte ein grosser unbehauener Stein mit einer kufischen Inschrift und einer Abbildung der drei Denkmäler oder Kapellen war.*) Aus der Inschrift ersieht man, dass in dem Gumbad der Imam Abu-l-kasem ابو القسم, Sohn des berühmten muhammedanischen Theologen Abu-l-mahasen-er-Rujani ابو المحاسن الرویانی, beerdigt war. Die Inschrift hat die Jahreszahl 514 = 1120/21. Die Thüre zur Kapelle ist noch erhalten und wurde wahrscheinlich aus den Trümmern der Kuppel gemacht; am Rande derselben finden sich arabische Inschriften. Das Dach des Gumbad ist mit einem Grase bewachsen, welches unter dem Namen Setab سه‌تب „drei Fieber" bekannt ist. Dieses Gras soll gegen Fieber und Podagra helfen. Nahe der Kapelle sammelt man Insekten, eine Art grüner Heimchen, die unter dem Namen Tauwan توون bekannt sind und ebenfalls als Mittel gegen das Fieber gebraucht werden, indem man sie, nachdem der Mulla ein Gebet darüber gesprochen, auf den Arm legt.

---

*) Die drei Kapellen auf dem Steine sollen wahrscheinlich die drei Tempel in Mekka, Medina und Jerusalem vorstellen. Vergl. Kazwini, Kosmogr. S. 250.

Ich hatte Gelegenheit, diesen Stein von dem Grabmale Setan zu erwerben und habe ihn der Akademie der Wissenschaften übergeben. Die Inschrift ist lithographirt in der Sammlung von Inschriften der Archäol. Gesellschaft, von Herrn v. Dorn herausgegeben.

5. Gumbadi-Muhammed Amuli كنبد محمد آملی, ist ganz zerstört und nur noch das Fundament vorhanden. Die Umgebung ist voller Löcher und Gräben, die mit dornigem Gesträuch und Gras überwachsen sind, so dass es schwer ist hier zu gehen, und ist von Schatzsuchern durchwühlt. Unter dem hier wachsenden Grase findet man auch die Art, welche Tabar genannt wird.

Man erzählt, dass westlich von Amul ein Gang zu einer unterirdischen Galerie führt, die bis an das Ufer des Meeres ging und so hoch war, dass ein Reiter mit einer Lanze darin reiten konnte.

Von alten Gebäuden in der Stadt sind bemerkenswerth: Die Moschee Imam Hasan, Bruder des Imam Hussein, deren Erbauung man in die Zeit des Khalifen Harun-ar-Raschid (793) setzt. Die Moschee ist amphitheatralisch gebaut; an den beiden Seiten des Hofes sind zwei Reihen abgesonderter Zimmer oder Bethallen, von Aussen durch Fenster mit durchbrochenen Gittern verdeckt. Das Hauptgebäude ist zwei Stock hoch und wahrscheinlich schon mehrmals restaurirt worden. In dem oberen Stockwerke befindet sich die Schule. In der Mitte des Hofes ist ein mit rohen Steinen ausgelegtes Bassin, welches jedoch kein Wasser mehr enthält. In den Hof führen zwei Pforten, eine an der Nordseite, die andere an der Südseite.

In der Mitte der Stadt stand früher ein Thurm oder Minaret, von wo aus man das Meer sehen konnte und den man für ein Denkmal auf dem Grabe Iredsch's, des Sohnes Feriduns, hielt; derselbe ist jetzt abgetragen und die Ziegelsteine sind zu anderen Gebäuden in der Stadt verwendet worden. Das Fundament ist so tief im Boden, dass man (im J. 1860) die Ziegeln schon bis zu vier Ellen Tiefe herausgenommen hatte, ohne auf den Grund zu kommen. An den Seiten des Fundaments sieht man zwei Ellen unter der Oberfläche einige Vertiefungen, die als Grabkammern dienten und in denen man Ueberreste menschlicher Gebeine und Bretter von Särgen gefunden hat. Anderthalb Ellen tiefer sind noch eine Reihe solcher Grabhöhlen.*)

Unter der Regierung des Schah Abbas wurde in Amul ein Palast erbaut und ein Garten mit Cypressen angelegt.

*) Im November 1860 wurden aus dem Fundament allein mehr als 2000 Halwar Ziegelsteine herausgenommen.

Die Ausgänge der Stadt, wo früher Thore waren, die aber jetzt nicht mehr vorhanden sind, haben folgende Benennungen: Derwazeï Teheran und Derwazeï Lahedschun لاریجان, führen über die Berge nach Teheran und Laridschan; Derwazeï Barferusch, in der Richtung nach Barferusch; Derwazeï Talikesar تلیکسر und Derwazeï Nur نور, nach dem Meere, dem Dorfe Talikesar und dem Bulük Nur zu gerichtet.

Stadttheile von Amul sind: Maalleï Tschokesar محله چاهسر, so genannt nach dem Brunnen Tschoh چاه, welchen Hadschi Seïd Muhsan in diesem Stadttheile graben liess. Man sagt, dass in früherer Zeit der Heraz durch diesen Stadttheil floss und von dem Flusse aus durch die Stadt Kanäle geleitet waren, so dass jedes Haus einen Wasserbehälter hatte. Diese Kanäle sollen auch zur Bewässerung der umliegenden Reisfelder gedient haben; M. Tidschanadschar محله تیجنجار, „Quartier der Handwerker," mit der von Seïd Zabdor(?) erbauten Mosche Gülschan گلشان; M. Pul-bejur پل بیور,*) am Ufer des Heraz, mit der von Seïd Fazl Ullah erbauten Moschee Ruija روحیه; M. Asijabesar آسیا آبسر, mit Imamzade Ibrahim und einer Mühle, Asija آسیا; M. Mesdschidi-dschoma جمعه, mit einer von Mulla Sawur (?) erbauten Moschee; M. Udangesar اودنکسر, mit einer Wassermühle oder Dreschtenne „Udang;" M. Girejli-khel کیریلی خل, nach einem Stamme der Girejli genannt; M. Karawanseraï-maallä, am Eingange der Stadt, nahe dem Heraz. Der Karawanseraï wird Tschol چال genannt und soll vom Hadschi Ismail Gumi (?) erbaut sein; M. Obembar-maallä اب انبر محله, mit einem von Akhunda Mulla Sawur erbauten Abambar oder Cisterne; ein anderer Abambar in der Stadt heist Hadschi Seïd Ali; M. Halläkäsch; M. Gurek; M. Boghbon-maallä; M. Choschewosch خواش واش; M. Mehdi-khel خل مهدی; Urdascht-maallä اوردشت محلّه; M. Derwische-chel درویش خل; M. Gulisch-khel کلش خل.

Die Strassen in Amul werden nach den Stadttheilen genannt; ausser diesen sind noch bekannt: Kutscheï Herazesar, führt an den Heraz; K. Sarechammom, führt zu Bädern حمام; K. Tschahor su, nach „allen vier Seiten" چهارسو; K. Misker-bazar مسکر بازار; K. Attar عطار; K. Bakkal بقال; K. Segalän oder Naalgeran نعل کران, „Schmiede-

*) Bejur بیور jenseits, beir بیر diesseits.

strasse", mit einer Moschee; K. Kazembeki; K. Sutschma-padschan ساچمه پازن, wo Schrot ساچمه gegossen wird.

Die Stadt hat gegen 1100 Häuser, 4 Karawanseraïen und gegen 10,000 Einwohner; der Malijat von Amul beträgt 8000 Tuman.

Der Distrikt von Amul ist in sieben Bulüks getheilt: Bulük Ahläm-rustak اهلم رستق, nördlich von der Stadt, am Ufer des Heraz; B. Heraz-pej und Dabu هراز پی و دابو, .am Ufer des Heraz, bis an die Grenze von Barferusch; B. Deschti-ser دشت سر, westlich der Stadt; B. Udschi-Abad اجی آباد, südlich von Amul; B. Païn-leteku پایین لیتکو; B. Balä-leteku بالا لیتکو; B. Amul آمل.

Die Amulischen Gebirge haben die Namen: Khuschewosch خواش واش (Neschel نشل), Woz واز und Lawidsch لاویج. In den Gebirgen finden sich Eisenminen. Von Amul bis Teheran rechnet man 25 Farsakh. Der Weg nach Teheran führt über das Dorf Ask, das grösste von den 72 Dörfern des Bulük Laridschan, am linken Ufer des Heraz, der sehr reissend zwischen Gebirgen hinfliesst, in dem Thale des Flusses hin.

Dörfer östlich vom Heraz: Maalleï-horun oder Ghorun-kelä, am Heraz, mit einem Bazar; Bazar-kelä بازارکلا; Scheikh-andoz شیخ انداز, in diesem Dorfe leben herumziehende Berberi und Derwische; Mahmud-Abad-Heraz محمود آباد هراز, 4 Farsakh von Ferikendar, in einiger Entfernung vom Meere, mit Imamzade und Mesdsched, 20 Häuser liegen am Ufer des Heraz. Das Flüsschen Mahmud-âbâd ist für Kirdschim schiffbar; Sijarudesar سیاه رود سر, Sijarusar oder Sijasar, an einem Flusse desselben Namens, am Ufer des Meeres, etwa 20 Häuser, ist 1 Fars. von Mahmud-âbâd entfernt; Tufengo تفنگا, gegen 80 Häuser, an einem Flüsschen gleichen Namens, dessen Fischfang jährl. für 25 Tuman verpachtet wird; Surcherud سرخ رود, wird Bulük genannt, hat gegen 150 Häuser, von denen etwa 40 am Ufer des Meeres. Das Flüsschen Surcherud entspringt aus dem Heraz; der Fischfang in demselben wird für 20 Tuman verpachtet. Der Malijat des Dorfes ist auf 300 Tuman festgesetzt; Katapuscht; Pejlek; Scherme-küti شرم کتی; Kumu-kelä. Von anderen Dörfern Amuls kennt man noch: Uspeï-kelä; Durunesar درونسر; Dirazun درازون; Hadschi-khejzar (Khizr); Scherme-kelä شرم کلا; Ohengär-kelä اهنگر کلا; Tamask; Mehdi-khel مهدی خل; Kaläsun-käsch oder Halä-käsch; Bedschehelä; Roh-kelä; Käsche-kelä; Händu-kelä; Udschi-abad;

Daschti-ser دشت سر, nahe der Brücke Sepul سپل; Takhteband; Käli-kesar; Tataressach, wird Bulük genannt; 'Tali-kesar تلیکسر, 2 Fars. von Amul, wird auch Bulük genannt. Auf einen Besitzer von Talikesar, Namens Jusuf Khan, der seine Unterthanen bedrückte, hat man den in Mazanderan bekannten Vers gemacht: „Jusuf Khan Talikesári, Mohi-bakhurdi bisári', يوسف خان تليكسرى ماهى بخوردى بيسرى, Jusuf Khan von Talikesar ass Fisch ohne Kopf*); Emirde اميرده, am Fusse des Gebirges, 3 Fars. von Amul, Geburtsort des mazanderanischen Dichters Emiri-Pazewari, dessen Lebensbeschreibung die Bewohner in folgender Weise erzählen:

Emir, der Sohn eines schlichten Landmanns aus dem Dorfe Emirde, diente in seiner Jugend als Knecht bei dem Dorfherrn von Pazewar, dessen Tochter Guhera er einst auf dem Felde begegnete. Hiermit beginnen die Begegnungen der beiden Liebenden in der Ebene Pazewar oder am Ufer des Babul, und in diese Zeit fallen die ersten Gedichte des pazewarischen Poeten, in denen er Guhera's Schönheit besingt und seine Liebe mit den raschen Wellen des Tidschan vergleicht. Verfolgungen von Seiten der Verwandten Guhera's zwangen Emir in der Umgegend von Amul eine Zuflucht zu suchen, und er siedelte sich mit seiner Geliebten an dem Berge Karaseng کرهسنك an. Hier entbrannte irgend ein junger Mann in Liebe zu Guhera, benutzte eine Gelegenheit, zwischen den beiden Gatten Unfriede zu stiften, und vertraute sich, um seinen Zweck noch sicherer zu erreichen, einer Alten. Eines Tages, als Emir auf der Jagd war, kam diese zu Guhera, die allein zu Hause war, mit der Nachricht, ihr Gatte sei plötzlich gestorben. Guhera, vom Schmerze überwältigt, erdolcht sich, und als Emir von der Jagd zurückkehrt und seine Gattin todt findet, stösst er sich ebenfalls den Dolch ins Herz.

Als die Bewohner von Pazewar den Tod ihres Lieblingsdichters erfuhren, gingen sie nach dem Karaseng um Emir mit Guhera in einem Grabe zu bestatten und errichteten auf dem Gipfel des Berges

*) Die Muhammedaner theilen die Fische in Schil-harom شيل حرام, zu essen verboten, ohne Schuppen, gewöhnlich Seg-mohi سك ماهى genannt, nnd Schil-halâl شيل حلال, gesetzlich zu essen erlaubte, mit Schuppen. Jusuf Khan soll Fische ohne Schuppen aber ohne die Köpfe gegessen haben. Der Sinn des Verses soll der sein, dass Jusuf Khan jeden Monat ماهى einen Menschen سر (Kopf) tödtete بخورده بى.

ein Denkmal, dessen Ueberreste sich noch dort finden sollen. Aus den Poesien Emirs jedoch geht hervor, dass er Guhera noch lange überlebte und ein hohes Alter erreichte*), wie man z. B. aus den Versen sieht, die häufig von dem Volke der Mazanderanen gesungen werden: امیر گته من پیر بیّمه ناگمونی * آسایه عقل وستّا پیشتره جوانی. Emir sagte, ich bin ein Greis ohne Verstand; jetzt besitze ich nicht den Geist, den ich in meiner Jugend hatte; oder: امیر کته خلا مره زن هده * پسر زیاد دتر مره کم هده. Emir sagte, gebt mir jetzt ein Weib, (weil) ich viele Söhne habe und meine Tochter mir gestorben ist!

Nördlich von Amul, am Ufer des Meeres, liegen die aneinander grenzenden Bulüks Nur, Kudschur, Kelärestak und Tenakobun.

Der Bulük Nur, nach Zahir-ed-din (S. 135) früher ein besonderer Bezirk, mit der Festung Nur. Das Uferland zwischen den Flüssen Alamrud, östlich, und Suläde, westlich, hat folgende Parzellen und Dörfer, die in Jailak und Kyschlak getheilt sind:

Jailak sind: Kup کپ; Lawidsch لاویج, nahe dem Berge des gleichen Namens; Danku دانکو, am Fusse des Berges Danku; Nusan نسن, Pel پل; Angirud انکرود; Kudschur کجور (?); Läzur لزور; Pespers پیسپرس; Kalidsch کالج. — Kyschlak sind: Schahri-kelä und Abbasu شهر کلا و عباسو; Kendiäb und Saliäkuti کندیاب و سل یاکتی; Sejd-kelä und Uzerud سدکلا و اوزرود; Abdulla-abad und Limat عبد الله آباد و لی مت; Arabekhil und Kurdil-kelä عرب خیل و کردل کلا; Natik-kelä und Rustemrud ناطق کلا و رستم رود; Naïdsch und Izede نایج و ایزد ده; Leschkenar und Suläde لش کنار و سلده.

Dörfer am Ufer des Meeres, von Osten nach Westen: Aläme, $1^1/_2$ Farsakh vom Ufer, an dem Flüsschen Alämrud اهلم رود, welches aus dem Heraz entspringt, mit einem Imamzade Sejd Zein-ul abedin سید زین العابدین, Grenzdorf zwischen den Gebieten Amul und Nur; Izede ایزد ده, an einem Flüsschen gleichen Namens, hat gegen 100 Häuser, ist vom Heraz 1 Fars., vom Sijarudesar 2 Fars. entfernt. Das Flüsschen Izede ist bei hohem Wasserstande für Kirdschim schiffbar; der Malijat der Parzelle wird auf 800 Tuman

*) Chodzko, Specimens of the popular Poetry of Persia, Pag. 510 ff. nennt den Dichter von Pazewar, Scheikhi Tabersy; in Mazanderan selbst hörte ich ihn nie anders als Emir Pazewari nennen. Ueber das Leben des Dichters siehe die Lieder bei Chodzko, Pag. 570, 571, 573, 577 u. a.

geschätzt. Viele Bewohner sind Seïden und Mullah's. Die umliegenden Felder sind fruchtbar. Die Kaufleute aus Baku führen von hier jährlich gegen 1000 Halwar Reis aus. Von Izede nach Teheran rechnet man sechs Tagereisen; auf dem halben Wege dorthin liegt das Dorf Baläde, wo, wie man erzählt, der frühere Sadr-azam geboren war; Haschim-rud هاشم رود, nahe dem Ufer des Meeres, an einem Flüsschen desselben Namens; Rustem-rud رستم رود, an einem Flüsschen desselben Namens, am Ufer des Meeres, 50 Häuser, Malijat 800 Tuman; Suläde سلاده, 1 Fars. von Rustemrud, 2 Fars. von Izede, 3 Fars. von Alämrud, 4 Fars. von Mahmud-abad entfernt, wurde erst vor einigen Jahren unter dem Sadr-azam Mir Aga Khan bevölkert und hat etwa 200 H. mit 20 Kaufläden. Der Der Fluss Suläde entspringt auf dem Berge Lawidsch لاويج und ist für Kirdschim schiffbar. Der Malijat der Parzelle beträgt 2000 Tuman. In der Umgegend wird Reis gebaut; Seide gegen 40 Batman jährlich. Dem Dorfe gegenüber liegt ein kahler Berg, Surdar صوردار genannt; Tschemozestun oder Tschumasan چوماسان, nahe dem Gebirge.

Im Bulük Nur findet man Eisen, Kupfer und Blei nicht allein in den Gebirgen, sondern auch in den Betten der Flüsse. Die Bergwerke sind zum grössten Theil in Tschumasan چوماسان und Tenaka تنكه und sollen einen Reinertrag von 2000 Tum. jährlich geben. Der in Nur gegossene Schrot wird nach Teheran geschickt. Der Malijat dieses Bulüks beträgt 16,000 Tuman. Für die Zuckersiedereien in Barferusch liefert dieser Bulük eine bedeutende Quantität Zuckerrohr.

Der Bulük Kudschur كجور, auch Kuhistan كوهستان „Bergland" genannt, an der Küste, zwischen den Flüssen Suläde, östlich, und Tschalüsrud, westlich, war nach Zahir-ed-din (S. 17, 100, 112 u. a.) Residenz des Feridun Gowsewar und die Festung Kudschur كجور stand damals in grossem Ansehen.

Der Bulük hat folgende Parzellen und Dörfer: Pendscherustak پنجك رستاق, Zande-rustak زاندرستاق, Kuper كوه پهر, Läschek لاشك, Schahri-kudschur شهر كجور, Ankaz انكاز, Firüz-kelä فيروز كلا, Karan كران, Khirud-kenar خيرود كنار, Tschelender چلندر, Narendschbun نارنجك بند, Kätschelestak كچلستاق.

Am Ufer des Meeres findet man, von Osten nach Westen, folgende Dörfer und Flüsschen: Zwei Flüsschen Alämi, von denen das westliche buzurg بزرك, das „grosse" genannt wird; die Dörfer

Katschrud کچرود, Alü-kelä علوی کلا, (in der Parzelle Firüz-kelä), 200 H.; Namäk-oberudesar نمك اب رودسر, Sarin-kelä oder Saläh-eddin-kelä صلاح الدین کلا, an einem Flüsschen desselben Namens, 2 Werst vom Meeresstrande, auf einer Ebene, 40H., wo viel Pfeffer- und Krausemünze wächst. Die Einwohner sind zum Theil Abdulmeliki. Das Dorf dient als Manzil; westlich desselben wachsen, am Ufer des Meeres, unter anderen Azad نی ازاد, Granaten انار und Aepfelbäume, Alütscha الوچه, Schabkhus شب خس „Nachtschläfer", deren Blätter sich in der Nacht schliessen; Schemschot شمشاد, wächst an diesem Theile der Küste gleichmässig hoch und so dicht, dass man die Wälder kaum durchdringen kann. Nur hie und da ist in dem Dickicht ein kleiner Zwischenraum von einigen Klaftern Breite, worauf die dichte Masse sich wieder mehrere Werst ununterbrochen fortzieht, an der ganzen Küste hin, in einer Strecke von 50 Werst und länger. Am Ufer im Walde nomadisieren hier Ilät oder Zigeuner, die mit ihren Familien in Zelten leben, zum grössten Theil am Rande der Wälder. Die Kaufleute aus Baku führen von Sarin-kelä Reis aus. In dem Nachbardorfe Narendschebun نارنج بن werden viele Pomeranzen „Narendsch" نارنج gezogen; Aliabad-kutschik علی آباد کوچك, an einem Flüsschen desselben Namens, am Ufer des Meeres, 1/2 Fars. von Sarin-kelä; Naurud نورود (?); Tschelender چلندر, an einem Flüsschen desselben Namens, 2 Fars. von Sarin-kelä, 4 Fars von Suläde, hat gegen 100 Häuser; das Dorf liegt am Fusse des Diwe-sefid دیو سفید, „der weisse Diw". Auf dem Berge soll zur Zeit der Feueranbeter eine Festung gestanden haben, in welcher Diwe und böse Geister hausten. Noch jetzt soll sich ein tiefer von Schemschot-Bäumen überwachsener Graben dort finden, unter denen einer, Afro افرا genannt, sich durch seine Höhe besonders auszeichnet. In dem Berge sollen sich Kupferminen finden und in den umliegenden Wäldern sollen Tiger hausen. Das Flüsschen Tschelender ist tief genug, so dass man mit Nau نو (Kulaz) hinüberfahren muss. In der Umgegend des Dorfes sollen sich Seen finden; Duzdek-rud دزدك رود, an einem Flüsschen desselben Namens, 3 Fars. von Sarin-kelä, liegt auf einem Hügel nahe dem Meere. Bei dem Dorfe soll sich ein See finden. Von Bäumen wachsen hier Schemschot, Schabkhus, Aludscha u. a.; Bandepej بندپی; Khirerud خیررود oder Khirud-kenar, 4 Fars. von Sarin-kelä, 2 Fars. vom Ufer des Meeres; Emir-rud امیر رود, nahe am Meere.

Ausser Schemschot wachsen hier Aepfel- und Granatbäume u. a. m. Aliabad- buzurg علی آباد بزرك, an einem Flüsschen desselben Namens; Tscheschme-ab چشم آب oder Seng-tadschen سنك تاجان; Kerkerusar كركروسر (in der Parzelle Karan), an einem Flüsschen desselben Namens, in welchem Fischfang betrieben wird; Tschalüs چلوس oder چالوس, 3 Werst vom Ufer des Meeres, gilt als Grenzdorf zwischen den Bulüks Kudschur und Kelärestak. Das Flüsschen Tschalüs-rud entspringt auf dem Berge Delir دلير und ist ziemlich tief; der Fischfang wird für 50 Tuman jährlich verpachtet. Zur Zeit des alten Tabaristan war Tschalüs der Wohnsitz der Seïden, von denen (nach Zahir-ed-din S. 561) Seïd Zahir-ed-din, Sohn des Seïd Ali, und sein Sohn Seïd Fazl-ullah hier begraben liegen. Im Bulük Kudschur leben viele Khadschewend خواجه وند, Scherefwend شرف وند, Abdul-Meliki عبد الملكى u. a., die aus Kurdistan und Schiraz hieher übergesiedelt wurden.*)

Der Bulük Kelärestak, am Ufer des Meeres, zwischen den Flüssen Tschalüs-rud, östlich, und Namäk-abi-rud, westlich, war (nach Zahir-ed-din, P. 67, 77, 138 u. f.) ehedem ein besonderer Bezirk, mit der Festung Kelär; und hat folgende Parzellen und Dörfer: Daschti-Kelärestak دشت كلارستاق; Kelärestak-birenbaschm كلارستاق بيرون بشم, Kuhistan كوهستان, östlich am Berge Aländ الند, westlich am Berge Delir دلير; Kelaredascht كلار دشت, diese Parzelle soll gegen 100 Dörfer enthalten. Der Malijat ist 1000 Tuman. Der Berg führt den Namen Schah-aläm-dor شاه علم دار, an diesem liegt das Dorf Lägu لاغو, mit 300 H.; das Dorf Kelärestak, 1 Fars. von Kerkerusar, 5 H. am Meere.

Dörfer am Ufer des Meeres, von Osten nach Westen, sind: Läpuwek لپاوك; Ureng اورنك, nahe am Ufer etwa 40 H., 4 Farsakh von Tschelender; Sard-obe-rud سرد آب رود, an einem Flüsschen desselben Namens, welches in Kelaredascht auf dem Schah-alämdor شاه الم دار entspringt und an der Mündung für Kirdschim schiffbar ist; Nudek نوديك, nahe dem Meere 6 H.; Imam-rud امامرود; Atschrud اچرود; Naurudeser نو رود سر, 1 Fars. vom Ufer des Meeres,

*) In Mazanderan zählt man in den an der Küste liegenden Bulüks 454 Khadschewend, 200 Abdulmeliki, 100 Amranlü, 164 Laridschanen, 80 Talischiner, gegen 250 Afghanen, 30 Kylydschly, 50 Kurden — Dschanbeglu und Madanlü, 500 Türken — Girejli, Usanlü, Belüdschi.

nahe dem Berge Madubann, مدو بند. Hier wohnt der Stamm Madu مدو; auf dem Berge soll sich das Grab des Propheten Daniel دانیال befinden, zu dem man „Ziarat“ macht; Namäk-obe-rud نمك آب رود, 2 Werst vom Meere, nahe dem Dorfe Kelärestak, an einem Flüsschen mit salzigem Wasser („Namäk“ نمك Salz), an dessen Mündung zur Zeit der Kijanen (کیان) am Strande des Meeres eine Festung gestanden haben soll, ist Grenzort zwischen den Bulüks Kelärestak und Tenakobun.

Im Bulük Kelärestak leben viele Khadschewend u. a.; der Maljat beträgt 1000 Tuman.

Der Bulük Tenakobun تنکابن, wo ehemals die Nachkommen des Mir Buzurg-Kewam-ed-din, regierten, grenzt an Gilan, nahe dem Flusse Surkhani سرخانی. Zu diesem Bulük gehören folgende Parzellen und Dörfer: Sijarustak سیارستاق; Kulidschan کولی جان, Wohnohrt des Verwalters von Tenakobun; Mijana میانایه; Mazardascht مذردشت und Khurrem-âbâd خرم آباد; Sijawerzbabaläde سیاورز بابلده; Zewar زوار und Nischta نیشتا; Länka-dschurband لنکا جوربند und Länka-Dschir-band لنکا جیر بند; Kelär-âbâd کلار آباد; Ischkewerat اشکورات und Duhazor دو هزار, ersteres Jailak der Bewohner von Sijakelärud in Gilan.

Am Ufer des Meeres, von Osten nach Westen, sind folgende Dörfer und Flüsschen: Paleng-rud پلنك رود; Aspe-rud اسپه رود; Tilrudesar طیل رودسر; Dschemschid-âbâd جمشید آباد; Aspetschin اسپچین, nahe am Meere, 13 Talär; hier soll früher ein Thurm gestanden haben, Usman Pascha عثمان پاشا genannt, der vor etwa 300 Jahren zerstört wurde und aus dessen Steinen die Häuser des Dorfes Abbas-âbâd erbaut worden sein sollen. Abbas-abad عباس آباد, 1/2 Fars. von Aspetschin, gehört zu der Parzelle Länka; in der Nähe des Dorfes fliessen die Flüsschen Muhammed-Hussein-âbâd und Aspetschin; am Strande zählt man etwa 25 Häuser; die Berge heissen Kurma کورما, Daku داکو, Sehazor سه هزار und Duhazor دو هزار; die Felder des Dorfes sind mit Reis besät und die Kaufleute aus Baku führen davon jährlich an 40 Halwar aus; die hier erbaute Seide wird nach Rescht verkauft; das Dorf liegt an dem Flusse, eine halbe Werst vom Meere und zieht sich bis an den Kazimrud hin; es hat viele steinerne Gebäude. Taze-âbâd تازه آباد; Nischta نیشتا, mit einem Flüsschen, das für Kirdschim schiffbar ist, 6 Farsakh von Kerkerusar; Izarud اذارود, an einem

Flusse, dessen Fischerei für 30 Tuman jährlich verpachtet wird; Zewar-kelä زوار کلا, an einem Flüsschen desselben Namens, liegt im Walde, 3 Werst vom Ufer und nahe dem Dorfe Nischta; Tir-purde-sar تیر پرده سر oder Tilpelesar, an einem Flüsschen, über welches man auf einem Nau نو fährt, liegt im Walde Kotsch (?), in welchem sich Panther aufhalten sollen, 1/2 Fars von Zewar; Naurud نورود (?); Tscheschme-kelä-khurrem-âbâd چشمه کیله خرم آباد, gegen 30 Häuser, mit einer Moschee, 4 Fars. von Abbas-âbâd, 2 Farsakh von Zewar, 1 Fars. vom Gebirge entfernt; in der Nähe des Dorfes ist ein kleiner See; der Berg heisst Maran مران. In Khurrem-âbâd wachsen Tchinar-, Azat-, Granatbäume u. a. Khuban-rizga خوبان رزکا; etwa 30 Familien. In der Umgegend wird Reis gebaut; die Bewohner treiben auch Seidenzucht. Das Klima des Dorfes ist ungesund, weshalb die Bewohner im Sommer näher zu dem Gebirge ziehen, welches hier etwa 5 Fars. vom Meere entfernt ist. Mazar مذر (Khuschke-mazar), an einem fischreichen Flüsschen, das auf den Bergen Maran und Du-hazor entspringt. Asijarud اسیارود; Schirud شیرود oder Schirerud, mit einem Imamzade Seïd-Hussein, 4 Fars. von Zewar, 5 Häuser nahe dem Meeresufer; Tirum طیروم; Tschalek-rud چالك رود, an einem Flüsschen desselben Namens, dessen Fischfang für jährlich 20 Tuman verpachtet wird, gilt als Grenzort der Bulüks Tenakobun und Sakhtesar.

Zu dem Bulük Sakhtesar سخت سر, der zu Tenakobun gehören soll, gehören folgende Dörfer am Ufer des Meeres, von Osten nach Westen: Schurobesar شوراب سر; Sadat-maallä سادات محله oder Seïd-maallä, mit 40 Häusern, 3 Werst von Ufer des Meeres, von vielen Seïden bewohnt; Namäk-obe-rud (?) نمك آب رود; Gärmerud کرم رود, gegen 20 H. am Meeresstrand, die übrigen weiter vom Meere ab. Die Häuser dieses Dorfes haben fast alle einen Talär, wo sich die Bewohner im Sommer während der Hitze aufhalten. Von den Talärs aus kann man das Meer sehen. Zu Gärmerud gehören die Dörfer Abi-gärm آب کرم und Salmerud. Abi-gärm, 8 Häuser, mit einem Asitâne, ist berühmt durch seine Schwefelquellen; es hat vier Bassins, in denen das Wasser heiss „gärm“ کرم und salzig „schur“ شور ist, liegt 6 1/2 Fars. von Zewar, 4 Fars. von Khurrem-abad, 1/2 Fars. von Seïd-maallä. Die Gebirge treten hier dem Ufer des Meeres nahe, man nennt sie Marku مارکوه und Zenbil زنبیل. In früherer Zeit soll auf dem Marku eine Festung „Kal'a“ قلعه gestanden haben, wesshalb der Berg auch Kala genannt wird; Salmerud, 1 Werst vom Ufer des Meeres und eben so weit von Gärmerud, 50 Familien. Die drei Dörfer sind durch den Wald eines vor dem anderen verborgen. Sakhtesar, unterhalb Abi-gärm, soll 400 Häuser haben, 1/2 Fars. vom Meere 30 Häuser; Narendschbun نارنج بن (?); Kundesar كندسر; Zekkîn-maallä زكين محله; Akhunda-maallä آخوند محله; Karkät-maallä كركت محله; Teng-derre تنك دره, mit einem Imamzade; Turke-rud ترك رود; Derja-puschte دريا پشته. Ausser diesen gehören zu Sakhtesar noch die Dörfer: Ramäk رمك; Tschuwaresar چورسر; Talysch-maallä طالش محله; Uskuneku اسكناكو; Tusasan توساسان; Lämtar لمتر; Futuk فوتوك.

Sakhtesar, eben so wie Tenakobun, gehört theilweise zu Gilan. In dem Bulük wohnen 100 Usanlü und Khadschewend, die grösstentheils den gilanischen Dialekt sprechen. Im Bulük Sakhtesar wird viel Reis gebaut, und Seidenzucht und Viehzucht betrieben.

Tenakobun ist berühmt durch seinen Reichthum an Weizen, der von hier nach Gilan, Kazwin und Russland (Baku) verfahren wird. Die Seide von Tenakobun ist nicht besonders schön und wird meist von den Bewohnern selbst verbraucht. Die Flüsse sind fast alle reich an Fischen, insbesondere der Mazar, und bringen zusammen ein jährliches Einkommen von 560 Tuman; der Malijat, mit Kelärestak und Kudschur, beträgt 6000 Tuman.

Der Weg aus Tenakobun nach Teheran geht im Sommer über die Stationen Maran مران, Alämut الموت, Talhan طالقان, Kurdan كردان, in fünf Tagereisen. Im Winter ist der Weg sehr beschwerlich.

Als Grenze zwischen den Provinzen Mazanderan und Gilan nimmt man den Fluss Surkhani oder Sefid-temische an. Der Name Temische تميشه findet sich schon in der Geschichte des alten Tabaristan, und Zahir-ed-din sagt, Feridun habe daselbst seine letzten Lebensjahre zugebracht.

Die Dörfer in Mazanderan, soviel ich darüber erfahren konnte, sind „Arbabi“ اربابى, d. i. solche, die von der Regierung in Pacht gegeben werden, „Khalise“ خالصه, die als Lehn „Tijul“ تيول gegeben werden und „Wakf“ وقف, die, nach dem Schariat, der Geistlichkeit oder anderen Personen gehören.*) Vielleicht bestehen bezüglich

*) Pollack: Persien, das Land und seine Bewohner; Bd. 2, S. 122 theilt die Dörfer in Persien, in: 1. Arbabi, 2. Rajeti, 3. Wakf, 4. Khalise, 5. Tuil und 6. Milkechass.

dieser Ländereien besondere Gesetze, die aber nicht beachtet werden, denn die Regierung nimmt zu jeder Zeit den „Tijul“ dem „Tijuldâr“ تیولدار, oder die Ländereien den Arbab wieder ab und giebt sie anderen in Pacht u. s. w.; nur die Wakf-Ländereien werden von der Geistlichkeit festgehalten und die Regierung kann von diesen keinen Nutzen ziehen. Dorfherr kann jeder werden, der das Geld hat, ein Dorf zu pachten, welches er dann als sein Eigenthum und dessen Bewohner er als seine Unterthanen „Raijat“ betrachtet, die nach herkömmlicher Weise für den Herrn arbeiten müssen. Sind die Unterthanen mit einem Herrn nicht zufrieden, so gehen sie zu einem anderen oder wo möglich in die Stadt. Solche Uebersiedlungen haben keine Schwierigkeiten, namentlich wenn der Dorfherr nicht gerade ein vornehmer Mann ist. Die nach anderen Orten Uebergesiedelten werden als Garib غریب, „Fremdling“ betrachtet. Hat ein Garib Vermögen, so kann er selbst eine Art von Dorfherr werden, wenn er von dem Arbab ein Stück Land in Pacht nimmt. Die Pachtverträge werden nach den herkömmlichen Bedingungen geschlossen; das Land wird nach Dscherib vermessen und der Werth je nach der Fruchtbarkeit des Bodens bestimmt, z. B. ein Dscherib besäetes Tschältik چلتك (Reisfeld) wird 1 Tuman taxirt, ein Dscherib für Weizen „Gändum“ گندم, Baumwolle „Pamba“ پنبه, Gerste „Dschou“ جو wird höher taxirt und sogar nach Viertheilen „Tschel“ چل gemessen, für jedes Tschel Baumwolle oder Weizen etwa 1 Karan (30 Kop. Silber). Der Pachtzins wird gewöhnlich in Früchten von dem Felde selbst bezahlt, je nach dem Uebereinkommen, ebenso für andere Dinge, wie z. B. für Ochsen, die ein Garib von dem Dorfherrn miethet, desgleichen die Bezahlung für den „Mirab“ میرآب oder Wasserinspector, der die Bewässerung der Felder aus den Flüssen leitet und beaufsichtigt, für den Feldwächter — Gudaren u. s. w. Die Produkte, welche der Pachter an den Dorfherrn abzugeben hat, nennt man „Hasil“ حاصل. Die Zahlung für unbewässertes Land wird „Baridscha“ بارچه genannt. Die Hauptprodukte des Ackerbaues in Mazanderan sind Tschaltik, Bagilä, Baumwolle und Zuckerrohr. Ueber den Anbau dieser Produkte konnte ich einige Angaben erhalten, die ich hier in der Kürze mittheilen will.

Tschaltik (ungereinigter Reis) oder Scholi شالی, auch bindsch بینج, wird gewöhnlich nach dem Nauruz, gegen Ende des

März, gesäet. Anfänglich wird der Tschaltik zu Hause nur mit Wasser angefeuchtet, hierauf aber mit Schlamm oder noch gewöhnlicher mit Gras „Palham“ bedeckt. Nach zehn Tagen wird dann das Scholi herausgenommen und auf die Felder „Bidschar“ *) بيجار gebracht, wo man es in schlammigen oder lehmigen Boden in Furchen säet. Zum Säen bedient man sich eines Maasses, „Kilä“ كيل genannt (20 Kilä = 1 Halwar). Sobald der Tschaltik 1/4 Elle hoch gewachsen, nimmt man ihn mit der Wurzel heraus, pflanzt ihn einzeln in nassen Boden und bewässert ihn mit Flusswasser, so dass er unter Wasser steht. Nach Verlauf eines Monats gätet man das Unkraut „Widschin“ وجن aus, und nach vier Monaten, wenn der Tschaltik zwei Ellen hoch ist, lässt man das Wasser von den Bidschar ab.**) Der reife Tschaltik wird mit Sicheln „Darrä“ درّه geschnitten, etwa 1/2 Elle über dem Boden, und hierauf an einen trockenen Ort gelegt. Hierauf breitet man ihn reihenweise auf dem Boden aus und treibt einen Ochsen oder ein Pferd darüber, um ihn zu dreschen. Der so gedroschene Tschaltik wird dann mit Schaufeln „Fije“ فيه in die Luft geworfen, um ihn von der Spreu zu säubern. Der Scholi wird später in Wassermühlen oder sogenannten „Deng“ دنك von den Hülsen befreit. Die Deng sind auf folgende Weise gebaut. Eine Grube wird mit Holz ausgefüttert und dann an den beiden entgegengesetzten Seiten zwei Pfähle eingerammt, deren obere Enden durch einen Balken verbunden sind. In der Mitte des letzteren wird ein langer Balken wagerecht angebracht, dessen breites und schwereres Ende, welches gerade über dem mit Tschaltik angefüllten Loche schwebt, mit Zacken versehen ist. Indem man dann das schmalere Ende herabdrückt, hebt man das schwerere Ende etwa 1 1/2 Elle und lässt es dann plötzlich fallen, die Zacken schlagen so in den Tschaltik in der Grube und dreschen die Körner aus. Der so gedroschene Tschaltik wird auf Breter geschüttet und in die Luft geworfen; die Spreu wird durch den Luftzug bei Seite getrieben und die Körner bleiben auf den

*) Eingedämmte Felder, damit das zur Bewässerung dahin geleitete Flusswasser nicht ablaufen kann.

**) Es giebt verschiedene Namen für Tschaltik, wie Gärme-gärme كرم كرم, Frühlings-Tschaltik; Esfe-zaräk اسفه زرك, grauer Tschaltik; Zaräk زرك, De-zaräk ده زرك, Zaräke-bindsch زرك بينج, oder Surche-zaräk سرخ زرك, junger Tschaltik, wenn die Körner noch rund sind.

Bretern liegen. Um aus dem Reis „Tschelou“ چلاو zu bereiten, braucht man denselben nur mit Wasser abzukochen und zu salzen; dies ist die gewöhnliche Nahrung der arbeitenden Klassen. Die Bereitung des Pilou پلاو ist complicirter. Man lässt den vorher kalt abgewässerten Reis etwa zehn Minuten in heissem Wasser über dem Feuer, schüttet ihn dann auf ein Sieb und begiesst ihn mit kaltem Wasser; hierauf wird er wieder in einen Kessel geschüttet, in welchem man vorher Butter (1 Loth auf 1 Pfund Reis) zerlassen hat, worauf man Ali-buchara, Kischmisch, Datteln, Safran, Nelken oder Zimmet, gekochtes Geflügel u. dg. hinzuthut. Der Kessel wird dann $1^1/_2$ Stunde auf glühende Kohlen gesetzt und nochmals mit Butter übergossen. Diese Speise wird von den Landleuten nur selten bereitet, weil sie kostspielig und mit vielen Umständen verbunden ist. *)

Die Reinigung des Tschaltik ist vorzugsweise Frauenarbeit. Zwei Frauen können an einem Tage einen Halwar reinigen. Das Tagelohn für einen Arbeiter an der Mühle „Asija“ آسیا beträgt gewöhnlich 1 Karan, und wird in der Regel mit der Frucht selbst bezahlt, wenn diese nicht im Preise höher steht. Der Reis wird jährlich in grosser Menge aus Mazanderan nach Teheran gebracht, und da der Preis mit jedem Jahre steigt, so ziehen die Dorfherren vor, ihre Arbeiter in baarem Gelde zu bezahlen. Der Halwar Reis, welchen man früher mit $1^1/_2$ bis 2 Tuman bezahlte, kostete im Jahre 1861 mehr als 3 Tuman. Gerste „Dschou“ war von drei Karan auf mehr als 1 Tuman gestiegen. Ein Batman Baumwolle (= $7^1/_2$ Pfund) wurde mit drei Karan bezahlt. Reis und Gerste wachsen grösstentheils in Aschref und vorzugsweise in Sari. Der beste Reis „Ambarbu“ عنبربو wird in Astrabad gebaut und steht hoch im Preise. Man rechnet von einem Halwar Tschaltik Aussaat auf ein Dscherib, gegen 40 Halwar, d. i. 300 Pud Ertrag; von einem Halwar Tschaltik sammelt man bis zu 24 Batman = drei Later **) Reis. Ein Tschel Weizen oder Gerste giebt auf gutem Boden zwei Halwar. Ein Bauer mit zwei Ochsen kann an einem Tage ein Dscherib Tschaltik bearbeiten, zwei Bauern können zuweilen drei Dscherib fertig bringen.

*) Eine genauere Beschreibung der Bereitung des Tschelou und Pilou giebt Pollack, Th. I. S. 107.

**) 1 Batman wiegt, auf dem Lande, etwas über 9 Pfund; 1 Later = 8 Batman = 10 Batman von Tauris; 4 Later = 32 Batman, = 1 Halwar, = 20 Pejmane, = 40 Batman von Tauris, = $7^1/_2$ Pud; 1 Pud = $5^1/_2$ Batm. von Tauris; 125 Batman = etwa 25 Pud.

Bagilä باقلا, eine Art Bohnen, an Geschmack der Kartoffel ähnlich, wachsen in Mazanderan in grosser Menge; sie blühen erst fünf Monate nach der Aussaat, im November, und von einem Hawiz erntet man 5—6 Halwar. Ein Mann kann 3—4 Hawiz bearbeiten, sonach gegen 20 Halwar Bagilä ernten. Die Frucht wird ausgehülst, gekocht und mit Pomeranzensaft und gekochten Zwiebeln genossen. Der Halwar Bagilä kostet etwa 7 Karan.

Zuckerrohr „Nej-schakär" نی شکر wird im Frühjahr zeitig gepflanzt; man zerschneidet das Rohr an den Knoten „Band" und pflanzt die Stücke in frisch gepflügten Boden. Nach acht Monaten ist es zur Ernte reif und wird dann mit der Wurzel herausgenommen. Der Zucker oder Sirop wird meist an Ort und Stelle bereitet, indem man ein Gefäss, einen ausgehöhlten Baumstamm, zur Hälfte in den Boden einrammt. An einer Oeffnung, welche sich etwas über der Oberfläche der Erde befindet, wird ein Kessel von Gusseisen oder Kupfer aufgestellt. In der Mitte des Gefässes wird dann ein senkrechter Balken angebracht, um welchen man ringsherum das zerschnittene Zuckerrohr legt, an dem Balken wird ein langer Strick befestigt, und an diesen ein Ochse gebunden, den man um das Gefäss herum treibt. Der auf diese Weise angezogene Strick drückt den Balken an die Wände des Gefässes, wodurch das Zuckerrohr zerquetscht wird, und der Saft fliesst durch die Oeffnung in den Kessel. Der Saft wird dann eingekocht. Aus dem dicken Sirop werden auch Schirini, „Süssigkeiten" bereitet, die eben so schlecht sind, wie der mazanderanische Zucker.

Zwei Dscherib fruchtbaren Landes, gleichviel ob an einer Stelle beisammen oder an verschiedenen Orten, können, wie man sagt, etwa 140 Tuman einbringen, nämlich:

1 Dscherib „Tschaltik" brentsch (Reis),		25 Halw.	zu	3 Tum.,	giebt	75	Tum.
1/4 „ „Gändum" (Weizen),	etwa	10 „	„	3 „	„	30	„
1/4 „ „Dschou" (Gerste), . . .		10 „	„	1 „	„	10	„
1/5 (2 Tschel) Baumwolle, ...		20 Batm.	zu	3 Karan,	„	6	„
1/4 Dscherib Zuckerrohr, ...		3 Halw.	zu	6 Tum.,	„	18	„
1 Hawiz Bagilä, ...	etwa	6 „	„	$6^1/_2$ Kar.	„	4	„
					Summa . .	143	Tum.

Dorfherren und Grundbesitzer zählt man in Mazanderan im Ganzen etwa 1000. Die Staatseinnahmen waren um das Jahr 1861 auf 99,477 Tuman, 1 Karan $8^1/_2$ Schahi festgesetzt.

PFLANZEN UND THIERE.

Für Diejenigen, welche sich für persische Botanik und Zoologie interessiren, gebe ich hier ein Verzeichniss der in Mazanderan üblichen Namen der Bäume, Pflanzen, Früchte, Kräuter und Thiere, die man in den Uferländern des kaspischen Meeres findet. Ich folge dabei, wie in meinem ganzen Werke, der Aussprache, welche ich im Lande gehört habe, obgleich dieselbe oft nicht mit der Orthographie übereinstimmt.

Namen der Bäume und Pflanzen sind:

Azad, ozzor آزاد-آزار, Azat*); Afro آفرا, Ahorn; Mozudor, muzidor ماذودار, Eiche; Mis, mers مس - مرس (Kupfer), eine Art Eiche; Wan ون, eine Art Eiche; Schirekhischt شیر خشت, ein Baum mit hartem und schwerem Holze; Tut, tiredor توط - تیردار, Maulbeerbaum; Udscho اجا, ein Baum, der eine Art Ebenholz giebt; Mamriz ممرز, Ulme (ulmus effusa); Ispidar, isfijar اسفیدار - اسفیار, Espe (populus tremula); Tusko, tuse توسکا, Erle (alnus); Bidemischk بید مشك, Weide; Bide, feg, fach بیده-فك, Salweide (salix caprea); Tchinar چنار, Platane (platanus orientalis); Schemschad شمشاد, Schemschod; Sarw, salp, sur سرو - سلف - سور, Cypresse**); Schabkhus شب خس, „in der Nacht schlafende," eine Art Mimosa, von Epheu „Wasch" واش umrankt; Tschube-gäz چوب جز, „Holz von Gäz," dünn und biegsam; Dirakhte-tabrizi درخت تبریزی, „Baum von Tabriz;" Al, alädar ال - الدار, Schilfrohr (arundo), aus dem man Körbe flicht; Walik ولیك, ein Strauch, der als Brennholz gebraucht wird, hat schwarze saure Beeren; Lärk لرك, Kerat کرات, ein Nadelholz; Alütscha, hali الوچه-هلی, Alütcha***); Biwali بی ولی, aus dessen Blättern man eine grüne Farbe gewinnen soll; Kischkhol کش خال, ein Strauch; Nej-kärpon, Läle-karpon نی کربان - لاله کربان, ein festes hohes Schilf; Okes اکس, im Sumpfe wachsendes Schilf; Kalhu کالهو, schilfartiges Rohr; Semodar سه ماه دار; Palätdar پلت دار; Schaahuz شاغوز; Lileki لیلکی; Palhem پلهم, eine Art Holunder mit

*) In Gilan Narat نارات.

**) Gil. Sâl سال.

***) Gil. Halu حالو.

schwarzen Beeren; Espiwasch اسپهوش, dessen Saamen „barhang" برهنك genannt wird; Tukhdoni تخم دانی, Tefläk تفلاق, eine Art Olive; Azgel ازکل, trägt Zapfen; Woschesekal واش سه کل, Scholedem شال دم, Bozemil بازمل oder Woschbozmil واش بازمل, eine Art Steppengras; Gänimo, gändeno کنیما, Tschamoz چماز, Utarep اوطرب, Tabar طبر-تاور, Goletschur کالة چور, Farrenkraut (Filix); Marzewosch مرزواش, Aschkinedu, Tirengemosch تیرنگماش, Ohuzek, Sozor سازار, Quellgras, in der Steppe und wildwachsende Gewächse; Nej-schakär نی شکر, Zuckerrohr.

Fruchtbäume, Gemüsepflanzen u. s. w. sind:

Portukhal پرتخال, eine Art grosse Apfelsine; Narengi نارنکی, Apfelsine (mandarin); Patawa پهتابی, von verschiedenen Arten: Patawa Tusurch توسرخ, „röthlich", sehr gross; P. Mina مینا, mittel gross; P. Tukhmi تخمی, die grösste; P. Tusabuz توسبز, „grünlich"; P. Panpano پهن پهنا, rund; P. Dorobi دارابی, rund und mittel-gross; Tahbuschkabe تهبشقابی, rund wie ein Teller, „buschkab"; Sultan-murakkebot سلطان مرکبات, „Sultan-Eingemachtes", rund und gross;*) Badreng بادرنك oder Wareng وارنك, gelbe Pomeranze (persische Citrone), ist wegen ihrer Grösse und Aroma bemerkenswerth, wird mit Zucker eingesotten (citri species). Die Perser schmücken mit diesen Früchten ihre Stuben, indem sie dieselben in die Nischen oder auf die Simse legen. Die Badreng wachsen auch in Wasserflaschen, die man an die Bäume anbindet und den Fruchtzweig hineinleitet; Narendsch نارنج, Pomeranze; Turendsch ترنج, eine Art Pomeranze; Dabbe دبّه, eine andere Art Badreng, grösser, gelb und mit rauher Schale; Boleng بالنك, eine Art Badreng, wird auch in Zucker eingesotten; Peschmolü, Peschmoli پشمالو, eine Art Apricose; Gulü غلو, Pfirsiche; Schotut شاهتوط, weisse Maulbeere mit rothen, süssen Früchten, die eingemacht werden; Angur, Angir انگور, Weintraube; A. Kirkedel انگور قرق دل, „Hühnerherztraube", auch Anguri-schast-arusan, „Traube der 60 Bräute"**), genannt; A. Scha-

*) Apfelsinen, Citronen, Pomeranzen und andere Früchte werden mit der allgemeinen Benennung „Murakkebot" (Eingemachtes in Zncker) bezeichnet.

**) انگور شصت عروسان. In Gilan nennt man dieselbe Traube „Murge dil-angur" مرغ دل انگور. Hier kennt man auch noch Gulä-angur, Anguri-asker, Angur-arak, Ischteläm-angur (اشتلم), Zare-Angur (زاره) u. s. w.

keri شکری, „süss", hellroth; A. Guläbi گلابی, „durchsichtig"; A. Käzek کزك, länglich und weiss; A. Keläki کلاکی, röthlich; A. Tanusch تنوش, rund und roth; A. Mitschiko میچیکا, Waldtraube, klein und schwarz; A. Bidone بیدانه, „ohne Körner" (Kischmisch); Anar انار, Granate, schirin شیرین, „süsse," und tursch ترش, „saure;" Andschir انجیر oder Andschil انجیل, Feige; Satirka ستركا Birne; Tamischtone تمیشتانه, eine Art Brombeere; Girdu کردو oder Oguz اغوز, Nussbaum; Khurmani, khurmandi خرمانی-خرمندی, der „Dattel" ähnliche Beere, aus der ein Sirop bereitet wird; Miwe میوه oder Guläbi گل ابی, Birne; Sindor, Se سیب دار-سه, Apfelbaum; Limutursch لیمو ترش, „saure Citrone"; L. Schirin لیمو شیرین, „süsse Citrone; L. Abbassi عباسی, runde kleine; L. Tui-surch توی سرخ, „röthliche;" L. Tui-sabz سبز, „grünliche;" L. Tui-zard توی زرد, „gelbliche;" Schalimu لیمو شاه, „Schah-Citrone," grosse; Kharbuza*) خربزه, Melone; Kh. Motschkuli ماچکلی oder Timokhar تیم خار, längliche Melone; Kh. Behischti بهشتی, „paradiesische", grüne Melone; Kh. Meschhediseri مشهد سری, „Meschhediserische"; Kh. Sijätcha سیاهچه, „schwarze;" Kh. Mantschirkhane منچهر خانی; Kh. Gärmek کرمك, runde, kaum reife Melonen; Hindiwone هند وانه oder Khunena خون نه نه, Wassermelone; Khiär خیار, Gurke; Gärmi-Khiär کرم خیار, frische Gurke; Kaj-Tchilik کای چلق, junger Kürbis; Kaj-Khani کای خانی, Kürbis (schlechte Sorte); Kaj-Mirza کای میرزا oder Badkubi-Kaj بادکوبی کای, „Bakuische;" Kaj-Reschti کای رشتی, „Reschtische;" Kukukaj کوکو کای, eine Art Kürbis, die zum Pilou gebraucht wird; Tschukai چوکای; Tschugundar چقندر oder Tschangal چنگل, rothe Rübe; Zardek oder Gäzar زردك-کزر, Mohrrübe; Sir سیر, Knoblauch; Sirtare سیرتره, Taresir, bittere Knoblauchblätter; Pijaz پیاز, Zwiebel; Käläm کلم, Kraut, Kohl; Schalgam, Schalem, Schalmik شلغم-شلیق, eine Art Rübe; Mosch ماش, grüne Linsen; Mardschi مرجی, rothe Linsen; Khasil خسیل, grüne Gerste; Nachut نخود, Erbsen; Kunschut کنجت, Kunschut-Saamen; Kanafekhuschk کنف خشك, Hanf; Kanafetim کنف تیم, Hanfsaamen; Tarebetim

*) Der Ursprung dieses Namens soll folgender sein: Als die Perser diese Frucht zum ersten Male sahen, hielten sie dieselbe für giftig und gaben versuchsweise zuerst einem Esel, „Khar", und als sie diesem nichts schadete, zu grösserer Sicherheit noch einem Bocke, „Buz", davon zu fressen. Die Russen nennen Arbuz die Wassermelone (Hindewone) und umgekehrt Dynä (wie es scheint, Verkürzung von Hindewone) die Melone.

طرب تيم, Rettigsaamen; Khuschchosch خشخاش, Kukenor كوكنار, Mohn; Badimdschan بادم جان, wingum ونكوم, Eierpflanze, Eierapfel (solanum melongena); Felfele-hindi فلفل هندى, rother Pfeffer; Kosni كاسنى, Cichorien; Dardust داردوست, Hopfen; Kohu oder Kauk كاهو-كيوك, eine Art Salat; Isfinatsch, espina اسفناج-اسپنا, Spinat; Tartizek ترتيزك, mit breiten Blättern, eine Art bitterer Salat; Wanisuzen ونى سوزن, Gulbesari كل بيسرى, Turschewosch ترش واش, Arzeto ارزطا, Zeleng زلنك, Oschkeni اشكنى, essbare Gewächse; Amzeno امزنا, gäschnis, süsse Petersilie; Dschaafari جعفرى, bittere Petersilie; Naano, nachno نعنا, Münze; Sarsam سرسم, udschi اوجى, eine Art Krausemünze, wächst wild in Morästen; Angirum انكيرم, Steppen-Krausemünze; Wareng-buja وارنك بويه, Krausemünze, die den Geruch des Badreng hat; Tatiko تتيكا, Kamille; Schewit شويد, Dille; Anaridscha اناريجه, bitteres Steppenkraut; Gow-zabon, kuzawon كاوزبان-كوزوان, „Ochsenzunge", eine Pflanze mit langen breiten Blättern, deren Blüthe, wie man sagt, als Medizin gebraucht wird; Tireng-Zabon تيرنك زبان, Futtergras; Scharwet شروت, Khose خاصه, Goletschek كاله چك, Turkemon-risch تركمان ريش, Gräser, mit langen schmalen Blättern „wie der Bart der Turkmanen"; Ordole اردالة; Kharkangal خركانكال, wird von den Thieren gefressen; Bandewosch بند واش, Gras zur Fütterung der Schaafe; Kulesch كلش oder Kamal, Stroh vom Tschaltik; Ku كاه, Stroh vom Weizen, Sabus سبوس, suus سوس Susebintsch سوس بينج, utschebintsch اوچ بينج, Spreu; Kubewosch كوب واش oder Kuwosch كوواش, Stroh, von dem Matten gemacht werden; Kugändem كوكندم, Stroh; Kulir, Klir قلير, mit gelben Blättern, dessen Wurzeln Agir genannt werden; Kakimar ككى مار, mit weissen Blüthen, wird zu Arznei gebraucht; Hamische-bahor هميشه بهار, „Immer-Frühling;" Mussefok مسفاك, Rose*); Tarkas تركس, eine Art Stroh. Gändum كندم, Weizen; Ambarbu عنبربو, die beste Art reiner und feiner Reis; Bunakän بونكن; Schohok شاهك, eine gröbere Art Ambarbu; Solebeki سالمبكى, gelber Reis; Koldembe كالدنبه, zardmoje زردمايه, tscharme oder scharme-bintsch چرمه-چرمه بينج, rejehoni oder reichabinsch ريحانى-ريحابينج, akulä

*) Die chinesische Rose; die gewöhnliche Rose wird Gul كل, Surkhe-gul سرخ كل genannt. Die Mussefok wird in Gilan Mispok مسپاك genannt; ferner nennt man: Joasemand, Frühlingsrose, Khutsch خوچ Schilfrose, Zarkhewosch زرخواش wilde Rose u. a.

اکوله, Reis von Lenkoran und andere Sorten ambarbu; Dschou, dschu جو, Gerste; Arzen ارزن, Hirse; Pamba پنبه, Baumwolle.

Namen der Vögel und Thiere: Gundscheschk کنجشك, mitschko میچکا, tscholekhus چالهخس, zik زیك, zandschilek زنجلك, patschimscheich پچم شیخ, tiko تیکا, espitschenek اسپی چنك, warde ورده, verschiedene Arten des Sperling; Läm-lämeschur لم‌لم‌شور, ein dem Canarienvogel ähnlicher Vogel; Bulbul بلبل, balbal بلبل, Nachtigal; Hudhud هدهد, schunekudbin شونه قدبین, Widehopf (upupa epops); Käbutar کبوتر, kutir, kuter کوتر, Taube; Schekrum شکروم, Staar; Zijak زیاك, ein Vogel mit Federbusch und langem Schnabel; Sijukalätsch سیو کلاچ, Rabe; Kyrtschek کرچك, tscharch چرخ, Habicht; Wosche واشه, gurob غراب, eine Art Falke (accipiter); Pitekule بیپد کله; Pellelä-murgh پلله مرغ, Kischkaldak; Boz باز, Falke (falco gentilis); Läschkhor (خور) لاش خار, weisser Pelikan; Naftekeng نفت کنك ein Sumpfvogel; Urdek اوردك, juri یوری, sika سکا, kässek کسك, Ente; tschahor-tai چهار تای, „der vierte Theil" an Grösse, eine kleine Ente; Sachro-siko صحرا سکا, khudeka خودقه, Steppen-Ente; Tschelik چلك, Schnepfe (scolopa); Karkaul قرقابل, Fasan; Tireng ترنك, ajie آییا, zwei Arten Fasanen; Lämbar لمبر, Schwan; Gaz کاز, Gans; Murgh مرغ, kyrk کرك, Huhn; Kurdsch کرچ, Henne; Kyrdsche-kirk کرجه کرك, Gluck-Henne; More-kyrk ماره کرك, ein Eier legendes Huhn; Tschinniko جنیکا, Küchlein; Khurus خروس, tilä, talä طلا, Hahn; Utelä اوطلا, utaschni اوتشنی, Wasserhuhn; akhte-tilä, alter Hahn; Tilä-kelä, ein kleiner Hahn *). Thiere: Babr, bawr ببر, Tiger; Paleng پلنك, Panther; Gurg, garg کرك, werk ورك, Wolf; Schir شیر, Löwe; Khirs خرس, Bär; Kaftal کفتل, Hyäne; Schatar شتر, Kameel; Schakal شغال, schal شال, Schakal; Schuko شوکا, ohu اغو, Dammhirsch; Khargusch خرکوش, Hase; Aschnek اشنك, Eichhörnchen; Scheng شنك, ukhoz اوخز, Fischotter (mustela lutra);

---

*) Namen einiger Vögel in Gilän: Tschischini چیشنی, Tschuli چولی, Keschkeret کشکرد, Site سیته, Robischkän رابشکن, Derija-tschiri دریا چیری, Seeti سیتی, Khupuse خوپوسه, Tschangar چنکر, Dumbole-zane دمباله زن, Woschik واشك, Pileï-murgh پیله مرغ, Murghi-khaneki مرغ خانکی, Kartscheng کرچنك, Alüch آلوق, Tureng تورنك, Busuchtami بوسوختامی, Kunbil قونبیل, Mure موره, Kakai کاکایی, Sine-surkh سینه سرخ, Tawul تاوول, Läkan لکان, Kar قار, Dartuk-zane دارتوك زن, Andschil-khuri انجیل خوری, Uschum اوشوم, Kaläkan کلاکان, Murhobi مرغ ابی, Tilä-kute (خروس) طلا کوته, Kitschkazaj کیچ کزای (جنیکا), Dukhufte (کرچ کرك) دو خفته u. a.

Ruboh روباغ, schol شال, Fuchs; Dalä دله, Marder (mustela); Taschi تشى, Stachelschwein (hystrix); Afi افعى, mor مار, Schlange; Gal گل, Maus; Arramdidschi ارمدجى, Igel; Kawaz کوز, Schildkröte; Ahrab اغراب, Scorpion; Wek وك, Frosch; Achik احيك, Eidechse; Kangyli قنكلى, magäs-asal مكس عسل, Biene; Läl لال, Mücke; Käk كك, Floh; Seg سك, matscheseg ماچه سك, Hund; Khuk خوك, khi خى, Schwein; Bamschi بمشى, Kater; Kate قته, kleiner Kater; Uläg الاغ, nare-uläg نر الاغ, arog اراغ, khar خر, khar-kurrä خر كره, Esel; Asp اسپ, Pferd; Kurreï-Jabu, Pferd bis zum vierten Jahre; Jabu يابو, Gaul; Kure كره, Füllen; Katyr قاطر, kurre-katyr كره قاطر, Maulesel; Gou, gu گاو, warzo ورزو, Ochse; Gubozo کوبزا, guwzo کووزا, Kuh; Gousole گاوساله, gugezo کوکزا, Kalb; Gumisch کومش, Büffel; Goukuhi, gowe-kui گاو کوهی, Hirsch; Buz بز, Bock, modemisch-barrä ماده مش بره,*) watche-buz وچه بز, kleiner Bock; Ware وره, Widder; Gusban کوسبن, Schaf u. a.

---

*) Für das weibliche Geschlecht bedient man sich der Worte: Mode ماده, modijun ماديون, nare ناره, z. B. Mode-ulag ماده الاغ, Eselin; mode-bamschi ماده بمشى, die Katze; nare-gugezo ناره کوکزا, Kuhkalb; nare-buz ناره بز Ziege. Für des männliche Geschlecht: Nar نار, narijun ناريون, z. B. Bugenar, ein kleiner Büffel u. a. Für die Deminutive gebraucht man für das Feminin: Taschnika تشنيكا, talämka تلمكا, für das Masculinum: Dschinniko, tschinniko چينيكا u. s. w.

GILĀN.

Die Provinz Gilän کیلان oder جیلان, der südwestliche Theil des kaspischen Uferlandes, erstrekt sich von der Grenze der Provinz Mazanderan, östlich, bis an das Zollamt Astara, nördlich, wo das Flüsschen Astara die Grenze zwischen Persien und Russland bildet. Südlich des Flüsschens zieht sich am Ufer das hohe Talyschgebirge hin, ein Zweig des Kaukasus, der weiter südöstlich an der Küste hinläuft und den Anfang des Alburzgebirges bildet. Bei der Abzweigung dieser Kette, nach Osten zu, trennt sich der Derfek درفك oder Dulfek, dessen Höhe unbedeutend ist und der vom Meere aus gesehen nicht über die Linie der übrigen Gebirgskette hervorragt. Jenseits des Gebirges liegen, südlich und südwestlich, die an Gilan grenzenden persischen Provinzen Kazwin und Ardebil. Das Küstenland von Gilän wird von dem kaspischen Meere, der Bucht von Enzeli, und dem unter dem Namen Murdab مرداب bekannten Haff bespült, welches 7 deutsche Meilen (40 Werst) breit, vom Meere und dem Meerbusen von Enzeli aus nicht sichtbar ist, mit diesem aber durch eine schmale Durchfahrt zusammenhängt. Die Länge der Provinz Gilän, an der westlichen und südlichen Küste, wird auf 30 — 40 Farsakh angenommen. Die Niederungen, Moräste und sumpfigen Küsten der Provinz haben ihr den Namen Gilän gegeben, d. i. Sumpfgegend. Das Land ist überall mit Wäldern und Maulbeergärten bedeckt, in denen die Städte und Dörfer so versteckt liegen, dass man nur wenig von ihnen sehen kann. Die Provinz hat folgende Distrikte, Bulüks, Mahall und Khanschaften:

Der Distrikt Laïdschan grenzt östlich an Mazanderan oder Tenakobun und Sachtesar, wo das Flüsschen Sefid-temische die Grenze bildet; westlich fliesst der Sefidrud. Die Stadt Laïdschan liegt etwa zwei Werst vom Gebirge entfernt. Zu diesem Distrikte gehören: Der Bulük Lengerud لنكرود, östlich von Laïdschan; der Mahal Rudesar رودسر, nordwestlich von Lengerud, am Ufer des Meeres, bis an den Fluss Pulerud پلرود, östlich; der Bulük Raneku رانكو, östlich von Rudesar; der Bulük Lischtenischa لشت نشا, am Fusse des Gebirges, ist zuweilen von Gilän unabhängig.

Die Gebirge von Laïdschan oder Lengerud haben die Namen: Lilekuh ليلا كوه, Kumul كومل, Schahneschin شاهنشين, Diweschel ديوشل, Samam سامام, Marku ماركو u. a.

Der Distrikt Rescht, vom Flusse Sefidrud östlich, bis an den Fluss Paskhan پسخان, westlich, in der Mitte von dem Flusse Sijarudbar سياه رودبار durchschnitten, an dessen Ufer die Hauptstadt Rescht رشت liegt. Sijarudbar und Paskhan münden in den Murdab. Zu Rescht gehören: Der Mahall Tulem محل تولم, am Murdab, zwischen den Flüssen Sijarudbar (Pirebazar), östlich, und Paskhan und Pisch-rudbar, westlich; der Mahal Gil-Gesker كيل كسكر, am Murdab, vom Flusse Lüleman لولمان oder Kesma كسما, östlich, bis an den Tschalsera چالسرا, westlich. Beide Flüsschen münden in den Murdab.

Der Distrikt Fumen, südwestlich von Rescht. Im Osten des Distrikts fliesst der Paskhan; gegen Westen und Südwest grenzt er an Masulä مسوله und Gil-Kesker und ist von den Flüsschen Pisch-rudbar پيش رودبار und Lüleman (Kesma) durchströmt. Die Stadt Fumen فومن liegt am Ufer des Pisch-rudbar. Masul oder Masulä liegt westlich von Fumen im Gebirge.

Der Bulük Scheft شفت, östlich von Fumen und südlich von Rescht, mit dem Flusse Paskhan.

Der Mahal Kudum كودم, östlich von Scheft, mit den Flüssen Dschehannum-darrä جهنّم درّه und Sefidrud. Im Süden von Kudum fliesst der Sijarud سياه رود.

Der Distrikt Rudbar, südlich von Scheft und Kudum, am westlichen Ufer des Sefidrud, in dessen Nähe die Stadt Rudbar رودبار liegt. Im Süden fliesst der Kyzyl-Uzen قزل اوزن, der in den Sefidrud mündet.

Der Bulük Rachmet-âbâd رحمت آباد, am östlichen Ufer des Sefidrud, grenzt an Rudbar. Südlich von dem Dorfe Rachmet-âbâd und südöstlich von Rudbar liegt das Dorf Mendschil منجل,

am Ufer des Schahrud شاهرود, nahe der Vereinigung desselben mit dem Sefidrud. Oestlich von Rachmet-âbâd liegt der Derfek.

Die Khanschaft Schandermin شاندرمن, nordwestlich von Rescht, zwischen dem Murdab und dem Gebirge, von dem Flusse Tschalsera, östlich, bis an den Fluss Tschaptschara چاپچار, westlich, die sich beide in den Murdab ergiessen.

Am südwestlichen Ufer des Meeres, dem Talyschgebirge entlang, liegen die Khanschaften: Talysch-duläb طالش دولاب und Gil-duläb گیل دولاب, nördlich von Schandermin, vom Tschaptschara südlich, bis Dunija-tschal دنیا چال westlich, sind etwa 4 Fars. lang und, nach dem Gebirge zu, 7 Fars. breit. Die Flüsse in diesen Khanschaften, welche in den Murdab und das Meer münden, sind: Malek-khale ملک خاله; Bedschar-khale بیجار خاله; Ketschelek کیچلک; Sefi-khale صفی خاله; Schil شیل; Kergan کرکان; Milärud ملا رود; Aschur-kend عاشور کند; Schefarud شفا رود; Sendijan سندیان; Naukende نوکنده; Aldscham oder Alkam آلکام; Sember-tschale oder Simbar-khale سیمبر خاله; Dunija-tschal دنیا چال an der Grenze der Khanschaft Assalym. Kh. Assalym اسالم, von Dunija-tschal bis an den Kelfarud کلفرود, nördlich, 2 Fars. breit und etwa 10 Fars. lang; Kh. Kerganrud کرکنرود, vom Flusse Kelfarud bis an den Tschilwand چلوند, nördlich, etwa 8 Fars. lang, bis an das Flüsschen Karasu قراسو. An Kerganrud stösst der an Russland grenzende Bezirk Astara. Die Flüsse zwischen Assalym und der Gränze bei Astara, welche in das Meer münden, sind: Khalisera خاله سرا; Alalan الالان; Kelfarud کلفرود; Nuarud نورود; Hindua-keran هندوه کران; Tulerud طولرود; Taki تاکی; Amaldschu عمله جو; Kerganrud کرکان رود; Puschte پشته; Khadscha-kari خواجه کاری; Pulke-henwi پلک هنوی; Kuzek قوزک; Kunbildschu قونبیل جو; Sardabkhale سرداب خاله; Kide-dahane کیده دهنه; Talib-dahane طالب دهنه; Mamdewar ممدوار; Lisar لیسار; Bure-sera بوره سرا; Khatib-sera خطیب سرا; Schilewar شله وار; Hewik هویک; Hanzeni هنزنی; Tschuwar چوار; Nemir نمیر; Rudkhane-kutchik رودخانه کوچک; Tschilwand چلوند; Lündebil لوندوبل; Khadsche-kari خواجه کاری; Astara استارا u. a. m. Im ganzen 72.

Der Mahal Enzeli انزلی, an beiden Seiten des Meerbusens von Enzeli, mit den Inseln Mijan-puschte میان پشته im Murdab.

LAIDSCHAN.

In der alten Zeit wird Laïdschan لاهیجان als Hauptstadt der Gegend genannt, welche unter dem Namen Biepisch بی پیش bekannt ist, wo die Sultane, Khane, und Nachkommen der Seïden die den Titel Kargia führten, herrschten, deren Besitzungen in Biepisch sich bis an den Sefidrud erstreckten, dessen anderes Ufer den Namen Biepas بی پس führte, wo Fumen die Hauptstadt war *). Von 660 — 758 regierten hier die Dabuiden; später, 875 = 1470, hatte der Sultan Ala-ed-din Dibadsch einige Berühmtheit, zu dessen Zeit Biepisch in den Händen des Seïden Kargia Sultan Muhammed war, an dessen Hofe der Geschichtsschreiber Zahir-ed-din die letzten Jahre seines Lebens verbrachte, wo er für den Sohn des Sultans, Kargia Mirza Ali, seine Geschichte von Tabaristan schrieb. Nach dem Tode seines Vaters, 881 = 1476, regierte Kargia Mirza Ali in Biepisch, der sich durch besondere Gottesfurcht und Beobachtung religiöser Gebräuche auszeichnete und sein ganzes Leben mit dem Lesen des Koran verbrachte. Im Jahre 909 = 1503 wurde er gezwungen, die Regierung an seinen Bruder, Sultan Hussein, abzutreten, und kurze Zeit darauf, 911 = 1505, im 64. Jahre seines Lebens, bei einem Aufstande in Laïdschan, in Raneku, ermordet; mit ihm zugleich kam auch sein Bruder, Sultan Hussein, um's Leben. Zur Zeit des Schah Abbas regierte in Laïdschan ein Nach-

---

*) Bie, Bee, Bi بی-بیه bedeutete „Fluss" رود, wahrscheinlich Sefidrud, welcher Gilan in zwei Hälften theilt: Bie-pisch بی پیش, „was vor" dem Flusse (Sefidrud), Biepas, das, "was hinter" dem Flusse. Dorn, Auszüge, S: 100. B. de Meynard, S. 187. Nach einer anderen Erklärung bezeichnet „bi" oder „be" überhaupt eine Oertlichkeit, oder es hat die Bedeutung des persischen Wortes behter بهتر (besser), da man die Gegend westlich des Sefidrud für besser und fruchtbarer hielt als das östliche Ufer.

komme des alten persischen Königs Garib-Schah, der in Lischtenischa geboren war. Nach dem Tode des Schah Abbas gelang es Garib-Schah beinahe ganz Gilän in seine Gewalt zu bringen, er wurde jedoch gefangen und starb, wie man erzählt, in Kazwin eines kläglichen Todes. Schah Sefi liess ihm Hände und Füsse mit Hufeisen beschlagen, damit, wie er sagte, „Garib Schah, der an den weichen Boden Gilans gewöhnt sei, auf den steinigen Wegen Persiens gehen könne.“ In dieser Lage blieb Garib-Schah drei Tage, hierauf wurde er auf den Meidan (grosser Platz) gebracht und auf einen Pfahl gesetzt, worauf Schah Sefi selbst den ersten Pfeil auf ihn abschoss, hierauf das Gefolge des Königs, bis der Leichnam ganz mit Pfeilen bedeckt war.

Laïdschan erlitt öftere Ueberfälle der Amberli, die in den oberen Gebirgen Gilans wohnten. Zur Zeit der russischen Occupation des Landes wurde es mit zwei Forts und einem schmalen Graben mit einem Walle befestigt.

Die Stelle, welche Laïdschan einnimmt, ist etwas höher als das übrige niedrige Flachland der gilänischen Küste. Die Berge südlich der Stadt haben ein freundliches Ansehen, und das Klima ist hier nicht so feucht wie in den übrigen Küstenstädten. Von Laïdschan bis Sefid-temische rechnet man 9 Farsakh, bis Rescht 7, bis Barferusch 42, bis Sari 49, bis Aschref 57, bis Astrabad 74 Farsakh.

Die Stadt hat folgende Stadttheile oder Maallä: Maallei Purdesar پردسر, mit einem Imamzade und Flüsschen desselben Namens, über welches eine von Ziegeln erbaute Brücke, „Khischte-pul“ خشت پل, mit zwei Schwibbogen führt; an dieser steht die halb verfallene Moschee Imamzade Mulla-Akil ملا عاقلیه; M. Karawanseraïber کروانسرایبر, mit dem Imamzade Aga-Seïd-Ibrahim; M. Gowane کاوبنه, mit Imamzade (Bug'a) Pir-Ali پیر علی oder Pilleï-Ali, wo vier Imame „Tschahor Padischah“ چهار پادشاه begraben liegen, die Seïden: Ali-Kija, Ibrahim-Kija, Muzaffar-Kija und Hurrem-Kija. Die Inschrift an der Thür des Bug'a hat die Jahreszahl 1015 = 1606 und die Namen Muhammed-Kazi-Khan, Schah-Abbas I. und den des Schreibers. — M. Bazar Mejdan بازار میدان mit dem Medsched Dschoma; M. Urdabazar oder Urdubazar اردوبازار, mit dem Imamzade oder Bug'a Aga-Mir-Schems-ed-din اغا میر شمس الدین und dem Medsched Aga-Seïd-Hussein; M. Khumar oder Khamir kal'a خمیر کلایه, mit Imamzade; M. Takie-bar-maallä تکیه بر محله, mit dem Bug'a Derwische-Riza und einem Medsched; M. Schur-maallä, Scherfi-maallä oder Scharbaf-maallä شعرباف محله, mit der Takie Mulla-mumin ملا مومن.

Von den übrigen Imamzade und Bug'a kennt man noch: Bug'a Seïd-Muhammed, auf dem Platze Kaubedschar; Bug'a Hakim, wo Aga-Mirza-Sadik اقا میرزا صادق begraben liegt; Imamzade Aga-Mir Schehin oder Mir-schehid اقا میر شهید, hinter dem Platze Sabzi-mejdan, nahe dem See Istalkh استطلخ. Dieser See liegt hinter der Stadt, dem Gebirge zu; auf einer Sandband in der Mitte desselben sollen früher Gebäude gestanden haben; Asitane Mussallä, nahe dem Gebirge. Takie kennt man: Takie Aga اقا; T. Hadschi-Bagyr باقر; T. Aga-Mir-Kerim اقا میر کریم, T. Pentsch-Piran پنج پیران, mit „fünf" Grabmälern. Im Ganzen rechnet man 27 Takie und Imamzade, 11 Moscheen mit 6 Schulen, 5 Karawanseraïen, nämlich Pientscha, Mesdschidi-dschoma, Mazanderani-kutschik, Gumrük oder Hakim, Kapon oder Dalän; 3 Bazare: Taze-bazar, Mejdan-bazar und Kajsyrija; 300 Verkaufsläden, 10 Bäder, 1570 Häuser und 8000 Einwohner. Der Malijat beträgt 4000 Tuman und die Zollämter von Laïdschan und Lengerud bringen überdies, wie man sagt, noch 7000 Tuman Pacht.

Zu Laïdschan gehören die Dörfer:

Sareschkä, Gulüdbar, Siekal سیاه قلع, Noubedschar نوبجار, besteht aus 7 kleinen Dörfern; Nakschekal'a, Tschahorkonser, Segurab سه کوراب, Kutschik-de کوچك ده, Nalkeschar, Amirande, Kuschalesche, Khadschi-purdesar, Kuschon, کوشان, Gurondan, Nijaku, Kisum, nahe dem Sefidrud, 2 bis $2^1/_2$ Fars. von Laïdschan, mit einem Bazar „Tschahor-schambe" چهار شنبه (Mittewoch), hat sechs Moscheen; Kaläde کلاده, Bozon, Tidschnakuka oder Tidschenegune تجن کونه, mit dem Asitane Zendschil-Aga-Seïd-Ali, eines Nachkommen Dschaafar Sadiks, und dem Bug'a Tidschan تجن, nahe dem Flusse Schimru; Zulf-agar, mit einem Medsched desselben Namens; Bozi-Gurab بازه کی کوراب, mit einem Asitane desselben Namens; Perewaz oder Pirebas, mit 2 Flüsschen: Saläradschukul und Mirzadschu oder Taschedschu; Tschahorde, Fuschtum, Koreka, Tschahor-kutschan, Dargo, Asländе, Beinekalä, Schalükalä oder Schaläkalä, Nasir-kijade, Gawija, Arwasan, Arbestan, 2 Fars. von Laïdschan, mit 1 Medsched; Roubana oder Robana, Känufgerob,

Läkmessar, Nougidschar, Nasulläbad, Schirdschapuscht, Nuschir, Mutalib-maallä, Pischaki, Asitane Dschelä1-Aschrefi, nahe dem Sefidrud, soll im Jahr 311 d. H. zu Ehren eines Heiligen, Namens Dschelä1-ed-din جلال الدين اشرف ابن موسى بن جعفر erbaut worden sein, der in den Unruhen zwischen Biepisch und Biepasch das Leben verlor. Man erzählt, dass bei ihm ein Testament gefunden wurde, welches bestimmte, dass man ihn in einen Sarg legen und diesen in den Sefidrud hinablassen solle; wo dann der Sarg, vom Wasser fortgetrieben, würde stehen bleiben, da solle man ihn begraben. Das Asitane wird auch „Buzurg,“ بزرك das grosse, genannt und steht in Gilän in grossem Ansehen; man macht Wallfahrten „Ziaret“ dahin.

Der Weg von Laïdschan nach Lengerud geht von dem See Istalkh und dem Platze Sabzi-Mejdan auf Pfaden durch Maulbeergärten nach dem Dorfe Scheikhunawar (Schuhnewar, Schuhnabar) شيخ خونه بر, welches ½ Fars. von der Stadt am Fusse des Gebirges liegt. Scheikhunawar hat etwa 30 Häuser und ein Asitane, in welchem Scheikh Zahid-Aga-Seïd-Ali-Riza, † 911 = 1505, beerdigt ist. Weiter hin am Wege liegt das Dorf Dazzebent oder Duzdebun دزدبن, am Fusse eines Berges desselben Namens, an einem Flüsschen. Zur Seite liegen die Dörfer Lijalesson oder Lijarestan ليارستان, Sisan, Kubidschar u. a. Der Berg Duzdebun, „Diebesberg,“ soll seinen Namen von einer Räuberbande haben, die hier vorbeikommende Reisende plünderte, bis ein Kaufmann auf die List verfiel, eine mit giftigen Schlangen gefüllte Kiste irgenwo zu verstecken. Er liess hierauf den Räubern die Kunde zukommen, dass dort eine Kiste mit Gold verborgen sei. Die Räuber fanden dieselbe und brachten sie auf den Berg; als sie aber den Kasten öffneten, wurden sie von den Schlangen gebissen und starben alle. *) Von Dazzebent führt der Weg wieder durch Maulbeergärten nach

*) Gmelin, S. 517. „Drei Werst von Laïdschan, auf dem Wege nach Lengerud, ist eine Berghöhle, in welcher, nach der Sage des Volkes, grosse Schätze verborgen sein sollten. Während der Occupation Gilans wollten die Russen dieselbe mit Pulver sprengen, es gelang ihnen aber nicht. In der Höhle sind viele Schlangen und es ist deshalb gefährlich, sie zu betreten. Auf dem halben Wege nach Lengerud steht ein Pomeranzenbaum, dicker als zwei Menschen, dessen aromatischer Duft in ziemlicher Entfernung bemerkbar ist und Kopfschmerzen verursachen kann.“

dem Dorfe Diweschel ديوشل, welches am Fusse des Gebirges liegt, zwei Moscheen und einem Imamzade vorbei. Diweschel ist nach dem Namen eines Berges genannt; das Dorf hat etwa 50 Häuser. Ein halb Fars. von Lengerud liegt das Dorf Lüleku ليلاكوه, etwa 30 Häuser, mit einem Baghi-schah باغ شاه, „Königsgarten,“ mit Apfelsinenbäumen. Bei Lüleku fliesst ein Fluss desselben Namens. Das Dorf wird auch mit dem Namen des nahen Berges benannt. Seitwärts liegen die Dörfer Schahneschin شاه نشين, Ahindan, 30 Häuser, Poreschku, Malät, Schalman u. a. m. Von Laïdschan bis Lengerud rechnet man 2 Farsakh.

LENGERUD.

Lengerud liegt auf einer sumpfigen Niederung, $1^1/_2$ bis 2 Fars. vom Ufer des Meeres, 9 Fars. von Rescht. Früher, wie wir oben gesehen (S. 32), soll Lengerud am Meere gelegen haben, und die Schiffe konnten hier Anker „Lenker" لنكر werfen, wovon die Stadt und der Fluss den Namen haben sollen, welcher letztere an der Mündung auch den Namen Tschim-khale چيم خاله (Tschom-khale oder Tikole) führt. Der Fluss stand, wie man sagt, mit dem Sefidrud durch einen Bach in Verbindung, der parallel mit dem Ufer des Meeres lief, so dass die Böte aus dem Sefidrud nach Lengerud fahren konnten. Dieser Bach ist jetzt seicht und an vielen Stellen durch herabgestürzte Baumstämme gesperrt. Zur Zeit der Ueberschwemmung jedoch hat er so viel Wasser, dass er mit Kulaz befahren werden kann.

In der Stadt ist über den Tschim-khale eine steinerne Brücke erbaut. Der Fischfang im Flusse wird für 300 Tuman jährlich verpachtet. Das Klima in Lengerud ist heiss und ungesund, weshalb die Bewohner im Sommer häufig nach den Jailaks auf den nahen Bergen oder nach Laïdschan ziehen.

Lengerud hat die Stadttheile: Maalleï Feschkili محله فيشكلى, mit einer Moschee und Bug'a des Aga-Seïd-Hussein; mit der Moschee ist eine Schule verbunden; M. Dar-metschet در مسجد, mit der Metschet d s c h o m a und Schule; M. Roh-puschta راپشته, mit einer zerstörten Moschee und Takie; M. Kaskär-maallä كسكر محله; M. Kaikaläija; M. Enzeli-maallä. Die Stadt hat 3 Karawanseraïen, 7 Imamzade und Asitane, 4 Takie und 4 Badehäuser. Der Bazar liegt an beiden Ufern des Lengerud, auf dem beständig Kirdschim fahren, welche die Produkte von Meschhediser und Enzeli hieher bringen. Die Zahl der Buden wird auf 150 geschätzt, der Häuser 540.

Zu Lengerud gehören die Dörfer: Pobegäde oder Powerkäde, nahe am Tschim-khale, etwa 100 Häuser; Kholikäter oder Khalkesar, nahe dem See Minduktschar oder Sandaltschar; Tschop; Kurande; Suradschar; Mahamandan oder Mamandan, gegen 60 Häuser; Palätkalä; 80 H.; Hulboh 40 H.; Sejdyr-maallä, 8 H.; Gilesefid u. a. m.

Rudesar, 2 Fars. östlich von Lengerud, hat einen grossen Bazar, der wie ein Karawanseraï gebaut ist, mit 110 Verkaufsläden, die fast alle mit Ziegeln gedeckt sind. Hier wird zweimal wöchentlich Markt gehalten; der grosse Markt am Sonntage „Jakschambe‘ یك شنبه. Das Dorf hat 2 Moscheen, 4 Takie, 120 Häuser, davon etwa 20 am Ufer des Meeres, und gegen 400 Einwohner. Der Malijat dieser Parzelle ist auf 2000 Tuman festgesetzt. Die Bewohner betreiben vorzüglich Seidenzucht (jährlich 42 Batman Schahi); an Weizen ist hier Mangel. In der Nähe von Rudesar soll sich ein alter Begräbnissplatz mit auffallend langen Gräbern befinden, man gräbt aber hier nicht nach Schätzen, weil man fürchtet, Unheil zu stiften. Rudesar liegt 3 Werst vom Ufer des Meeres; nahe dem Dorfe fliesst der Kijarud کیارود, der für Kirdschim schiffbar ist. Der Fischfang wird für 80 Tuman jährlich verpachtet. Ueber den Kijarud führt eine steinerne Brücke; in der Umgegend von Rudesar wachsen viele Schemschod-Bäume, die von Kaufleuten aus Baku ausgeführt werden.

Dörfer östlich von Rudesar sind: Sare-pul سرپل, nahe dem Flusse Rudesar, der hier Schirerud شیررود oder nach dem Dorfe Sare-pul genannt wird; Lälerud oder Lälerudkhane لالرود خانه, 1 Fars. von Rudesar; Timedschan تیمجان, am Flusse desselben Namens; Tschaabe-dschir, 5 Farsakh von Sefidrud, ½ Fars. von Rudesar; nahe dem Meere steht ein Haus, welches als Manzil dient; Pulerud پلورود, an einem Flusse desselben Namens, der auf dem Berge Saman entspringt. Der Name Pulerud oder Pelürud kommt schon in der Geschichte des alten Tabaristan vor; hier war eine Festung, Feläm فلام oder Pelam پلام. In Felämrudbar فلام رودبار vergiftete sich i. J. 174 = 761 Khurschid, der Sohn Ferkhan's.*) Der Fluss Pulerud ist an der Mündung ziemlich tief, so dass man auf einer Fähre hinüberschifft. Der Fischfang wird für 100 Tuman jährlich verpachtet. In dem Dorfe ist eine Kalkbrennerei. Pulerud

*) Zahir-ed-din, S. 49, 50, 273.

gehört zum Bulük Raneku; Schir-maallä شیر محله, am Flusse Pule-rud, 1 Fars. von Rudesar; Kiläkedschan کیلا کجان, am Flusse Salü-mallä سالو محله; Duzku oder Dusteku دوست کوه, 80 Häuser, am Flusse desselben Namens, in welchem Fischfang betrieben wird. In dem Dorfe sind einige Buden von Schilf. Der Bazar wird am Sonntag „Jak-schambe“ gehalten. Der Fluss Dusteku oder Duz-zekrud ist für Kirdschim schiffbar; Gezaf-rud کزاف رود, an einem Flusse desselben Namens; der Fischfang bringt etwa 15 Tuman ein; Kasim-âbâd قاسم آباد, besteht aus zwei Dörfern; etwa 20 Häuser $^1/_2$ Farsakh vom Ufer des Meeres; das obere Dorf ist durch einen Garten berühmt, in welchem 12,000 (!) verschiedene Arten von Bäumen wachsen sollen. Die Bewohner treiben vorzugsweise Vieh-zucht; Seide sammelt man gegen 45 Batman (Schahi); Weizen gegen 800 Halwar, Butter 850 Batman; von hier bis Abi-gärm rechnet man 3 Farsakh.

Der Weg von Rudesar nach Lengerud geht über Tschinidschan چی نی جان (mit Imamzade) und über den Fluss Schalman, der auf dem Berge Natischku ناتشکوه entspringt und durch den Bulük Raneku رانکو fliesst, zwischen Lengerud und Rudesar. Die Dörfer am Ufer des Schalman sind hinter Maulbeergärten versteckt. Der Fischfang wird für 250 Tuman jährlich verpachtet. Jenseits des Schalman liegen die Dörfer Kazi-maallä قاضی محله; Kej-keläja کیکلایه mit Moschee und Takie; rechts das Imamzade Dubaradaron دو برادران. Im Winter ist der Weg sehr schmutzig und beschwerlich. Zur Zeit des Schah Abbas soll hier eine Strasse gewesen sein.

Zu den Bulüks Rudesar und Raneku gehört die Parzelle Sijakelärud سیاه کله رود oder Sijakal, zu welcher folgende Dörfer gehören sollen: Sijakelärud, $2^1/_2$ Fars. von Rudesar; Tschaidschan چای جان; Tusaku تساکو; Schakuz-bini ساقوز بینی; Tschakuni-maallä چاقونی محله; Kul-maallä کل محله; Chuschkelät خشک لات; Riza-maallä رضا محله; Kärdschi-maallä کرجی محله; Baghi-dascht باغ دشت; Schamurad-maallä شامراد محله; Miran-maallä میران محله; Utak اوطاق, am Fusse des Gebirges, mit einer Moschee. Ein halb Farsakh von diesem Dorfe, auf dem Gipfel eines Berges, soll sich ein von Ziegeln erbauter Thurm „Burdsch“ برج finden, zu dem man nur durch eine enge und finstere Schlucht und nicht anders als mit Licht gelangen kann. In der Schlucht hausen viele Fledermäuse und weht ein starker Wind. Der Thurm ist 10 Ellen hoch. In der Umgegend sucht man Kupferminen und Schätze; Läzardschan لذر جان, an einem Flüsschen desselben Namens; Dschuz-maallä جوز محله; Khijat-maallä خياط محله; Khuschke-rud خشك رود, mit einem Flusse, dessen Fischfang für 30 Tuman verpachtet wird und der auf dem Berge Saman entspringt. In der Umgegend des Dorfes nomadisieren etwa 15 Familien Iliat, die mit Eisen handeln. Der Malijat von Sijakelä-rud ist auf 1500 Tuman festgesetzt. Das Dorf Mijan-derud ميان درود, 1/2 Fars. von Sefid-temisch 2 Fars. von Abi-gärm, im Walde versteckt, hat gegen 20 Häuser. In der Umgegend hausen Tiger, Panther u. a.

Im Distrikte Laïdschan zählt man 130 Dörfer. Die Bewohner beschäftigen sich vorzugsweise mit Seidenzucht.

RESCHT.

Die Hauptstadt von Gilän soll, wie die Einwohner sagen, im Jahr 900 der Hedschra, d. i. 1404—5, gegründet sein, was, eben so wie bei Barferusch, aus dem Zahlenwerthe der Buchstaben des Namens Rescht hervorgehen soll, nämlich ر = 200, ش = 300, ت = 400 = رشت = 900.

Zur Zeit des Schah Abbas und unter der Regierung des Kerim Khan und Aga Muhammed Khan war Rescht als Handelsstadt berühmt und es kamen Karawanen aus Indien, Buchara, der Türkei und anderen Ländern hieher; damals fing man auch an, gilanische Seide nach verschiedenen Häfen des mittelländischen Meeres und des persischen Meerbusens auszuführen.

Nach Angaben der Reisenden hatte Rescht früher gegen 50 Karawanseraïen, die Stadt hatte ein schönes Ansehen und die Gebäude zeichneten sich durch besondere Pracht aus. Gmelin erzählt, in Rescht sei eine katholische Kirche und römisch-katholische Missionare gewesen. Die ansehnlichsten Gebäude standen nach dem Meere zu, mit der Vorderseite nach einem Marktplatze mit Kaufläden gerichtet. Auf dem Platze standen einige Kanonen und Mörser. An der südlichen Seite der Stadt, bis an das Gebirge, war freies Feld, weil der Wald von den Russen niedergehauen war. Die Ausdehnung der Stadt wird auf 5 Quadrat-Werst angegeben. Im Jahre 1636 wurde Rescht zum ersten Male von den donischen Kosaken angegriffen, hierauf von Stenka Razin eingenommen, der grosse Schätze fortführte und von hier nach dem Golf von Astrabad ging. Von der Einnahme Reschts durch die Russen, ist schon oben die Rede gewesen. Jetzt ist die Stadt von allen Seiten mit Wald und Maulbeergärten umgeben, so dass man sie selbst aus geringer Entfernung nicht sehen kann. Die niedrige und sumpfige Lage macht das Klima sehr ungesund, denn während der Regenzeit steigen aus den nahen Sümpfen gefährliche Ausdünstungen auf, welche Krankheiten, namentlich Fieber, verursachen. Die Perser selbst sagen: „Wer sterben will, muss nach Gilan gehen.“ Rescht führt auch den Namen Dar-ul-marz دار المرز, wie es auf den hier geprägten Münzen genannt wird.

Den grössten Theil der Stadt nehmen die Bazars ein; die Häuser sind fast alle aus Ziegeln erbaut und mit Dachziegeln gedeckt. Gebäude, die sich durch ihr Aeusseres auszeichnen, giebt es hier nicht; als das schönste kann das russische Consulatsgebäude gelten. Die Strassen sind eng und mit rohen Steinen gepflastert. Löcher, Gräben und Brunnen sind, wie gewöhnlich, auch hier weder verdeckt noch umzäunt und finden sich fast auf allen Strassen, die daher alle, besonders zur Nachtzeit, nicht ohne Gefahr zu betreten sind. Befestigungen sind nicht vorhanden; von der ehemaligen russischen Befestigung sind nur noch halb zerstörte Mauern und Pfeiler übrig. Diese Festung oder Citadelle lag an der westlichen Seite der Stadt auf einer Erhöhung, hinter dem Flüsschen Gurgewer. Die Einwohner von Rescht sagen, dass an der Stelle, wo sich jetzt die Ruinen der Festung finden, ehemals ein Dorf stand, welches durch eine Ueberschwemmung des Gurgewer zerstört wurde, worauf man es an die andere Seite des Flusses verlegte und aus dem sich später die Stadt bildete. Diese Ueberschwemmung wird in das Jahr 900 gesetzt. Die russische Festung nahm einen ziemlich grossen Raum ein und bestand aus mehreren aneinander stossenden Gebäuden. In den Wänden sieht man noch die Schiessscharten, im Innern noch Ueberreste von Oefen und Schornsteinen. An der westlichen Seite der Befestigung, auf einer Ebene, sieht man noch Löcher und Vertiefungen, die Spuren eines früheren Begräbnissplatzes.

An der östlichen Seite von Rescht fliesst der Sija-rudbar سياه رودبار, der auf dem Ketscha-gebirge entspringt und durch Kudum fliesst, wo er, je nach den verschiedenen Ortschaften, die er auf seinem Laufe berührt, verschiedene Namen annimmt. In der Nähe von Rescht wird er Kelädschi-rudbar genannt, ferner Baghi-Schah, Segalän-rudbar und Rudbar-surchbende. Nördlich von der Stadt ist er unter den Namen Busar, Benefte-rudbar, Piledorband, Mangude bekannt, und am Murdab, bei seinem Ausflusse in den Meerbusen, führt er den Namen Peribazar, nach dem Dorfe dieses Namens. Eben so wird der Fluss Gurgewer in Scheft, Kuherud کوهرود, und weiter hin Tschuman-sera nach dem Dorfe dieses Namens genannt, u. s. w. Während der Regenzeit oder im Frühjahr, bei Ueberschwemmungen, hat der Sija-rudbar so viel Wasser, dass man ihn von Pirebazar bis nahe der Stadt mit Böten befahren könnte, wenn man den Damm wegnehmen dürfte, durch welchen das Wasser von den naheliegenden Feldern abgehalten wird.

Rescht hat folgende Stadttheile: Maalleï Zeïdan زاهدان, mitten in der Stadt. Zu diesem Stadttheile gehören: Maalleï Bodyllä, mit einem Imamzade Aga-Badi-Ulla اغا بادی الله; M. Sagyrsozon mit den Bug'as: Du Bararan دو برادران d. i. Aga Seïd Abbas اغا سید عبّاس und Aga Seïd Ismaïl اغا سید اسمعیل (Brüder des Imam Musa Kasim). Das Bug'a heist Imamzade sufalpuschi سفال پوشی, das „mit Ziegeln gedeckte.“ In Sagyr-sozon zählt man 950 Häuser; M. Busukhtetakie oder Sukhtetakie بسوخته تکیه „abgebrannte Takie,“ mit einem Bug'a بقعه oder Asitane, wo Maasuma (Fatima), Tochter des Imam Musa-ibn-Dschaafar, Schwester des Imam Riza معصومه (فاطمه) خواهر امام رضا بنت موسی بن جعفر begraben liegt, wird in der Nacht des Freitags hauptsächlich von Frauen besucht; M. Zuridscha oder Zurdschelib, mit Takie; M. Sumabedschar, mit Takie; M. Khumejran-zaïdan خمیران زاهدان, mit der Takie Tschahor-bararan چهار برادران, „vier Brüder,“ in deren Nähe vier Bäume stehen. Das Khumejran hat 680 Häuser; M. Borben-kelä بار بند کله, nach dem Flusse Kelädschi-rudbar zu, mit dem Bug'a Wali-Buzurgewar ولی بزرگوار; M. Baghi-Schah باغ شاه, an das Mejdan (Feld) Sumabedschar grenzend. Dieses Mejdan, auf dem früher Reis gebaut wurde, liegt jetzt unbenutzt. In Baghi-Schah ist ein Imamzade Pir-Kurejsch; M. Nasir-abad. Moscheen in dem Stadttheile Zeïdan sind: Mesdschidi Sefid, M. Mostaufi, M. Hadschi-semi oder Chaisemi. Badehäuser giebt es vier: Chammâmi Naib نایب, Ch. Hadschi-Hakim حاجی حکیم, Ch. Kutschik-Zeïdan کوچك زاهدان, Ch. Abu-Talib ابو طالب. In dem Stadttheil Zeïdan ist auch das russische Consulatsgebäude; Maalleï Tschuman-sera چمان سرا, an dem Flusse desselben Nemens. In diesem Stadttheil ist eine Moschee und Bug'a Agadan (Nahdan)-Ali اغا دانای علی. Der Stadttheil Tschuman-sera hat 745 Häuser; M. Kijab کیاب, an der Seite des Sabzi Mejdan, mit 2 Moscheen; Hadschi-Hasan-Semsar und Hadschi Muhammed-Kerim حاجی محمد کریم; M. Bisutun بی ستون, mit zwei

Moscheen: Semi-Bazzaz und Hadschi-Mirza-Muhammed-Ali-Akbend; M. Kerf-abad, mit einer Moschee Hadschi-Kasim-Khan. In diesem Stadttheile liegt das Asitane Bibi-zinab بی‌بی زینب, der Tochter des Imam-Musa-Kazim; der Stadttheil hat 1122 Häuser; M. Dschire-Kutscha, mit einer Moschee Hadschi-Muhammed-Khan und zwei Takie: Hasan-abad-Hadschi-Mulla-Ibrahim und Hadschi Kasim-Bakkal-Baschi; M. Ustasera استادسرا, mit zwei Moscheen: Mizzon-agasi und Hadschi-abad. Nahe dem Sabzi Mejdan liegt das Bug'a Aga-Seïd-Abu-Dschaafar اقا سید ابو جعفر. In diesem Stadttheile liegt der Palast des Stadthalters von Rescht; M. Bazar بازار, mit der Moschee Dschoma und Kose-feruschon, hat 975 Häuser. Von Badehäusern sind die bekanntesten: Chammâmi Schahrijar, und Saman; M. Aga Fukara اقا فقرا, mit dem Imamzade Aga-Seïd Fukara und zwei Asitane: Aga-Tschallä-Khane-Nizam-ed-din استانه اقا چله خانه نظام الدین und Seïd Fakhr-ed-din سید فخر الدین; M. Segalän صیقلان, „Quartier der Schmiede," im Norden der Stadt, mit zwei Takie: Aga-Kutschik und Pahläwan-Hasan-Ketchuda, hat 991 Häuser; M. Surkhebende سرخ بنده; M. Aga-Seïd-Kelän اقا سید کلان, mit einer Moschee Muschteïd-Hadschi-Mulla-Sadik. In allen Stadttheilen zusammen zählt man 5463 Häuser. Die berühmtesten Schulen sind: Madrasa Ali-Akber; Mdr. Hadschi-Ismaïl Khan; Mdr. Hadschi-Semi; Mdr. Mostoufi مستوفی, in dem Stadttheile Zeïdan; Mdr. Hadschi-Hasan; Mdr. Muhammed-Kerim. Takie giebt es in der Stadt 36, Moscheen 22, Schulen 34, Badehäuser 17. Karawanseraïen folgende: K. Emiri, K. Hadschi-Mirza-Dschon, K. Hadschi-Mirza-Jusuf oder Usta-Moabali-Nadschar, K. Hadschi-Ali-Akber, K. Aga-Mirza-Baba, K. Malek, K. Kazwini, K. Kaaschi, K. Namäki oder Namät-Feruschon, K. Armeni, K. Hadschi-Mirza-Muhammed-Buzurg, K. Hadschi-Mirza-Muhammed Kutschik, K. Schischei-Kutschik, K. Gumrük-khane, K. Sedaulät, K. Gumrük, K. Gulschan, K. Gumrük-kuhna. Verkaufsläden im Ganzen 1021, Einwohner in der Stadt 27,314.

Der Bazar in Rescht ist in Reihen, „Roste" راسته, mit Buden, „Dukan" دکان, getheilt. Roste sind folgende: Roste Alläfi علافی, wo Victualien verkauft werden; R. Tschahor-uhdutsch چهار و دوز, Schuhflicker; R. Käfsche-dutsch کفش دوز, Schuhmacher; R. Zargäro زرگرها, Gold-, Silber- u. a. Waaren; R. Hijat خیاط, Schneider; R. Bazzaz بزاز, Colonialwaaren; R. Tawwof طواف, Seidenwaaren;

R. Tschalängär چلنکر, Eisenwaaren; R. Siegal سیاه‌گل, Beile und Aexte; R. Guldudschi گلدوزی, gestickte Schuhe, Schabracken und dergl.; R. Saradshi سراجی, Zügel und Pferdegeschirr; R. Tschuhodudschi چوخا دوزی, Buden, wo Tschukha (Oberkleider) genäht werden; R. Mohi-feruschi ماهی فروشی, Fische, R. Alähband علاقه بند, Zwirn, Schnure u. s. w.; R. Dawodgär دوادکر, Buden, wo metallene Geschirre geflickt werden; R. Kordegär کاردکر, Waffenschmiede; R. Kuläduzi کلاه دوزی, Mützenmacher; R. Khallädshi خلاجی, Deckenmacher; R. Dahande-zarkäto دهنده زرکتا, getrocknete Waaren und Hülsenfrüchte; R. Kharrozi خرازی, eingeführte Waaren; R. Segalön سغلان, Colonialwaaren; R. Uruseduz عروسی دوز, Schuhe; R. Kharrot خراط, Pfeifenrohre und andere hölzerne Bestandtheile des Kalijun; R. Nadshor-nozikkor نجار نازی‌کار, geschnitzte Fenster „Urusi.“ Die Buden werden ebenfalls nach den Waaren und Handwerkern genannt: Dukone Attar دکان عطر, Colonialwaaren; D. Nonewo نانوا, Brod; D. Bakkali بقالی, Produkte; D. Tummoku-ferusch تمباقو فروش, Tabak; D. Allöfi علافی, Getreide, Stroh und dergl.; D. Khalwoi خلوای, Chalwa (Honigconfect); D. Hakkok حکاک, Schnitzereien; D. Pinekdutsch پینه دوز, Flickschneider; D. Tschajferusch چای فروش, Thee; D. Kuzufurusch کوزه فروش, Thonkrüge zu Wasser; D. Nuchutfurusch نخوت فروش, Gemüse; D. Dallöki دلاکی, Haarschneider; D. Kannoti قنداناتی, Eingemachtes in Zucker; D. Schamrizi شمع ریزی, Lichte; D. Tufengsaz تفنک ساز, Gewehre u. s. w.

Während den im Monat Muharrem zum Andenken an den Märtyrertod der Söhne Ali's veranstalteten Vorstellungen theilt sich die Stadt nach den Stadttheilen in Niimati نعمتی und Chaidari حیدری. Ueber diese Benennungen und deren Bedeutung will ich hier einige Bemerkungen beifügen, die ich meinem verehrten Lehrer, Herrn Professor Kazembek, verdanke.

Der muhammedanische Orient zerfällt, wie man weiss, in zwei grosse religiöse Hauptpartheien, Schiiten und Sunniten, die sich in sehr verschiedene und zahlreiche Sekten theilen, von denen einige streng auf buchstäbliche Erfüllung des geschriebenen Gesetzes, „Schariat“ شریعت, halten, andere eine Deutung des Gesetzes zulassen und so den Grund zu einer mehr geistigen religiösen Lehre, „Tarikat“ طریقت, legten.*) Der Anfang einer solchen zweifachen

*) Schariat شریعة von شارع, „grosser Weg.“ Als Muhammed das Gesetz durch den Erzengel Gabriel vom Himmel erhielt, bezeichnete er

Richtung zeigte sich schon in den ersten Zeiten des Islam, selbst noch zu Lebenszeiten des Gesetzgebers, als gegen Diejenigen, welche das Gesetz, ohne eine geistige Auffassung, in ihrem eigenen Interesse buchstäblich deuteten, andere Erklärer auftraten, welche ihnen durch Philosophie der Religion widersprachen. So z. B. die Schüler Muhammeds, Abuzer ابو ذر und Mikdar مقدار, welche sich beide durch eine besondere Anhänglichkeit an den Gesetzgeber auszeichneten; als sie sich während ihres Einsiedlerlebens mit den religiösen Begriffen frommer christlicher Mönche bekannt gemacht hatten, warfen sie den Anhängern des Gesetzes die falsche Lage vor, in welche sie die Gläubigen durch eine rein äusserliche Erfüllung des Buchstabens des Gesetzes brächten. Die religiöse Richtung, welche einer geistigeren Auffassung der Religion huldigt, hatte viele Sekten und Schulen zur Folge, und die Geschichte des Tarikat zeigt jetzt 35 verschiedene Benennungen religiöser Orden, die zu den Sunniten gehören und die jeder sein eigenes System und seine eigene Philosophie haben.

Die Perser aber, als frühere Feueranbeter und Sternendiener, die nur durch Gewalt der Waffen zum Islam bekehrt wurden, konnten sich nicht sogleich von ihren Grundgesetzen, ihren Sitten, Gebräuchen und Aberglauben losmachen. So behielten sie z. B. als ein Erbgut ihrer früheren Religion die Lehre von einer Incarnation, von einer Apotheose u. s. w., trotz aller Bemühungen arabischer Fanatiker, dieselbe auszurotten, und diese frühere Richtung zeigt sich auch in dem Tarikat. Die Abspiegelung der ursprünglichen und dem Christenthum nahen Lehre im Tarikat, hinsichtlich der geistigen Anschauung des Gesetzes, kann man auch jetzt noch erkennen, wenn man z. B. mit Derwischen über ihre religiösen Ueberzeugungen spricht.

Schiitische Sekten giebt es sehr viele; sie zeichnen sich durch grosse Ergebenheit gegen ihre Imams aus, denen sie göttliches Gewicht beilegen, ohne jedoch einen von ihnen Gott zu nennen. Die gegenwärtig in Persien vorherrschende Sekte nennt sich Isnaaschar اثنى عشر, d. h. die, welche „zwölf“ Imame bekennen.

---

durch das Wort Schari' den Weg, welchen die Gläubigen wandeln sollen, um ihre irdische Laufbahn zu vollenden. Tarikat bedeutet überhaupt „Weg.“ Die muhammedanischen Sekten und die Vorstellungen im Moharrem kennt man aus den Werken der Herren Kazembek, Berezin, Bergé u. a.

Zur Zeit der Dynastie der Sefewiden traten in Persien zwei Anhänger dieser Sekte, Niimat und Chaidar, als Lehrer des Tarikat auf. Die Lehre, welche sie und ihre Müriden „Jünger“ verkündigten, war im Grunde eine und dieselbe, nämlich, dass man mit allen Kräften für die Ehre seines Imam einstehen müsse. Da diese Lehre dem Gesetze nicht widersprach, so gewann sie im Laufe von 50 Jahren eine grosse Verbreitung, um so mehr, als auch die persischen Herrscher die beiden Sekten unterstützten, um sich zu ihren eigenen Zwecken ihrer Hülfe zu versichern. Schah Abbas nannte sich nicht allein Haupt der Niimati und Chaidari, sondern wünschte auch, dass ganz Persien einst sich zu diesen Namen bekennen möchte. Da er die Absicht hatte, beide Partheien gleich zu stellen, um ihnen dadurch die Möglichkeit eines Aufstandes zu benehmen, liess er die Niimati und Chaidari in den Städten so ansiedeln, dass je zwei Strassen, in denen Anhänger der einen Sekte wohnten, durch eine Strasse der anderen getrennt waren. Den Zweck dieser Theilung ahnte, wie man sagt, anfänglich Niemand, und er zeigte sich erst später, als man Schah Abbas berichtete, dass eine Empörung gegen ihn im Geheimen vorbereitet und sein Leben in Gefahr sei, und der Schah einfach antwortete, ohne der Truppen zu erwähnen, er fürchte keinen Aufstand, weil er Chaidari und Niimati habe. Die Theilung der Städte nach Partheien und Strassen machte in der That einen raschen und kräftigen Aufstand unmöglich, und die Dynastie der Sefewiden verdankt so ihr vieljähriges Bestehen vorzugsweise den Chaidari und Niimati. Man erzählt, dass ein Schah von der Dynastie der Sefewiden, den man fragte, was er thun würde wenn ihm die Hülfe der beiden Partheien Chaidari und Niimati nichts nutze, geantwortet habe: „in diesem Falle werde ich mich zu einer von ihnen halten.“ Unter den späteren Dynastien verloren die Chaidari und Niimati viel von ihrer politischen Bedeutung, und heutzutage haben sie keinen anderen Zweck, als bei den Vorstellungen im Moharrem ihren Eifer in der Liebe zu den Imamen zu zeigen, insbesondere in der zehnten Nacht, „Aschura“ عاشورا, der Todesnacht Husseins*).

*) Zu meiner Zeit wohnten der englische und der russische Consul in verschiedenen von einander entfernten Stadttheilen, weshalb die Perser meinten, sie müssten der Eine Chaidari, der Andere Niimati sein.

Dörfer nördlich von Rescht: Gärika oder Muborek-abad, gegen 100 Häuser; Mangude, 1 Fars. von Rescht; Pirebazar, nahe am Murdab; Aga-kutsche-pir oder Okutschepir, mit 1 Imamzade desselben Namens; Kumokul, in der Nähe von Pirebazar; Kuech, 20 H.; Merdych oder Mardach, 20 H.; Läleka, gegen 20 H.; Tesch, 20 H.; Bitsch, 15 H.; Alämon, 20 H.; Budach, 20 H.; Pustek 15 H.; Piledorband, 20 H.; Busar, 100 H.; Chatschikin; Kumyschal oder Kaschal, seitwärts von Gäsker, 15 H.; Käfteru, 15 H., auf dem Wege nach Pirebazar, u. a.

Oestlich des Murdab: Dschiwerud, nahe dem Murdab, 100 H., dient auf der Strasse am Meere als Manzil. Aus Dschiwerud fährt man über den Murdab auf Kirdschims; Chumam, gegen 100 H.; Lät; Pirde; Kulätscha; Chunatscha-pur, mit einem Flüsschen Chakim-ruchan und einer Brücke „Kurpi;“ Pulüku, 20 H.; Turan-sera oder Tarang-sera, 20 H.; Daletsche, 20 H.; Umysche, 20 H.; Tschanetsche, 8 H.; Bischeko oder Wischeko, mit 1 Moschee, 20 H.; Mischomandon oder Nischomandon, 20 H.; Schikar-sara, 2 Fars. vom Murdab, 30 H.; Seid-sufijan, mit Imamzade Pir; Barkodé, 100 H.; 2 Fars. vom Murdab: Sede, 20 H.; Ibrahim-sera; Dawatscha; Kisamandon 2 Fars. vom Murdab; Kasimsera, 20 Häuser; Selibe-dschor, 60 H.; Korke, 80 H.; Kärbozde; Puschtum; Salkesar; Chuschkeramandon oder Chuschkebandon, 100 H.; Reschtabad, nahe dem Sefidrud, mit 1 Takie, am Flusse Zuradschu.

Südlich von Rescht: Kisbach, 40 H.; Girde-dar, 15 H., mit einem Rohdor-khane „Schlagbaum;“ Sulejman-derre, 4 Werst von der Stadt, mit einem Imamzade Chalwat, wo der Scheich-Sulejman-Dareni-er-Reschti beerdigt ist. Die Inschrift auf dem Grabe ist vom Jahre 953 = 1546. Dieses Gebäude ist von Serafraz Sultan, dem Feldherrn des Khan Achmed-Khan von Biepisch, errichtet worden.*) Von der Stadt bis Sulejman-derre führt eine gerade, ebene Strasse, die von beiden Seiten mit Bäumen bepflanzt ist und vor etwa 30 Jahren angelegt wurde; Baghischa, 15 H.; Gilpurdesar, 1 Fars. von Rescht, gegen 100 H.; Tuseramandon oder Surandon, 2 Fars.; Bedschore-pas, gegen 20 H.; Galä-sera u. a.

In den Dörfern bei Rescht wird viel Seide gewonnen.

---

*) Bericht von Akad. Dorn. Pag. 55.

Dörfer östlich, auf dem Wege nach Laïdschan: Kurd-maallä کرد محلّه, nahe bei der Stadt, mit 20 H., hinter dem Flusse Kelädschi-rudbar, mit einem Bug'a Aga-pir-biwali; Schaleku شالکو; Hadschi-wische حاجی ویشه, mit einem Rohdor-khane راهدار خانه, „Schlagbaum;" Pokenar oder Potschekenar, 30 Häuser, mit dem Flusse Ahuz-kul-pur. Ueber den Fluss ist eine steinerne Brücke „Kurpi" erbaut; Lütschegurab, mit einem Flüsschen Wischekai; Gurobeser, mit Imamzade; Gurobedschir, am Flusse Rudchaneï-chakem; Seg-damurde; hinter diesem Dorfe trifft man zwei Brücken, Pulenure und Pulekesch-damurde. Weiter hin liegen die Dörfer: Pir-musa, Dschanek-ber, Emir-kutebun, Muschde u. a.; Kutsch-Isfahan کوچه اصفهان, wird als Stadt bezeichnet, mit einem Bazar, „Jakschambe" یك شنبه, wo Sonntags und Mittwochs „Tschahorschambe" چهار شنبه, Markt, gehalten wird. Von Rescht bis Kutsch-Isfahan rechnet man $2^1/_2$ — 3 Farsakh. In der Umgegend von Kutsch-Isfahan sind folgende Dörfer: Dschibedschokul, Rudkul, Haschkewo, Chischte-metschet, Hindiwone-pudesar, Warazga u. a.; Läledescht, mit einem Flusse desselben Namens; über den Fluss führt ein Kurpi; Rudbareki, 4 Fars. von Rescht; Rescht-abad, am Ufer des Sefidrud. Auf der entgegengesetzten Seite des Flusses steht das Dorf Kisum, von wo aus man auf dem Wege nach Laïdschan die Dörfer: Bozi-gurab, Zulf-agar, Tidschnakuka und andere trifft. Zur Winterszeit ist der Weg von Rescht nach Laïdschan sehr schmutzig und schwer zu passieren.

Der Fluss Sefidrud سفید رود ist der grösste unter allen Flüssen am südlichen Ufer des kaspischen Meeres; er theilt Gilän in zwei Hälften, in die östliche und westliche. In den Bergen, bis zu 20 Fars. vom Meere, in südöstlicher Richtung, mündet in den Sefidrud der Fluss Schahrud, und südwestlich, der Fluss Kysyl-uzen, beide an der Brücke Mendschil. Der Sefidrud hat eine starke Strömung, seine Tiefe ist jedoch unbedeutend, und im Sommer kann man ihn selbst an vielen Orten durchwaten. Grosse Schiffe können wegen der Seichtigkeit des Wassers den Sefidrud nicht befahren. Im Jahr 1855 wollten die Perser die aus Astrachan nach Gilän geschickten Dampfmaschinen und Kessel, welche für die Baumwollspinnereien in Teheran angekauft waren, auf dem Sefidrud nach Mendschil bringen. Die Maschinen wurden, auf Kirdschims verladen, ziemlich zwei Monate lang den Sefidrud aufwärts gezogen; aber der grösste Kessel, von 130 Pud Gewicht, kam zum Sinken und versank bis über die Hälfte im Sande auf dem Grunde des Flusses, wo er über ein Jahr liegen blieb, bis man ihn endlich herauszog und in sehr schlechtem Zustande auf einem flachen russischen Bote nach Mendschil brachte. Der Fluss ist an vielen Stellen mehr als 30 Klaftern breit. Er ist bemerkenswerth durch seine Fischereien, die von der Regierung für 21,000 Tuman jährlich verpachtet werden. Vom Jahre 1860 — 1861 gehörten dieselben dem früheren Statthalter von Rescht, Umid-ul-mulk (Hoffnung des Reichs) in Compagnie mit Mir-Ali-Akber, Seïd-Ali-Khan und Mir-Abdussamid-Khan. Die Fischereien sollen, wie man sagt, früher für 800 Tuman verpachtet worden sein. Mit dem Fischfange beschäftigen sich etwa 150 russische Fischer, die aus Astrachan hierher kommen. Nahe dem Ufer des Meeres ist eine Wataga (Fischerei). Die Fischer erhalten einen jährlichen Lohn von 60 Rubel Silber. Der Fischfang bringt jährlich im Durchschnitt: Störe (acipenser) 75,000 (in den Fischereien zu Ferah-abad 6000); Sewrüga (acipenser stellatus) 30,000; Hausen (acipenser huso) 500; Wels (silurus) 500; (in Enzeli gegen 18,000) Stück; Caviar von rothen Fischen, die man hier fängt, jährlich gegen 50,000 Pud. (Von 1000 Stück Fischen wird eine Tonne Caviar, im Gewicht von 34—35 Pud, gewonnen); Hausenblase 70 Pud; Wels-Hausenblase 65 Pud; Rückensehnen des Stör und Hausen 120 Pud.*) An Ort und Stelle werden nur kleine Fische verkauft, die von den Persern verbraucht werden, und Caviar, in geringen Quantum, etwa 100 Pud; das Uebrige geht nach Astrachan. Der Ertrag der Fischereien im Sefidrud lässt sich kaum genau berechnen, weil die Fischereien in grösster Unordnung sind. Die Perser haben wenig Neigung zum Fischfang und kümmern sich daher sehr wenig um diesen Handelszweig. Die angeführten Ziffern geben nur annähernd einen Begriff von dem Ertrage des Fischfangs an der südlichen Küste des kaspischen Meeres. Im Jahr 1863 bildete sich in Tiflis eine Gesellschaft, um die Fischereien im Sefirud, welche nach denen in Salijan die ersten am kaspischen Meere sind, zu pachten; die persische Regierung aber forderte einen zu hohen Pacht, nämlich 36,000 Tuman jährlich.

*) „Wäziga" (russ.) wird in Russland als Hülsen in Fischpasteten gebraucht.

Zu dem Mahal Tulem, am Ufer des Murdab, gehören die Dörfer: Naukhale نوخاله; Tuläb-khale طولاب خاله, Hindu-khale هنده خاله, mit dem See Bedscheriki بجارکی, auf dem es viele Kunbil قون بیل (eine Art wilde Gänse) giebt, die im Herbste hieher kommen; Kischistan کیشستان; Sijaderwischon سیاه درویشان; Läkesar لاکسار; Sijawi سیاوی; Khamser خمسر; Nargestan نرکستان; Gurab کوراب, Ahmed-Gurab, hier soll Schah Sefi geboren sein, als Schah Abbas mit seinem Sohne Sefi Mirza und dessen Gemahlin durch Gilän reiste; Pujan پویان; Mes مس; Segalän صیقلان; Paskhan پسخان; Dschuma-Bazar جمعه بازار; Gil-khuran کیل خوران; Dilämandon دلامندان u. a. m.

Die Bewohner dieser Dörfer sammeln Seide und bauen Weizen. Der Malijat des Mahals beträgt 9000 Tuman. Tulem ist von 10 kleinen Flüssen durchströmt, deren Fischfang für 3000 Tuman jährlich verpachtet wird. Die bedeutendsten derselben sind Kesma (Lüleman); Pischrudbar (Paskhan) und Sijarudbar. Am Ufer des letzteren liegt das Dorf Pirebazar oder Pilebazar mit zwei steinernen Lagerhäusern zur Aufbewahrung von Seide, Cocons und dergl. Das Dorf besteht nur aus einigen im Walde zerstreuten Häusern, die vom Ufer aus gar nicht sichtbar sind. Der Name des Dorfes soll „Cocon-Markt" oder „der grosse Markt" bedeuten, von „Pile" پیله „Cocon" oder „gross;" nach Anderen ist es nach dem Namen eines Heiligen, Pir Hasan, genannt, der zur Zeit der Regierung des Schah Ismaïl hier gelebt haben soll.

Der Weg von Pirebazar, von dem See Murdab nach Rescht, ist einer der beschwerlichsten in der ganzen Provinz. Die sich durch den Wald schlängelnden Pfade sind fast das ganze Jahr hindurch so schlammig, dass die Pferde in dem weichen Lehmboden stecken bleiben und nur mit grösster Mühe die Füsse herausziehen. Auf dem ganzen Wege findet man tiefe Gräben und Löcher, die immer mit Schlamm und trübem Wassen angefüllt sind und über die, anstsatt der Brücken, nur an einigen Stellen alte Breter gelegt sind, die man nicht ohne Gefahr betreten kann. Dazu kommt noch, dass von beiden Seiten des Weges Aeste und Baumstämme den Weg sperren und die Löcher und Gräben oft von überragenden Aesten verdeckt sind. Andere als einheimische Pferde, die an den Boden gewöhnt sind, kann man auf diesen Wegen gar nicht gebrauchen. Die Entfernung zwischen Pirebazar und Rescht beträgt nicht mehr als 8 Werst. Bei schlechtem Wetter aber braucht man einen ganzen Tag und bei Regenwetter ist alle Verbindung mit der Stadt unterbrochen. Im Sommer und bei gutem Wetter, wenn die Waldpfade trocken sind, was jedoch selten der Fall ist, kann man den Weg leicht in einer Stunde zurücklegen. Auf dem ganzen Wege berührt man nicht ein einziges Dorf, die alle im Walde zerstreut liegen und vom Wege aus nicht sichtbar sind. Nahe dem Wege liegen die Dörfer Fakib, Busar, weiterhin, etwa auf halbem Wege, die Dörfer Sijare-kenar und Piledorban mit einer alten Moschee am Wege. Die Bewohner der Gegend sagen, dass bei dieser Moschee Stenka Razin stehen blieb, als er sich nach einer Niederlage zurückziehen musste. Nachdem man die Moschee im Rücken hat, kommt man auf einer halb zerstörten steinernen Brücke über den schmalen Fluss Sijarudbar, von wo aus der Weg sich am linken Ufer des Flusses hinschlängelt. Will man dem Schmutze ausweichen, so muss man verschiedene Male von einem Ufer zum anderen übersetzen; diese Uebergänge aber sind schon bei unbedeutendem Regen höchst beschwerlich, weil das Wasser bald so hoch steigt, dass die Pferde bis über die Hälfte des Körpers darin waten und die Waarenballen durchnässt werden. Nahe bei Rescht geht der Weg in einem schmutzigen seichten Graben hin. Auf dem Wege kommt man an ein Rohdor-khane, welches jedoch unbewohnt ist. Das erste Haus am Eingange der Stadt gehört der transkaspischen Handelsgesellschaft. Ein anderer Weg von Pirebazar nach Rescht, der jedoch nicht weniger schmutzig ist, geht über das Dorf Mangude östlich, oder durch das Dorf Naukhale, westlich von Pirebazar. Dieser Weg ist etwas leichter als die beiden oben beschriebenen, die Tcharwadaren aber wählen ihn fast nie, weil die Bewohner der übrigen benachbarten Dörfer nicht das Recht haben, Waaren oder Reisende zu befördern, das nur den Tscharwadaren von Pirebazar zusteht, wo man zu jeder Zeit bis zu fünfzig Pferde bekommen kann.

Zu Gesker oder Gilgesker, welches zwischen Fumen und Schandermin liegt, gehörten ehedem: Masul, Schandermin, Enzeli und Talyschduläb, weshalb Gesker auch Talyschgesker genannt wurde; diese Bezirke aber fielen unter Khosrew Khan ab. Das Klima ist ungesund und die dort herrschenden Fieber sind gefährlich. Gesker hat vier Quartiere und sieben Moscheen. Suworof sagt in seinen Memoiren (Hft. 13): „In dem Dorfe Gäsker sind gilanische Perser, gegen 600 Häuser, davon 300 Mann zu Pferde und Fussvolk, doch sind sie zum Kriegsdienst untauglich. Von Astara bis Gäsker sind 40 Werst, und der Weg ist an Allem reich, da höher, 5 bis 6 Werst nach dem Gebirge zu, an dreissig Dörfer liegen, in denen talischische Perser wohnen. Zwischen Astara und Gäsker giebt es im Ganzen etwa 500 Gehöfte, man kann daher gegen 800 Mann gut berittene und bewaffnete Leute zählen." In den Dörfern sammelt man jährlich gegen 450 Batman Seide; auch wird Weizen gebaut. Zu Gesker gehören die Dörfer: Isfend, nahe am Murdab; Zikser oder Zesar, Zisar, 1 Fars. vom Meerbusen, eines der bedeutendsten Dörfer in Gesker, ist Wohnort des Bezirksvorstehers und berühmt wegen seiner Reisfelder. Von Zikser bis Rescht, über Fumen, rechnet man 8 Fars., über Tulem, am Ufer des Murdab, 7 Fars. Letzterer Weg aber ist während der schlechten Jahreszeit nicht gangbar; Umendon, an der Mündung des Khalekai خالکای, etwa 60 H.; Chumejran, nahe dem Flusse Obikenar, wird Mahal genannt; Behember, am Flusse Tschelesar auf einer Landzunge des Murdab; in diesem Dorfe wird Dienstags ein Markt „Seschambe," gehalten; Taregurab, an dem Flüsschen Zemonibuzurg; das Dorf wird Mahal genannt, Donnerstags wird hier Markt „Pentschschamhe" gehalten. In Taregurap soll eine Mineralquelle „Tscheschme" mit warmem Wasser sein, an welcher bei den Vorstellungen im Monat Moharrem die Geschichte von der Ermordung Husseins, „Taawie" „Schewi" gelesen wird; Pischede; Zijabar oder Zewar, besteht aus einigen Dörfern; u. a.

Südwestlich von Rescht liegt der Distrikt Fumen. Der Weg nach Fumen geht durch den Wald; in der Richtung auf den See Ainek عینک zu. Unweit von Rescht, am Eingange des Waldes, kommt man in einen tiefen und schmutzigen Graben, der nur selten austrocknet und so schmal ist, dass zwei Pferde nicht nebeneinander gehen können, so dass, wenn Reisende einander begegnen, die Einen entweder umkehren, oder sie eine Stelle suchen müssen, wo sie auf irgend eine Weise ausweichen können. Um solche Begegnungen zu vermeiden, machen die Tscharwadaren, so bald sie den Wald betreten, sich durch lautes Rufen bemerkbar. Der Wald zu beiden Seiten des Grabens ist ziemlich dicht und hoch und besteht aus Schemshod, Tuse, Schabkhus, Kischkhol, Fach, Leileki,

Tüi, Ischpar, Samit, Kutschi u. a. Bäumen. Drei bis vier Werst von der Stadt ist der Ainek, der durch einen Damm in zwei Seen getheilt ist und so das Ansehen einer Brille (Ainek) hat; er dient den Bewohnern der Stadt als Jagdrevier. Nachdem man den Damm passiert, bleibt der See zur Rechten. Neun Werst von Rescht kommt man an den Fluss Paskhan پسخان, der in einem breiten und seichten Bette fliesst und welchen man durchwatet. Der Paskhan der grösste unter den kleinen Flüssen Gilāns, gilt als Grenze zwischen Rescht, Fumen und Tulem; er entspingt in den Gebirgen von Scheft und ergiesst sich in den Murdab, nahe dem Dorfe Naukhale نوخاله, wo er den Namen dieses Dorfes erhält. Von dem Uebergange über den Paskhan bis Naukhale sind etwa 8 Werst. Das Dorf Paskhan liegt am Flusse, aber hinter Maulbeerbäumen und Gärten versteckt, so dass man vom Ufer aus nur einige Tilimbar (Schuppen, in denen Seidenwürmer gezogen werden) sehen kann. Der Waldpfad rechts vom Flusse führt nach dem Murdab oder dem Dorfe Hindukhale هندو خاله, welches von Paskhan noch 1 Fars. entfernt ist. Links, nach Südost, geht der Weg nach Scheft. Hinter Paskhan fängt die Gegend an höher zu werden, der Pfad schlängelt sich durch den Wald und wieder in einem schmalen Graben hin. Zwei Werst von dem Flusse, zur rechten Seite, kommt man bei einer alten Moschee vorbei, Khischte-metsched, „Ziegel-Moschee," genannt, weil sie von Lehmziegeln erbaut ist, und weiterhin, bei einer anderen Moschee, die ebenfalls Khischte-metsched genannt wird. Links vom Wege sieht man Seen. Hinter der zweiten Moschee liegt das Dörfchen Gurobesar غراب سر, mit einem Bazar. Drei Werst vom Paskhan fliesst der Nischamandon, über den eine steinerne Brücke führt. Jenseits dieses Flusses ist ein tiefer Graben, der zuweilen so voll ist, dass die Pferde bis über die Hälfte des Körpers im Schlamme versinken und man nur mit grosser Mühe hindurch reiten kann, weil es unmöglich ist die Füsse in den Steigbügeln zu halten. Der Graben endigt bei dem Dorfe Dschuma-Bazar, an dessen westlicher Seite der Fluss gleichen Namens fliesst. Das Dorf besteht aus einem grossen und langen von Steinen gebauten Karawanseraï, das auf einem freien Platze liegt. An beiden Seiten des Gebäudes sind, der Strasse entlang, Verkaufsläden. Der Markt wird Freitags (Dschuma) gehalten. Am anderen Ende führt das Thor nach dem Flusse Dschuma-Bazar, der eben so wie der Paskhan in einem breiten und seichten Bette fliesst. Von Paskhan bis Dschuma-Bazar rechnet man 1 Farsakh. Den Fluss muss man fünfzehn Mal hintereinander durchwaten, was sehr schwierig ist, da er ziemlich starke Strömung hat. Das Wasser des Dschuma-Bazar ist auffallend rein und hell. In den Maulbeergärten am Ufer sind Tilimbar erbaut, die im Frühjahr, wenn das Wasser schnell steigt, nicht selten weggerissen werden. Bei den Uebergängen über den Fluss bleiben die Dörfer; Keläwezar, Keläwazon oder Guläwizan گل افزان, Naude, Khalkesera seitwärts liegen; hinter letzterem behält der Fluss den Namen Khalkesera. Nachdem man den Dschuma-Bazar fünfzehn Mal überschritten, geht der Weg links ab, durch den Wald, und nach drei Werst, in gerader Richtung, biegt man rechts nach der Stadt Fumen ein. Von Dschuma-Bazar bis Fumen rechnet man 1 Fars.

Der Weg nach Fumen ist zu jeder Jahreszeit beschwerlich, weil die Gräben im Walde fast niemals austrocknen; während der Frühjahrsüberschwemmungen aber ist zwischen Rescht und Fumen aller Verkehr abgeschitten, denn bei Vollwasser sind die Uebergänge über die Flüsse Paskhan und Dschuma-Bazar unmöglich. Von Rescht bis Fumen rechnet man $3^1/_2$ Fars. Die ganze Gegend ist mit dichtem Walde bedeckt.

FUMEN.

Die ehemalige Hauptstadt des Biepas ist heute nur ein erbärmliches Dorf mit kaum 140 ärmlichen, ohne alle Ordnung zwischen Maulbeergärten zerstreut liegenden Häusern. Die steinernen Gebäude sind alle halb verfallen. Das grösste Gebäude wird der Palast des Khan genannt und gehört dem Khan von Fumen, der aber in Rescht wohnt; es hat zwei Stockwerke, liegt auf einem freien Platze und enthält im Ganzen etwa zwanzig Zimmer. Neben demselben stehen zwei andere, ebenfalls zweistöckige Gebäude. Die Gebäude sind unbewohnt und das untere Stockwerk wird zu Ställen benutzt, in dem oberen sind fast überall die Thüren und Fenster ausgebrochen und dienen nur zuweilen Reisenden als zeitweilige Herberge, die dann nach Belieben das Zimmer wählen, welches ihnen am geeignetsten scheint. Dieser Palast scheint in neuerer Zeit erbaut oder aus einem alten umgebaut zu sein. An der Vorderseite, nach dem Platze zu, sind schmale Balkons und die Wände von der Hand verschiedener Reisender, wie Kerbelâi's, Hadschi's u. a. mit Versen und Gedichten beschrieben, welche die Wohlthaten des Khan preisen, oder wenn er, wie sehr oft geschieht, nach Teheran berufen wird, um Rechenschaft über seine Verwaltung abzulegen, die Theilnahme an seinem Schicksal oder Bedauern über seine Abreise ausdrücken. So fand ich z. B. folgende Inschrift an der Wand:

بتاریخ بیست پنجم محرم خداوند کاری خان در طهران شریف برده است
خداوند ان شا اللّه اورا بصحبت سلامت بیاورد در منزل خودش نویشتم بر در
دیوار خوانه بماند برمن مسکین اکر برسی که این مسکین کجا رفت بکو بکریخت......
بنده جعفر کربلای میرزا

„Am 25. Muharrem ist unser Gebieter, der Khan, nach Teheran gereist. Wenn Gott will, so wird er ihm helfen seinen Wohnort gesund zu erreichen. Ich schrieb es, mag es an der dieser Wand bleiben; solltest du aber nach mir Armen fragen: wo ging er hin, der Unglückliche? so sage: er verschwand . . . .

Dschaafar Kerbelâi Mirza.

Auf dem Platze vor dem Palaste stehen einige Schuppen oder Zelte, auf schwachen Pfälen gestützt und mit Gras gedeckt, die man Buden nennt und welche den Bazar von Fumen bilden, der unter dem Namen „Seschambe," d. i. Dienstag, bekannt ist. Bemerkenswerthe Denkmäler aus alter Zeit haben sich in Fumen nicht erhalten.

An der östlichen Seite der Stadt Fumen fliesst der Gozurubor, an der südlichen Seite der Mosulü-ruhkan, der von Masul herkommt.*) Beide Flüsse sind seicht und ergiessen sich in den Murdab.

Die Stadt hat zwei Quartiere: Bälä-maallä „das Obere" und Païn-maallä „das Untere" genannt; letzteres mit dem Bug'a Petschelebej. Nach den Namen der Stadttheile sind auch die Moscheen mit ihren Schulen genannt.

Dörfer nördlich von Fumen: Gurdukutschi-sent كربه كوچه سند, nahe der Stadt; Kumak; Lüleman-bazar لولمان, mit einem Flusse desselben Namens (Kesma); hier wird des Sonnabends „schambe" ein Markt gehalten; Dschir-Keläschim جور كلاشم, 1 Fars. von Fumen, 100 H., man sammelt hier im Jahre etwa 85 Batman Seide. Keläschim ist auf dem Wege von Rescht nach Fumen, etwa 8 Werst von Paskhan und 1$^1/_2$ Fars vom Meerbusen von Enzeli, besteht aus zwei Dörfern: Dschirkeläschim (das untere) und Dschurkeläschim (das obere), welches dem Gebirge näher liegt; Lischabandon ليشابندن, besteht aus mehreren Dörfern, die jedes seinen Namen haben; Käsmo-Bazar كسما بازار, 1$^1/_2$ Fars., nahe von Lüleman, gegen 100 H.; Mittwochs wird hier Markt „Tschahor-schambe" gehalten; man sammelt etwa 80 Batman Seide. Suworof schreibt in seinen Memoiren: „Kesma liegt auf einer Anhöhe und hat gegen 400 von Giläken bewohnte Höfe; die Einwohner haben Fabriken, das Dorf ist reich durch Ackerbau und mehr noch durch Seidenzucht. Die Einwohner haben zwar Waffen, sind aber zum Kriegsdienste untauglich. Von

---

*) In der Nähe des Gebirges soll ein alter steinerner Thurm „Rudkhan salsale dschadu" رودخان صاصال جادو genannt, stehen.

Gäsker bis Kesma sind 28 Werst, der Weg ist mit Allem versorgt, zur Regenzeit aber schmutzig und schlammig; man kann jedoch, wenn auch mit Mühe, selbst mit schweren Wagen reisen"*); Chalkasar كلكسر-حلقوسر; Paskhan oder Pesokhan, gegen 50 H., sammelt 70 Batman Seide; Kasan كاسان, 2 Fars. von der Stadt und 1 Fars. von Rescht, 30 H., sammelt 40 Batman; Mulla-sero ملا سرا, 1 Fars. von Rescht, nahe bei Kasan, sammelt 80 B.; Kuzegeron, 2 Fars. von Fumen, 30 H., sammelt 30 B.; Nude نوده, 1½ Fars., 25 H., 40 B.; Gurobe-nasir كوراب نصير, 1 Fars., 12 H., 60 B.; Pescholem پشالم, 80 B.; Markhal مرخال, 3 Fars., 40 B.; Schakhal شاه خال, 1½ Fars., 120 B.; Machal محال, 30 B.; Dowesar دافسار, 35 H., 80 B.; Kuwazon كوزان-كووزان, 40 B.; Kuhna-gurob كهنه كوراب, 80 B.; Tschekusar چكوسر, 30 B.; Khismakh خسمخ, 1 Fars., 250 H., 250 B. Seide und gegen 2000 Kuti**) Reis; Machsal مخصل oder Makhsar مخسر, 2 Fars., 60 B.; Molewon مالوان-ماكلوان, nahe der Stadt, 80 B.; Faläwon فل ابان, 30 B.; Rupisch رود پيش, 80 B.; Kijawon كيابان oder كيايان, 90 B.; Tschiran چيران, 30 B.; Khudoschar خداشهر, 2½ Fars., 35 H., 78 B.; Guschlämandon گوشلامندان oder گوشلوندان, 80 B.; Buschde پژده oder Pischde پيش ده, 2 Fars., 32½ B.; Puin پوين oder بوين, 80 B.; Khatmegurob خطميگوراب oder خطيب گوراب, 50 B.; Kälde كلده, 120 B.; Dschur-kälde جور كلده; Dschir-kälde جير كلده; Kälde-kur كلده كور; Duhur دوكور, 125 B.; Faschkham فشخام, 30 B.; Sumosero صو معه سرا - سه ماه سه راه mit einem Bazar, 240 B.; Sin سند, Gebirge zu, 2½ Fars. von Fumen, 80 B.; Tschubemeskhal چوب مشقال - چو مثقال; 2½ Fars., 60 B.; Kuhnesar كهنه سر, 30 B.; Sangebedschar سنكه بجار, nahe der Stadt, 46 B.; Gescht كشت, 80 B.; Kalärudkhan قلعه رود خان, mit einem Berge desselben Namens, in dessen Nähe ein Imamzade Kelärm, 40 B.; Rostekenor راسته كنار, 80 B.; Muschatuk ماشاتوك, 2½ F., 55 B; Tschaparde چپرده, 45 B.; Kokode كاكردە — oder كاكاده كاده, Kude كوده, 84 B.; Dahande دوهنده oder دخنده, 32½ B.; Porekijab پاركياب, 2 Fars., 80 B.; Kulä-puscht كلّه پشت, 30 B.; Markän, 3 Fars., 12 H., 25 B.; Tschaman چمن, 1½ Fars., 45 H., 90 B.; Gigoser كيكاسر, 150 B.; Tülili تليلى, 1 Fars. von Fumen, mit einem Bazar „Dschuma;" Minar-Bazar مناره بازار, nahe bei

---

*) Bemerkung von Suwarofs eigner Hand, mit dem Datum d. 7/15. Febr. 1780.

**) 1 Kuti = 4 Batm.

Gäsker, 4 Fars. von Fumen, mit einem halb verfallenen Thurm, der früher „Tschihil-Gusche-Tschamani“ چهل کوشه چمنی genannt wurde und, wie man sagt, 75 Khan-Ellen hoch war. Der Thurm diente während der Kriege Hidaijet-Khans als Observationspunkt und war in Form eines Leuchtthurms aus gebrannten Ziegeln erbaut, rund und oben zugespitzt; im Innern führte eine Wendeltreppe hinauf. Er wurde auch „Minar-tschamank“ منار چمنک genannt; Girdabad کرد آباد; Maleman مالمان; Purdesar پرده سر; Khasru-abad خسرو آباد; Dschurpaskie جور پاسکیه; Nufut نفوت, mit einem Imamzade desselben Namens, 2 Fars. von Rescht; Lälekam لیله کام; Alisera علی سرا; Kassabali-sera قصابعلی سرا; Melüskan ملوسکان; Pustin-sera پوستین سرا; Mehdi Maallä مهدی محله; Kazi-de قاضی ده; Goukede کاوکده; Surem سورم; Sijapiran سیاه پیران; Aläle-gurab الاله کراب; Oberud ابرود; Khuschke-nudehan خشکه نودهان; Bahbanan باغبانان; Pamsar پامسار; Gurabe-pas کوراب پس; Dschirde جیرده; Schambe-Bazar شنبه بازار; Serabestan سرا بستان; Dschir-send جیر سند; Lümde لومده; Tanaf تنف; Azkäm ازکم; Tschalükesar چالوکسر; Sijarud سیاهرود; Dschirepisch-khan جیر پیش خان; Keran کران; Lischpare لیش پاره; Khurrem-bische خرم بیشه; Falech-abad فلج آباد; Schalede شالده; Schakal-gurab شکال کوراب oder شاهخال کوراب; Chalil-sera خلیل سرا; Pischesar پیش سر; Kase-achmedi-khan کاس احمد خان; Bedschar-kenar بجار کنار; Zerkam زرکام; Hussein-abad حسین آباد; Dschame-schuran جامه شوران; Dschur-pisch-khan جور پیش خان; Segalän صیقلان; Dschur-belkur جور بلکور; Dschir-belkur جیر بلکور; Pirde پیرده; Dschire-gurab جیر کوراب; Geskere کسکره; Futmesar فوتمه سر; Scharem شارم, Sengdschu سنک جو; Mijande میانده. u. a.

Im Ganzen zählt man im Distrikt Fumen 146 Dörfer; die Bewohner betreiben Seidenzucht, in manchen auch Weizenbau. In Fumen wird das in Persien berühmte Rosenöl bereitet. Der Malijat des Distrikts beträgt 31,000 Tuman.

Der Weg von Fumen nach dem Dorfe Ziksar (in Gilgesker) geht, nach den Erzählungen persischer Reisender, zuerst zwischen Reisfeldern auf den Ueberresten des Chiaban, weiterhin auf niedrigem Boden und in Betten von Bächen und Kanälen zwischen dichtem Walde hin. Ein Farsakh weiter geht man über den Fluss Lüleman oder Kesma, der aus der Schlucht Masul kommt. An dem jenseitigen Ufer liegt das Dorf Lüleman-Bazar لولهمان بازار, von wo aus der Weg sich nach der Strömung des Wassers richtet. Diesen Fluss muss man fünf Mal überschreiten, ehe man zu dem am linken Ufer gelegenen Dorfe Kumak قوماق gelangt. Ein halb Farsak von diesem liegt, an demselben Ufer, das Dorf Kesma-Bazar, wo sich der Weg nach Westen wendet. Ein Farsakh von Kesma liegt Minar-Bazar, ein Werst vor diesem kommt man über eine steinerne Brücke, am Zusammenflusse zweier Flüsse. Als Grenze zwischen Fumen und Gilgesker gilt der Fluss Isfend, 2 Werst von Minar. Noch 2 Werst weiter liegt Bazar-Tahir-hurab بازار طاهر غراب, am rechten Ufer des rasch strömenden Flusses Khalekai, der ebenfalls aus der Schlucht Masul entspringt, und den man ½ Werst vom Bazar überschreitet, von wo dann der Weg auf dem linken Ufer anderthalb Werst durch Felder und Wald nordwestlich bis zu dem Dorfe Ziksar führt.

Vier Farsakh südwestlich von Fumen, im Gebirge, liegt Masul, Stadt genannt, 3500 Fuss über der Meeresfläche. Masul hat, nach Gmelins Beschreibung, eine ähnliche Lage wie Derbend. Die Stadt bildet, nach Erzählungen der Reisenden, von Bergen umringt, eine natürliche Festung, obgleich ohne Mauern und Thore. Die Häuser sind von Ziegeln oder Lehm erbaut und mit Erdwällen umgeben. Unter der Regierung des Kerim Khan wurde die Stadt von Hidaijet Khan befestigt, der sich hier anderthalb Jahre vertheidigte. Nach der Einnahme durch Kerim Khan wurde die Festung eingeäschert. Hidaijet Khan wollte später Masul wieder befestigen, unterliess es aber und befestigte statt dessen Kelärudkhane, 11 Werst von Rescht, auf dem Wege nach Scheft, wohin auch die Kanonen gebracht wurden. Ein halb Werst von Masul an der Strasse nach Kesma, ist das Grabmal eines Heiligen, welches von Dschemschid Khan erbaut worden sein soll.*) In Masul rechnet man 250 Häuser; die benachbarten Gebirge sind berühmt durch ihre Eisenminen und die Bewohner sind zum grössten Theil Schmiede. Von Flüssen ist bekannt der Khalekai, der sich in den Murdab ergiesst. Die nahen Berge führen dieselben Namen wie die Stadt. Auf den Bergen von Masul sind ausgedehnte und fruchtbare Weiden, nach denen man im Sommer grosse Heerden von

*) Dschemschid Khan regierte 911 = 1583. S. Abul Fetah Fumeni, Geschichte von Gilan in den Jahren 1517 — 1628, herausgeg. von Dorn. St. Petersb. 1838. 8.

Rindern u. s w. treibt. Die Ochsen sind hier grösser als in anderen Uferprovinzen Persiens und unterscheiden sich durch einen Höker auf dem Halsgelenk. Man sagt, dass in Masul die Kämpfe der Stiere eine volksthümliche Belustigung sind. Das Klima von Masul ist im Sommer ungesund, und die Bewohner gehen bis sechs Farsakh von der Stadt in das Gebirge, um den gefährlichen Fiebern zu entfliehen. Die Einwohner von Masul sind ein besonderer, halb nomadisierender Stamm, dessen Oberhaupt Ilbegi ایل بکی genannt wird und dem Staate jährlich 100 Tufenktschi (Schützen) stellen muss, die, wie man sagt, ein jeder eine jährliche Löhnung von 9 Tuman erhalten. Zu Masul gehören 15 Dörfer, von denen die bekanntesten: Läkesar لوهسر, am Khalekai, liegt am Fusse waldiger Gebirge, gegenüber einer weiten Schlucht, durch die man mit Schnee bedeckte Bergspitzen sieht. Im Sommer wohnt der Khan von Masul in Läkesar. Die Bewohner sind Talysch. Von hier bis Rescht, über Minar-Bazar und Tulem, rechnet man 8 Farsakh; Schambe-Bazar; Kischachalä u. a. In diesen Dörfern wird Seide gesammelt; ausserdem treiben die Bewohner Bienenzucht und verkaufen Butter, Käse und dergl. Der Malijat von Masul beträgt 1000 Tuman. Von Masul nach Tebriz und Chalchal geht der Weg über Cherou.

Scheft besteht aus vier Stadttheilen: Schalde (?), Schefte-duschambe-Bazar; Pendsch-schambe-Bazar, mit zwei Schulen; Piläga پیلاغا oder Ben-Aga ابن اغا und Seïd-Khan-Hakem, mit einem Bug'a des Aga-Seïd-Scherif, eines Nachkommen des Imam Musa Kazim, zu welchem man wallfahrtet. Auf dem Gipfel eines Berges in der Umgegend der Stadt liegt ein Imamzade Ishak اسحق, ebenfalls Nachkomme des Imam Musa. Von Flüssen, die nach Scheft kommen, sind bekannt Paskhan پسخان und Kuherud کوهرود, die beide in den Murdab münden.

Zu Scheft gehören die Dörfer: Usmawendan عثماوندان; Mardake مردقه; Nasir-maallä نصیر محله; Schalman شالمان; Bedau بداو; Läfe-bendan لفه بندان; Sefid-mazki سفید مزکی; Sijamazki سیاه مزکی; Kisba قصبه, mit einem Montags- (duschambe-) markt; Zulpiran ذوالپیران; Kisbe-maallä قصبه محله; Mir-maallä میر محله; Scheikh-maallä شیخ محله; Segalän صیقلان; Kumsar کومسار; Tschumatscha چماچا; Nasiran ناصران; Pir-Muhammed-sera پیر محمد سرا; Khurrem-abad خرم آباد; Schahneschin شاه نشین; Tschutaschan چوتاشان, Tschubar چوبر; Durkhan درخان; Taläkan طلا قان; Gul-seran گل سران; Khatiban خطیبان; Kulwan کولوان; Khurtum خورتوم; Rezasch رزاش; am Fusse des Gebirges, mit einem Asitane des Sultan-Saluk-Ibn-Wahab سلطان سالوك ابن وهب, zu dem man wallfahrtet;*) Kämbu کم بو, 4 Farsakh von Scheft, Wohnort des Hakim-Neschin (Distriktsvorsteher); Afir-sera افر سرا; Aromgo آرامکان; Schimretschal شمر چال; Scheftерupisch; Atischgo; Askede; Umanno u. a.

Die Gesammtzahl der Dörfer wird auf 110 gerechnet; die Einwohner treiben Seidenbau, Bienenzucht, Viehzucht, in manchen Dörfern baut man auch Weizen. In den umliegenden Gebirgen giebt es Tieger, Panther, Bären, Füchse, auch viele Fasanen (Karkaul) Rebhühner und andere Vögel. Der Malijat von Scheft beträgt 3500 Tuman.

Von Scheft nach Fumen rechnet man 2 Fars., nach Rescht 3 Farsakh.

Zu dem Mahal Kudum gehören die Dörfer: Imamzade Haschim, gegen 30 Häuser, am Fusse des Gebirges und am Sefidrud, 5 Fars. von Rescht; das Imamzade liegt neben dem Dorfe im Walde. Das Dorf hat ein Karawanseraï; Serewan; Kazijan; Schahristan, mit Imamzade und Moschee; Kudum کهدم, 6 Farsakh von Rescht, 40 Häuser mit einigen Schilfhütten, und einem Tschapar-khane (Stations-Haus); Ejnawar (?); Bazar-Schah-ahadschi; Duschambe-Bazar; Guwena oder Dejbuna; Saresenger u. a. Der grösste Theil dieser Dörfer liegt am Wege nach Rudbar.

---

*) Geschichte des Sultan Saluk Ibn Wahab, Handschr. des asiat. Museums in St. Petersburg.

RUDBAR.

Rudbar liegt 12 Fars. von Rescht, am Fusse des Gebirges, nahe dem Flusse Kyzyl-uzen. In der Stadt zählt man 797 Häuser, 7 Asitane-Imamzade, 50 Verkaufslocale und einige Karawanseraïen. Rudbar ist ganz in Weinberge, Citronengärten u. s. w. versteckt und berühmt durch seine Olivenbäume, aus denen hier Oel und Seife gewonnen wird. Von ihren Oliven hat die Stadt auch den Namen Zejtûne-Rudbar زيتون رودبار „Oliven-Rudbar.“ Grosse Olivengärten liegen am Zusammenflusse des Kyzyl-uzen und Schahrud, bei ihrer Mündung mit den Sefidrud, wo man die Fauces Hyrcaniae suchen will. In den Bergen sind Kupferminen und Steinkohlengruben. Von den Bäumen in der Umgegend sind die süssen Granaten, Indschir, Zardalu, Alutscha, Aepfel, Aprikosen u. s. w. bekannt.

Zu Rudbar gehören folgende Dörfer: Ali-abad على اباد, 13 Fars. von Rescht, hat 50 H.; berühmt durch Olivenbäume. Viele unter den Einwohnern sind Tscharwadaren; Alize اليزه; Kuschk كوشك, in diesem Dorfe beschäftigen sich die Einwohner mit Bereitung von Schiespulver; Kambar كامبر; Sarkhun سرخون; Keläs كلاس, 13 Fars. von Rescht, hat 15 H.; Fildej, Pilede, Filede پيل ده — فيلده, mit einem Imamzade und einer Moschee. Im Dorfe sind 20 Buden und ein „Korkhane“ كارخانه zur Ausbeutung der Oliven; Dorestan دارستان, Dejkoho دوكاه, 12 Fars. mit 70 H.; Lüa لووه oder Läka لاكه, 11 Fars. von Rescht, 60 H.; hier soll eine heisse Schwefelquelle sein; Khulembu خولوم بر, 10 Fars. von Rescht; Takilim تكليم, 9 Fars., mit 50 H.; Gandscha كنجه, 9 Fars., 40 H.; der grösste Theil der Einwohner sind Tscharwadaren; Käzan كزن; Dschuben oder Dschuwan جوبن, 10 Fars., 50 H., in der Umgegend Weizenbau; Isfendijar-merz اسفنديار مرز; Kälürez كلورز, gegen 20 H.;

Puschte پشته; Rohdor-puschte راهدار پشته, 8 Fars. von Rescht, 30 H., viele Einwohner sind Tscharwadaren; Piri پیری; Schamom شمام oder Schamo, 9 Fars., 40 H.; Forak; Tscharja چریه; Iman-abad ایمن آباد; Kerarud کراورود; Khulük-käsch oder Khuläk خولك, 6 Fars., 30 H., in der Umgegend wird Weizen gebaut. Die Einwohner betreiben auch Seidenbau; Uskulek اسکولك; Reschterud رشت رود, 6 Fars., die Bewohner betreiben Weizenbau und Seidenzucht; Rustem-abad رستم آباد, 9 Fars., mit ein Karawanseraï und Tschaparkhane. Das Karawanseraï steht auf einer Anhöhe mitten zwischen Granatbäumen. Suworof sagt: „Rustem-abad ist ein Karawanseraï für Reisende. Einwohner giebt es keine, ausser einen Krämer. Fünf bis sechs Werst davon liegen zwei grosse Dörfer, von Persern bewohnt, von denen man leicht Kirdschim erhalten kann, wenn man bei Vollwasser über den Sefidrud setzen will. Von Rustemdar bis Mendschil sind 22 Werst. Der Weg ist gebirgig und steinig, und mit Lasten ist es unmöglich durchzukommen. Der Weg für die Lasten geht links ab vom Flusse Sefidrud, wo man nach dem Monat Mai mit Lasten fahren kann. Den ganzen Weg entlang sieht man das Ufer immer $^1/_2$ Werst weit.“

Zu Rudbar gehören im Ganzen 46 Dörfer, die in Jailak und Kischlak getheilt sind. Die Hauptbeschäftigung der Einwohner besteht in Olivenbau und Viehzucht. Seide wird hier bis zu 50 Batman gesammelt. In Rudbar zählt man Rindvieh bis zu 1000 Stück, Schafe bis zu 21,000, Maulthiere oder Lastpferde bis 700. Der Malijat des Mahals beträgt 1500 Tuman. Die Ortsbewohner sprechen den Tatischen Dialekt تاتی, einen besonderen Gilänischen Dialekt und verstehen auch Persisch.

Rachmet-abad besteht aus den Parzellen: Chalime-dschan حلیمه جان; Scheikh-Ali-Tuse شیخ علی طوسه, mit einem Flüsschen gleichen Namens, das sich in den Sefidrud ergiesst; Gukene کوکنه; Scherbi-dschar شربی جار, mit einem Flüsschen; Barakur براکور. In diesem Bulük fliessen noch die Flüsse: Oguzeban اقوزبن; Ali-Schahrud علی شاه رود; Kurtum کرتوم u. a., die alle in den Sefidrud münden.

Die Dörfer sind nach Jailak und Kischlak getheilt; Jailak sind: .Merdschan-abad مرجان آباد; Naude نوده; Khuschabkhure خوش آب خوره; Tschal-seraki چال سراکی; Keläwezan کلوزن, wo der Gouverneur (Hakem-neschin) von Rahmet-abad wohnt.. Von den übrigen Dörfern sind bekannt: Schiran شهران, mit einem Flüsschen gleichen Namens; Tutekbun توتك بن; Schirku شيركوه; Istalkhetschan اسطلخ جان; Feteku فتكوه; Kuschketschan كوشكچان; Kulüsferusch كلوس فروش; Rudkhane رودخانه; Puschtehân پشتهان; Kija bad كيا آباد; Nasbi نصفى, mit einem Flüsschen Kuherud-nasbi كوهرود نصفى, das in den Sefidrud fällt; Fetelek فتلك; Kilwarz كل ورز; Taläbar طلابر; Keldijan كلديان; Wije ويايه; Keläschtar كلشتر, mit einem Flüsschen, 12 Fars. von Rescht, 50 H. Viele von den Einwohnern sind Tscharwadaren. Nahe beim Dorfe, am Sefidrud, findet sich ein heisser Quell; Kharzewil خرزه بيل — خرزويل, nahe bei Mendschil, mit einem Imamzade Ibrahim, Sohn des Imam Zein-ul Abedîn. Das Flüsschen Kharzewil fällt in den Sefidrud. Das Dorf Kharzewil ist berühmt durch seine Oelfabrik, ein steinernes Gebäude, welches vor etwa fünfzehn Jahren von einem moskauischen Handelshause gegründet wurde. Die persische Regierung aber, welche es für gefährlich hielt, das Gebäude ganz in russischen Händen zu lassen, gab den Firman zum Bau nur auf den Namen eines persischen Unterthanen, der zugleich das Privilegium erhielt, während fünf Jahren, für einen in dem Firman bestimmten Preis, alle Oliven von den Bauern allein zu kaufen, denen zugleich verboten wurde, ihre Oliven an andere zu verkaufen, oder selbst Oel zu pressen. Nach Ablauf dieser fünf Jahre sollte die Fabrik in den Besitz der Regierung übergehen. Der Bau der Fabrik soll 12,000 Tuman gekostet haben. Die Fabrikation aber ging wegen Mangel an technischen Kenntnissen sehr schlecht und das Oel konnte nur in Persien verkauft werden. Ein Versuch, es nach dem Kaukasus zu versenden, misslang, denn es verdarb. Nach zwei Jahren schon sank die Fabrik und nach Ablauf der ersten fünf Jahre wurde der Firman nicht wieder erneuert. Später wurde das Gebäude wieder restauriert und von der Regierung an dasselbe moskauische Handelshaus, welches den Bau unternommen hatte, für jährlich 250 Tuman verpachtet. In Enzeli verkaufte man dieses Oel das Pud etwa zu 2 Tum.

In Rachmet-abad wohnen folgende Stämme: Taifeï-hakem طايفهٔ حاكم; Pir-aslu پير اصلو; Duhanlu دوغ كانلو; Walilu ولى لو; Dschamanlu جمع كانلو; Karkhanlu قرغ كانلو. Alle diese Stämme sprechen Kurdisch, Tatisch, Gilekisch, und theilweise auch Persisch. Sie bewohnen die Dörfer: Keläija كلايه; Ali-abad على آباد; Sandas سندس; Khakemneschin حاكم نسين; Diwerud ديورود und einige andere. In Rahmet-abad-Sandas leben etwa 100 Familien des Stammes Amarlu عمارلو. Häuser giebt es in Rahmet-abad 594, Imamzade und Bug'a 18; die Bewohner betreiben Ackerbau, Viehzucht, Seidenbau und pressen vorzugsweise Oel; Seide wird jährlich bis zu 85 Batman gesammelt. In diesem Bulük zählt man Böcke und Schafe bis zu 25,000 Stück, Rindvieh bis zu 1500. Der Malijat von Rahmet-abad ist auf 475 Tuman festgesetzt, mit den Dörfern auf 3000 Tum. In den Bergen hausen Tieger, Panther, Bären, Wölfe, Füchse u. a. Von den Bäumen, ausser den Oliven, wachsen hier Eiche, Azat, Schemschod, Schabkhus, Naunetsch نونج (eine Art Mahagoniholz), Nussbaum, Indschir, Granat, Apfel, Maulbeer, Zardalü, bittere Mandeln, „Badami-talkh" بادام تلخ u. a.

Mendschil منجيل, südlich von Rachmet-abad, hat eine gebirgige Lage und wird Stadt genannt. Es liegt 500 Fuss über dem Meere. Mendschil ist berühmt durch seine Olivenbäume, die hier in grosser Menge wachsen. Olivenöl wird übrigens von den Bewohnern in sehr geringem Quantum gewonnen, da es an guten Pressen fehlt. Mendschil ist ausserdem durch seine Brücke berühmt, welche vor einigen Jahren durch den Mudschtehid von Rescht, Hadschi Mulla Rafi, erbaut wurde. Die Brücke über den Mendschil ist an der Mündung des Schahrud in den Sefidrud; sie ruht auf neun Schwibbogen. Zu beiden Seiten ist eine etwa anderthalb Arschinen hohe Brustwehr von gebrannten Ziegeln. In der Mitte führen zu beiden Seiten in der Mauer Treppen in die in den Schwibbogen unmittelbar über dem Wasser befindlichen Gemächer. An den beiden Enden der Brücke befinden sich ebenfalls Zimmer, wo die Reisenden bei schlechtem Wetter ein Unterkommen finden können. Gewöhnlich passiert man die Brücke des Morgens, weil während des Tages, bis zu Sonnenuntergang, in der Regel heftige Stosswinde aus den nahen Bergschluchten kommen, durch die, wie man sagt, als die Brustwehr noch nicht erbaut war, öfters Reisende in den Fluss gestürzt wurden. Auch jetzt noch zieht man es vor, zu Fuss über die Brücke zu gehen. Die Perser halten dieselbe für ein Meisterwerk der Baukunst und sagen: Puli-sefidrud misli Takht, „die Brücke des Sefidrud ist wie eine glatte Diele," weil sie mit glatt polirten Steinen belegt ist. Die Brücke ist etwa 22 Klafter lang, 2½ Klafter breit und in der Mitte erhöht. Der Bau, unter Aufsicht des damaligen Wali (Statthalter) von Rescht, Khosrew-khan,*) dauerte acht Jahr und soll 100,000 Tuman gekostet haben. Unter demselben Statthalter wurde auch eine Brücke über den Schahrud erbaut, 4 Fars. von Mendschil, an der Telegraphenlinie über den Berg Harzan und dem bekannten Posten Païtschinar. Man sagt, dass man in Mendschil die Kibla an den Olivenbäumen erkennt, die alle vom Winde nach Süden gebogen sind. Bei Mendschil kommen die Bergschluchten zusammen, in denen die Flüsse Schahrud und Kyzyl-uzen strömen. Der Fluss Kyzyl-uzen entspringt auf dem Berge Balkaz; die umliegenden Berge sind hoch und steinig. In Mendschil ist ein Imamzade Tahir, Sohnes des Imam Musa Kazim. Die Bewohner von Mendschil sind Türken, Taten, Kurden u. a. Sie treiben hauptsächlich Viehzucht und halten grosse Heerden von Schafen und Lastthieren zum Transport der Waaren. Das Klima ist hier das ganze Jahr hindurch gesund. In Mendschil zählt man gegen 200 Häuser.

Nach der persischen Handschrift (Astrabad, Mazanderan etc.) wird Mendschil zu den Dörfern der Parzelle oder des Kreises (ولايت) Amarlü عمارلو und Baba Mansur بابا منصور gerechnet. Die Stämme dieses Namens wurden z. Z. Schah Ismaïl's aus der Türkei (روم) nach dem oberen Gilän übergesiedelt. Sie haben, wie es manchen Gelehrten scheinen will, die Gegenden inne, in welcher sich einst die Anhänger der Sekte Hassans (Assasinen) aufhielten. Nach Monteith finden sich 60 Meilen von Mendschil die Ueberreste von Befestigungen und eines Thurmes, welche die Hassaniden erbaut hatten, die von Hulakukhan vertrieben worden.

Die Amarlü theilen sich in die Stämme: Taifeï-Walikhan طايفه وليخان; Bischanlu بى شانلو; Schahkalanlu شاهقلانلو; Machmudlu محمودلو; Tschahhalanlu چغلانلو; Tschakhamlu چاخم لو; Titikanlu تى تى كانلو; Mirzakhanlu ميرزا خانلو; Taifeï-Kazim-khan und Nauruz-khan-bakuli-khan طايفه كاظم خان و نوروز خان باقلى خان; Kabbe-keranlu قبّه كرانلو; Mendschiliho-bodarlu منجيليها بادرلو; Schamkanlu شمكانلو.

Zu Amarlü und Baba-Mansur gehören die Dörfer: Lüschan لوشان; Name-kuran نمه كوران; Khulkhob خولخواب; Kelürdere

*) Khosrew-khan war der Sohn eines gregorianischen Armeniers, Namens Wir, und in Tiflis geboren. In früher Kindheit wurde er von den Persern, als Aga Muhammed Khan Tiflis überfiel, als Gefangener fortgeführt. Er war Statthalter in Gilän, Mazanderan und Kazwin und starb in hohem Alter in Teheran.

کلوردره; Sengerud سنکرود, mit einer warmem Quelle; Sukure سوکوره; Parubar پاروبار; Pokdih پاکده; Uskubun اسکوبن; Dschirinde چیرن ده; Mijane-kuschk میانه کوشک; Ajni-de عین ده; Biwerzin بی ورزین;*) Jukunem یوکنم; Nawe ناوه; Kharpu خرپو; Wije وی یه; Läe لایه; Kälischam کلشم; Anbawe انبوه; Azkharkam-barase ازخرکام برسه; Nasch ناش; Puschte-kälän پشته کلان; Nuh-dih نه ده; Gilän-käsch کیلان کش; Taläku طالاکو; Lijawal لیاول; Masch-mijan ماش میان; Kijasch کیاش; Watal واطل; Tschamal چمل; Kupul کپل; Sibin سی بن; Girdewische کرد ویشه.

Dörfer die zu Baba-Mansur-amarlü gehören: Zikabar زیکابر; Kuwart کوورط; Keschne-rud کشنه رود; Tutek-tschal توتک چال; Tijan-descht تییان دشت; Kakustan کاکوستان; Kirwa کیروه; Pascham پاشام; Dajnak دی نک; Tschelwaschk چل واشک; Petel پتل; Kemal-dé کمال ده; Naren-de نارن ده; Kurerud کوره رود; Zarde-käsch زرده کش; Deschti-rez دشت رز; Tehmuras-abad طهمورث اباد; Kenkeri کنکری; Kuläh-dschub کله جوب; Kuketschin کهکه چین; Teskin تسکین. Die Dörfer sind in Kischlak und Jailak getheilt. Häuser zählt man im Ganzen 2100; die Einwohner beschäftigen sich mit Ackerbau und Viehzucht. Schafe zählt man hier bis zu 3150 Stück, Rindvieh 11,245. Der Malijat beträgt 3000 Tuman. Die Sprache der Amarlü ist Kurdisch, doch spricht man hier Gilekisch und theilweise auch Persisch. Im Kreise Amarlü zählt man bis zu 20 heisse Quellen. Eine derselben hat die Eigenschaft, jedes Thier auf der Stelle zu tödten.

Von Rescht nach dem Mendschil sind drei Tagereisen. Von der Stadt geht der Weg nach dem Flusse Rudbar, über den eine steinerne Brücke führt. Auf dem entgegengesetzten Ufer liegt das Dorf Maalleï-Hadschi-Wische. Von hier, in der Richtung nach Südost, beginnt eine ebene Strasse, die von Menutschihr-khan, dem früheren Statthalter von Gilan, erbaut worden ist. Zwei Werst weiter, rechts vom Wege, hinter dem Walde, liegt das Dorf Girdedar کرد دار, am Rudbar. Zwei Werst von hier, an der linken Seite des Weges, das Dorf Kisbakh کسباق, das dem Mudschtehiden Hadschi-Mulla-Rafia von Rescht gehört. Ein Werst von Kisbakh beginnt das grosse Dorf Gilpurdesar, welches sich an fünf Werst zu

*) بی ورزین Dieser Name hängt, wie es scheint, mit dem des Berges Bĕrĕzat (Hara Berezaïti) des Zend Avesta zusammen.

beiden Seiten des Weges hinzieht und als Grenze zwischen den Distrikten Rescht und Kudum gilt. Der Weg, der anfangs nach Osten ging, wendet sich nach Süden. Am Ausgange des Dorfes Gilpurdesar hört die Strasse auf und von da sind an beiden Seiten des Weges nur Gräben, damit das Wasser abfliessen kann. Der Rudbar, auch Dschehannum-derre genannt, bleibt rechts. Der Weg geht dann links nach Südost ab. In der Nähe liegt das Dorf Talyschduläb, dessen Felder aus dem Sefidrud bewässert werden. Die Gärten dieses Dorfes ziehen sich zwei Wert hin; am Ende derselben sieht man halb zerstörte Schuppen und Hütten, die unter dem Namen Talysch- duschambe-bazar, d. i. Montagsmarkt von Talysch, bekannt sind. Zwei Farsakh von Rescht und 1 Werst von diesem Bazar liegt links vom Wege das Dorf Sanger, zwei Werst von diesem das Dorf Guwena گورنا, 1/2 Farsakh das Dorf Schah-ahadschi, mit zwei Reihen von Buden und Schuppen, berühmt durch seine fruchtbaren Felder. Von Rescht bis Schah-ahadschi rechnet man etwa 4 Farsakh. Auf dem ganzen Wege ist die Gegend waldig. Oestlich von Schah-ahadschi liegt das Dorf Schahristan شهرستان. Der Weg geht als ein schmaler Pfad durch den Wald, bis zu dem Dorfe Kudum كودم, 1 Farsakh von Schah-ahadschi. Das Tschaparkhane (Stationshaus) von Kudum steht auf einer Ebene auf der linken Seite eines Kanales des Sefidrud. Von Kudum nach Mendschil sind zwei Wege, der eine über Dschehannum-derre جهنم دره „Höllenschlucht,“ der andere seitwärts der Schlucht über das Dorf Serewan سرروان, ersterer durch einen Wald, auf einer niedrigen und sumpfigen Ebene. Man wählt diesen Weg zuweilen im Sommer, er ist jedoch wegen der vielen Kanäle sehr beschwerlich. Früher soll die Bergschlucht gepflastert gewesen sein. Die Waldwege über Serewan sind ebenfalls sehr schmutzig. Drei Werst von dem Tschapar-khane Kudum kommt man über einen Kanal, links von welchem ein grosses Dorf Kazijan قاضيان liegt, das sich östlich bis an den Sefidrud erstreckt. Hierauf kommt man nach Serewan und auf die rechte Seite des Kanals. Den Weg über Serewan wählt man gewöhnlich im Winter, weil im Sommer die Reisfelder unter Wasser gesetzt sind. Dieser Weg ist um 1/2 Fars. länger als der andere über Dschehannum-derre. Von Serewan geht der Weg südöstlich über Reisfelder. Die Berge zur Rechten gehören zu Dschehannum-derre; links sind die Bergketten von der anderen Seite des

Sefidrud; gerade vor erhebt sich der Derfek; $^1/_2$ Fars. von Serewan kommt der Weg dem Ufer des Sefidrud nahe und geht dann in südwestlicher Richtung, durch Reisfelder, nach dem Karawanseraï Imamzade Haschim, wo beide Wege zusammentreffen. Das von Stein gebaute Karawanseraï liegt am Fusse eines waldigen Berges; Das Dorf liegt rechts, 1 Werst vom Karawanseraï. Hinter dem Imamzade läuft ein Weg auf der Ebene, und zwischen wenig dichtem Walde hin kommt man wieder auf die linke Seite des Kanals. Der Weg ist niedrig und sumpfig. Nachdem man den Wald hinter sich hat, kommt man wieder dem Sefidrud nahe, an den Anfang des Kanals, der die Grenze zwischen Kudum und Rudbar bildet. Der Sefidrud ist hier reissend und hat ein sehr breites Bett; die seichten Stellen sind mit Gebüsch bedeckt und die steilen Ufer bewaldet. Der Pfad läuft steil an und ist ziemlich beschwerlich, schlängelt sich dann wieder am Abhange des Berges an den Sefidrud, bald aufwärts, bald abwärts, bis beinahe an den Spiegel des Wassers. Zwei Werst weiter ist ein tiefer Abgrund, mit einem Arme des Sefidrud, und noch zwei Werst weiter ein anderer breiter Arm des Flusses, jedoch mit weniger steilen Ufern. Zwei Werst von hier führt der Weg links ab in einen Abgrund, wo ein Arm des Sijarud fliesst, der sich in den Sefidrud ergiesst. Ueber den Sijarud führt eine steinerne Brücke. Hierauf geht es steil aufwärts und wieder abwärts, nach dem Ufer des Sefidrud, dann 1 Werst in einer Niederung hin, hierauf wieder 1 Werst steil aufwärts. Noch zwei Werst weiter kommt man über einen dritten Arm des Sefidrud und steigt dann $^1/_2$ Werst, bis zu dem Zollamt „Rahdar-khane,“ das zu dem Dorfe Nohulewar gehört. Rechts auf dem Berge liegen nebeneinander zwei Dörfer, Khuläk خولك oder Khuläkäsch كولكيش und Uskulek اسكولك. Ein Fars. von Nohulewar fliesst der Kelärud. Von Rahdar-khane führt der Weg südwestlich durch Gesträuch und wieder an den Wald; zwei Werst weiter liegt auf dem anderen Ufer des Sefidrud das Dorf Schiran شيران. Ein Werst von diesem, zwischen dem Wege und dem Ufer des Flusses, liegt das Dorf Ferak فراق. Hierauf kommt man über einen vierten Arm des Sefidrud. Der Weg geht $^1/_2$ Werst abwärts in ein schmales Thal, wo auf einer Wiese das Tschaparkhane Rustem-abad steht, und um dieses herum einige Buden. (Nach Suworof „sind vom Imamzade Haschim bis Rustem-abad 28 Werst. Der Weg geht über Steppen und ist reich an Futter und Wasser, auch fehlt es nicht an Wald. Den geraden Weg kann man reiten, mit Lasten aber muss man sich links halten. Den Sefidrud kann man an sechs Stellen bequem passieren.“) Die Felder und Gemüsegärten reichen hier bis an das Ufer des Sefidrud. Rechts an einem Bergabhange sieht man das Dorf Schemam شمام zwischen Gärten liegen. Von Rahdar-khane bis Rustem-abad ist der Weg trockener, aber beschwerlich wegen Mangel an Brücken. Von Rescht bis Rustem-abad rechnet man 7 Farsakh. Der Weg führt dann wieder an den Sefidrud; nach 1 Werst kommt man zu einem fünften Uebergang, den Puschte پشته, einen Arm des Sefidrud, in einem tiefen Abgrunde, wo an einer hohen Stelle das Dorf Puschte liegt. Am anderen Ufer des Armes ist ein von Stein gebautes Karawanseraï, von wo ein sandiger Pfad nahe den Bergen hinführt, die dem Sefidrud nahe treten. Ein Werst von dem Puschte kommt man zur sechsten Ueberfarth über den Fluss, einen Arm der von dem Dorfe Kelüres کلورس herkommt. Am rechten Ufer des Sefidrud liegt das Dorf Rachmet-abad, 2 Werst won diesem das Dorf Kijabad کیاباد, mit einem Imamzade, am Abhange eines bewaldeten Berges; $^1/_2$ Farsakh von Kelüres, rechts, liegt das Dorf Dschuben جوبن, mit Olivengärten; von hier geht der Weg über Wiesen und dann in dem trockenen Bette eines Armes des Sefidrud. Weiterhin wendet sich der Weg rechts, dem Fusse der Berge zu, die, je näher dem Flusse, desto höher sind. Der Sefidrud hat auch hier ein sehr breites Bett. An dem jenseitigen Ufer liegt an einem Bergabhange das Dorf Nasbi نسبی. Der Weg wendet sich nach Westen über einen Bergpass und dann in die Ebene hinab durch einen Olivenwald, weiterhin gegen Süd-west dem Ufer des Sefidrud zu. Die am linken Ufer zurücktretenden Berge bilden hier einen Halbkreis. Ein Werst von dem Olivenwalde liegt in einem engen Thale, wo auch Oliven gedeihen, das Dorf Fetelek فتلک. Das Thal liegt nach Süden. Der Pfad folgt 1 Werst den Bergkrümmungen allmälig aufwärts. Höher oben liegt das Dorf Gendscha گنجا. Von der Höhe führt ein abschüssiger Weg 1 Werst zwischen Felsen abwärts, dem Ufer des Sefidrud zu; weiter unten wird der Weg breiter und schlängelt sich 2 Werst abwärts am Ufer des Flusses hin, bald aufwärts bald abwärts. Die nahen Berge sind mit niedrigem Walde bedeckt, bis zu dem Dorfe Guläwerz گیل ورز, am rechten Ufer des Sefidrud. Zwei Werst von hier sieht man am rechten Ufer auf einer Insel die Ruinen eines Thurmes, Kiz-Kaläsi قز قلعه‌سی genannt. Weiterhin setzt man über einen Bach, der aus der Schlucht von dem Dorfe Lüa لوغه herkommt. Die Olivengärten und Wälder ziehen sich an 2 Werst bis zu dem nächsten Bache hin, hinter dem das Dorf Diha-Rudbar ده رودبار, mit einem Bazar, liegt. Die Berge treten hier bis an die Ufer des Sefidrud. Der Weg führt dann 2 Werst über Felsen, bis zu dem Dorfe Rudbar, und dann 1 Werst zwischen den das Dorf umgebenden Olivengärten. Weiterhin kommt man zu dem Dorfe Alazi الزی, seitwärts von welchem das Dorf Wije liegt; 2 Werst höher liegt das Dorf Keläschtar کلاشتر. Die Olivengärten reichen hier bis an den Sefidrud. Hinter Alazi steigt man einen hohen Felsen hinan. Die Berge um Rudbar treten dann wieder dem Flusse nahe. Von Alazi bis zur Brücke Mendschil rechnet man 7 Werst. Der Weg führt über steile Felsen und ist sehr beschwerlich. Der Sefidrud fliesst in dem schmalen Thale Rudbar zwischen hohen Felsen. Drei Werst vor der Brücke ist ein Mineralquell. In den nahen Bergen soll es Kupfer-, Eisen- und andere Minen geben. Die Brücke Mendschil nimmt man als Grenze zwischen den Provinzen Gilän und Kazwin an. An der rechten Seite der Brücke sind Niederlagen zu Aufbewahrung von Maschinen, die nach Teheran geschickt werden. Hinter der Brücke steht eine Bude, in welcher ein Kaljan-feruschi „Pfeifenhändler" Kalian, Gerste, Saman (Stroh) und dergl. verkauft. Das enge Bergthal Rudbar endigt hinter Mendschil, wo die Berge sich nach Nordost und Westen ziehen. Von Rescht bis Mendschil über das Dorf Serewan rechnet man $17^1/_2$ Farsakh und über Dschehannun-derre 17 Farsakh. Nordöstlich von Mendschil sieht man auf dem Berge das Dorf Kharzewil; der Weg dorthin geht über Felder und zwischen Olivenbäumen, die hier an beiden Uferseiten des Sefidrud und in den Bergen in grosser Menge wachsen. Die Häuser des Dorfes Kharzewil liegen auf dem Abhange des Berges, an dessen Fusse auch Olivenbäume wachsen. In der Nähe von Kharzewil sind auch Mineralquellen. Auf dem Wege nach Mendschil geht die Telegraphenverbindung zwischen Rescht und Teheran über den Berg Kharsan und durch die Stadt Kazwin. Der Draht geht von Rescht aus durch den Wald; an einigen Orten sind die Glocken an den Bäumen selbst angebracht. Die Dörfer Rudbar sind unter dem Namen Baläi-païn bekannt.

Zu der Khanschaft Schandermin gehören die Dörfer: Biten oder Bitam; Umal; Uläm; Tschamuschtudschan; Schachschi; Isozoe u. a. Die Dörfer sind Kischlak und Jaïlak. Zu Kriegszeiten muss Schandermin 150 Tufenktschi stellen. Die Einwohner treiben Ackerbau, Viehzucht, Bienenzucht und Seidenzucht. Die Dörfer von Schandermin liegen zum grössten Theil noch seit der Zeit des Hidaijet-Khan in Ruinen. Den Hauptheil der Bevölkerung bildet ein Nomadenstamm Il ایل, der in den Gebirgen herumzieht, welche die Grenze von Khalkhaly bilden, in den Niederungen wohnen Giläken.

Die Khanschaft Talysch-duläb; liegt nordwestlich von Schandermin, südöstlich von Assalym, nordöstlich von Khalkhaly. Dem Murdab nähert sich Talysch-duläb zwischen Behember und Kupurtschal; diese beiden Dörfer sind 2 Fars. von einander entfernt; zwichen ihnen liegt das Dorf Abikenar.

Zu der Khanschaft Talysch-duläb gehören die Dörfer: Paresar پره سر; Khalkhalijan خالخاليان; Kedustan كه دوستان; Urdedschan اردهجان; Tscheku چكو; Tscharotsch چاروچ, am Berge desselben Namens; Mazupuscht مازو پشت; Darih-woz دره واز; Rischan ريشان, ½ Fars. vom Ufer des Meeres; Punal پونل, Païn-punal, zwischen den Flüssen Tschapsera und Schefarud, 1 Fars. vom Meere. In Punal wohnt der Khan von Talysch-duläb. Im Winter geht der Weg von Punal nach Khalkhal خلخال über das Dorf Sendede سنده ده, im Sommer über die Dörfer Arda ارده und Deschte-daman دشت دامان. Vom Ufer des Meeres bis Khalkhaly rechnet man 10 Fars. In Païn-punal ist das Imamzade Garibebenbe; Alan الان; Galysch-maallä كالش محله; Bischesera بيشه سرا; Sijabi سياه بيل; Duran-mijane-rudkhan دوران ميان رود خان; Sarak سرك; Deschtemin دشت مين; Schir-betschepir-Imamzade شير بچه پير امام زاده; Tscharwade چارواده u. a. Von den Jailak sind bekannt: Waska واسكا; Parkam پاركام; Minerud مينه رود; Serahili سراكيلى; Rauschan-de روشن ده gegen 60 H.; Arewescht اره وشت; Baran برن; Amireku, اميركوه 100 H.; Tawilä-guwan توله كووان; Kule كوله; Deschte-daman دشت دامان; Arutschul اروه چول; Sinde سنده oder Sinde-de سنده ده, 6 Fars. von Punal; Rinatsch ريناچ, 3 Fars. von Khalkhal, 6 Fars. von Punal; Ispit اسپيت; Arustan عروستان; Rengab رنك آب; Barzeku برزه كو, mit 2 Imamzade; Abi-kenar اب كنار, nahe von Tschaprudsera, wird Mahal genannt; Sangesar سنك سر; Khoschabbar خاشابر,

nahe dem Gebirge. In diesem Dorfe wohnt der Stamm Khoschabbar oder Khoschewar, der, wie man sagt, diesen Namen erhielt, weil einer der Vorfahren des Stammes ein Haus besass, dessen Thür „bar“ بر aus Knochen „khosch“ خاش bestand. Die Gesammtzahl der Khoschawaren in Talysch-duläb schätzt man auf 250 Familien; unter ihnen leben gegen 30 Familien Schirazer, die aus Schiraz eingewandert sind. Sie bekennen sich zur Sunnitischen Lehre.

Zu Gil-duläb gehören die Dörfer: Tschabedschar چابجار; Tschengiran چنکیران: Darsera دار سرا; Gile-tschalän کیل چالان, 2 Fars. vom Ufer des Meeres; Seïd-Scharefscho سید شرف شاه, mit einem Imamzade des Dschaafar-Sadik, zu dem man wallfahrtet; Schane-pawer شانه پاور; man sagt, dass in der Nähe dieses Dorfes die Ruinen eines alten Thurmes gleichen Namens stehen. Dieser Thurm ist von einem Wassergraben umgeben; Sija-wezan سیاه وزان; Kätshlek کچلک; Sekam سکام; Rudbar-sera رودبار سرا, nahe am Flusse Tschapsera am Fusse des Berges; Tarem-sera طارم سرا; Scheikh-sera سیخ سرا; Adam-sera ادم سرا; Sasan-sera ساسان سرا; Läktar-sera لکتار سرا; Sijabuläsch سیاه بولاش; Rizwande-garibe-bende غریب بنده رضوان ده; Rudpuscht رود پشت; Mamdukan ممدوکان; Rusar روسر; Khime-sera خیمه سرا; Aschur-kend عاشور کند; Schefarud شفارود; Bekzade-maallä بک زاده محله; Sendijan سندیان; Scheschku شاشکو, über dem Schefarud, nahe der Küste; Alkam آلکام; Simbar-khale سیمبر خاله und Naukende کونده, beide mit Flüsschen des gleichen Namens; Dunjatschal دنیا چال, auf der Grenze von Assalüm.

In Talysch-duläb und Gil-duläb zählt man im Ganzen 2849 Häuser. Die Gesammtbevölkerung beträgt 14,644 Köpfe; Imamzade und Asitane sind im Ganzen 45, Buga's 5, Mühlen 26. Die Bewohner von Talysch-duläb sind grösstentheils Sunniten, dahingegen die Bewohner von Gil-duläb Schiiten. Im Kriege müssen die Dörfer von Talysch-duläb 150 Mann Tüfenkdschi stellen; übrigens sind die Einwohner des Talysch als gute Schützen berühmt, und man sagt, dass ihr Khan jederzeit 5000 Mann zusammenbringen könne. Die Bewohner treiben Ackerbau, Bienen-, Seiden- und Viehzucht. Schafe zählt man hier an 12,000 Stück; Pferde an 1200. Weizen wird hier jährlich bis zu 58,500 Halwar geerntet, Honig 600 Batman, Seide 2515 Batman. Die Fischerei in den Flüssen, die in den Murdab und das kaspische Meer münden, bringt 580 Tuman Pacht. In den Bergen giebt es Panther, Tieger, Wölfe,

Bären, Füchse, Schakale, Hirsche, Fasanen, Rebhühner u. s. w. Die Bewohner von Talysch sprechen Türkisch, Gilekisch und theilweise auch Persich.

Zu der Khanschaft Assalym اسالم gehören die Dörfer: Gigoser کیکاسر; Khalesera خال سرا; Alalan الالان; Nawarud نواررود, mit einem Flüsschen gleichen Namens und einem Bazar Jakschambe (Sonntagsmarkt); Kisam کسم; Lätai لاتای; Kija-sera کیا سرا, Residenz des Khan; Kule-sera کوله سرا. Von den Jailaks sind bekannt: Nau نو; Lümîr لومیر; Alla-di الله ده u. a. m. Häuser giebt es in Assalym 791, Einwohner (Talysch und Gilek) 4240; der grösste Theil unter ihnen sind Sunniten. Im Kriege müssen sie 50 Tufengdschi stellen. Weizen erntet man hier gegen 25,000 Halwar jährlich, Honig 560 Batman, Seide 150 Batman — jedoch letzte Sorte. Der Fischfang in den Flüsschen wird für 200 Tuman jährlich verpachtet. In den Gebirgen ist dasselbe Wild und Geflügel wie in Talysch. Die Berge sind vom Ufer des Meeres 2—3 Fars. entfernt. Von Assalym bis Khalkhal geht der Weg über Herou, nach Ardebil über Ak-ewlär.

Zur Khanschaft Kerganrud کرکان رود gehören die Dörfer: Wazne وزنه; Nemir نمیر, mit einem Flüsschen gleichen Namens, am Fusse der Berge, die unter dem Namen Nemir-dahi نمیر داغی oder Kuhinemir کوه نمیر bekannt sind; Tschuwar چوار; Hawik هویک; Burme-sera بورمه سرا; Schilewar شلوار, mit einem See mit Namen Peläsli پلاس لی; Khatib-sera خطیب سرا, mit einem Flüsschen, am Fusse der Berge; im Dorfe ist ein Imamzade Mir-Azim میر عظیم; Lisar لیسار, am Fusse eines Berges, auf dessen Gipfel ein alter Thurm mit festen Mauern, der in den ersten Jahren des Islam erbaut wurde. Im Thurme soll sich ein Bassin finden; Heradescht هرادشت; Mamdewar ممدوار; Kaläbun قلعه بن, nahe einem Berge, auf dem früher ein Thurm gleichen Namens gestanden haben soll; Darekari دره کاری; Khadscha-kari-balä خواجه کاری بالا; Puschte پشته; Dschemikuh جمیکوه; Girdab-uzen کرداب اوزن; Nawân ناوان; Surepuscht سوره پشت; Tul-gilän طول کیلان; Schakär-descht شکر دشت; Rik ریك, Kischlak des Khans von Kerganrud; Tulerud طولرود; Dschuländan جولاندان; Kuhe-kari کوهه کاری; Reng-resch-khâne رنک رش خانه; Sideki سیده کی; Taki تاکی; Dschukendan جوکندان; Hindua-keran هندوه کران; Kurdebidschâr کرد بی جار; Kelfarud کلفرود; Chijan حیان; Khadsche-kari-païn خواجه کاری پایین; Tulredsch طول رج;

Aradescht ارادشت; Turepuscht طوره پشت; Naalki نعلکی; Galysch کالش; Scheban شبان; Nolband, mit einem Asitane des Sultans Seinaki(?); Kahrud; Chalif-sera oder Chale-sera, Gil-sera; Khewir, am Ufer des Flusses gleichen Namens, nahe am Meere; Kerganrud, nahe am Ufer des Meeres; am Flusse Kerganrud zählt man zwölf Dörfer. Man sagt, die Bewohner seien nach der Zahl der zwölf Schluchten, in denen die Flüsse entspringen, in zwölf Stämme getheilt. Jailaks sind: Ak-ewlar آق ایولر, Jailak des Khans, 4 Fars. von Kerganrud. Der Ort ist bemerkenswerth durch seine Nussbäume. Zu Ak-ewlar gehören die Dörfer: Mijan-kû میان کو; Schalewesch شله وش; Rezan رزان; Marjan مریان; Dizko دیزکو; Kurmar کورمار und Utak-sera اوطاق سرا. In den Dörfern von Ak-ewlar beschäftigen sich die Bewohner mit Viehzucht und Weizenbau. Die Dörfer sind: Deran دران; Tilär طیلار; Tschuran چوران; Alakäsch آلهکش; Dakhlä-kuni دخلا کونی; Wil ویل; Howezku هاوزکو; Gomyschbun کامیش بن; Atischkäsch آتش کش; Sakhtedere سخت دره; Daschbaschi داش باشی; Lipan-käsch لپان کش; Aderbadschan آذربایجان; Tekri تکری; Gendsch-khane کنج خانه. Häuser giebt es in den Dörfern von Kerganrud im Ganzen 6995; 15 Imamzade und Asitane; Einwohner, Talysch (Sunniten) und Gileken (Schiiten), 41,380. Die Talysch sind reicher als die Gileken. Unter ihnen leben auch Türken, die aus Ardebil und Khalkhal hieher übergesiedelt sind. In jedem Dorfe befinden sich ausserdem noch einige Familien des Stammes Galysch کالش. Aus den Steppen von Mugan und Ardebil kommen zu den Jailaks von Kerganrud jährlich an 5000 Familien. Kerganrud stellt 200 Mann Tufengdschi. Die Bewohner beschäftigen sich mit Ackerbau, Seiden-, Bienen- und Viehzucht. Schafe zählt man gegen 85,000 Stück, Kühe 2500, Ochsen کامش, 550. An Landesprodukten wird jährlich gewonnan: Weizen 195,000 Halwar, Gerste 15,000 H., Butter 150 H., Käse 1500 H., Wolle پشم, 425 H., Seide 75 Batman, Honig 2500 B., Wachs 250 B., Talg پی, 1500 B. In Kerganrud giebt es keine Märkte, und die Bewohner gehen, um einzukaufen, nach Enzeli oder nach Astara. Aus Astrachan und Baku kommen jährlich einige Schiffe nach Kerganrud und die Kaufleute führen von hier Nussbaumstämme aus. Der Bergweg aus Kerganrud nach Ardebil geht über den Jailak von Ak-ewlar. Im Winter ist der Pfad oft verschneit und dann reist man über Astara. Vom Ufer des Meeres ist Ardebil 4 Farsakh entfernt. Die

Abhängigkeit der Talysch von dem Statthalter von Gilan ist nur nominell, und die Bergbewohner unterwerfen sich mehr ihren Khanen, welche ihrerseits verpflichtet sind, eine bestimmte Anzahl Tufengdschi zu stellen. Hinter Kerganrud folgt der an Russland grenzende Kreis Astara, am Ufer des Meeres, wo das russische Zollhaus von dem persischen Dorfe Astara nur durch ein seichtes Flüsschen gleichen Namens getrennt ist. In Astara sind gegen 30 Ambaren zu Aufbewahrung der Schläuche mit Naphta und ein Waarenlager für andere Waaren, 1 Kaufladen und 1 Badehaus. Die Häuser sind mit Schilf oder Holz, das Haus des Vorstehers mit Dachsteinen gedeckt. Moscheen giebt es im Ganzen Kreise 250. Die Einwohner beschäftigen sich mit Ackerbau; einige sind Bootsleute (Kirdschimführer). Weizen wird jährlich 750 Halwar eingesammelt, Seide etwa 60 Batman. Der Malijat von Astara beträgt 500 Tuman. Das persische Zollamt wird für 750 Tuman verpachtet; die Hauptzollstätte ist in Ardebil, von wo aus die Waaren nach Astara gebracht werden, um von da nach Russland zu gehen. Von Astrachan und Baku gehen jährlich etwa 50 meist mit Eisen beladene Schiffe nach Astara.

Der Weg von Masul nach Biten in Schandermin geht, nach Angaben, die ich von Reisenden erhalten konnte, über das Dorf Läkesar oder Laugesar, nahe den Bergen und grösstentheils durch Wälder. Nach 1 Werst geht man durch den Fluss Halekaï, nach 4 Werst durch den Fluss Kischkhale کیش خاله, an dessen Ufern hauptsächlich Schemschod wachsen. Weiterhin wird der Weg schwieriger; 3 Werst von Kischkhale fliesst der reissende Tschale-sera چاله سرا in einem breiten Thale, in dem Gebiet von Schandermin. Zwischen diesen beiden Flüssen ist die Grenze zwischen Schandermin und Masul. Vom Tschale-sera bis Biten بيتن, wo der Ilbegi von Schandermin wohnt, rechnet man 3 Werst, nordwestlich; links liegt eine breite Schlucht. Die Bergabhänge treten nach dem Wege vor, der über fruchtbare Felder führt. Das Haus des Ilbegi steht am Fusse eines Berges, von dem man den Golf von Enzeli mit seiner Rhede übersieht. Von Masul bis Biten rechnet man 2 Fars. Von Biten bis Chumeiran حميران, östlich, am Meerbusen, 2 Fars.; bis Punal in Talyschduläb 3 Fars. subuk. Von Biten nach Punal geht der Weg am Fusse der Berge durch ziemlich dichten Wald; 4 Werst von Biten liegt Umal اومال am Ufer eines Bergbaches. Die Gärten dieses Dorfes sind durch ihre Citronen und Pomeranzen berühmt, welche die besten im ganzen Talysch sein sollen. Etwa 2 Werst von Umal ist ein Bach und in dessen Nähe einige Hütten für Hirten; 1 Werst weiter ein anderer Bach mit trübem Wasser, den man als Grenze zwischen Schandermin und Talyschduläb annimmt; 1 Werst weiter ein tiefer Abgrund; von hier führt ein sehr schmutziger Weg an den Bergen hin, ein anderer durchschneidet das Gebirge, welches hier der Küste des Meeres näher tritt. Der Wald ist hoch, aber nicht sehr dicht. Nach 5 Werst kommt man abwärts zu dem Dorfe Rudbar-sera روDبار سرا; 1 Werst weiter, auf einer breiten und fruchtbaren Ebene, fliesst der Tschapsera چاپ سرا, der nahe dem Dorfe Kupurtschal in den Meerbusen von Enzeli mündet. An den Ufern des Tschapsera liegt das Dorf Rudbareki; von hier geht der Weg 3 Werst auf den niederen Abzweigungen der Berge hin, dann geht man $^1/_2$ Werst abwärts, nach dem Dorfe Punal, wo der Khan von Talyschduläb seine Winterwohnung hat; sein Haus steht am Ende einer Wiese, durch welche der Fluss Schefarud شفارود fliesst, der aus der Schlucht kommt und in das Meer mündet. Von Punal bis zur Küste rechnet man 7 Werst; bis Kupurtschal, das am nordwestlichen Ende der Landzunge von Enzeli liegt, rechnet man 2 Fars., bis Tschahor-schambe in Talyschduläb, nordöstlich, ist $^1/_2$ Farsakh. Von Punal bis D u n j a t s c h a l geht der Weg am rechten Ufer des Schefarud nach Nordost; nach 4 Werst liegt rechts das Dorf Tschahor-schambe-bazar; 4 Werst weiter, an der Mündung am rechten Ufer desselben Flusses, liegt das Dorf Schefarud, am linken Ufer das Dorf Schaschku شاشکو. Von hier bis Enzeli an der Küste rechnet man 5 Fars., bis Kupurtschal 1 Fars. Von der Mündung des Schefarud geht der Weg nordwestlich an der Meeresküste auf einer sandigen Anhöhe. Die Gegend wird, je näher den Bergen, immer höher. An der Küste sind seichte Moräste. Etwas über 4 Werst vom Schefarud kommt man an den Fluss Naukende, nach 5 Werst an den reissenden Alkham الخام; 4 Werst von diesem kommt man an den Fluss Sanbar-khale سنبر خاله, 2 Werst weiter an den Dunija-tschal. Von hier geht der Weg $^1/_2$ Werst stromaufwärts gegen Nordost, bis zu dem Dorfe desselben Namens. Von Dunijatschal nach K e r g a n r u d geht der Weg anfänglich abwärts, am Flusse

Dunijatschal, dann wendet man nach Nordwest, dem Ufer des Meeres, der Mündung des Gil-sera گیلا سرا zu, die als Grenze zwischen Talyschduläb und Assalym angenommen wird. Von Gil-sera, am Strande des Meeres, geht der Weg gegen Nordwesten. Nach 3 Werst kommt man an den Fluss Khale-sera خاله سرا, mit dem Dorfe desselben Namens, das etwas höher als die Mündung liegt; 2 Werst weiter kommt man an den Fluss Alalan الالان; 4 Werst von Alalan an den Fluss Nuarud نورود, der zwei Mündungen in das Meer hat. Von hier aus sieht man die Landzunge von Enzeli gegen Südwest. Nahe dem Nuarud fliesst der Tscheschmekhale چشمه خاله; 1 Werst weiter ist ein tiefer Fluss, Kelfarud کلفارود, der als Grenze zwischen Assalym und Kerganrud angenommen wird; 2 Werst vom Kelfarud kommt man an den Hinduakeran هندو کران, 1 Werst von diesem fliesst der Taki تاکی-تقی; 2¹/₂ Werst vom Taki kommt man an einen tiefen Arm des Kerganrud, ¹/₂ Werst weiter an den grossen Kerganrud کرغان رود. Nachdem man diesen überschritten, geht man am linken Ufer etwa 6 Werst aufwärts, in südwestlicher Richtung, dann setzt man wieder auf das rechte Ufer über. Von hier bis nach dem Dorfe Kerganrud ist kaum 1 Werst. Das Haus des Dorfherrn von Kerganrud steht am Fusse eines bewaldeten Berges, am Eingang einer Schlucht. Die Häuser des Dorfes liegen fast bis an das Ufer des Meeres zerstreut. Auf den Feldern wird Reis gebaut. Der Wald, obgleich nicht dicht, hat hohe Bäume. Von Kerganrud nach Astara geht der Weg am Ufer des Flusses abwärts zum Meeresufer; hier wendet er links und läuft am Strande hin. Nach 4 Werst kommt man an einen tiefen Arm des Flusses, der aus vielen Bächen und Kanälen gebildet ist. Nach 2 Werst an einen anderen ähnlichen Arm; 3 Werst weiter fliesst der Kohrud کوهرود, 4 Werst von diesem der Lisar لیسار; 4 Werst weiter wendet man sich den Bergen zu, die hier von der Küste nur etwa ¹/₂ Werst entfernt sind. Nahe am Walde liegt ein Theil des Dorfes Khatfasera ختف سرا; das Dorf selbst liegt in einer Schlucht am Ufer des Flusses Khalfasera خلفه سرا, 2 Werst vom Meere. In der Umgegend wohnen gegen 200 Familien. Von dem Dorfe Khatfasera geht der Weg abwärts an den Hanifesera nach Nordost, und man setzt dann bald auf das linke Ufer desselben über. Nach 4 Werst kommt man dem Strande des Meeres näher und noch 5 Werst weiter an den Fluss Schilewar سیله وار; 6 Werst von diesem an den Fluss

Hewir حویر; 8 Werst von diesem kommt ein breiter Fluss, Limir لمیر, an dessen Ufern ein Dorf desselben Namens liegt. Zwischen dem Halifesera und Limir sind die Berge nur 2 und 3 Werst vom Meeresstrande entfernt; 6 Werst vom Limir fliesst der kleine Fluss Sijabi سیابی, der die Grenze zwischen Gilān und Azerbeidschan bildet; 1/2 Werst vom Sijabi fliesst der Tschilwand چیلوند, an dessen Ufer das Dorf desselben Namens; 15 Werst vom Tschilwand ist ein tiefer Fluss, Khadscha-keri خواجه کری, der den Murdab bildet. Bei dem Uebergange über diesen lässt man die Pferde schwimmen. Hinter dem Khadscha-keri beginnt das Dorf Astara, an dem Flusse desselben Namens. Vom Limir an treten die Berge weiter von der Küste zurück und bei Astara sind sie etwa 8 Werst davon entfernt; 5 Werst vor Astara ist der Wald grösstentheils niedergehauen. Von Rescht bis Astara über den Murdab und Enzeli, oder am Ufer des Sees über Beschm, Sangesar u. s. w. rechnet man 21 Fars. oder 4 Tagereisen. Das Dampfschiff geht von Astara bis Enzeli in etwa 8 — 10 Stunden.

Enzeli wird Stadt genannt, besteht aber eigentlich aus zwei Dörfern, das eine am südwestlichen rechten Ufer der Durchfahrt, das andere gegenüber, auf dem linken Ufer. Vom Meere, oder der Meerenge aus, ist Enzeli durch die Landzunge verdeckt, die in der Nähe einer anderen Landzunge liegt, welche sich von Enzeli nach Südosten zu erstreckt. Die schmale Durchfahrt zwischen den beiden Landzungen führt südlich in den Murdab مرداب „todtes Wasser." Das flache Uferland ist mit tiefem Flusssand, kleinen Muscheln und Seegras bedeckt, die durch die Stürme von dem Meere ausgeworfen werden. An beiden Seiten der Durchfahrt liegen die berühmten Festungswerke, die den Eingang nach Enzeli und den Murdab decken. Das Hauptwerk liegt an der linken Landzunge, 200 Klafter vom Ufer, auf einem ziemlich hohen und künstlichen Hügel. Diese Befestigung führt den Namen „Birdsch" برج oder „Bastijun." Sie ist aus Backsteinen erbaut, in 2 Etagen, und hat feste Mauern. Der Zugang ist von der Südseite und geht lehnan, den künstlichen Hügel aufwärts. Ein Thor giebt es nicht. In der oberen Etage stehen zwei Kanonen. Die grössere derselben ist, nach Aussage der Perser, von Rescht mit 40 Pferden hieher gebracht worden; sie steht mit der Mündung der persischen Küste zu, nach Lengerud gerichtet, und scheint überhaupt nur als Schaustück zu dienen, da niemals damit geschossen wird, was nach Versicherung der Gileken sehr gefährlich sein soll, da sie einen ungemein starken und schrecklichen Donner verursacht. Der Lauf dient zu Aufbewahrung verschiedener Gegenstände; unter anderen kann man z. B. Dschurab (Strümpfe), Schuhe, Tschurek (Brod) u. s. w. darin sehen. Mitten in der oberen Etage sind zwei künstliche Cisternen „Chauz“ حوض, in welche das Wasser aus dem Meere hinaufgeleitet wird. Der Thurm ist von etwa zehn Sarbazen bewacht, die nur selten Gewehre haben und sich überhaupt nicht von den übrigen Dorfbewohnern unterscheiden, da sie keine Uniformen tragen, sondern jeder sich nach seinem Geschmack kleidet. Das Betreten der Festung ist nicht verboten und Reisende (Europäer) werden von den Sarbazen mit besonderer Aufmerksamkeit empfangen, die dann ihre Flinten aufsuchen, und wenn sie dieselben finden, das Gewehr präsentieren, und ein Sarbaz mit einem Säbel stellt sich an den Eingang. An der entgegengesetzten Landzunge liegen zwei andere Werke; diese bestehen aus zwei künstlichen Hügeln, auf deren einem eine Kanone unter einem Schuppen steht, auf dem anderen, nach Norden zu, in geringer Entfernung von dieser Kanone, noch zwei oder drei andere. Im Ganzen sind in Enzeli 16 Kanonen, grosse und kleine. Die Besatzung soll aus 155 Mann Artillerie oder Sarbazen und zehn Mann Arsenalsoldaten, „Kurkhanetshi“ قورخانه‌جی, bestehen.*) Der Artilleriepark und das Pulvermagazin befinden sich hinter dem zweiten Hügel. In der Nähe des Pulvermagazins sollte ein Leuchtthurm aus Steinen erbaut werden, der 40 Khan-Arschinen Höhe erhalten sollte, damit man das Feuer bis Pirebazar sehen könne.

Die Gesammtzahl der Häuser, mit den Verkaufs-Lokalen, beträgt 353, darunter 160 Läden; Moscheen giebt es drei, Takie drei, Badehäuser zwei. Die Gebäude sind grösstentheils mit Schilf gedeckt, nur etwa 50 Häuser mit Dachziegeln. Die bemerkenswerthesten Häuser sind: ein zweistöckiges, von Ziegeln erbautes Haus, welches der Regierung gehört, dicht am Eingange in den

*) Nach Angabe der Perser kann man in Enzeli, Talysch und Scheft etwa 1000 Mann Arsenalsoldaten finden.

Meerbusen, auf der rechten Seite, und das Haus des ehemaligen Mirza des russischen Consulats, eines russischen Unterthanen, Namens Mirza Salech. Mehrere Gebäude sind mit Apfelsinen-, Pomeranzengärten und dergl. umgeben. Unter den Früchten in Enzeli sind, wegen ihrer Grösse, die Badreng bemerkenswerth, mit welchen die Perser ihre Zimmer schmücken, weil sie einen aromatischen Duft verbreiten. Wie die Mazanderaner ihren Zucker mit dem Kusse der Geliebten, so vergleichen die Bewohner Giläns den Busen ihrer Schönen mit den Badreng, und allgemein bekannt sind in Gilän Liedchen, wie z. B.:

Amu dukhtar, bija, bewúsam ti läwóne,
Behár du des gírem ti barengóne;
Ti bareng sefíde, barf'ạmóne,
Mijane barengon zargär dukóne. *)

عمو دختر بیا بوسم تی لبان
بهر دو دست کیرم تی بارنگان
تی بارنگان سفیده برف مانه
میان بارنگان زرگر دکانه

Der Bazar von Enzeli, eben so wie das ganze Dorf, ist unreinlich und schmutzig. Die Läden sind ohne alle Ordnung mit Landesprodukten angefüllt. Am Ufer der Meerenge vor den Häusern kann man zu jeder Zeit Haufen von Unrath finden und zwischen diesen Bretter von vor Trockenheit auseinander gefallenen Kirdschims; hier wird auch allerlei Aas hingeworfen, über dem die Schaaren schwarzer Krähen und Möven schweben.

Das Klima von Enzeli ist sehr ungesund; aus der Meerenge, so wie aus den nahegelegenen Morästen, steigen schädliche Dünste auf, die, namentlich im Sommer, bösartige Fieber erzeugen. Im Dorfe sind entsetzlich viel Mücken, vor denen man bei stiller Witterung weder am Tage noch in der Nacht Ruhe hat.

Die russischen Kauffahrteischiffe aus Astrachan oder Baku kommen nach Enzeli mit russichen Waaren, vorzugsweise mit Eisen, und bleiben in der Meerenge vor den Häusern liegen.

---

*) Oheims-Tochter, komm, ich will deine Lippen küssen, mit beiden Händen deine Badreng fassen. Deine Badreng weiss wie Schnee; Zwischen den Badreng ist der Goldschmiedsladen.

Landungsplätze giebt es am Ufer keine, und zu den Schiffen gelangt man auf Brettergerüsten. Die Meerenge ist fast immer mit Schiffen, Barken und Kirdschims angefüllt. Hier am Ufer befindet sich auch das Zollamt von Enzeli, welches man nur schwer von den anderen Ufergebäuden unterscheiden kann, und nur daran erkennt, dass am Eingange in die Meerenge, auf dem schlammigen Ufer, gewöhnlich ein Haufen Volks steht, und einer von den Repräsentanten des Zollamtes seine Gegenwart kund giebt. Die Waaren, besonders europäische, werden selten wirklich besichtigt. Westlich von Enzeli sind grosse, mit dichtem Schilf bedeckte Seen, die den Bewohnern als Jagdplätze dienen, wo man zwischen dem Schilf mit Kulaz fährt. In der Umgegend findet man Hasen, Schakale und anderes Wild.

Die Einwohner von Enzeli beschäftigen sich vorzugsweise mit Verfertigung von Khasir (Strohmatten), die sie nach Rescht, Laïdschan, Lengerud und anderen Städten und Dörfern zum Verkauf bringen. Ackerbau wird hier nicht betrieben. Der Malijat des Dorfes ist auf 380 Tuman festgesetzt. In Enzeli wohnte ein besonderer Gouverneur Schahzade.

Das linke Ufer der Meerenge hat den Namen Mijan-puschte-buzurg (grosse), und Mijan-puschte-kutschik (kleine); das Dorf, welches etwa 1/2 Werst vom Ufer entfernt liegt, hat 25 Häuser. Die Einwohner von Mijan-puschte verfertigen Khasir und treiben einigen Seidenbau; auch Melonen und Wassermelonen werden hier gezogen. Auf der Halbinsel Mijan-puschte ist auch noch ein Pulvermagazin.

Die Bewohner von Enzeli gehören zu zwei verschiedenen Stämmen: der eine heisst Surkhi سرخی; diese sind hier zur Zeit der Regierung der Sefiden aus dem Semnan سمنان und namentlich aus dem Dorfe Surkhek سرخک (3 Fars. von Semnan) eingewandert; der andere Stamm ist unter dem Namen Usta-Muhammed-Riza bekannt استاد محمد رضا. Man spricht hier Gilänisch, Talyschinisch, auch Persisch.

In Enzeli leben 34 Armenier, die hier auch ihren Geistlichen haben. Man sagt, dass die persische Regierung ihnen erlaubt habe, hier eine Kirche zu erbauen.*)

*) D'Arcy Todd sagt (Itin. pag. 36), dass in Enzeli grösstentheils Russen wohnen. Soviel ich weiss sind ausser den Armeniern keine Russen in Enzeli

Der grösste Theil der Einwohner von Enzeli beschäftigt sich mit Verschiffung von Waaren auf Kirdschims, entweder nach dem Murdab oder der Rhede, wo die Dampfschiffe in einer Entfernung von 3 Werst vom Ufer liegen bleiben.

Die Rhede von Enzeli ist bekanntlich die am wenigsten günstige und für den Aufenthalt der Schiffe die gefährlichste unter allen Rheden des kaspischen Meeres. Dieser Meerbusen, von der Meerseite offen, ist sehr den Stürmen ausgesetzt, die sich hier sehr schnell erheben. Die Schiffe, nicht im Stande sich auf ihren Ankern zu erhalten, weil der Meeresgrund steinig und mit Kiesel bedeckt ist, beeilen sich die Rhede zu verlassen und das Meer zu erreichen. Die Seestürme sind am ganzen südwestlichen Ufer ziemlich häufig, bis nach der Rhede von Meschhediser, und selten geht ein Winter ohne Unglück vorüber. Den Dampfschiffen ist von der persischen Regierung untersagt, durch die Meerenge in den Murdab und in die Durchfahrt von Enzeli einzufahren.

Während der Stürme ist es unmöglich, selbst mit einem kleinen Schiff, bis nach Enzeli zu gelangen; die Stosswinde treiben den Sand in der seichten Mündung so in die Höhe, dass die Kirdschim, welche nur $1^1/_2$ bis 2 Fuss im Wasser gehen, nur mit grösster Schwierigkeit und mit Hülfe von Rudern und Haken und indem sie günstige Windstösse erwarten, sich bewegen können. Die Ueberfahrten können auf der Rhede von Enzeli nur bei ruhigem Wetter unternommen werden, denn bei dem geringsten Winde können die flachgehenden Kirdschim auf dem steinigen Boden und an den Sandbänken scheitern.

Die Kirdschimfahrer von Enzeli zeichnen sich durch Kühnheit und Gewandheit aus und wagen sich oft bei ziemlich heftigem Winde weit in den Meerbusen hinaus, sobald sie in der Ferne ein Dampfschiff erblicken, und kaum hat dieses Anker geworfen, so sieht es sich von Böten umringt, die sich drängen, Waaren und Reisende an das Ufer zu bringen. Mit den Schiffen kommen auch Handelsleute mit Waaren, meist Erzeugnissen einheimischer Industrie, wie gestickten Handtüchern, Schuhen u. dgl., auch englischen Manufakturwaaren, die sie zu ziemlich billigen Preisen anbieten.

ansässig. Die russichen Kaufleute kommen nur auf kurze Zeit hierher und beeilen sich, wegen des ungesunden Klima, so schnell als möglich den Ort wieder zu verlassen.

Manche von ihnen fahren mit dem Dampfschiff dann weiter nach dem Golf von Astrabad, in der Hoffnung, unterwegs ihre Waaren an den Mann zu bringen.

Von Enzeli nach Pirebazar gehen die Kirdschim durch die Meerenge in den Murdab, indem sie Mijan-puschte, dessen Ufer mit dichtem Schilf bewachsen ist, rechts lassen. Von hier sieht man in der Ferne das Pulvermagazin. Nahe bei Mijan-puschte liegt, ebenfalls zur Rechten, die unbewohnte, mit dichtem Schilf bewachsene Insel Kaläm-gude; hinter dieser öffnet sich der Murdab, wo die Kirdschim mit Segeln fahren. Der Murdab ist von Ost nach West 8 Fars. (40 Werst) lang, und nach Süden, bis an den Fluss Pirebazar, 4 Fars. (22 Werst) breit; die Tiefe wird 4 — 8 Kuladsch*) angegeben. Schiffe können in den Murdab nicht einfahren, denn das schmale Fahrwasser zwischen Enzeli und der Festung Birdsch verändert sich oft und ist zuweilen, wenn der Wind den Sand herauftreibt, sehr seicht. Die Kirdschim segeln bei günstigem Winde in drittehalb Stunden bis an das südliche Ufer des Sees und dann weiter im Pirebazar oder Sijarudbar aufwärts. Die Einfahrt in den Fluss ist beschwerlich, denn die Mündung ist seicht, und selbst bei Nordwind, wenn das Wasser im Murdab steigt, nicht tiefer als vier Fuss. Die Ufer des Sijarudbar sind hoch und steil und mit niedrigem Wald und Strauchwerk bewachsen, die von Hopfen umrangt sind. Der Fluss hat viele Krümmungen, und ist ungeachtet der erforderlichen Tiefe, doch für Kirdschim nicht leicht fahrbar, weil die sich bis zu dem Wasser hinabneigenden Aeste den Segeln und herabgestürzte Bäume der freien Bewegung der Ruder hinderlich sind; dazu kommt, dass der Wind von allen Seiten durch den Wald abgehalten wird. Die Kirdschim rücken daher nur sehr langsam vorwärts. Alle am Ufer liegenden Dörfer sind durch den Wald verdeckt. In der Mitte des Weges, näher Pirebazar zu, liegt am rechten Ufer des Flusses eine Ziegelscheune. Die Gegend hat im Allgemeinen ein ödes Ansehen, und nur die Lieder der immerwährend singenden Schiffer, die man aus weiter Ferne hört, unterbrechen von Zeit zu Zeit die lautlose Stille. Während meiner Ueberfahrt, am 15. Decbr. 1860**), mit Herrn

*) Kuladsch, so viel man mit den Armen spannen kann, 1 Klafter.

**) Alten Styls, wie alle Angaben des Datum in diesem Werke.

von Dorn, auf einem Kirdschim, welches mit der Nachricht, dass Schahzade, der Gouverneur von Enzeli, nach Rescht kommen wollte, dorthin eilte, sangen die Kärdschiwon (Ruderer) folgenden Gesang, dessen Worte sie mir auch persisch erklärten: *)

'Aschtar buschu, úschtar buschu, scháb'oma,
Schahzade dschán salímdsche darijab'amu;
Aj Kärdschiwon! ti kärdschí tschúbe tschan ruz,
Abru bekäsch! zudtar baschum! béfiruz!

اشتر بُشو أشتر بشو شب آمه * شاهزاده جان سالمجه دریابامو
ای کرجیوان تی کرجی چوبه چن روز * ابرو بکش زودتر بشوم بفیروز

Mit solchen Liedern oder mit lauter Stimme gesungenen Ausrufungen „Ja Ali“! bezwecken die Schiffer sich schon aus der Ferne bemerkbar zu machen, um das bei den engen Windungen des Flusses häufige Zusammenstossen der Fahrzeuge zu verhindern. Ueber dem Flusse schweben grosse weisse Vögel, eine Art Reiher, Kulikor oder Lämpar genannt, die sich von den an der Oberfläche des Wassers schwimmenden Fischen nähren.

Von der Mündung des Sijarudbar bis Pirebazar sind 4 Werst; die Kirdschim fahren etwa eine Stunde und machen an dem steilen linken Ufer in der Nähe zweier Ziegelscheunen Halt. **)

An der westlichen Küste des Murdab trifft man die Dörfer: Beschm بشم, 1 Fars. von Enzeli, wo Beschman-pir, der Sohn des Seïd Scharefscha begraben ist. Auf dem Grabe dieses Heiligen soll man mehrmals versucht haben ein Imamzade zu bauen, das aber jedesmal wieder einstürzte, und jetzt liegt an dieser Stelle, nahe der Moschee oder des Bug'a, ein umgestürzter Baum; Seïderauschan سید روشان, mit einem Imamzade Derwisch; Kupurtschal کپور چال, auf der Landzunge des Murdab, 4 Fars. von Enzeli, nach

---

*) این طرف بیا آن طرف برو شب آمد * شاهزاده جان از دریا آمد
ای کرجیوان کرجی تو چوبش چند روز * ابرو بکش زودتر برویم بفیروز

Rudere hier, rudere da, die Nacht ist gekommen, Schahzade, seiner Seele Heil! ist schon auf dem Meere; O Kärdschiwon! wie viele Tage hat das Holz deines Kirdschim (d. i., wie alt ist dein Schiff, dass es so langsam fährt)? Schneide die Wasserfläche! kommen wir schneller! Glück zu!

**) Gmelin sagt S. 393, die russischen Schiffe ankerten im Flusse Pirebazar wie in einem Hafen und wurden nahe dem Dorfe beladen; der Murdab (Bucht von Enzeli) vereinigt sich mit dem Meere an der Mündung bei Lengerud.

dem Namen eines Fisches, „Kupur" genannt, der in dem Sumpfe von Enzeli und im Murdab in grosser Menge gefangen wird. *) Die Ufer bei Kupurtschal sind mit dichtem und hohem Schilf bedeckt und die Bewohner der Gegend kommen hieher um zu jagen. Diese Gegend ist unter dem Namen Solegi (?) bekannt. In dem Dorfe Kupurtschal zählt man 213 Häuser; man sammelt hier etwa 55 B. Seide; Die Einwohner ziehen Melonen, Wassermelonen, Kundschud, Sesam, und sind zum Theil Seiler; viele besitzen Kirdschim. Weizen wächst hier nicht. Das Dorf gilt als Grenzort zwischen Talysch-duläb. Zwischen Enzeli und Kupurtschal liegen die Dörfer Kelewir oder Kulwera كلوير, Beschm, Gälügo كلوكه und Sengadschin سنكاجين oder Sendijan. Am östlichen Ufer liegen: Sausar, dient auf dem Wege am Ufer des Meeres nach dem Murdab als Manzil; Kazyjan, nahe bei Sausar, südöstlich von der Festung Birdsch, mit einem Imamzade Salech, eines Sohnes des Musa Kasim. Auf dem Grabe des Imam liegt ein Stein mit dem Fussstapfen eines Heiligen, Namens Aga-Muhammed-Taki, Sohnes des Imam Riza. Das Imamzade liegt auf freiem mit Wald umgebenem Felde und dient reisenden Derwischen als Herberge. Die Einwohner von Kazyjan sind zum Theil Seiler; sie bauen Sesam und treiben auch einige Seidenzucht; manche von ihnen haben Kirdschim, eben so wie die Bewohner von Sausar. Besonders berühmt ist das Dorf durch seine Khasir (Strohmatten), die hier gefertigt werden. Der Malijat des Dorfes beträgt 130 Tum.

Durch Sausar geht der Weg von Pirebazar nach Sefidrud, östlich vom Murdab, über Ledscheriki, welches östlich von Sausar am Murdab liegt, und Hasankede, mit dem Flüsschen desselben Namens. Von Hasankede geht man nach Daake oder Dehku, mit einem Flüsschen desselben Namens, 2 Fars. von Hasankede, 5 Fars. von Ledscheriki, 1 Fars. von Sefidrud. Dieses Dorf besteht nur aus wenigen Häusern. Von Daake bis Tschaabedschir, östlich von Sefidrud, rechnet man 6 Farsakh, über die Flüsse und Dörfer: Sefidrud, Rudesar, Kijarud, Lälerud, Tschimkhale, Sarepul, Mizrud ميزرود,

*) Eine Art Karpfe (varietas cyprini carpionis); man kocht von diesem Fische eine Suppe. Andere Fische, die in Murdab gefangen werden, sind: Azad-mohi und Maasch (salmo salar), Lachsforelle; Mohi-sefid, Kutumsuf (lucioperca), Sandart; Sim, Wels; Subulü (ciprinus brama), Brassen u. a. m.

Timdschan, Tschaabedschir und weiter nach Pulerud. Der Weg geht immer am Ufer des Meeres hin.

Gilän ist, wie bekannt, durch seinen Seidenbau berühmt. Seide wird in allen Dörfern des niedern Gilän gesammelt und sortirt. Als die beste gilt die aus dem Kreise von Rescht „Mavazieï-Rescht,“ welche man den Batman ($14^1/_2$ Pfund) zu 25 bis 27 Tuman bezahlt. Nächst der Reschtischen Seide ist die „Kenari-Sefidrud“ کنار سفیدرود berühmt, die am Ufer des Sefidrud gesammelt wird, in den Dörfern Kisum, Fuschtum, Rescht-abad, Bozigurob u. a. Als mittlere Sorten gelten die von Scheft, die bis zu 15 Tuman der Batman bezahlt wird, und Fumen, 14 Tuman; als letzte Sorte „Tadscheri“ تاجری, die von Lengerud, Gesker, Talysch, die man bis zu 12 Tuman bezahlt. Die Preise wechseln übrigens je nach der Zeit und dem Bedarf der Kaufleute.

Aus Gilän wird die Seide nach Marseille, Constantinopel, Persien und zum Theil nach Russland ausgeführt; *) neben der Seide führt man auch Cocons und in neuerer Zeit Eier von Seidenwürmern aus, deren Bedarf in den letzten Jahren im Süden Europas gestiegen ist; die persische Regierung jedoch verbietet die Ausfuhr der letzteren.

In den letzten Jahren hatte die Krankheit der Seidenraupen auch in Gilän Einfluss auf den Seidenhandel. Eine mangelhafte Ernte kam wohl auch schon früher zuweilen vor, theils wegen Mangel an Maulbeerblättern, oder in Folge zu grosser Kälte oder Hitze während des „Nohan“ (Sammelzeit). Im Jahre 1863—64 befürchtete man einen Mangel an Maulbeerblättern, in Folge eines tiefen Schneefalls und strenger Kälte, wozu noch eine Krankheit der Seidenraupen kam. Wie man weiss, schlafen die Seidenraupen in Gilän, nachdem sie in die Tilimbar gebracht sind, drei Mal, jedesmal

*) In den Jahren 1860 bis Juni 1861 wurde von Rescht ausgeführt:

Durch das Haus Ralli und Agelasto in Marseille . . .	an 3200 Lüle
(1 Lüle = etwas über 6 Batman)	
- das Haus Ralli & Comp. in Marseille	- 700 -
- Kaufmann Dinner	- 600 -
- persische Kaufleute nach Constantinopel	- 2500 -
- - - - Bagdad, Ezd und Kaschan	- 1800 -
- - - - Kazwin	- 1000 -
Summa	9,800 Lüle
Als unverkauft blieb . , ...	6400 -

acht Tage hintereinander; zwischen jedem Schlafe wachen sie sieben Tage, in welcher Zeit sie sich von Maulbeerblättern nähren, die sie nach dem dritten Schlafe „Tab“ تب so schnell und in solcher Menge fressen, dass man kaum genug herbeischaffen kann. Die Tilimbar werden dann mit Maulbeerzweigen geschmückt, an denen die Raupen hinankriechen und anfangen sich einzuspinnen. Die, welche sich an den oberen Spitzen der Zweige festsetzen, gelten für stärker und kräftiger und ihre Seide deshalb für vorzüglicher. Die Tilimbar werden dann fünf Tage lang verschlossen gehalten; nach Ablauf dieser Zeit fängt man an die Cocons abzunehmen. Die zu Seide bestimmten Cocons werden in die Sonne gelegt (bei 50—60 Grad Hitze), damit die Raupen ersticken; dies nennt man „Fal;“ die zur Zucht bestimmten Cocons hingegen lässt man eine Zeitlang hängen, bis die Raupen als Schmetterlinge hervorkommen, die dann, nachdem sie sich begattet und Eier gelegt haben, sterben. In den genannten Jahren hatte man während der zwei ersten Schlafzeiten keine Krankheit an den Raupen bemerkt, nach dem dritten Schlafe aber frassen sie weniger als gewöhnlich, so dass man an Blättern Ueberfluss hatte. Der grössere Theil kletterte nicht bis zu den Spitzen hinauf, sondern fiel todt zu Boden; als man die Seide abwickelte, bemerkte man, dass sie oft zerriss. Aus den zur Zucht bestimmten Cocons kamen die Raupen entweder gar nicht hervor, oder die ausgekrochenen begatteten sich nicht. Europäer, welche um Seide zu kaufen nach Gilän gekommen waren, stellten mikroskopische Untersuchungen an, und bemerkten an den Raupen Flecken. Man sagt, dass die Raupen voll unverdauter Maulbeerblätter gefunden wurden. Diese Krankheit trat besonders in dem östlichen Theile von Gilän auf, namentlich im Gebiet von Rescht und am Sefidrud, so dass die Dörfer, welche sonst 60—80 Batman liefern, kaum 2 Batman sammeln konnten.*) In Laïdschan trat die Krankheit weniger heftig auf. In den westlichen Theilen wie in Masal, Fumen, Gesker war das Nohan ziemlich günstig ausgefallen. Auch an den von Rescht entfernteren Orten war die Ernte gering, kaum zur Hälfte des gewöhnlichen Ertrags. Die Seide selbst war dick, nicht gleichmässig stark und von geringer Qualität. Die Ursache der Krankheit blieb unergründet; die Bauern schreiben das Un-

*) Von 800 Batman Cocons konnte man nicht mehr als 5 Batman Eier sammeln.

glück, wie jedes andere, dem Willen Gottes zu, andere meinen, die Krankheit sei durch zu grosse Hitze während des Nohan verursacht, namentlich durch einen feinen Staub, welcher im Bezirk von Rescht, wie in anderen Gegenden, im April zwei Tage lang die Luft erfüllte und Wälder, Felder und Gebäude mit einer sichtbaren Schicht bedeckte.

Nach Aussage der Perser kann Gilän durch Seidenbau und Fischfang dem Staate täglich 1000 Tuman, im Jahr also 365,000 Tuman einbringen. Jährlich gehen von Gilän im Durchschnitt 15,000 Lule oder 90,000 Batman = 32,000 Pud über die Grenze. Rechnet man den mittleren Preis für das Pud zu 42 Tuman (das Batman zu 14—15 Tuman), so hat die Provinz eine Einnahme von 1,344,000 Tuman, d. i. mehr als 4,000,000 Thaler. Die Seide wird hauptsächlich von Ausländern aufgekauft, die ihre Handelshäuser in Rescht haben.*)

Die Provinz Gilän zählt im Ganzen 1250 Dörfer.

---

*) Das bedeutendste unter diesen Handelshäuser ist Ralli & Co. dessen Agenten die Perser „Tadschir saab“ تاجر صاحب „Herr Kaufmann“ nennen. Es ist Sitte der Perser ankommenden Reisenden einen Beinamen zu geben, der mehr oder weniger deren Eigenthümlichkeit bezeichnet, und fast jeder ankommende Fremde erhält so, anstatt seines Familiennamens, einen Namen, der ihm selbst in der Regel unbekannt bleibt und oft sehr eigenthümlich ist, so dass man selbst bei persönlicher Bekanntschaft die damit bezeichnete Person nicht sogleich errathen kann. So wurden z. B. die Seidenhändler Anargerus und Lasus in Rescht „Anar-Saab“ انار صاحب „Herr Granat“ genannt; Herr Dinner, ein Schweizer, „Dschumhur Saab“ جمهور صاحب „Herr Republik;“ der Grieche Mawrokordato „Musje-Zuri-Saab;“ andere solcher Beinamen kann man noch mehr in Teheran und anderen Städten hören, z. B. Sakhally-saab صقللو صاحب, „der bärtige Herr;“ Tscholakh-saab چولاق صاحب, „der einbeinige Herr;“ Babul-saab بلبل صاحب, „Herr Nachtigal;“ Uzun-saab اوزون صاحب, „der lange Herr;“ Gödak-Saab كودك صاحب „der kleine Herr;“ Pak-Saab پاك صاحب, „der reinliche Herr;“ Güktschek-Saab كوكچك صاحب, „der hübsche Herr;“ Diwone-Saab ديوانه صاحب, „der verrückte Herr;“ Hakim-Reschti حكيم رشتى, „der Doktor von Rescht“ (Dr. Häntzsche, jetzt Arzt in Dresden) u. s. w. Mich selbst nannten die Perser Saab-Kampanija صاحب كمپانيه „Herr Handels-Compagnie“ und die Turkmanen Naïb-Saab نايب صاحب „Herr Bevollmächtiger“.

DAS KHAZARISCHE MEER.

صورت دریای خزر

Ansicht des Khazarischen Meeres.

1. Sijah-Kuh. 2. Gebiet des Khazarischen Meeres. 3. Armenien. 4. Khazar. 5. Padischah und Melik oder Adam und Eva. 6. Jtil (Wolga) 7. St. Jtil. 8. Burtas. 9. Sawar. 10. Rus. 11. das innere Bulgar. 12. Serir. 13. Abeskun. 14. Jsmid. 15. Tabaristan. 16. Gurgan. 17. Derbend. 18. der Prophet Khizr.

G. Melgunof.

Lith. Anst. v. J. G. Bach, Leipzig

ذکر دریای خزر

جانب شرقی دریای خزر بهری از دیلمان و طبرستان و گرکان و حدود ان و بهری از بیابان خوارزم دارد و جانب غربی اران و موقان و حدود سریر و دریای خزر و بهری از بیابان غزیّه و جانب شمال بیابان غزیه بناحیت سیاه کوه و جانب جنوبی باگیل و دیلمان وان حدود دارد واین دریا بهیچ دریای پیوسته نیست

صورت دریای خزر و اکر کس خواهد که کرد بر کرد این دریا بکردد هیچ اورا مانعی پیش نیاید مکر رودی چند که از اطراف درین دریای افتد و اب این دریا ابی شور است و تاریک و قعر این دریا سیاه است بخلاف دریای قلزم و عمان و دریای پارس که دریای پارس جایی هست که در قعر او سنکهای سپید بتوان دیدن از روشنی اب و اب این دریا سیاه بود واز این دریا هیچ چیز نخیزد مثل مروارید و مرجان و انچه بدین ماند و جز ببازرگانی که از شهر بشهر شوند درین دریا منفعتی نیست و ماهی بسیار کیرند و در این دریا هیچ جزیرهٔ ابادان مسکون نیست چنانکه دریای پارس و دریای روم لیکن درختستان و بیشه بسیار است و از جملة مواضع انجا یکی جزیرهٔ سیاه کوهست جزیرهٔ بزرکست و انجا چشمه اب و درختان بسیار هست و ددودام انجا ماهی دارند و جزیرهٔ دیکر هست بحد لکزان بزرک با آب و از بردع ستوران بکشتی انجا برند و رها کنند تا فربه شود و از ابسکون بروند بر جانب دست راست و از دریا تا بخزر هیچ شهر و هیچ دیه نیست مکر چون پنجاه فرسنک از ابسکون بروند جایکای هست که انرا دهستان خوانند و انجا آب خوش باشد و از نواحی مردم انجا کردانید بهر صید ماهی و کویند که بنزدیک سیاه کوه قومی ترکان مقام دارند و درین مدت نزدیک انجا شده اند بحکم خلافی که ایشانرا با غز افتاد از حدود غز برفتند و انجا مقام ساختند و اما از جانب دست چپ دریا از برابر ابسکون تا خزر همه آبادانی پیوسته است از ابسکون بر حدود کرکان و طبرستان و دیلمان روند انکه در حدود اران شوند و چون از موقان بکذرد تا دربند دو روزه راه ولایت

شروانشاهست و از انجا تا سمندر چهار روزه راهست و از سمندر تا اتل هفت روزه راه و همه بیابان است و در حدود سیاه کوه این دریارا دهانه است اگر باد کشتی را بدان جانب اندازد بیم شکستن باشد و خزر ناحیتی است از قصبهٔ که آنرا اتل خوانند و اتل این رودست که از دیار بلغار و روس بدریای افتد و اتل دو نیمه است یکی بر جانب غربی این رودست و دیگر نیمیه نیمه بر جانب شرقی و پادشاه اتل در جانب غربی مقام دارد و پادشاه را ملک خوانند وباك خوانند و این نیمه بدرازی یک فرسنک بود و دیوار دارد و پشتر خرگاه نشین باشند و در این ولایت اندک مایه عمارت ساخته باشند چون بازارها و گرمابها و در ین حدود قرب ده هزار مرد باشند و سه جایگه مسجد آدنیه دارند و کوشک پادشاه از کنار اب دور است کوشکی ساخته اند از خشت پخته و جز این کوشک در این ولایت هیچ عمارت دیگر از خشت پخته نیست و نگذارند که کسی دیگر چنان عمارت بسازد از خشت پخته و اتل چهار دروازه دارد از انجمله یکی در سوی رود است و دیگر برابر آن سوی صحرا و پادشاه ایشان جهود است و چهار هزار مرد حاشیه دارد از مسلمان و خزر و ترسا و بت پرست لیکن خاصگان او جهودان باشند و چون کسی را حرمت دارند و تعظیم کنند اورا سجده برند و این مرد دوازده هزار مرد لشکری دارد چون یکی بمیرد دیگریرا بجای او دارند و ایشانرا جرا و جامگی نبود مگر اندک مایه چیزی که در مدت دراز بدیشان رسد و هر کس در کار خود مشغول باشد چون کاری افتد یا کارزاری پیش اید همه جمع شوند و ابواب المال از رصدگاه و باجهای بازرگانان باشد که فرضهٔ دریا و رودها نگاه دارند و باج آن بستانند و این پادشاه را نه مرد قاضی باشند از مسلمانان و جهودان ونصرانی و بت پرست و کمترین قومی در این ملک او جهودانند و بیشتر مسلمانانند و نصرانی الا ملک خاصّه او که جهودانند و بر هر ملتی قاضی نصب کرده اند و روز دیوان مظالم حاکمان بداوری نشینند حاجبی باشند که هر چه ایشان گذارند بپادشاه باز گوید و جواب انچه فرماید باز رساند تا بر حکم و فرمان او بروند و این شهر هیچ روستا ندارد لیکن مقدار بیست فرسنگ مزارع دارند کشت کنند و ارتفاع بکشتی و بگردون بشهر آرند و بیشتر طعام این قوم همه ماهی و برنج باشد و عسل و موم از ناحیت روس انجا ارند و همه شرقی اتل بیشتر مسلمانان و بازرگانان باشند و لشکر و حاشیت در این جانب باشند و دیههای خالصهٔ ملک بود و زبان خزر مانند ترکست و هیچ قوم دیگر ان زبان ندانند و رود اتل از حد خرخیز بیرون آید و از انجا بکیماک رسد و بغز درآید و ببلغار شود و بر حدود برطاس بدریا ریزد و گویند که این رود در ان وقت

که آبها همه بهم باشد زیادت از رود جیحون باشد و از بسیاری که هست چون بدریا رسد دو روزه راه توان دید که در دریا میرود و بر آب دریا غلبه کند چنانکه در میان دریا بزمستان یخ بندد و از آب دریا بدید باشد و در خزر شهری هست که آنرا اسمید خوانند باغ و بوستان بسیار دارد چنانکه از دربند تا حد سریر همه باغ و بوستان این شهر است کویند چهار هزار باغ دارد بیشتر همه انکور بود و در این شهر مسلمانان بسیار باشند و مسجدها دارند و بناها از چوب سازند و پادشاه ایشان جهود است و با پادشاه خزر خویشی دارد و با پادشاه سریر خویشی دارد و از انجا تا سرحد سریر دو فرسنک باشد و مردم سریر ترسا باشند و کویند که این سریر تختی بوده است از ان ملکی از ملوک پارس تخت زرین چون پادشاهی از خاندان ایشان بشد فرزندی از فرزندان او انجا رفت و تخت با خود بُرد و کویند که از فرزندان بهرام چوبین بود و تا این غایت پادشاهی در خاندان ایشانست و مردمان سریر بامسلمانان بصلح باشند و در ولایت خزر بجز سمید عمارتی دیکر ندانم برطاس قوی اند نزدیک خزر بر کنار رود اتل و برطاس نام ان ناحیت است و همچنین خزر و روس و سریر نام مملکت است و مردم خزر بترکان مانند و اما نه ترکند و ایشان دو کروهند و کروهی سیاه چرده باشند و سیاه موی کوی از نژاد هندوانند و کروهی سپید روی باشند که ایشان فرزندان خودرا بفروشند و اما جهود و ترسا روا ندارند یک دیکر را بنده کرفتن و فروختن و انچه بازرکانان از خزر آرند نه از خزر خیزد بلکه از دیکر جایها بخزر آرند و موینه و برده و عسل و شمع و انچه بدین ماند و مردم خزر را جامهٔ پوشیدنی نباشد از کرکان و طبرستان و ارمنیه و اذربایکان و روم انجا برند و پادشاه ایشانرا خاقان خزر خوانند و ملک خزر چون این پادشاه را قرار کنند و بخاقانی خزر نشاند اورا بیارند و پارهٔ حریر بر کلوی او بندند تا چنان کردد که نفس او بخواهد کسستن انکاه در انحال از و پرسند که این ملک چندکاه خواهی کوید چندین سال انکاه اورا رهاکنند و خاقان خزر باشد اکر چندانی که کفته باشد بکذرد و نمیرد در ان وقت اورا بکشند و باید که خاقان از خاندان خاقانی باشد و اورا هیچ فرمان نباشد الا انکه پیش او روند و اورا سجده کنند و هر کس را بر او راه نباشد مکر ملک را و کسانی که در پایهٔ ملک داری باشند ملک پیش او نرود الا وقتی که کاری عظیم پیش آید و چون پیش او رود سجده کند و روی در خاک مالد تا انکاه که اورا فرمان دهد که پیش خاقان شود و با او سخن کوید و چون کاری بزرک افتد که بدان درمانند خاقان خزررا بیرون آرند هر ترک که باشد چون اورا بیند جنک نکند و باز کردد و چون خاقان خزر بمیرد هر کس

که نزدیک کور او بکذرد پیاده شود و سجده کند و تا از کور او ناپیدا نشود بر اسپ ننشیند و اورا چنان فرمان بردار باشند که اکر بزرکی را ازیشان قتل واجب کردد و ملک نخواهد که اورا بکشد اورا بفرماید که خویشتن را بکش بخانه در شود و تن خودرا بکشد و خاقانی در خاندان ایشان باشد معروف و ایشانرا نعمتی نبود و چون نوبت یک تن رسد ازیشان اورا بخاقانی بنشانند و اکرچه یکدرم ندارد و از معتمدان شنودم که برنایی در بازار بازارکانی چیزی می فروخت و مردمان آن جایکاه میکفتند که چون این خاقان که بود بکذشت خاقانی بوی می رسید لیکن این برنا مسلمان بود و خاقانی جز بجهود ندهند و خاقانرا تخت و قبهٔ زر باشد و هیچ کس دیکر را نبود و کوشک خاقان از همه بنا بلندتر بود و آن ملک از خاقان کمتر باشد و ناحیت برطاس خانها از چوپ سازند و دو کروهند یکی کروه در آخر ولایتهٔ غز باشند نزدیک بلغار قریب دو هزار مرد در بیشها باشند بطاعت بلغار و یک نیمه در برابر ترک و زبان بلغار و خزر یکی است و بلغار نام شهریست مسلمانان باشند و مسجد آدنیه دارند و سوار نزدیک بلغار شهر ست هم مسلمان و مسجد آدنیه دارد و در این هر دو شهر مقدار ده هزار مرد باشند و درازی شب در تابستان انجا چنان باشد که مردی بیش از یک فرسنک نتواند رفت بلکه کمتر و بزمستان روز چند شب تابستان بود بکوتاهی روس سه کروهند کروهی نزدیک بلغار باشند و پادشاه ایشان بشهری باشد که انرا کویانه خوانند و آن بزرکتر از بلغار است و کروهی را اوثانی خوانند و پادشاه ایشانرا مقام جایی بود که انرا ارتا خوانند و کروهی برتر ازیشان باشند ایشانرا صلاویه خوانند و بازرکانان تا انجا نرسند و تا بلغار پیش نروند و بازثا کسی نرود بحکم انکه هر غریب که انجا رود اورا بکشند و اکر کسی ببازرکانی انجا رود هم در آب بازرکانی کند و بخشک برون رها نکنند و سمور سیاه و ارزیز و قلعی خیزد از ارثا و مردم روس مرده را بسوزند و عادت دارند که ریش یکدیکر بتراشند و بلغار بزرک بروم نردیک است و خلقی بسیارند و قوتی عظیم دارند و بلغار درونی ترسا باشند

ذکر مسافات بحر خزر از ابشکون تا نواحی خزر سیصد فرسنک بود و از ابشکون تا دهستان قرب شش مرحله باشد و چون باد خوش برود بر پهنای دریا بدربند روند و از اتل تا سمندر هشت روزه راه دارند و از سمندر تا دربند چهار روزه و از دربند تا مملکت سریر سه روزه و از اتل تا سرحد برطاس بیست روزه راه و از برطاس تا بجناك ده مرحله و از اتل تا بجناك یکماهه و از اتل تا بلغار براه بیابان یکماهه راه و چون بر روی آب روند بدو ماه تمام توان رفت و

از بلغار تا سرحد روم ده مرحله دارند و از بلغار تا کوبانه بیست مرحله و از بجناک تا بسخرت درونی ده روزه راه و از بسخرت درونی تا بلغار بیست و پنج مرحله......

(ذکر دریای روم)......و زمین سقلاب دراز و پهنست مقدار دو ماهه راه و بلغار شهرکی کوچکست و نواحی بسیار ندارد و بدان سبب مشهور شده است که فرضهٔ مملکت است و روس قومی اند از نواحی بلغار و میان بلغار و میان قومی ترکان از ترکستان منقطع شده اند و میان خزر و روم مقام ساخته اند ایشانرا بجنه خوانند و آن جایکاه ایسانرا نبوده است در قدیم بتغلب فرو کرفته اند و خزر نام کروهی از ایشانست فاما نام شهر اتل* کویند و این شهر بنام ان رود باز خوانند که بر انجا میکذرد و بدریای خزر میرود و این شهر اتل بس ناحیتی ندارد الا چند جایکاه که انرا فارس خوانند بحدود خزر و متغرغر و روس و غزیه......

(صورت دیار اذربایکان)......اما دربند شهریست که بر کنار دریا بنا کرده اند و بر دو کناره خلیج دریا دو سد کشیده تا جای که در آمدن کشتی تنک شود و برین دهانه زنجیری کشیده اند تا کشتی بفرمان ایشان در آید و بیرون شود و این دو سد از سنک و از ریز بنا کرده انه و این دربند بر کنارهٔ دریای طبرستان است و بزرکتر از اردبیل باشد و کشت و زراعت انجا بسیار باشد و میوهٔ ایشان اندک باشد الا از نواحی آورند و برین شهر بارویی باشد از سنک کشیده بر کوه برطول سک و بارویی دیکر از کل دارند تا از ان کوه کسی را از کافر در این شهر راه نباشد و پارهٔ از ین دیوار بارو که بسنک کرده اند در دریا آمده است مقدار شش برج تا کشتی نزدیک باروی شهر نیاید و این بنای محکم است از بناهای نوشیروان عادل و اینّ شهر درنبد شهریست بزرک معروف و این شهر را دشمنان بسیار کرداکرد باشد و زبانهای مختلف دارند و در پهلوی این شهر کوهی بزرک هست که انرا دب خوانند و بران کوه هیمه بسیار جمع کنند هر سال و اتش بسیار برفروزند وقتی که تیشوشی باشد ایشانرا از دشمنان از طرف اذربیجان و ارمنیه و اران و بسیار باشد که آب این دریا بباروی این شهر برسد و کویند که این کوه که بشهر دربند پیوسته است هفتادواند کروه بران کوه باشند و هر یکی زبان دیکر کویند چنانکه همسایه زبان همسایه نداند و پیوسته پادشاهان عجم این محافظت شهر را فهم داشته اند و این شهر را پیش ایشان خطری بوده است و از دشمنان بسیار رعایت کرده اند و قومی را جهت محافظت این شهر انجا تعین کرده اند که ایشانرا طبرسران خوانند و قومی دیکر در جنب این شهر مقام دارند که ایشانرا فیلان باز خوانند و قومی دیکر هستند که ایشانرا لکزان خوانند و ایشان از کثرت در عدد نیایند و دو کروه دیکر باشند که

ایشانرا لیزان و سروان خوانند و بیشتر لشکر این طوایف پیادۀ باشند و سوار اندک باشد و این شهر فرصنه دریاست ازار خزر و سریر و کرکان و طبرستان و کرج و قباق و بهمهٔ اران و اذربایکان جامهٔ کتان از دربند برند و بردۀ انجا افتد و زعفران انجا خیزد و......

(صورت دیار طبرستان)......طبرستان ولایتی بزرکست و بناهای ایشان از چوب و نی باشد و پیوسته باران بود ساری بزرکتر از قزوین است ابادان و پر نعمت و از همهٔ طبرستان ابرشیم بسیار خیزد خاصه بامل و موینه از طبرستان بهمهٔ آفاق برند و مردم طبرستان بسیار مویی* و پیوسته ابرو باشند و سخن بشتاب کویند و بیشتر طعام ایشان نان برنج و ماهی و برنج بود و سیر بسیار خورند و از طبرستان اصناف جامهایی ابرشمین و صوف خیزد و در همه طبرستان رودی نیست که کشتی در ان کار کند و دریا نزدیک باشد و بیش بیشها زهابها دارد و کرکان شهری بزرکست و انجا باران و نم چنان نباشد که در طبرستان و مردم کرکان مردم خوش طبع و با مروت باشند و بیرون شهر محلتی هست که انرا بکر اباد خوانند و رودی بزرک در میانه است و ابریشم و جامها نیکو خیزد از کرکان و تخم ابریشم کرکانرا در طبرستان ابریشم نخیزد و در ناحیت کرکان آبها بسیار باشد و در ان نواحی کشاورزی فراوان باشد و چون از عراق کذشت هیچ شهر جامع تر از کرکان نیست و میوهٔ سرد سیر و کرم سیر انجا باشد و تابستان برف نزدیک بود و از کرکان مردم معروف خواسته اند چون عمّرکی و غیرهٔ نقد طبرستان دینار و درم بود و سنک انجا ششصد درم باشد استراباد بدریا نزدیک است و از انجا بابسکون روند و بدریا سوی خررود دربند و دیلمان و دیکر جایها رود و در این همه نواحی هیچ فرصنه به از ابسکون نیست و در این ناحیت ثغری هست که انرا دهستان خوانند جای پر نعمت و از ثغور غزیه است و از خوارزم ترکان انجا ایند......

DAS KHAZARISCHE MEER.

Von der östlichen Seite grenzt das khazarische Meer theils an Deileman, Tabaristan, Gurgan und deren Gebiete, theils an die Wüste von Khawarezm; westlich an Aran, Mugan, die Gebiete von Sarir und des khazarischen Meeres, theils an die Wüste Guzz; nördlich an die Wüste Guzz die Gegend von Sijahku, und südlich an Gilän, Deileman und dessen Gebiet. Dieses Meer hat keine Verbindung mit irgend einem anderen Meere.

Wenn Jemand dieses Meer umfahren wollte so würde er kein Hinderniss dabei finden, ausser einigen Flüssen die aus den benachbarten Gegenden in dieses Meer sich ergiessen. Das Wasser dieses Meeres ist salzig und dunkel, der Grund desselben ist schwarz, im Gegensatz zu dem Meere Kulzum (d. rothe Meer), Oman (d. westl. persische Meer) und Derjaï-pars (d. östl. persische Meer). Letzteres hat Stellen, wo man bei der Reinheit des Wassers weisse Steine auf dem Grunde unterscheiden kann. Dieses Meer (d. Khazarische) aber hat schwarzes Wasser und man kann hier nichts in der Art wie echte Perlen, Corallen, u. d. g. herausziehen. Ausser dass der Handel von einer Stadt in die andere geht, bietet dieses Meer keinen Vortheil. Man fängt darin viele Fische. Dieses Meer hat gar keine bewohnte Insel, wie das Parsische Meer und das Meer von Rum (griechische Meer), doch hat es viele Wälder und Bäume. Von sämmtlichen Orten ist dort eine Insel, Sijahku, eine grosse Insel, auf derselben sind Quellen und viele Bäume und wilde Thiere. Man fängt dort Fische. Es giebt dort noch eine andere Insel, an der Grenze von Lekzan (Lezgin), gross und mit Wasser; aus Berda'a wird auf Böten Vieh zur Weide dorthin gebracht bis es dort fett geworden ist. Von Abeskun geht man rechts und vom Meere bis Khazar giebt es keine Stadt und kein Dorf, ausser, wenn man 50 Frs. von Abeskun kommt, einen Ort, Dihistan genannt. Daselbst ist das Wasser gut; aus der Umgegend strömt das Volk dorthin zum Fischfange; man sagt, dass in der Nähe von Sijahku Türken wohnen; sie sind jetzt dorthin gezogen, in Folge von Streitigkeiten, die sie mit Guzz hatten; deshalb haben sie das Gebiet Guzz verlassen und sich hier niedergelassen. Von der linken Seite des Meeres, gegenüber Abeskun, bis Khazar, ist die ganze Gegend bevölkert. Von Abeskun reist man durch Gurgan, Tabaristan, Deileman bis man in das Gebiet von Aran kommt. Nachdem man Mugan durchschritten hat, nach Derbend zu, findet man nach zwei Tagen das Gebiet des Schirwanshah. Von da bis Semendar sind vier Tagereisen. Von Semendar bis Itil sind sieben

Tage durch lauter Wüsten. In dem Gebiet von Sijahku hat dieses Meer einen Engpass; wenn ein Segelschiff nach dieser Seite geworfen wird, so ist es in Gefahr zu scheitern. Khazar ist ein Distrikt einer befestigten Stadt, welche Itil genannt wird. Itil ist aber der Fluss der aus der Gegend der Bulgaren und Russen in das Meer sich ergiesst. Itil (Stadt) hat zwei Theile, der eine westlich von diesem Flusse, die andere Hälfte östlich davon. Der König von Itil wohnt in dem westlichen Theile, man nennt ihn Melik und Bak (Beg). Dieser Theil ist ein Farsakh lang, hat eine Mauer und dient vorzugsweise als Sommeraufenthalt. In diesem Kreise ist eine geringe Anzahl Gebäude wie Bazar und Bäder. In demselben Gebiet giebt es an 10,000 Menschen und an drei Stellen haben sie Haupt-Moscheen. Ein Palast (Kiosk) des Padischah steht weit entfernt vom Ufer, er ist aus gebrannten Ziegeln erbaut, und ausser diesem Palast giebt es in diesem Gebiete kein anderes Gebäude aus gebrannten Ziegeln, und es wird Niemand erlaubt ein solches aufzuführen. Itil hat vier Thore; von denen das eine nach der Seite des Flusses, das andere nach der Seite der Wüste gerichtet ist. Ihr Padischah ist ein Jude und hat 4000 Mann Diener, Moslemen, Khazaren, Christen und Götzendiener, aber seine Hofbeamteten sind Juden. Wenn sie Jemand in Ehren halten und Verehrung erweisen, so werfen sie sich vor ihm nieder. Dieser Mann (der Padischah?) hat ein Heer von 12,000 Mann; wenn einer stirbt, so setzt man an seine Stelle einen Anderen, doch erhält er weder Bezahlung noch Gehalt, ausser dem Wenigen was mit der Zeit in seinen Besitz kommt. Jeder beschäftigt sich mit seinen Angelegenheiten, aber im Falle einer wichtigen Angelegenheit oder eines Krieges versammeln sich Alle; die Ausgaben werden von dem Zollhause und den Abgaben der Kaufleute bestritten, weil der Hafen des Meeres und des Flusses bewacht wird und die Zollabgaben eingesammelt werden (von den Schiffen). Dieser Padischah hat neun Richter von Moslemen, Juden, Christen und Götzendienern. In seinem Reiche bilden die Juden die Minderzahl, der grössere Theil sind Moslemen und Christen; jedoch die Melik-Chosse (Fürsten) sind Juden. Für jede Religion ist ein besonderer Richter. An dem Tage des hohen Gerichtshofes versammeln sich die Richter und der Kämmerer beginnt alles was sie vorlegen dem König vorzutragen und die Entscheidung desselben ihnen kund zu thun, damit nach dem Willen und Befehl des Königs gehandelt werde. Diese Stadt hat keine Felder und erst nach 20 Farsakh trifft man urbares Land; der Ertrag desselben wird durch Böte und auf dem Rücken nach der Stadt gebracht. Die Nahrung dieses Volkes besteht hauptsächlich aus Fisch und Reis; Wachs und Honig bringt man aus Rus. In dem östlichen Itil leben grösstentheils Moslemen und Kaufleute; das Heer und die Diener (des Königs) befinden sich auch an dieser Seite. Manche Dörfer gehören dem Melik eigenthümlich. Die Sprache der Khazaren ist der Türkischen ähnlich und kein anderes Volk kennt diese Sprache. Der Fluss Itil strömt von der Grenze von Kharkhiz, und von da geht er durch Kaimak, nach Guzz und Bulgar, und in dem Gebiet von Burtas mündet er in das Meer. Man sagt, dass dieser Fluss, wenn die ganzen Gewässer sich sammeln, noch grösser ist als der Dscheihun, und wegen seiner Grösse sieht man ihn, wenn er das Meer erreicht, zwei Tagereisen weit sehen und sein Wasser beherrscht das des Meeres der Art, dass es im Winter, mitten im Meer, gefriert und sich vom Meereswasser unterscheidet. In Khazar ist eine Stadt Ismid (Semender) genannt; sie hat viele Gärten und Lustgärten, so dass von Derbend bis an die Grenze von Serir alle Gärten und Lustgärten dieser Stadt gehören. Man sagt sie besitze an 4,000 Gärten, grösstentheils Weingärten. In der Stadt leben viele Moslemen und sie haben Moscheen. Die Gebäude sind von Holz aufgeführt, ihr König ist ein Jude und verwandt mit den Padischahs von Khazar und Serir. Von da bis an die Grenze von Serir sind zwei Farsakh. Die Bevölkerung von Serir sind Christen. Man sagt, dass dieser Serir ein Thron gewesen sei, ein goldener Thron desjenigen Königs von Parsen, von dessen Nachkommen einer, als die Reichsgewalt seiner Familie entrissen wurde, sich hierher begeben und den Thron mitgebracht hätte. Man sagt, dass er ein Nachkomme Behram-Tschubins war, und bis jetzt erhält sich die Herrschaft in seiner Familie. Die Leute in Serir leben friedlich mit den Moslemen. In dem Gebiete Khazar kenne ich ausser Semid سمندر (Semender) keinen anderen bewohnten Ort. Das Volk von Burtas (lebt) in der Nähe der Khazaren an den Ufern des Flusses Itil. Burtas ist der Name jener Gegend, und ebenso sind Khazar, Rus und Serir die Namen der betreffenden Länder. Die Bevölkerung von Khazar ist ähnlich den Türken, es sind aber keine Türken. Sie sind von zwei Stämmen, der eine „Sijahtscherde“ (schwarzbraun) schwarzharig, man möchte sagen dass er von Indiern abstammt, und der Stamm „Sefidrui“ (weiss von Gesicht) verkauft seine Kinder; doch die Juden und Christen haben nicht die Sitte einander zu ergreifen und zu verkaufen. Was die Kaufleute von Khazar bringen ist nicht von Khazar, sondern die Khazarn bekommen es aus anderen Ländern, wie: Wolle, Sklaven, Honig, Lichte und dergleichen mehr. Die Bewohner des Khazaren-Landes haben keine Kleidung, diese wird dorthin gebracht aus Gurgan, Tabaristan, Armenien, Azerbejdschan und Rum. Ihren Padischah nennt man Khakan-Khazar. Wenn der Melik-khazar diesen Padischah bestätigt und ihn als Khakan der Khazaren einsetzt, so wird er (der Padischah) zu dem Melik gebracht und es wird ihm ein seidener Stoff um den Hals gebunden, so fest dass er beinahe erstickt; dann wird an ihn die Frage gerichtet: Auf wie lange willst du die Regierung dieses Reiches haben? Er antwortet: So und so viel Jahre. Hierauf wird er wieder losgebunden und als Khakan-Khazar bestätigt. Wenn die Zahl der Jahre die er bestimmt hat verstrichen ist, und er ist nicht gestorben, so wird er erschlagen.

Der Khakan muss von einer Khakanen-Familie abstammen; auch ordnet er nichts an, ausser dass man zu ihm kommt, und sich vor ihm niederwirft. Nicht ein Jeder kann zu ihm gelangen, ausser dem Melik und den Leuten die den Rang der Melikschaft haben. Der Melik kommt zu ihm nur in den wichtigsten Fällen, und wenn er erscheint, so wirft er sich mit seinem Antlitz in den Staub und bleibt in dieser Stellung so lange, bis ihm (der Khakan) befiehlt aufzustehen und seine Angelegenheit vorzutragen. Wenn irgend eine grosse (innere) Unruhe eintritt, aus welcher man sich nich herauszuhelfen weiss, so bringt man den Khakan-Khazar (aus seinem Palaste) heraus, und jeder Türke, wer er auch sei, sobald er ihn (den Khakan) erblickt, senkt er die Waffe und zieht sich zurück. Wenn der Khakan-Khazar stirbt, so muss ein Jeder der seinem Grabe vorbei reitet absteigen und sich niederwerfen; er besteigt sein Pferd nicht eher wieder, als bis er das Grab nicht mehr sieht, und man gehorcht ihm so, dass, wenn es nothwendig ist, einen Vornehmen unter ihnen zu tödten, und der König will es nicht (öffentlich) thun, so befiehlt er ihm, sich selbst im eigenen Hause zu tödten, und dieser thut es. Die Khanswürde ist in einer gewissen Familie von ihnen (erblich); diese Leute haben kein Vermögen. Wenn die Reihe an einen von ihnen kommt, so erhebt man ihn zum Khakan, auch wenn er keinen Dirhem besitzt. Von glaubwürdigen Leuten habe ich gehört, dass ein junger Mann auf dem Bazar irgend eine Waare verkaufte und die Leute des Ortes sagten, als der Khakan, welcher damals war, starb, die Khakanschaft müsse an diesen kommen. Jedoch dieser junge Mann wurde Moslem, die Khakanschaft wird aber nur einem Juden gegeben. Der Thron und der Baldachin des Khakan sind von Gold und kein Anderer hat solchen. Der Palast des Khakan ist höher als alle Gebäude. Der Melik ist geringer als der Khakan. In der Gegend von Burtas werden die Häuser von Holz gebaut; die Burtasen sind von zwei Stämmen, der eine Stamm, am Ende des Gebietes Guzz, nahe den Bulgaren, hat beinahe 2,000 Menschen; (sie wohnen) in Wäldern und sind den Bulgaren unterthan, und die eine Hälfte gegenüber den Türken. Die Sprache ist bei den Bulgaren und Khazaren dieselbe; Bulgar ist der Name der Stadt; sie sind Moslemen und haben eine Haupt-Moschee. Sawar ist eine Stadt unweit Bulgar, auch Moslemen, und hat eine Haupt-Moschee; in diesen beiden Städten ist die Zahl der Bevölkerung an 10,000 Menschen. Die Länge der Nacht im Sommer ist dort so, dass ein Mann mehr als ein Farsakh nicht zurücklegen kann, wohl aber weniger. Jm Winter dagegen ist der Tag so kurz, wie im Sommer die Nacht. Die Russen sind von drei Stämmen. Ein Stamm nahezu den Bulgaren, dessen Padischah in der Stadt wohnt, welche Kujaja (Kiew?) genannt wird, und diese Stadt ist grösser als Bulgar. Ein Stamm, Usani, dessen Padischah an einem Orte wohnt der Arta (Arsa, Arzamas?) genannt wird; den grösseren Stamm als diesen nennt man Slawie (Slaven). Die Kaufleute gehen nicht bis dahin, auch gehen sie nicht bis nach Bulgar; und nach Azsa (Arsa) geht Niemand, weil jeder Fremde der dahin kommt getödtet wird. Wenn irgend einer um Handel zu treiben dorthin kommt, so betreibt er seinen Handel auf dem Wasser, und an das Land erlaubt man nicht zu treten. Schwarze Marder, Zink und Blei wird aus Arsa geholt. Die Russen verbrennen ihre Todten und haben die Gewohnheit einander den Bart zu scheren. Das grosse Bulgar ist nahe bei Rum; die Bevölkerung ist gross und sie sind sehr stark. Die inneren Bulgaren sind Christen.

Ausdehnung des Khazarischen Meeres: von Abeskun bis an die Grenzen von Khazar 300 Farsakh, von Abeskun bis Dihistan beinahe sechs Marhale (1 Marhale = 8 Stunden Weges). Bei günstigem Winde fährt man nach Derbend über das Meer. Von Itil bis Semendar sind acht Tagereisen;

von Semendar bis Derbend vier Tage, von Derbend bis an das Reich Serir drei Tage. Von Itil an die Grenze von Burtas sind zwanzig Tage; von Burtas bis Bedschenak (Petscheneg) zehn Marhale; von Itil bis Bedschenak ein Monat Weges; von Itil bis Bulgar, durch die Wüste, ein Monat. Wenn man zu Wasser fährt, kann man alles in zwei Monaten bereisen. Von Bulgar bis an die Grenze von Rum sind zehn Marhale; von Bulgar bis Kujaja zwanzig Marhale; von Bedschenak bis Basckhirt (Baschkiren) das innere, 10 Tagereisen und von Baschhirt dem inneren, bis nach Bulgar sind 25 Marhale.

Fol: 6. (Beschreibung des Griechischen Meeres)..... Das Land der Sklaben (Slawen) ist lang und breit, ungefähr zwei Monat Weges. Bulgar ist eine kleine Stadt und hat keine grossen Grenzen; es ist desshalb berühmt geworden, weil es eine Grenzfestung des Reiches ist. Die Russen sind ein Volk aus der Umgegend und der Mitte von Bulgar; und aus der Mitte des Volkes der Turken, von Turkestan, haben sie sich getrennt und zwischen Khazar und Rum Platz genommen; man nennt sie Bedschene (Petscheneg). Und jener Ort war nicht in alter Zeit der ihrige, sondern sie unterwarfen ihn. Khazar ist der Name eines Stammes von ihnen, jedoch die Stadt nennt man Itil nach dem Namen des Flusses der dort fliesst und in's Meer Khazar mündet. Diese Stadt Itil hat kein grosses Gebiet, ausser einigen Orten die Fares genannt werden, an der Grenze von Khazar, Mutagargir (Tagazguz), Rus, Guzz .....

Fol: 88 (Beschreibung von Azerbejdschan.)..... aber Derbend ist eine Stadt, die man am Ufer des Meeres erbaut hat und an beiden Ufern der Meerenge hat man zwei Mauern gezogen, bis an einen Ort, wo der Eingang für die Schiffe enger wird, und über dieser Mündung hat man eine Kette gezogen, so dass die Schiffe nur nach ihrem Befehl herein und heraus fahren können. Diese beiden Mauern sind aus Steinen und Kieseln gebaut. Derbend steht am Ufer des Meeres von Tabaristan und ist grösser als Ardebil; Aussat und Ackerbau ist dort viel, Früchte sind wenig bei ihnen, ausser die man aus der Umgegend bringt. Diese Stadt hat eine Mauer von Stein, die sich der Länge nach dem Gebirge ..... zu erstrekt; sie hat auch eine andere Mauer aus Lehm, damit von jenem Berge kein Ungläubiger in die Stadt eindringe; ein Theil der Mauer welche aus Steinen erbaut ist, geht bis in das Meer, in einer Strecke von sechs Thürmen, so dass das Schiff nicht der Mauer der Stadt nahen kann. Dieser Bau ist fest, und ist von den Gebäuden Nuschirwans des Gerechten. Die Stadt Derbend ist gross, berühmt, und hat viele Feinde. Sie haben verschiedene Sprachen. Neben dieser Stadt ist ein grosser Berg, Dib(?) genannt. Auf dem Berge wird jedes Jahr viel Holz gewonnen; bei feindlichen Ueberfällen von Seiten Azerbejdschans, Armeniens, und Arans werden viele Feuer angezündet; oft steigt das Wasser des Meeres bis an die Mauer dieser Stadt. Man sagt, dass dieses Gebirge welches mit der Stadt Derbend zusammenhängt, siebzig und einige Stämme hat, und jeder spricht eine andere Sprache, so dass ein Nachbar den Anderen nicht versteht. Die Könige Persiens hatten immer im Sinn diese Stadt zu erhalten, und dieslbe hat eine grosse Wichtigkeit für sie. Von den Feinden haben sie viele unterthan gemacht und ein Volk haben sie zur Bewachung dieser Stadt bestimmt, welche man Tabarseran nennt; ein anderes Volk in der Nähe dieser Stadt hat seinen Wohnort den man Filan nennt. Noch ein Volk giebt es welches man Lekzan nennt, sie sind unzählig wegen ihrer Menge; und es giebt noch zwei andere Stämme, die man Lizan und Serwan (Schirwan) nennt. Das Heer dieser Stämme ist grösstentheils Fussvolk; Reiterei giebt es nur wenig. Der Stadt ist ein befestigter Seehafen für (از براى) Khazar, Serir, Gurgan, Tabaristan, Gurdsch (Grusien) Kabok (Kaukaz), und ganz Aran und Azerbejdshan werden leinene Stoffe aus Derbend gebracht, wohin man die Sklaven bringt; auch Safran wird dort gesammelt.....

Fol: 100. (Beschreibung von Tabaristan)..... Tabaristan ist eine grosse Provinz. Ihre Gebäude sind aus Holz und Schilf; oft regnet es. Sari ist grösser als Kazwin, ist bevölkert und reich. In ganz Tabaristan sammelt man viele Seide, insbesondere in Amul. Wolle wird aus Tabaristan nach aller Welt versandt, und die Menschen in Tabaristan sind sehr behaart und haben zusammengewachsene Augenbrauen; sie sprechen schnell, ihre Nahrung besteht hauptsächlich aus Reisbrod, Fisch und Reis; sie essen viel Knoblauch. Aus Tabaristan gewinnt man seidene und wollene Zeuge zu Kleidern. Im ganzen Tabaristan giebt es keinen schiffbaren Fluss; aber das Meer ist nahe und viele Wälder enthalten Wasseradern. Gurgan ist eine grosse Stadt, dortist der Regen und die Feuchtigkeit nicht so wie in Tabaristan. Die Menschen in Gurgan sind gutmüthig und höflich; ausserhalb der Stadt giebt es einen Flecken den man Bikrabad nennt; ein grosser Fluss fliesst zischen beiden. Aus Gurgan bringt man gute Kleider und Seide, der Seidenbau ist urspringlich in Gurgan zu Hause; in Tabaristan gewinnt man keine Seide. In der Umgegend von Gurgan giebt es viel Wasser und es hat ergiebiges Land. Wenn man über Irak hinaus kommt, so findet man man keine volkreichere Stadt als Gurgan; dort sind warme und kalte Früchte. Im Sommer ist der Schnee nahe. Von Gurgan sind wohlbekannte Leute ausgegangen (خاستة) wie Amareki (Barmeki) und andere. Geld-Münzen in Tabaristan sind Dinar und Dirhem; der dortige Stein enthält 600 Dirhem. Astrabad ist nahe dem Meere und von da fährt man nach Abeskun, und zur See nach dem Khazarflusse, nach Derbend, Deileman und anderen Orten, und in diesem ganzen Gebiete giebt es keinen befestigten Hafen der besser als Abeskun ist. Es giebt einen Grenzort den man Dihistan nennt, ein gesegneter Ort; es ist eine Grenzfestung gegen die Guzz, und aus Khawarezm kommen die Türken dahin *).

*) Die hier mitgetheilten Stücke, nebst Karte des Khazarischen Meeres, sind der Handschrift No. 344 — 1271 der Hofbibliothek in Wien entlehnt, welche das persische Werk المحيط وآلاقاليم oder صورت الاقاليم von Nasir-eddin-Tusi enthält. Der Verfasser hat das arabische Werk مسالك وممالك von Istakhri benutzt, giebt aber nicht eine durchaus wörtliche Übersetzung desselben, vielmehr scheinen ihm auch noch andere Quellen vorgelegen zu haben, wie eine Vergleichung des von Moeller herausgegebenen Liber climatum (Gotha 1839), übersetzt von Mordtmann, „das Buch der Länder" (Hamburg 1845) zeigt.

INDEX.

(Verschiedenheiten der Aussprache und Berichtigungen sind in Klammern eingeschlossen.)

(l. 55 Chuzejfa حذيفه, 105 Khandan خندان, 128 v. o. 9 Z. 10 Tage, 183 هتكا — هستكه, 194 خم, 197 خاصه, 228 اقراب, 237 خشكلات, 254 تشريف).